高等职业教育机电类专业“互联网+”创新教材

公差配合与技术测量

主　编　吴　拓

副主编　黄春曼

参　编　赵战峰　吴峥强

机械工业出版社

本书是根据高等职业教育培养目标和教学改革要求，参照国家相关标准编写的。全书共六章，主要内容包括极限与配合的基本概念、技术测量基础、零件的几何公差及其测量、表面结构及其检测、光滑极限量规、常见零部件的极限配合与测量。

本书注重实际应用，突出基本概念，内容翔实，可供高等职业院校机械制造大类各专业及相关专业教学使用，也可供有关工程技术人员参考。

本书配有电子课件，凡使用本书作为教材的教师可登录机械工业出版社教育服务网 www.cmpedu.com 注册后免费下载。咨询电话：010-88379375。

图书在版编目（CIP）数据

公差配合与技术测量/吴拓主编. —北京：机械工业出版社，2021.2（2024.9 重印）

高等职业教育机电类专业“互联网+”创新教材

ISBN 978-7-111-67189-3

Ⅰ.①公… Ⅱ.①吴… Ⅲ.①公差-配合-高等职业教育-教材②技术测量-高等职业教育-教材 Ⅳ.①TG801

中国版本图书馆 CIP 数据核字（2020）第 267573 号

机械工业出版社（北京市百万庄大街 22 号 邮政编码 100037）
策划编辑：刘良超 责任编辑：刘良超
责任校对：刘雅娜 封面设计：严娅萍
责任印制：邓 博
北京盛通数码印刷有限公司印刷
2024 年 9 月第 1 版第 4 次印刷
184mm×260mm · 17.25 印张 · 423 千字
标准书号：ISBN 978-7-111-67189-3
定价：49.80 元

电话服务	网络服务
客服电话：010-88361066	机 工 官 网：www.cmpbook.com
010-88379833	机 工 官 博：weibo.com/cmp1952
010-68326294	金 书 网：www.golden-book.com
封底无防伪标均为盗版	机工教育服务网：www.cmpedu.com

前 言

“公差配合与技术测量”是机械制造大类各专业的一门基础课。它对于联系机械设计类课程和机械制造工艺类课程起着十分重要的纽带作用，是高等职业院校学生毕业后进入企业进行产品设计和工艺设计、参与生产管理和质量管理等活动必不可少的技术工具。为了适应我国科学技术的进步和装备制造业的发展形势，满足高等职业院校培养高素质技能型人才的需要，编者编写了本书。

本书体现了以下特点。

1）切实贯彻落实《教育部关于以就业为导向深化高等职业教育改革的若干意见》以及《国家中长期教育改革和发展规划纲要（2010—2020年）》的精神，本着加强基础、突出应用、注重能力、推崇创新的原则，力求综合性强、实践性强、应用性强。

2）注重与职业要求和生产实际紧密结合，加强了技术测量部分的内容，并以实例引导学生模拟学习。

3）认真贯彻国家标准。

4）篇章设置合理、知识结构明晰、知识体系完整、知识要点清晰、重点难点突出、描述通俗易懂，将与实际联系密切的“常见零部件的极限配合与测量”集中到一章，让学生通过学习和分析，认识它们之间的相关性和独特性。

5）每章均配有实训操作，凸显“教、学、做”一体化。

6）本书版面美观清晰，重点突出，风格独特。

本书由吴拓任主编。第一章由吴峥强、吴拓编写，第二章由吴拓、赵战峰编写，第三章由吴拓、吴峥强编写，第四章由赵战峰、吴拓编写，第五、第六章由黄春曼编写。全书由吴拓统稿。

本书可供高等职业院校机械制造大类各专业及相关专业教学使用，也可供有关工程技术人员参考。

本书在编写过程中，得到了广东轻工职业技术学院的领导和有关老师的大力支持，在此谨表衷心感谢。

由于编者水平有限，错误和疏漏之处在所难免，恳请读者不吝指正。

编 者

目　录

1

第一章　极限与配合的基本概念

教学导航

【知识目标】

1. 熟悉互换性、标准化的概念及其在机械制造中的作用。

2. 掌握极限与配合的基本术语；熟悉优先数及国家标准规定的优先数系列。

3. 熟悉尺寸、误差、偏差、公差和配合的术语；了解极限制和配合制的概念，熟悉极限制和配合制的选择。

【能力目标】

1. 能够合理选用优先数系的基本系列。

2. 初步掌握极限与配合的合理选用。

第一节　互换性与标准化

知识要点一　机械产品设计、制造的精度要求

机械产品由原材料经加工制造为成品，需要经过产品设计、加工制造、质量检测、包装运输四个基本环节。

在现代工业生产中，常采用专业化大协作生产，即用分散制造、集中装配的办法来提高劳动生产率、保证产品质量和降低成本。

“产品质量是企业的生命”，好的产品不是“挑选”出来的，而是现代企业经过科学的“质量监督与管理”生产出来的。

机械产品首先必须按照一定的精度要求和性能指标进行科学设计，并以产品设计图样以及工艺设计图样等技术文件的形式，由相关的职能部门下达给生产部门进行加工。

机械产品加工后能否满足精度要求和性能指标，需要通过检测加以评估判断。检测是对产品能否达到标准要求所采取的必需的技术措施和手段。因此，特别强调质量检测人员必须具备良好的精度分析和检测的知识与能力。

按照专业化协作原则组织起来的现代化工业生产，从设计开始就必须贯彻“三化”原则，即产品质量标准化、品种规格系列化和零部件通用化。产品质量标准化，就是根据使用要求和生产的可能，对产品质量规定出一定的技术标准，制造时产品质量在达到规定技术标准后才算合格；品种规格系列化，就是把同类产品按大小合理分档，成系列地发展，做到以尽可能少的品种规格满足较广泛的需要；零部件通用化，就是使同类机型的机器主要零部件，特别是易损件统一起来，无论是哪个工厂生产的，都能通用互换。

实践证明，认真贯彻“三化”原则，努力实现产品良好的互换性，对于提高生产率和增加经济效益具有十分重要的意义。

知识要点二　互换性、标准化的概念

1. 互换性的概念

互换性是指机械产品在装配之时，同一规格的零件或部件，可以不经选择、修配或调整，任取一件都能装配在机械产品上，并能保证机械产品规定的使用性能要求的一种特性。能够保证机械产品具有互换性的生产，称为遵守互换性原则的生产。

互换性广泛应用于机械制造的各类生产中，汽车、电子、国防军工行业等应用尤为突出。遵守互换性原则的生产就能形成规模经济，取得最佳技术经济效益。

机械产品实现了互换性，可以给工业生产带来诸多好处。①从设计角度来看，进行互换性设计，可以采用标准件、通用件，简化不必要的绘图和计算工作，进行系列化设计，并可根据市场动态，及时满足市场客户的需要；②从制造角度来看，互换性有利于组织专业化、规模化生产，有利于采用先进工艺和高效率的专用设备，可以缩短生产周期，提高生产率，保证产品质量，并降低生产制造成本；③ 从维修角度来看，机械零部件坏了，可直接更换新件，缩短维修时间，减少维修费用，保证机器连续运转。

机械制造的互换性通常包括零件几何参数、力学性能、物理化学性能等方面的互换性。本课程主要讨论几何参数的互换性。

2. 互换性的分类

标准件的互换性可分为内互换和外互换。构成标准部件的零件之间的互换称为内互换；标准部件与其他零部件之间的互换称为外互换。例如：滚动轴承外圈内滚道、内圈外滚道与滚动体之间的互换称为内互换，而滚动轴承外圈外径与机壳孔的互换称为外互换。

互换性按其互换程度可分为完全互换性与不完全互换性。

(1) 完全互换　完全互换是指一批零部件装配前不经选择，装配时也不需修配和调整，装配后即可满足预定的使用要求。例如，螺栓、螺母、齿轮、圆柱销等标准件的装配大都属此类情况。

(2) 不完全互换　不完全互换又可分为分组互换和调整互换。

1）当装配精度要求很高时，若采用完全互换将使零件的尺寸公差很小，加工困难，成本很高，甚至无法加工。这时可将其制造公差适当放大，以便于加工；完工后再用量仪将零件按实际尺寸大小分组，按组进行装配。如此，既保证装配精度与使用要求，又降低成本。这种情况仅是组内零件可以互换，组与组之间的零件不可互换，因此称为分组互换法。

2）有时通过移动或更换某些零部件、通过加工或调整某一特定零件的位置和尺寸，以达到其装配精度要求，这种方法称为调整互换法，也属于不完全互换。一般以螺栓、斜面、挡环、垫片等作为尺寸补偿。

不完全互换只限于部件或机构在制造厂内装配时使用。对厂外协作，则往往要求完全互换。究竟采用哪种方式为宜，要由产品精度、产品复杂程度、生产规模、设备条件及技术水平等一系列因素决定。

一般大量生产和成批生产，如汽车、拖拉机厂大都采用完全互换法生产；精度要求很高的产品，如轴承，常采用分组装配，即不完全互换法生产；而小批和单件生产，如矿山使用的重型机器，则常常允许用补充机械加工或钳工修刮来获得所需精度，即采用修配法或调整法生产。

3. 标准化的概念

标准化是指制定标准、贯彻标准和修改标准的全过程。这是一个系统工程。在现代化机械工业生产中，标准化是实现互换性的基础。要全面保证零部件的互换性，不仅要合理地确定零件制造公差，还必须保证影响生产质量的各个环节、各个阶段及有关方面实现标准化，如优先数系、几何公差及表面质量参数的标准化，计量单位以及检测的标准化等。

标准就是由一定的权威组织对重复出现的共同的技术概念和技术事项等做统一规定。它是各方面共同遵守的技术依据，即技术法规。

标准体现以科学技术和经验的综合成果为基础，以促进共同效益为目的，体现科技与生产的先进性及相关方面的协调一致性。

标准是推行标准化的基础，没有标准的实施就不可能有标准化。

执行标准和推行标准化，是组织现代化大生产的重要手段，是实行科学管理的基础，可以使企业获得最佳的经济效益和社会效益。

4. 标准的分类

根据标准化法规定，我国的标准分为国家标准、行业标准、地方标准和企业标准四级。对需要在全国范畴内统一的技术要求，可制定国家标准。对没有国家标准而又需要在全国某个行业范围内统一的技术要求，可制定行业标准。对没有国家标准和行业标准而又需要在省、自治区、直辖市范围内统一的工业产品的安全、卫生要求，可制定地方标准。企业生产的产品没有国家标准、行业标准和地方标准的，应当制定相应的企业标准。对已有国家标准、行业标准或地方标准的，鼓励企业制定严于国家标准、行业标准或地方标准要求的企业标准。

在我国，按照标准化对象的特性，标准可分为基础标准、产品标准、方法标准、安全标准、卫生标准等。基础标准是指在一定范围内作为其他标准的基础并普遍使用、具有广泛指导意义的标准，如《极限与配合》等。

按照标准的适用领域、有效作用范围和发布权力的不同，一般分为：国际标准，如由国际标准化组织 ISO 和国际电工委员会 IEC 制定的标准；区域标准（或国家集团标准），如 EN、ANSI 和 DIN 分别是由欧盟、美国和德国制定的标准；（我国）国家标准，代号为 GB 或 GB/T；行业标准（或协会、学会标准），如 JB 和 YB 分别为机械行业标准和冶金行业标准；地方标准和企业（或公司）标准。

1988 年全国人民代表大会常务委员会通过并公布了《中华人民共和国标准化法》。标准化法规定，国家标准和行业标准分为强制性和推荐性两类。保障人体健康，人身、财产安全的标准和法律、行政法规规定强制执行的标准是强制性标准，其他标准是推荐性标准。2001 年 12 月，国家质量监督检验检疫总局颁布《强制性产品认证管理规定》，明确规定了凡列入强制性认证内容的产品，必须经国家指定认证机构认证合格，取得指定认证机构颁发的认证证书。取得认证标志后，方可出厂销售、进口和在经营性活动中使用。

我国陆续修订了自己的标准，修订的原则是在立足我国实际的基础上向 ISO 靠拢。

知识拓展 标准的历史

公差标准在工业革命中起过非常重要的作用，随着机械制造业不断发展，要求企业内有统一的技术标准，以扩大互换性生产规模和控制机器备件的供应。早在 20 世纪初，英国一家生产剪羊毛机器的公司——纽瓦尔（Newall）于 1902 年颁布了全世界第一个公差与配合标准（极限表），从而使生产成本大幅度下降，产品质量不断提高，在市场竞争中占据了优势地位。

1924 年，英国颁布了国家标准 B. S 164—1924，紧随其后的是美国、德国、法国等，都颁布了各自国家的国家标准，指导着各自国家制造业的发展。1929 年，苏联也颁布了“公差与配合”标准。在此阶段，西方国家的工业化不断推进，生产也快速发展，同时国际交流也日益广泛。1926 年，国际标准化协会（ISA）成立，并于 1940 年正式颁布了国际“公差与配合”标准，第二次世界大战后的 1947 年，ISA 更名为 ISO（国际标准化组织）。

1959 年，我国正式颁布了国家标准《公差与配合》（GB 159~174—1959），此国家标准完全依赖于 1929 年苏联的国家标准，这个标准指导了我国 20 年的工业生产。

1979 年，随着我国经济建设的快速发展，旧国家标准已不能适应现代大工业互换性生产的要求。因此，在原国家标准局的统一领导下，有计划、有步骤地对旧的基础标准进行了三次修订：第一次是 20 世纪 80 年代初期：公差与配合（GB 1800—1979），形状和位置公差（GB 1182~1184—1980），表面粗糙度（GB 1031—1983）；第二次是 20 世纪 90 年代中期：极限与配合（GB/T 1800. 4—1999 等），形状和位置公差（GB/T 1182—1996 等），表面粗糙度（GB/T 1031—1995 等）；第三次是 21 世纪初期：极限与配合（GB/T 1800. 1—2009、GB/T 1800. 2—2009 等），几何公差（GB/T 1182—2008）等多项国家标准。这些修订后的国家标准，正在对我国的机械制造业产生着越来越大的作用。

知识要点三 互换性、标准化在机械制造中的作用

推行标准化和贯彻互换性原则是现代机械制造业进行专业化生产的前提条件。只有机械零件实现了标准化，具有了互换性，才可能将一台机器中的成千上万个零部件进行高效率的、分散的专业化生产，然后集中起来进行装配。它不仅能显著地提高生产率，而且能有效地保证产品质量，降低生产成本。

标准化和互换性原则广泛应用于机械制造中的产品设计、生产制造、装配过程和使用过程等各个环节。

1）产品设计。由于标准零部件采用互换性原则设计和生产，因而可以简化绘图、计算等工作，缩短设计周期，加速产品的更新换代且便于计算机辅助设计（CAD）。

2）生产制造。按照标准化和互换性原则组织加工，实现专业化协调生产，便于计算机辅助制造（CAM），以提高产品质量和生产率，同时降低生产成本。

3）装配过程。零部件具有互换性，可以提高装配质量，缩短装配时间，便于实现现代化的大工业自动化，提高装配效率。

4）使用过程。由于零件具有互换性，因此在它磨损到极限或损坏后，可以很方便地用备件来替换，可以缩短维修时间和节约费用，提高维修质量，延长产品的使用寿命，从而提高产品的使用价值。

综上所述，在机械制造业中，遵循互换性原则，不仅能保证又多又快地进行生产，而且能保证产品质量和降低生产成本。因此，互换性是在机械制造中贯彻“多快好省”方针的技术措施。

第二节　极限与配合的基本术语

知识要点一　优先数和优先数系列

产品无论在设计、制造，还是在使用中，其规格（零件尺寸大小、原材料尺寸大小、公差大小、承载能力及所使用设备、刀具、测量器具的尺寸等性能与几何参数）都要用数值表示。而产品的数值是有扩散传播性的，例如：某一螺栓尺寸会扩散传播到螺母尺寸，制造螺栓的刀具（板牙等）尺寸，检验螺栓的量具（螺纹千分尺等）尺寸，安装刀具的工具尺寸等。由此可见，产品技术参数的数值不能任意选取，必须按照科学、统一的数值标准选取，不然会造成产品规格繁杂，直接影响互换性生产、产品的质量以及产品的成本。

在产品设计或生产中，为了满足不同的要求，需要形成不同规格的产品系列。同一产品的某一参数，从大到小取不同的数值时，应采用一种科学的数值分级制度或称谓。人们对于产品技术参数合理分档、分级，对产品技术参数进行简化、协调统一，总结出一种科学统一的数值标准，即优先数和优先数系。

优先数系是国际上统一的数值分级制度，是一种量纲为 1 的分级数系，适用于各种量值的分级。优先数系中的任一个数值均称为优先数。优先数和优先数系是 19 世纪末由法国人雷诺（Renard）首先提出的，后人为了纪念他，将优先数系称为 Rr 数系。

我国数值分级国家标准（GB/T 321—2005）规定十进制等比数列为优先数系，并规定了优先数系的五个系列，即按五个公比形成的数系，分别用 R5、R10、R20、R40、R80 表示，其中前四个为基本系列，最后一个为补充系列。优先数系的代号为 R（Renard 的缩写），相应的公比代号为 Rr。r 代表 5、10、20、40、80 数值，其对应关系为

R5 系列　$R5=\sqrt[5]{10}\approx 1.6$

R10 系列　$R10=\sqrt[10]{10}\approx 1.25$

R20 系列　$R20=\sqrt[20]{10}\approx 1.12$

R40 系列　$R40=\sqrt[40]{10}\approx 1.06$

R80 系列　$R80=\sqrt[80]{10}\approx 1.03$

一般机械产品优先选择 R5 系列，其次为 R10 系列、R20 系列等；专用工具的主要尺寸遵循 R10 系列；通用型材、通用零件及工具的尺寸，铸件的壁厚等遵循 R20 系列。

知识拓展　**优先数系的基本系列**

优先数系中的任何一个项值均为优先数，其值见表 1-1。从表 1-1 中可以发现，R5 系列

的项值包含在 R10 系列中，R10 系列的项值包含在 R20 系列之中，R20 系列的项值包含在 R40 系列之中。

此外，为了使优先数系有更大的适应性，可从基本系列中每隔几项选取一个优先数，组成一个新的系列，这种新的系列称为派生系列。例如：派生系列 R10/2，就是从基本系列 R10 中每隔一项取出一个优先数组成的，当首项为 1 时，R10/2 系列为 1、1.6、2.5 等。又如 R10/3 系列，其公比为 R10/3= $(\sqrt[10]{10})^3 \approx 2$，当首项为 1 时，R10/3 系列为 1、2、4、8 等。还有一种由若干等比系列混合构成的复合多公比系列，如 10、16、25、35.5、50、71、100、125、160 这一数列，它是由 R5、R20/3 和 R10 这三种系列构成的混合系列。

采用等比数列作为优先数系可使相邻两个优先数的相对差相同且运算方便，简单易记。选用基本系列时，应遵守先疏后密的规则，即应当按照 R5、R10、R20、R40 的顺序，优先采用公比较大的基本系列，以免规格过多。表 1-1 列出了优先数系的基本系列。

表 1-1　优先数系的基本系列（GB/T 321—2005）

R5	R10	R20	R40	R5	R10	R20	R40	R5	R10	R20	R40
1.00	1.00	1.00	1.00			2.24	2.24		5.00	5.00	5.00
			1.06				2.36				5.30
		1.12	1.12	2.50	2.50	2.50	2.50			5.60	5.60
			1.18				2.65				6.00
	1.25	1.25	1.25			2.80	2.80	6.30	6.30	6.30	6.30
			1.32				3.00				6.70
		1.40	1.40		3.15	3.15	3.15			7.10	7.10
			1.50				3.35				7.50
1.60	1.60	1.60	1.60			3.55	3.55		8.00	8.00	8.00
			1.70				3.75				8.50
		1.80	1.80	4.00	4.00	4.00	4.00			9.00	9.00
			1.90				4.25	10.00	10.00	10.00	10.00
	2.00	2.00	2.00			4.50	4.50				
			2.12				4.75				

知识要点二　有关尺寸的术语

1. 尺寸

用特定单位表示长度值的数值，称为尺寸。一般情况下尺寸只表示长度量，如直径、半径、宽度、深度、高度和中心距等。工程上规定，图样上的尺寸的特定单位为 mm。

2. 孔、轴的尺寸

孔通常是指工件的圆柱形内表面和非圆柱形内表面（由两个平行平面或切面形成的包容面）的统称。

轴通常是指工件的圆柱形外表面和非圆柱形外表面（由两个平行平面或切面形成的被包容面）的统称。

根据定义可以看出，在图 1-1 中，d_1、d_2、d_3、d_4 应当视为“轴”，而 D_1、D_2、D_3、D_4、D_5 应视为“孔”。以此类推，凡有包容与被包容关系的两者，前者为孔，后者为轴。

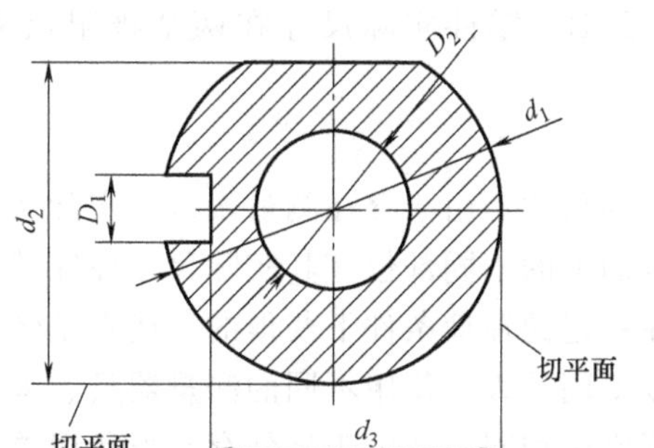

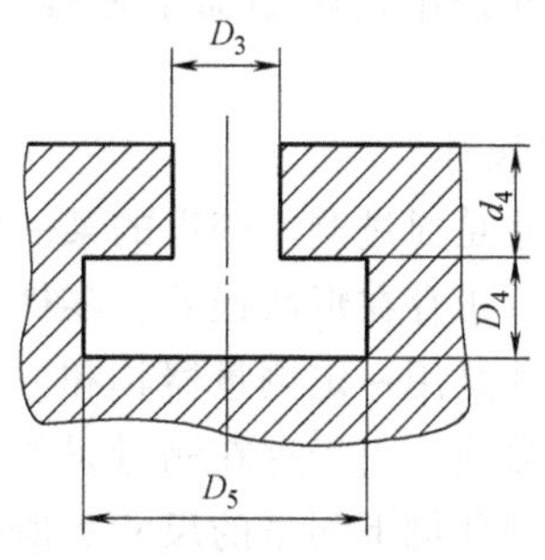

图 1-1　孔与轴的示意图

3. 公称尺寸

在机械设计中，根据零部件的使用要求，考虑刚度、强度或结构等因素，用计算、试验或类比等方法确定的零部件尺寸称为公称尺寸。计算得到的公称尺寸应按照 GB/T 2822—2005《标准尺寸》予以标准化，其目的是为了减少定值刀具（如钻头、铰刀)、定值量具(如塞规、卡规)、定值夹具（如弹簧夹头）及型材等的规格。两相互配合的零件，其结合部分的公称尺寸相同。

公称尺寸是计算极限尺寸和极限偏差的起始尺寸。它可以是一个整数或一个小数，如尺寸 32mm、15mm、8.75mm、0.5mm 等。公称尺寸应标注在图样中。孔的公称尺寸用 D 表示，轴的公称尺寸用 d 表示，非孔、非轴的公称尺寸常用 L 表示。

公称尺寸也曾被称为“名义尺寸”。国家标准《标准尺寸》中所列出的标准尺寸数值来自于优先数与优先数系。

4. 极限尺寸

极限尺寸是指允许尺寸变动的尺寸极限值，如图 1-2 所示，它以公称尺寸为基数，允许的最大尺寸称为上极限尺寸，允许的最小尺寸称为下极限尺寸。孔的上极限尺寸和下极限尺寸分别用 D_{max} 和 D_{min} 表示；轴的上极限尺寸和下极限尺寸分别用 d_{max} 和 d_{min} 表示，非孔、非轴的上极限尺寸和下极限尺寸分别用 L_{max} 和 L_{min} 表示。

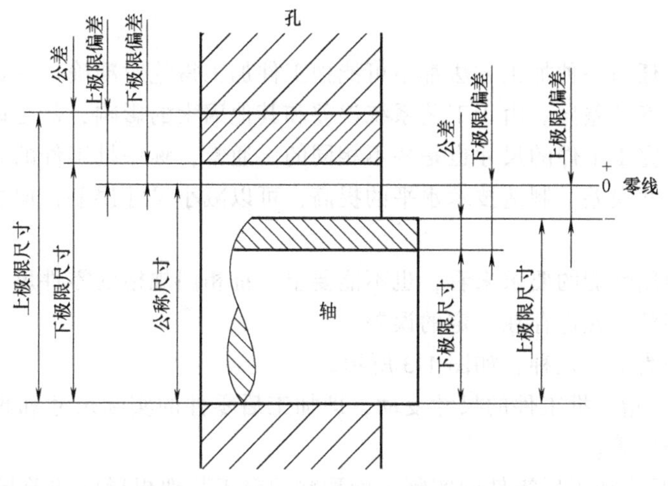

图 1-2　极限尺寸

极限尺寸是用来限制加工零件的尺寸变动，零件实际尺寸在两个极限尺寸之间则为合格。

5. 实际尺寸

实际尺寸是通过测量获得的某一孔、轴的尺寸。由于存在测量误差，实际尺寸并非尺寸的真值；又由于存在形状误差，零件同一表面上的不同部位，其实际尺寸往往并不相等。

实际尺寸是用一定测量器具和方法，在一定的环境条件下获得的，或者是经过数据处理获得的尺寸数值。由于存在测量误差，所以不同的人、使用不同的测量器具、采用不同测量方法、在不同环境下测量的尺寸数值可能不完全相同；还由于零件存在形状误差，零件的同一表面上的不同部位，其实际尺寸往往并不相等。这些都可以称为实际尺寸。

孔、轴的实际尺寸分别用 D_a、d_a 表示，非孔、非轴的实际尺寸常用 L_a 表示。

6. 最大实体状态和最大实体尺寸

在尺寸公差范围内，具有材料量最多时的状态称为最大实体状态（简称为 MMC），在此状态下的尺寸称为最大实体尺寸（简称为 MMS）。根据定义可知，它是孔的下极限尺寸和轴的上极限尺寸的统称。

对于孔：$D_M = D_{min}$；对于轴：$d_M = d_{max}$。

例如，孔 $\phi50^{+0.039}_{0}$mm 的最大实体尺寸为 50mm，轴 $\phi50^{-0.025}_{-0.050}$mm 的最大实体尺寸为 49.975mm。

7. 最小实体状态和最小实体尺寸

在尺寸公差范围内，具有材料量最少时的状态称为最小实体状态（简称为 LMC）。在此状态下的尺寸称为最小实体尺寸（简称为 LMS）。根据定义可知，它是孔的上极限尺寸和轴的下极限尺寸的统称。

对于孔：$D_L = D_{max}$；对于轴：$d_L = d_{min}$。

例如，孔 $\phi50^{+0.039}_{0}$mm 的最小实体尺寸为 50.039mm，轴 $\phi50^{-0.025}_{-0.050}$mm 的最小实体尺寸为 49.950mm。

知识要点三　有关公差与偏差的术语

1. 加工误差

加工工件时，任何一种加工方法都不可能把工件加工得绝对准确，一批完工工件的尺寸之间存在着不同程度的差异。由于工艺系统误差和其他因素的影响，甚至说，即使在相同的加工条件下，一批完工工件的尺寸也是各不相同的。通常，称一批工件的实际尺寸相对于理想尺寸的变动为尺寸误差。制造技术水平的提高，可以减小尺寸误差，但永远不可能消除尺寸误差。

从满足产品使用性能的要求来看，也不能要求一批相同规格的零件尺寸完全相同，而是根据使用要求的高低，允许存在一定的误差。

加工误差可分为下列几种，如图 1-3 所示。

1）尺寸误差是指一批工件的尺寸变动，即加工后零件的实际尺寸和理想尺寸之差，如直径误差、孔距误差等。

2）形状误差是指加工后零件的实际表面形状相对于其理想形状的差异（或偏离程度），如圆度误差、直线度误差等。

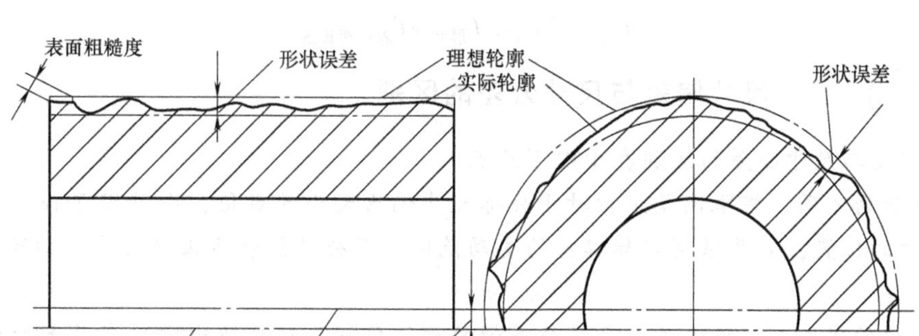

图 1-3　圆柱表面的加工误差

3）位置误差是指加工后零件的表面、轴线或对称平面之间的相互位置对于其理想位置的差异（或偏离程度），如同轴度误差、位置度误差等。

4）表面粗糙度是指零件加工表面上具有的较小间距和峰谷所形成的微观几何形状误差。

2. 尺寸偏差

尺寸偏差（简称为偏差）是指某一尺寸减去其公称尺寸所得的代数差。尺寸有实际尺寸和极限尺寸之分，所以尺寸偏差也有实际偏差和极限偏差之分。实际尺寸减去其公称尺寸所得的代数差称为实际偏差；极限尺寸减去其公称尺寸所得的代数差称为极限偏差。

（1）上极限偏差　上极限尺寸减去其公称尺寸所得的代数差称为上极限偏差。孔的上极限偏差用 ES 表示；轴的上极限偏差用 es 表示。

（2）下极限偏差　下极限尺寸减去其公称尺寸所得的代数差称为下极限偏差。孔的下极限偏差用 EI 表示；轴的下极限偏差用 ei 表示。

（3）上、下极限偏差统称为极限偏差　根据定义，孔、轴极限偏差可以表示为

孔：　$\mathrm{ES}=D_{max}-D$　　$\mathrm{EI}=D_{min}-D$

轴：　$\mathrm{es}=d_{max}-d$　　$\mathrm{ei}=d_{min}-d$

（4）实际偏差　实际尺寸减去其公称尺寸所得的代数差。

由于极限尺寸和实际尺寸有可能大于、小于或等于公称尺寸，所以极限偏差和实际偏差可以为正值、负值或零。显然，合格零件的实际偏差应控制在极限偏差范围以内。

在实际生产中，一般在图样上只标注公称尺寸和极限偏差。标注形式为

$$公称尺寸^{上极限偏差}_{下极限偏差}，如\ \phi 50^{\ 0}_{-0.062}。$$

3. 尺寸公差

尺寸公差（简称为公差）是指允许的零件尺寸、几何形状和相互位置误差的最大变动范围，用以限制加工误差，等于上极限尺寸与下极限尺寸代数差的绝对值，也等于上极限偏差与下极限偏差代数差的绝对值。它是由设计人员根据产品使用性能要求给定的。规定公差的原则是在保证满足产品使用性能的前提下，给出尽可能大的公差。它反映了对一批工件制造精度要求、经济性要求，并体现加工难易程度。公差越小，加工越困难，生产成本就越高。公差值不能为零，且应是绝对值。孔和轴的公差分别用 T_D 和 T_d 表示，用公式表示为

$$T_D=D_{max}-D_{min}=\mathrm{ES}-\mathrm{EI} \tag{1-1}$$

$$T_d=d_{max}-d_{min}=\mathrm{es}-\mathrm{ei} \tag{1-2}$$

规定相应公差值的大小顺序，应为

$$T_{尺寸} > T_{位置} > T_{形状} > T_{表面粗糙度}$$

知识拓展 尺寸偏差与尺寸公差的区别

尺寸偏差与尺寸公差的区别在于以下几点。

1）概念的不同。极限偏差是相对于公称尺寸偏离大小的数值，即确定了极限尺寸相对于公称尺寸的位置，它是限制实际偏差的变动范围。而公差仅表示极限尺寸变动范围的一个数值。

2）作用的不同。极限偏差表示了公差带的确切位置，可反映出零件在装配时配合的松紧程度，而公差仅表示公差带的大小，它反映了零件的配合精度。若公差值大则允许尺寸变动的范围大，因而要求加工精度低；反之，公差值小则允许尺寸变动的范围小，因而要求加工精度高。

3）代数值的不同。由于实际（组成）要素的尺寸和极限尺寸可能大于、小于或等于公称尺寸，故尺寸偏差可以是正数、负数或零；而尺寸公差是一个没有符号的绝对值，总是一个正数，且不可为零，更不能为负值。

4）表征不同。尺寸公差是给定的允许尺寸误差的范围，或者说，公差是设计者根据零件的使用要求规定的误差允许值，它体现了对加工方法的精度要求，不能通过测量而得到。尺寸偏差是一批零件的实际尺寸相对于理想尺寸的偏离范围。当加工条件一定时，尺寸偏差就能体现出加工精度。

4. 公差带与公差带图

用以表示相互配合的一对轴和孔的公称尺寸、极限尺寸、极限偏差以及相互关系的简图，称为极限与配合示意图，如图 1-4 所示。将极限与配合示意图用简化表示法画出的图形，称为公差带图，如图 1-5 所示。

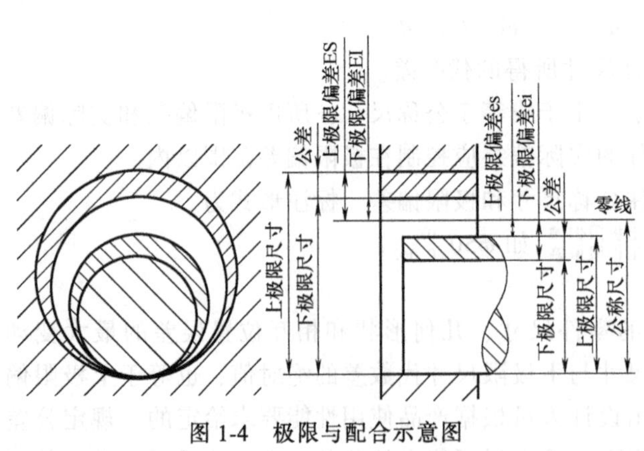

图 1-4 极限与配合示意图

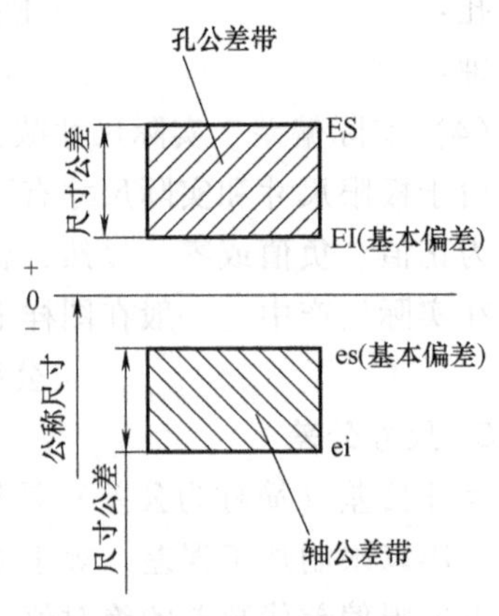

图 1-5 公差带图

在公差带图中，由代表上极限偏差和下极限偏差或上极限尺寸和下极限尺寸的两条直线所限定的一个区域称为公差带。它表示出零件的实际（组成）要素的尺寸对其公称尺寸所允许变动的范围，是由公差带大小和其相对零线的位置来确定的。公差带大小是由标准公差，即国家标准规定的用以确定公差带大小的任一公差来确定的。公差带位置是由基本偏差，即国家标准规定的用以确定公差带相对于零线位置的上极限偏差或下极限偏差（一般是指靠近零线的那个极限偏差）来确定的。公差带图中的尺寸单位为 mm，极限偏差及公差的单位也可用 μm（微米），但需注明。画公差带图时，不画出整个零件，只用表示公称尺寸的一条基准直线（称为零线），以其为基准来确定极限偏差和公差的起点，然后采用适当的比例，用平行于零线的矩形的长对边分别表示零件的上、下极限偏差的位置（图 1-5）。若极限偏差为正时，则画在零线的上方；若极限偏差为负时，则画在零线的下方；当与零线重合时，表示极限偏差为零。然后在矩形内画上剖面线，这样便可绘制出相应轴和孔尺寸的公差带图。

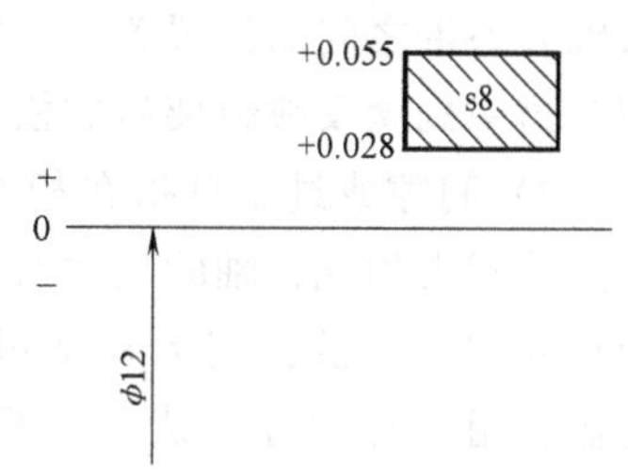

图 1-6　圆柱销直径尺寸的公差带图

必须指出，公差带图中矩形上、下平行的长边之间的距离，即为公差带大小，由此构成了公差带。图中公差带大小与矩形的宽度有关，而与矩形的长度无关。因此，对公差带的理解也可认为是两条平行于零线且距离为公差值大小的两平行线构成的一条长长的带。

图 1-6 所示为圆柱销直径尺寸的公差带图。

研读范例

【例 1-1】 已知轴的公称尺寸为 ϕ82mm，上极限尺寸为 ϕ81.978mm，下极限尺寸为 ϕ81.952mm，求轴的极限偏差。

解：代入相应的公式，计算得

$$es = d_{max} - d = 81.978\text{mm} - 82\text{mm} = -0.022\text{mm}$$

$$ei = d_{min} - d = 81.952\text{mm} - 82\text{mm} = -0.048\text{mm}$$

轴的公称尺寸与极限偏差在图样上标注为 $\phi 82^{-0.022}_{-0.048}$。

【例 1-2】 已知孔、轴的公称尺寸为 ϕ60mm，孔的上极限尺寸为 ϕ60.030mm，下极限尺寸为 ϕ60mm；轴的上极限尺寸为 ϕ59.990mm，下极限尺寸为 ϕ59.971mm。孔加工后的实际尺寸为 60.010mm，轴加工后的实际尺寸为 59.980mm。求孔与轴的极限偏差、公差和实际偏差，并绘出公差带图。

解：代入相应的公式，计算得

孔的上极限偏差：$ES = D_{max} - D = 60.030\text{mm} - 60\text{mm} = +0.030\text{mm}$。

孔的下极限偏差：$EI = D_{min} - D = 60\text{mm} - 60\text{mm} = 0\text{mm}$。

轴的上极限偏差：$es = d_{max} - d = 59.990\text{mm} - 60\text{mm} = -0.010\text{mm}$。

轴的下极限偏差：$ei = d_{min} - d = 59.971\text{mm} - 60\text{mm} = -0.029\text{mm}$。

孔的公差：$T_D = D_{max} - D_{min} = 60.030\text{mm} - 60\text{mm} = 0.030\text{mm}$。

轴的公差：$T_d = d_{max} - d_{min} = 59.990\text{mm} - 59.971\text{mm} = 0.019\text{mm}$。

孔和轴的公称尺寸与极限偏差在图样上标注分别为

$$孔:\phi 60^{+0.03}_{0} \qquad 轴:\phi 60^{-0.010}_{-0.029}$$

孔的实际偏差为 60.010mm−60mm=+0.010mm（即+10μm）。

轴的实际偏差为 59.980mm−60mm=−0.020mm（即−20μm）。

其公差带图如图 1-7 所示。

知识要点四　有关配合的术语

1. 配合、间隙、过盈的概念

1）配合是指一批公称尺寸相同、相互结合的孔与轴公差带之间的位置关系。零件在组装时，常使用配合这一概念反映组装后的松紧程度。

2）间隙或过盈是指在相互配合的孔与轴中，孔的尺寸减去相配合轴的尺寸所得的代数之差。此差值为正时称为间隙，用大写字母 X 表示；为负时称为过盈，用大写字母 Y 表示。根据孔和轴公差带相对位置的不同，配合又分为间隙配合、过盈配合和过渡配合三类。

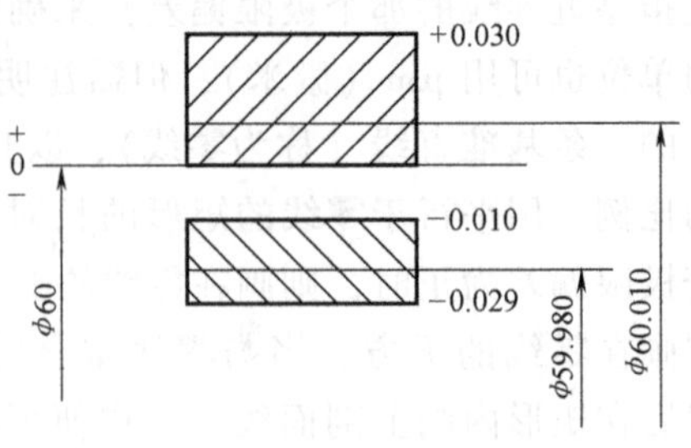

图 1-7　例 1-2 图

2. 配合的类型

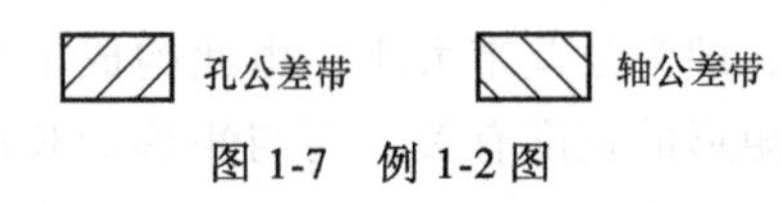

（1）间隙配合　间隙配合是指具有间隙（包括最小间隙等于零）的配合。此时，孔的公差带在轴的公差带之上，如图 1-8a 所示。由于孔和轴在各自的公差带内变动，因此装配后每对孔、轴间的间隙也是变动的。当孔制成上极限尺寸而轴制成下极限尺寸时，装配后得到最大间隙，用 X_{max} 表示；当孔制成下极限尺寸而轴制成上极限尺寸时，装配后得到最小间隙（包括最小间隙为零），用 X_{min} 表示。即

$$X_{max}=D_{max}-d_{min}=ES-ei \tag{1-3}$$

$$X_{min}=D_{min}-d_{max}=EI-es \tag{1-4}$$

（2）过盈配合　过盈配合是指具有过盈（包括最小过盈等于零）的配合。此时孔的公差带在轴的公差带之下，如图 1-8b 所示。同样孔和轴装配后每对孔、轴间的过盈也是变化的。当孔制成上极限尺寸而轴制成下极限尺寸时，装配后得到最小过盈，其值为负，用 Y_{min} 表示；当孔制成下极限尺寸而轴制成上极限尺寸时，装配后得到最大过盈，其值为负，用 Y_{max} 表示。即

$$Y_{min}=D_{max}-d_{min}=ES-ei \tag{1-5}$$

$$Y_{max}=D_{min}-d_{max}=EI-es \tag{1-6}$$

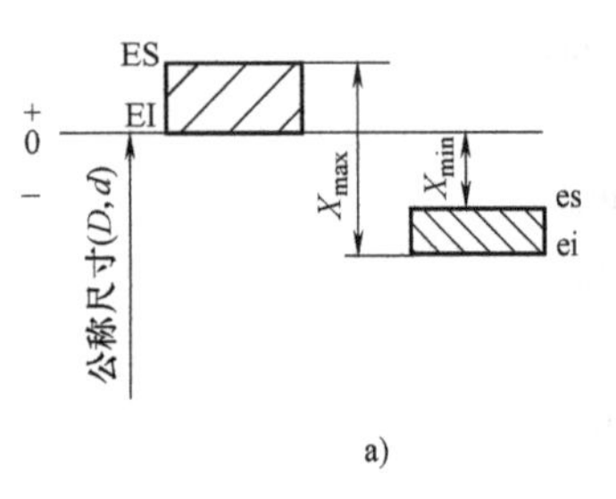

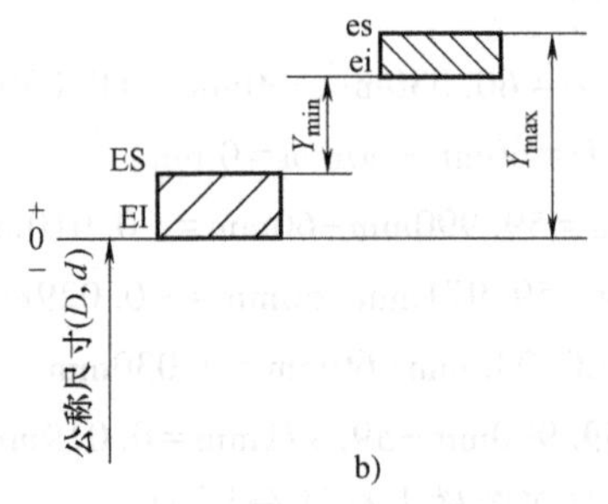

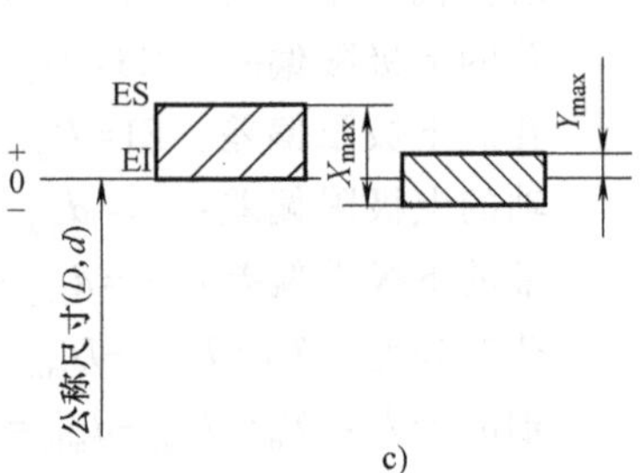

图 1-8　配合的类型

a）间隙配合　b）过盈配合　c）过渡配合

（3）过渡配合　过渡配合是可能具有间隙或过盈的配合。此时，孔的公差带与轴的公差带相互交叠，如图 1-8c 所示。在过渡配合中，孔和轴装配后每对孔、轴间的间隙或过盈

也是变化的。当孔制成上极限尺寸而轴制成下极限尺寸时，装配后得到最大间隙，按式（1-3）计算；当孔制成下极限尺寸而轴制成上极限尺寸时，装配后得到最大过盈，按式（1-6）计算。

必须指出，“间隙、过盈、过渡”是对一批孔、轴而言，具体到一对孔和轴装配后，只能是间隙或过盈，包括间隙或过盈为零；而不会出现过渡。

3. 配合公差

配合公差是指组成配合的孔与轴的公差之和，用 T_f 表示。它是允许间隙或过盈的变动量，是一个绝对值。它表明了配合松紧程度的变化范围。在间隙配合中，最大间隙与最小间隙之差的绝对值为配合公差；在过盈配合中，最小过盈与最大过盈之差的绝对值为配合公差；在过渡配合中，配合公差等于最大间隙与最大过盈之差的绝对值。即

$$T_f = |X_{max} - X_{min}| \tag{1-7}$$

$$T_f = |Y_{min} - Y_{max}| \tag{1-8}$$

$$T_f = |X_{max} - Y_{max}| \tag{1-9}$$

上述三种配合的配合公差也为孔公差与轴公差之和，即

$$T_f = T_D + T_d \tag{1-10}$$

由此可见，配合机件的装配精度与零件的加工精度有关。若要提高配合机件的装配精度，使得配合后间隙或过盈的变化范围减少，则应减少零件的公差，也就是提高零件的加工精度。

4. 配合公差带图

用直角坐标表示出相配合的孔与轴其间隙或过盈的变化范围的图形称为配合公差带图。图 1-9 所示为孔与轴三种配合的配合公差带图，零线上方表示间隙，下方表示过盈。图 1-9 中上左侧为 $\phi30$H7/g6 间隙配合的配合公差带，右侧为 $\phi30$H7/k6 过渡配合的配合公差带，中间下方为 $\phi30$H7/p6 过盈配合的配合公差带。

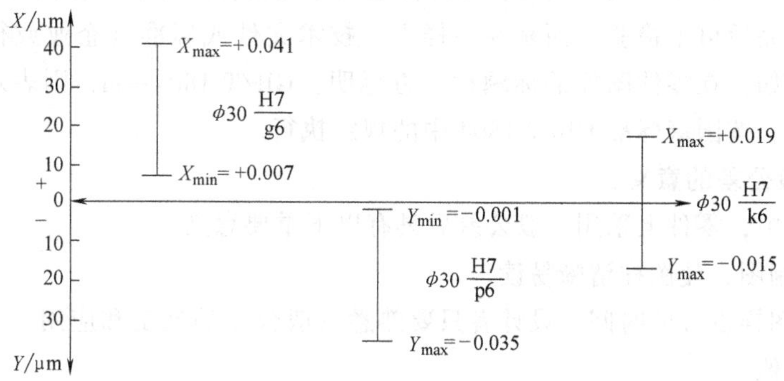

图 1-9　孔与轴三种配合的配合公差带图

知识拓展　平均盈隙

所谓“平均盈隙”，举例来说，是指在制造的一批零件中，任取一件齿轮轴的轴颈与任

取的一件泵盖孔相配合时，均能获得接近平均间隙的间隙值。如果产品上所有的结合零件副都能实现“平均盈隙”的互换性装配，便可大大提高产品的质量，而且还可以稳定地进行生产。要实现一批产品零件的“平均盈隙”装配，唯一的办法就是在制造时，要求设备和工装能够按照齿轮轴轴颈与泵盖孔各自公差所确定的平均尺寸进行快速调整和控制。

在实际生产中，平均盈隙更能体现配合性质。三种配合的平均盈隙的计算公式如下。

（1）间隙配合　$X_{av}=(X_{max}+X_{min})/2$。

（2）过盈配合　$Y_{av}=(Y_{max}+Y_{min})/2$。

（3）过渡配合　在实际生产中，其平均松紧程度可能是平均间隙，也可能是平均过盈，即 X_{av}（或 Y_{av}）$=(X_{max}+Y_{max})/2$。

知识要点五　线性尺寸的一般公差

1. 一般公差的概念及其应用

根据机械零件的功能，对机械零件在图样上表达的各几何要素的线性尺寸、角度尺寸、形状和各要素之间的位置等都有一定的公差要求。但是，对某些在功能上无特殊要求的要素，则可给出一般公差，即未注公差，也称为自由公差。

线性尺寸的一般公差主要用于较低精度的非配合尺寸，零件上无特殊要求的尺寸，以及在车间普通工艺条件下，由机床设备一般加工能力即可保证的公差，则尺寸后不需带有公差。

2. 一般公差的极限偏差值及其标注

国家标准 GB/T 1804—2000《一般公差　未注公差的线性和角度尺寸的公差》中对一般公差规定了四个公差等级：精密级 f、中等级 m、粗糙级 c、最粗级 v，按未注公差的线性尺寸和倒圆半径尺寸及倒角高度尺寸分别给出了各公差等级的极限偏差值。一般公差的极限偏差，无论孔、轴或长度尺寸一律成对称分布。这样的规定，可以避免由于对孔、轴尺寸理解不一致而带来不必要的纠纷。

当零件上的要素采用一般公差时，在图样上只标注公称尺寸，不标注极限偏差或公差带代号，零件加工完后可不检验，而是在图样上、技术文件或标准（企业或行业标准）中做出总的说明。例如：在零件图样的标题栏上方标明：GB/T 1804—m，则表示该零件的一般公差选用中等级，按国家标准 GB/T 1804 中的规定执行。

3. 采用一般公差的意义

在实际生产中，零件上采用一般公差后具有以下重要意义。

1）可简化制图，使图样清晰易读。

2）可节省图样设计的时间，设计者只要熟悉一般公差的规定和应用，不需要逐一考虑几何要素的公差值。

3）只要明确哪些几何要素可由一般工艺水平保证，可简化对这些要素的检验要求，从而有利于质量管理。

4）可突出图样上标注公差要素的重要性，以便在加工和检验时引起重视。

5）明确图样上几何要素的一般公差要求后，对于供需双方在加工、销售、交货等方面都有利。

第三节 极限与配合基础

知识要点一 极限制与配合制

1. 极限制和配合制的概念

(1) 极限制 孔、轴的配合是否满足使用要求，主要看是否可以保证极限间隙或极限过盈的要求。显然，满足同一使用要求的孔、轴公差带的大小和位置是无限多的，如果不对满足同一使用要求的孔、轴公差带的大小和位置做出统一规定，将会给生产过程带来混乱，不利于工艺过程的经济性，也不便于产品的使用和维修。因此，应该对孔、轴尺寸公差带的大小和公差带的位置进行标准化。极限制是指经标准化的公差与偏差制度。它是一系列标准的孔、轴公差值和极限偏差值。

(2) 配合制 配合制是指同一极限制的孔和轴组成配合的一种制度。根据配合的定义和三类配合的公差带图可以知道，配合的性质由孔、轴公差带的相对位置决定，因而改变孔或轴的公差带位置，就可以得到不同性质的配合。从理论上讲，任何一种孔的公差带和任何一种轴的公差带都可以形成一种配合，但实际上并不需要同时变动孔、轴的公差带，只要固定一个，改变另一个，既可得到满足不同使用性能要求的配合，又便于生产加工。因此，国家标准（GB/T 1800.1—2009）根据孔和轴公差带之间的相互位置关系，规定了两种基准制，即基孔制和基轴制。

1）基孔制。基孔制是指基本偏差为一定的孔的公差带，与不同基本偏差的轴的公差带形成各种配合的一种制度，如图 1-10a 所示。在基孔制中，孔是基准件，称为基准孔；轴是非基准件，称为配合轴。同时规定，基准孔的基本偏差是下极限偏差，且等于零，EI = 0mm，并以基本偏差代号 H 表示，应优先选用。

2）基轴制。基轴制是指基本偏差为一定的轴的公差带，与不同基本偏差的孔的公差带形成各种配合的一种制度，如图 1-10b 所示。在基轴制中，轴是基准件，称为基准轴；孔是非基准件，称为配合孔。同时规定，基准轴的基本偏差是上极限偏差，且等于零，es = 0mm，并以基本偏差代号 h 表示。

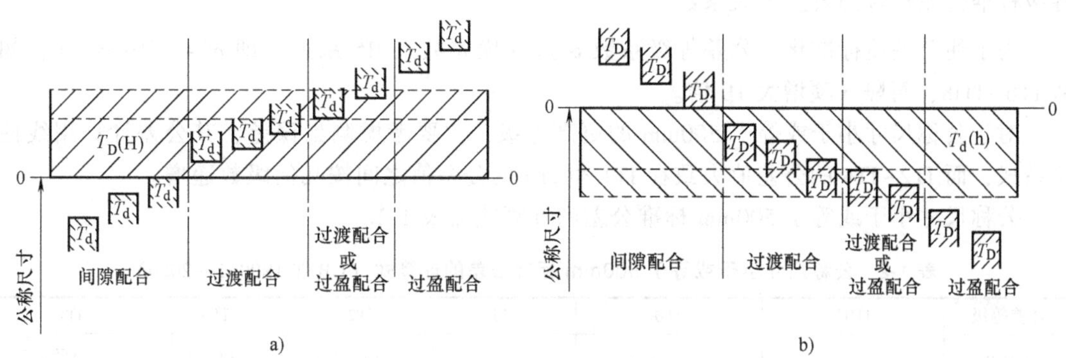

图 1-10 基准制

a）基孔制 b）基轴制

2. 公差等级与标准公差

为了实现互换性和满足各种使用要求，必须对各公称尺寸规定一系列公差与偏差，并规定一系列具有一定间隙或过盈的配合，这便成为极限与配合的国家标准的主要组成部分。我国的国家标准主要是参照国际标准（ISO）的原则制定的。

（1）公差等级　为了将公差值标准化，以减少量具和刀具等的规格，同时又满足各种机器所需精度的要求，国家标准 GB/T 1800.1—2009 规定 01、0、1、2、3、4、5、6、7、8、9、10、11、12、13、14、15、16、17、18 共 20 个等级的公差系列，其中 01 级最高，18 级最低。国家标准还规定公差级用“IT”两个字母表示，公差级别用数字表示在 IT 之后，如 3 级公差则表示为 IT3。

（2）公差单位　由于零件的制造误差不仅和加工方法的精度有关，而且和公称尺寸的大小也有关，尺寸大的所得误差也大。因此不能单从公差值来判断零件尺寸精度的高低。例如：公称尺寸为 ϕ80mm、公差值为 0.035mm 与公称尺寸为 ϕ8mm、公差值为 0.022mm 的两个零件，哪个的公差等级高就很难判断。为了便于评定公差等级的高低，国家标准规定了公差单位（标准公差因子）i（I）这一概念，用它来作为计算标准公差的一个基本单位。

对于公称尺寸小于或等于 500mm 的范围，公差单位计算公式为

$$i=0.45\sqrt[3]{D}+0.001D \tag{1-11}$$

式中，公称尺寸 D 单位为 mm；公差单位 i 单位为 μm。式中前项反映加工误差的影响，式中 $0.001D$ 一项是考虑测量时的温度和标准温度有偏差等因素引起的测量误差而加上的，国家标准规定 20℃ 为标准温度。

对于公称尺寸大于 500mm 至 3150mm 的范围，公差单位计算公式为

$$I=0.004D+2.1 \tag{1-12}$$

式中，公称尺寸 D 单位为 mm；公差单位 I 单位为 μm。式中前项反映测量误差，后项常数 2.1 为尺寸衔接关系常数。

对于公称尺寸大于 500mm 至 3150mm 的范围，在实际生产中应用较少，后面的讨论主要涉及公称尺寸小于或等于 500mm 的范围。

（3）公差等级系数　在公称尺寸一定的情况下，为了反映了加工方法的难易程度，这里引入公差等级系数 α。α 也是决定标准公差大小的唯一参数，即 $IT=\alpha i$，成为从 IT5～IT18 各级标准公差包含的公差等级系数。

为了使公差值标准化，公差等级系数 α 选取优先数系 R5 系列，即 $q^5=\sqrt[5]{10}\approx1.6$，如从 IT6～ITl8，每隔 5 项增大 10 倍。

对于公称尺寸小于或等于 500mm 的更高等级，主要考虑测量误差，其公差计算用线性关系式，而 IT2～IT4 的公差值大致在 IT1 和 IT5 的公差值之间按几何级数递增。

公称尺寸小于或等于 500mm 标准公差的计算式见表 1-2。

表 1-2　公称尺寸小于或等于 500mm 标准公差的计算式（GB/T 1800.1—2009）

公差等级	IT01			IT0			IT1		IT2		IT3		IT4	
公差值	$0.3+0.008D$			$0.5+0.012D$			$0.8+0.020D$		$IT1\left(\frac{IT5}{IT1}\right)^{\frac{1}{4}}$		$IT1\left(\frac{IT5}{IT1}\right)^{\frac{1}{2}}$		$IT1\left(\frac{IT5}{IT1}\right)^{\frac{3}{4}}$	
公差等级	IT5	IT6	IT7	IT8	IT9	IT10	IT11	IT12	IT13	IT14	IT15	IT16	IT17	IT18
公差值	$7i$	$10i$	$16i$	$25i$	$40i$	$64i$	$100i$	$160i$	$250i$	$400i$	$640i$	$1000i$	$1600i$	$2500i$

（4）尺寸分段　由于标准公差因子 i 是公称尺寸的函数，按标准公差计算式计算标准公差值时，如果每一个公称尺寸都有一个公差值，将会使编制的公差表格非常庞大，而且不利于标准化、系列化。为简化公差表格，标准规定对公称尺寸进行分段，公称尺寸 D 均按每一尺寸分段首尾两尺寸 D_1、D_2 的几何平均值代入，即 $D=\sqrt{D_1/D_2}$，这样就使得同一公差等级、同一尺寸分段内各公称尺寸的标准公差值是相同的。

研读范例

【例 1-3】　求公称尺寸 $\phi30$mm 的 IT6、IT7 的公差值。

解：$\phi30$mm 处于 18~30mm 尺寸段，则

$$D=\sqrt{D_1D_2}=\sqrt{18\times30}\,\text{mm}=23.24\text{mm}$$

$$i=0.45\sqrt[3]{D}+0.001D=0.45\sqrt[3]{23.24}\,\text{mm}+0.001\times23.24\text{mm}=1.31\mu\text{m}$$

查表 1-2 得

$$\text{IT6}=10i \qquad \text{IT7}=16i$$

$$\text{IT6}=10i=10\times1.31\mu\text{m}=13.1\mu\text{m}\approx13\mu\text{m}$$

$$\text{IT7}=16i=16\times1.31\mu\text{m}=20.96\mu\text{m}\approx21\mu\text{m}$$

（5）标准公差值　在公称尺寸和公差等级确定的情况下，按照上述标准公差计算式，可以计算出公称尺寸小于或等于 500mm、公差等级在 IT1~IT18 的标准公差值，见表 1-3。

表 1-3　公称尺寸小于或等于 500mm 的标准公差值（GB/T 1800.1—2009）

公称尺寸/mm	标准公差等级																	
	μm											mm						
	IT1	IT2	IT3	IT4	IT5	IT6	IT7	IT8	IT9	IT10	IT11	IT12	IT13	IT14	IT15	IT16	IT17	IT18
≤3	0.8	1.2	2	3	4	6	10	14	25	40	60	0.1	0.14	0.25	0.4	0.6	1	1.4
>3~6	1	1.5	2.5	4	5	8	12	18	30	48	75	0.12	0.18	0.30	0.48	0.75	1.2	1.8
>6~10	1	1.5	2.5	4	6	9	15	22	36	58	90	0.15	0.22	0.36	0.58	0.9	1.5	2.2
>10~18	1.2	2	3	5	8	11	18	27	43	70	110	0.18	0.27	0.43	0.7	1.1	1.8	2.7
>18~30	1.5	2.5	4	6	9	13	21	33	52	84	130	0.21	0.33	0.52	0.84	1.3	2.1	3.3
>30~50	1.5	2.5	4	7	11	16	25	39	62	100	160	0.25	0.39	0.62	1	1.6	2.5	3.9
>50~80	2	3	5	8	13	19	30	46	74	120	190	0.3	0.46	0.74	1.2	1.9	3	4.6
>80~120	2.5	4	6	10	15	22	35	54	87	140	220	0.35	0.54	0.87	1.4	2.2	3.5	5.4
>120~180	3.5	5	8	12	18	25	40	63	100	160	250	0.4	0.63	1	1.6	2.5	4	6.3
>180~250	4.5	7	10	14	20	29	46	72	115	185	290	0.46	0.72	1.15	1.85	2.9	4.6	7.2
>250~315	6	8	12	16	23	32	52	81	130	210	320	0.52	0.81	1.3	2.1	3.2	5.2	8.1
>315~400	7	9	13	18	25	36	57	89	140	230	360	0.57	0.89	1.4	2.3	3.6	5.7	8.9
>400~500	8	10	15	20	27	40	63	97	155	250	400	0.63	0.97	1.55	2.5	4	6.3	9.7

注：公称尺寸小于或等于 1mm，无 IT14~IT18；公称尺寸大于 500mm 的 IT1~IT5 的标准公差值为试行。

3. 基本偏差系列

（1）基本偏差的意义及其代号　在对公差带的大小进行了标准化后，还需对公差带相对于零线的位置进行标准化。

基本偏差是国家标准表格中所列的用以确定公差带相对于零线位置的上极限偏差或下极限偏差，一般是指靠零线最近的那个极限偏差。也就是说，当公差带在零线以上时，规定下

极限偏差（EI 或 ei）为基本偏差；当公差带在零线以下时，规定上极限偏差（ES 或 es）为基本偏差。为了满足各种不同配合的需要，满足生产标准化的要求，必须设置若干基本偏差并将其标准化，标准化的基本偏差组成基本偏差系列。

GB/T 1800.1—2009 对孔和轴分别规定了 28 种基本偏差，其代号用拉丁字母表示。大写代表孔，小写代表轴。在 26 个字母中，除去易混淆的 I、L、O、Q、W（i、l、o、q、w）5 个字母，国家标准规定采用 21 个，再加上 7 个双写字母 CD、EF、FG、JS、ZA、ZB、ZC（cd、ef、fg、js、za、zb、zc），共有 28 个基本偏差代号。构成孔（或轴）的基本偏差系列，反映 28 种公差带相对于零线的位置，如图 1-11 所示。

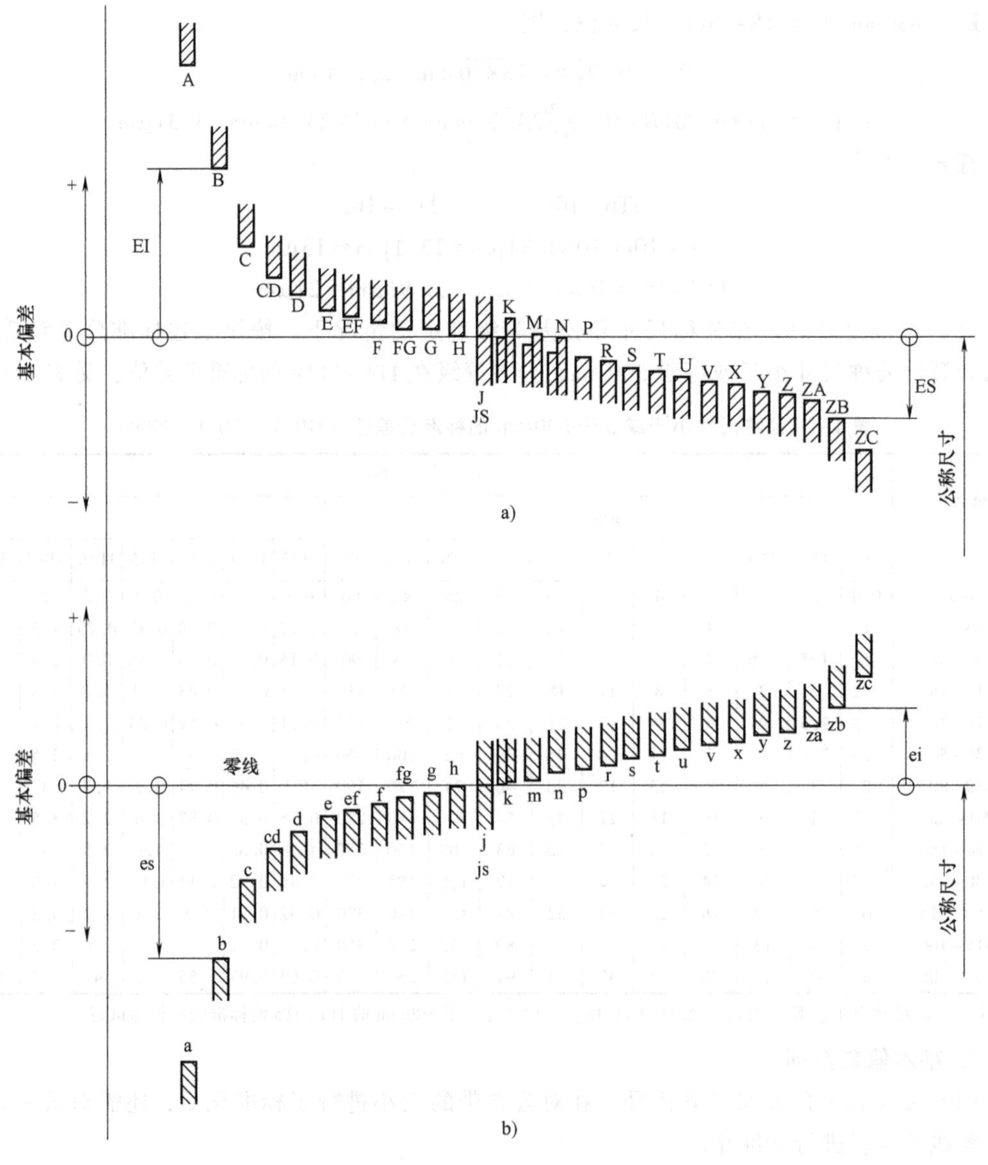

图 1-11　基本偏差系列

a）孔的基本偏差系列　b）轴的基本偏差系列

由图 1-11 可知，在孔的基本偏差系列中，A~H 的基本偏差为下极限偏差，J~ZC 的基本偏差为上极限偏差；而在轴的基本偏差系列中，a~h 的基本偏差为上极限偏差，j~zc 的基本偏差为下极限偏差。公差带的另一极限“开口”，表示其公差等级未定，它与尺寸和技术要求相关。

（2）基本偏差系列的特点

1）H 的基本偏差为 EI=0mm，公差带位于零线之上；h 的基本偏差为 es=0mm，公差带位于零线之下；J（j）与零线近似对称；JS（js）与零线完全对称。

2）对于孔：A~H 的基本偏差为下极限偏差 EI，其绝对值依次减小；J~ZC 的基本偏差为上极限偏差 ES，其绝对值依次增大（J、JS 除外）。对于轴：a~h 的基本偏差为上极限偏差 es，其绝对值依次减小；j~zc 的基本偏差为下极限偏差 ei（j、js 除外），其绝对值依次增大。

由图 1-11 可知，孔的基本偏差分布与轴的基本偏差分布成倒影关系。

3）JS 和 js 为完全对称偏差，在各个公差等级中完全对称于零线分布，因此其基本偏差可为上极限偏差+IT/2，也可为下极限偏差-IT/2。

4）在基本偏差系列图中只画出了基本偏差的一端，另一端是开口的，它取决于各级标准公差的大小。当基本偏差确定后，按公差等级确定标准公差 IT，另一极限偏差即可按下列关系式计算。

轴　　es=ei+IT　　或　　ei=es-IT

孔　　ES=EI+IT　　或　　EI=ES-IT

这是极限偏差和标准公差的关系式。

（3）基本偏差的数值

1）轴的基本偏差数值。公称尺寸小于或等于 500mm 轴的基本偏差是以基孔制配合为基础，按照各种配合要求，再根据生产实践经验和统计分析结果得出的一系列公式经计算后圆整尾数而得出列表值（数表可查阅相关手册，在此从略）。

2）孔的基本偏差数值。公称尺寸小于或等于 500mm 孔的基本偏差数值都是由相应代号轴的基本偏差数值按一定规则换算得到的。

通用规则：同一字母表示的孔、轴的基本偏差的绝对值相等，而符号相反，即对于所有公差等级的 A~H，EI=-es；对于标准公差大于 IT8 的 K、M、N 和大于 IT7 的 P~ZC，ES=-ei。但其中也有例外，对于标准公差大于 IT8、公称尺寸大于 3 mm 的 N 孔，其基本偏差 ES=0mm。

特殊规则：对于标准公差小于或等于 IT8 的 K、M、N 和小于或等于 IT7 的 P~ZC，孔的基本偏差 ES 与同字母的轴的基本偏差 ei 的符号相反，而绝对值相差一个 Δ 值，即

$$ES=-ei+\Delta \tag{1-13}$$

$$\Delta=IT_n-IT_{n-1} \tag{1-14}$$

式中，IT_n 是孔的标准公差；IT_{n-1} 是比孔高一级的轴的标准公差。

按照两个规则换算得到孔的基本偏差数值（数表可查阅相关手册，在此从略）。

知识拓展　如何查极限偏差数值

1）孔、轴的各种基本偏差与极限偏差的关系，如图 1-12 所示。

2）查极限偏差数值的步骤和方法。

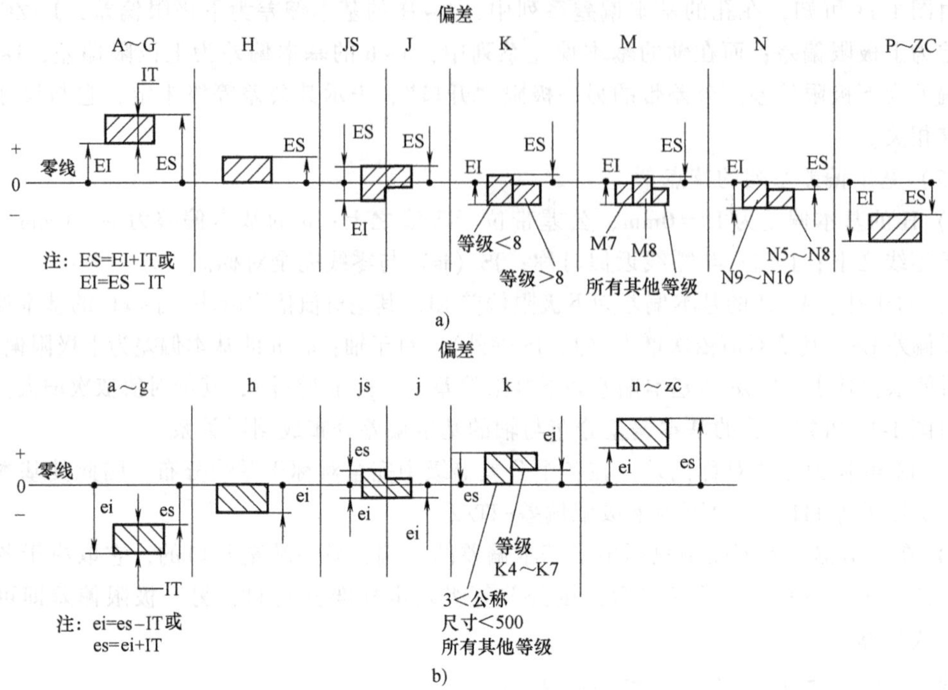

图 1-12 孔和轴的偏差

a）孔 b）轴

① 根据基本偏差的代号确定是查孔或轴的极限偏差数值表。

② 在极限偏差数值表中找到基本偏差代号，再从基本偏差代号下找到公差等级数字所在的列。

③ 查找公称尺寸段所在的行，则行和列的相交处，就是所要查的极限偏差数值。

研读范例

【例 1-4】 查 $\phi70f8$ 的极限偏差数值。

解：1）f 为小写字母，应查轴的极限偏差数值表。

2）找到基本偏差 f 下公差等级为 8 的一列。

3）公称尺寸 70 属于“大于 50 至 80”范围，找到此段所在的行，在行和列的相交处得到极限偏差数值：上极限偏差为－30μm，下极限偏差为－76μm，即得 $\phi70f8$ 为 $\phi70^{-0.030}_{-0.076}$mm。

4. 孔和轴公差带在图样上的标注

1）孔和轴的公差带在零件图上的标注如图 1-13 所示，主要标注上、下极限偏差数值，

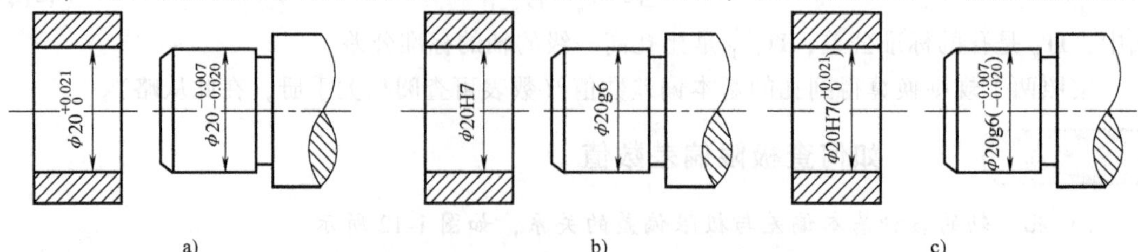

图 1-13 孔和轴的公差带在零件图上的标注

也可标注基本偏差代号及公差等级。

2）孔和轴的公差带在装配图上标注如图 1-14 所示，主要标注配合代号，即标注孔、轴的基本偏差代号及公差等级，也可标注上、下极限偏差数值。

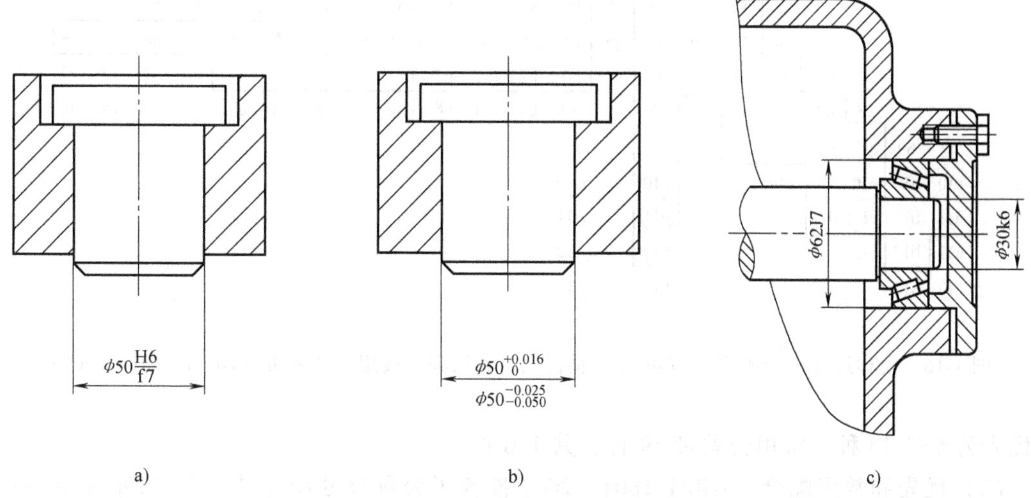

图 1-14　孔和轴的公差带在装配图上的标注

5. 孔和轴公差带与配合的标准化

（1）优先、常用和一般用途公差带　原则上允许任一孔、轴组成配合，但为了简化标准和使用方便，根据实际需要规定了优先、常用和一般用途的孔、轴公差带，从而有利于生产和减少刀具、量具的规格、数量，便于技术工作。

图 1-15 和图 1-16 所示为公称尺寸小于或等于 500mm 的孔优先或轴优先、常用和一般用途公差带，应按顺序选用。

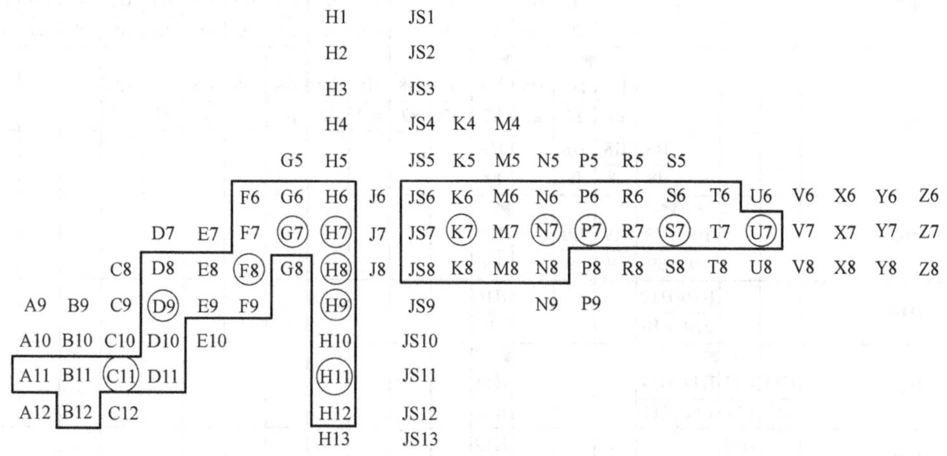

图 1-15　公称尺寸小于或等于 500mm 的孔优先、常用和一般用途公差带（GB/T 1801—2009）

图中圆圈内为优先公差带，框格内为常用公差带，其他为一般用途公差带。

在图 1-15 中，孔的优先公差带 13 种，常用公差带 44 种，共 105 种；在图 1-16 中，轴

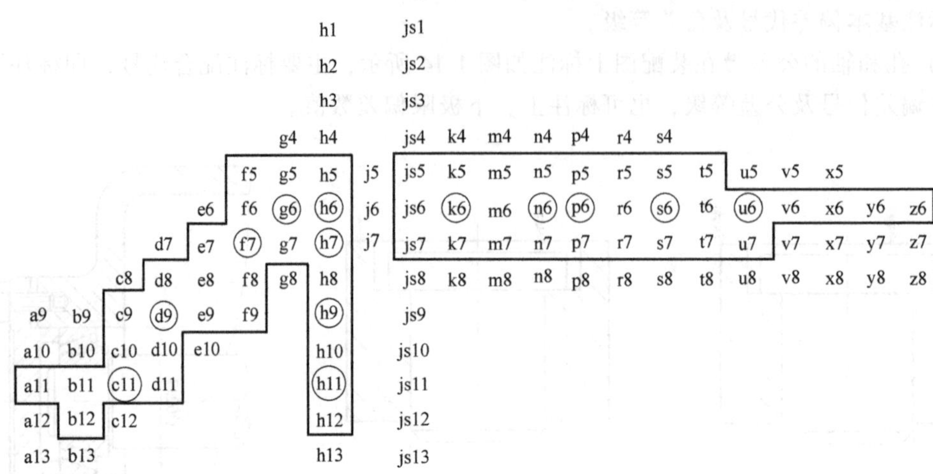

图 1-16 公称尺寸小于或等于 500mm 的轴优先、常用和一般用途公差带（GB/T 1801—2009）

的优先公差带 13 种，常用公差带 59 种，共 116 种。

（2）优先和常用配合　GB/T 1801—2009 推荐了公称尺寸小于或等于 500mm 范围内，基孔制的 13 种优先配合和 59 种常用配合，见表 1-4；对基轴制，规定了 13 种优先配合和 47 种常用配合，见表 1-5，以供选择使用。

表 1-4　基孔制优先配合、常用配合（GB/T 1801—2009）

基准孔	轴																				
	a	b	c	d	e	f	g	h	js	k	m	n	p	r	s	t	u	v	x	y	z
	间隙配合								过渡配合			过盈配合									
H6						H6/f5	H6/g5	H6/h5	H6/js5	H6/k5	H6/m5	H6/n5	H6/p5	H6/r5	H6/s5	H6/t5					
H7						H7/f6	◤ H7/g6	◤ H7/h6	H7/js6	◤ H7/k6	H7/m6	◤ H7/n6	◤ H7/p6	H7/r6	◤ H7/s6	H7/t6	◤ H7/u6	H7/v6	H7/x6	H7/y6	H7/z6
H8					H8/e7	◤ H8/f7	H8/g7	◤ H8/h7	H8/js7	H8/k7	H8/m7	H8/n7	H8/p7	H8/r7	H8/s7	H8/t7	H8/u7				
				H8/d8	H8/e8	H8/f8		H8/h8													
H9			H9/c9	◤ H9/d9	H9/e9	H9/f9		◤ H9/h9													
H10			H10/c10	H10/d10				H10/h10													
H11	H11/a11	H11/b11	◤ H11/c11	H11/d11				◤ H11/h11													
H12		H12/b12						H12/h12													

注：1. $\frac{H6}{n5}$、$\frac{H7}{p6}$在公称尺寸小于或等于 3mm 和$\frac{H8}{r7}$在小于或等于 100mm 时，为过渡配合。

2. 标注◤的配合为优先配合。

表 1-5 基轴制优先配合、常用配合（GB/T 1801—2009）

基准轴	孔																				
	A	B	C	D	E	F	G	H	JS	K	M	N	P	R	S	T	U	V	X	Y	Z
	间隙配合								过渡配合			过盈配合									
h5						F6/h5	G6/h5	H6/h5	JS6/h5	K6/h5	M6/h5	N6/h5	P6/h5	R6/h5	S6/h5	T6/h5					
h6						F7/h6	◤G7/h6	◤H7/h6	JS7/h6	◤K7/h6	M7/h6	◤N7/h6	◤P7/h6	R7/h6	◤S7/h6	T7/h6	◤U7/h6				
h7					E8/h7	◤F8/h7		◤H8/h7	JS8/h7	K8/h7	M8/h7	N8/h7									
h8				D8/h8	E8/h8	F8/h8		H8/h8													
h9				◤D9/h9	E9/h9	F9/h9		◤H9/h9													
h10				D10/h10				H10/h10													
h11	A11/h11	B11/h11	◤C11/h11	D11/h11				◤H11/h11													
h12		B12/h12						H12/h12													

注：标注◤的配合为优先配合。

知识要点二　极限与配合的选用

1. 选择极限与配合的基本原则

在机械制造业中，应用极限与配合国家标准，就是要根据使用要求正确合理地选择符合标准规定的孔、轴的公差带大小和公差带位置，也就是在公称尺寸确定之后，选择公差等级、配合制和配合种类。

选择极限与配合的基本原则是：充分满足使用性能要求，并获得最佳技术经济效益。其中，满足使用性能是第一位的，这是产品质量的保证。在此条件下，尽可能考虑生产、使用、维护过程的经济性。

正确合理地选择孔、轴的公差等级、配合制和配合种类，不仅要对极限与配合国家标准有较深了解，而且应对产品的工作状况、使用条件、技术性能和精度要求、可靠性、预计寿命及生产条件进行全面分析和估计，特别应该在生产实践和科学试验中不断积累设计经验，提高综合实际工作能力，才能真正达到正确合理选择的目的。

合理地选择极限与配合，对于提高产品的性能、质量以及降低制造成本都有重大的作用。

2. 选择极限与配合的方法

选择极限与配合的方法一般有类比法、计算法和试验法三种。

(1) 类比法　类比法就是通过对类似机器和零部件进行调查研究，分析对比，吸取经验，结合各自的实际情况选取极限与配合，这是应用最多、最主要的方法。

(2) 计算法　计算法是按照一定的理论和公式来确定所需要的间隙或过盈。由于影响因素较复杂，理论均是近似的，计算结果不尽符合实际，应进行适当修正。

(3) 试验法　试验法是通过试验或统计分析来确定间隙或过盈，此法较为合理可靠，但花费时间较长，成本较高，只用于重要的配合。

3. 公差等级的选择

选择标准公差等级就是要正确处理零件的使用要求与制造工艺的复杂程度及成本之间的矛盾。公差等级选择过低，零件加工容易，生产成本低，但零件的使用性能也较差；公差等级选择过高，零件的使用性能虽好，但零件加工困难，而且生产成本高。所以，必须综合考虑使用性能和经济性两方面的因素，正确合理地选择公差等级。

选择公差等级总的原则是在满足使用要求的前提下，尽量选取低的公差等级。

公差等级的选用，目前大多数情况下采用类比法，参考经过实践证明是合理的典型产品的公差等级，结合待定零件的配合、工艺和结构等特点，经分析对比后确定公差等级。对某些特别重要的配合，在条件允许的情况下，根据相应的因素确定要求的公差等级时，才用计算法进行精确设计。

用类比法选择公差等级时，还应考虑以下几个方面。

1) 工艺等价原则。工艺等价原则是指使相配合的孔、轴加工难易程度相当。对于间隙配合和过渡配合，公称尺寸小于或等于 500mm，$IT_D \leqslant IT8$ 时，T_D 比 T_d 低一级；$IT_D > IT8$ 时，T_D 与 T_d 取同级。

对于过盈配合，公称尺寸小于或等于 500mm，$IT_D \leqslant IT7$ 时，T_D 比 T_d 低一级；$IT_D > IT7$ 时，T_D 与 T_d 取同级。若公称尺寸大于 500mm，T_D 与 T_d 也可取同级。

2) 精度匹配原则。相互配合的零件，其公差等级与配合零件精度有关。例如：与滚动轴承、齿轮等配合的孔和轴的公差等级与滚动轴承，齿轮等的公差等级要相匹配。

3) 配合性质适配原则。由于孔、轴公差等级的高低直接影响配合间隙或过盈的变动量，即影响配合的稳定性，因此对过渡配合和过盈配合一般不允许其间隙或过盈的变动量太大，应选较高的公差等级。推荐孔小于或等于 IT8，轴小于或等于 IT7。对于间隙配合，一般来说，间隙小，应选较高的公差等级，反之可以低一些。

4) 主、次配合表面区别对待原则。对于一般机械而言，主要配合表面的孔和轴选 IT5~IT8；次要配合表面的孔和轴选 IT9~IT12；非配合表面的孔和轴一般选 IT12 以下。

若已知配合公差 T_f，可按下式之一确定孔、轴配合尺寸公差的大小。

$$T_f = T_D + T_d \quad \text{(按极值法计算)} \tag{1-15}$$

$$T_f = \sqrt{T_D^2 + T_d^2} \quad \text{(按概率法计算)} \tag{1-16}$$

上两式中孔、轴公差按下述情况分配。

当配合尺寸小于或等于 500mm、$T_f \leqslant 2IT8$ 时，推荐孔比轴低一级；$T_f > 2IT8$ 时，推荐孔、轴同级；当配合尺寸大于 500mm 时，除采用孔、轴同级外，根据制造特点可采用配制配合（见 GB/T 1801—2009）。

如果是某特殊重要配合，已能根据使用要求确定其间隙或过盈的允许界限时，即可以用计算法进行精确设计，以确定其公差等级。例如：公称尺寸为 60mm 的间隙配合，根据工作条件要求，允许的最大间隙 $[X_{max}] = 80\mu m$，允许的最小间隙 $[X_{min}] = 25\mu m$，则允许的配合公差 $[T_f] = [X_{max}] - [X_{min}] = 80\mu m - 25\mu m = 55\mu m$。若选定孔为 7 级，轴为 6 级，它们的公差分别为 $T_D = IT7 = 30\mu m$，$T_d = IT6 = 19\mu m$，其配合公差 $T_f = T_D + T_d = 30\mu m + 19\mu m = 49\mu m <$

$[T_f]$，可满足要求。

以上计算多用于动压轴承的间隙配合和在弹性变形范围内的过盈配合时，《极限与配合　过盈配合的计算和选用》（GB/T 5371—2004）对此有相应规定。

4. 配合制的选择

国家标准规定了基孔制和基轴制两种配合制。一般来说，孔、轴基本偏差数值可保证在一定条件下极限间隙或极限过盈相同，即基孔制和基轴制的配合性质相同。例如：H7/f6 与 F7/h6 有相同大的最大、最小间隙。所以，在一般情况下，无论选用基孔制还是选用基轴制配合，均能满足同样的使用要求。因此，配合制的选择基本上与使用要求无关，主要应从生产、工艺的经济性和结构的合理性等方面综合考虑。

（1）优先选择基孔制配合　一般情况下，应优先选用基孔制配合。由于一定的公称尺寸和公差等级，基准孔的极限尺寸是一定的，不同的配合是由不同极限尺寸的配合轴形成的。如果在机械产品的设计中采用基孔制配合，可以最大限度地减少孔的尺寸种类，随之减少了定尺寸刀具（钻头、铰刀、拉刀等）、量具（卡规、塞规等）的规格，从而获得显著的经济效益，也利于刀具、量具的标准化、系列化，以便经济、合理地使用它们。

（2）特殊情况下选择基轴制配合　下列情况采用基轴制配合经济合理。

1）在纺织机械、农业机械、仪器仪表中，经常直接采用一些精度较高的（IT8～IT11）冷拉钢材制作轴，不必加工。此时选用基轴制配合，只需对孔进行加工，因而较为经济合理。

2）与标准件配合时，必须按标准件来选择基准制，如滚动轴承的外圈与壳体孔的配合必须采用基轴制。

3）有些零件由于结构或工艺上的原因，必须采用基轴制。例如：发动机的活塞连杆机构，如图 1-17 所示，活塞销与活塞的两个销孔的连接要求定位准确，为此采用过渡配合

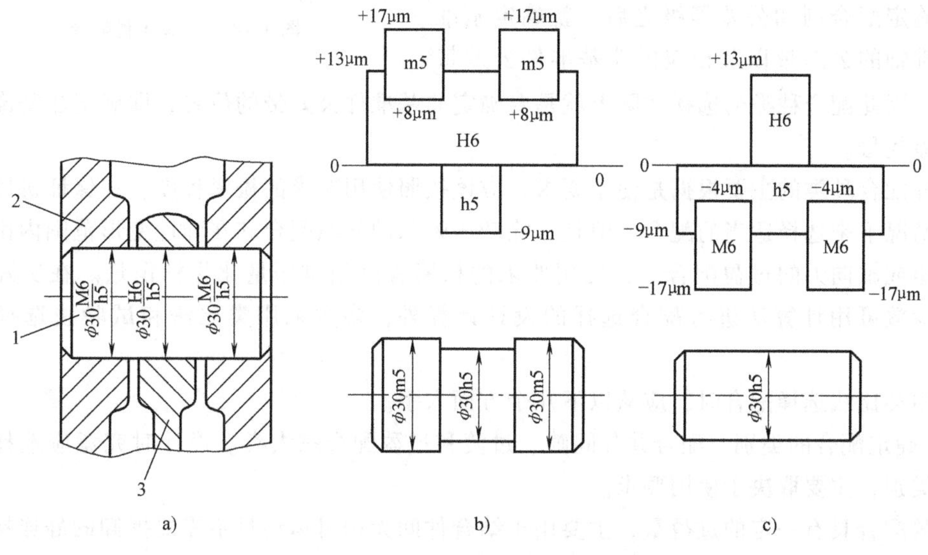

图 1-17　活塞连杆机构

1—活塞销　2—活塞　3—连杆衬套

$\left(\frac{M6}{h5}\right)$；而活塞销与连杆衬套孔之间有相对运动（相对摆动），为此采用间隙配合$\left(\frac{H6}{h5}\right)$。如采用基孔制配合，则活塞的两个销孔和连杆衬套孔的公差带相同，而为了满足两种不同的配合要求，必须把活塞销按两种公差带加工成“阶梯轴”，如图 1-17b 所示，这给加工和装配造成很大的困难。若改用基轴制，则活塞销按一种公差带加工，制成光轴，如图 1-17c 所示，而活塞的两个销孔和连杆衬套孔按不同的公差带加工，从而获得两种不同的配合。这样即保证装配的质量，又不会给加工带来困难，所以，在这种情况下应采用基轴制。

（3）非基准制配合　在图 1-17 所示的实例中，还可采用活塞销 1 与活塞 2 仍为基孔制配合$\left(\phi 30\frac{H6}{m5}\right)$，为不使活塞销形成台阶，又与连杆衬套孔形成间隙配合，连杆衬套 3 选用基轴制配合的孔（ϕ30F6），则它与基孔制配合的轴（ϕ30m5）形成所需的间隙配合。其中，$\phi 30\frac{F6}{m5}$就形成不同基准制的配合，或称为非基准制配合。

在某些特殊场合，基孔制与基轴制的配合均不适宜，如图 1-18 所示轴承盖与孔的配合为 $\phi 110\frac{J7}{f9}$、挡环与轴的配合为 $\phi 50\frac{F8}{k6}$等。又如为保证电镀后 ϕ50H9/f8 的配合，且保证其镀层厚度为 10μm±2μm，则电镀前孔、轴必须分别按 ϕ50F9 和 ϕ50c8 加工。以上均是非基准制配合在生产中的应用实例。

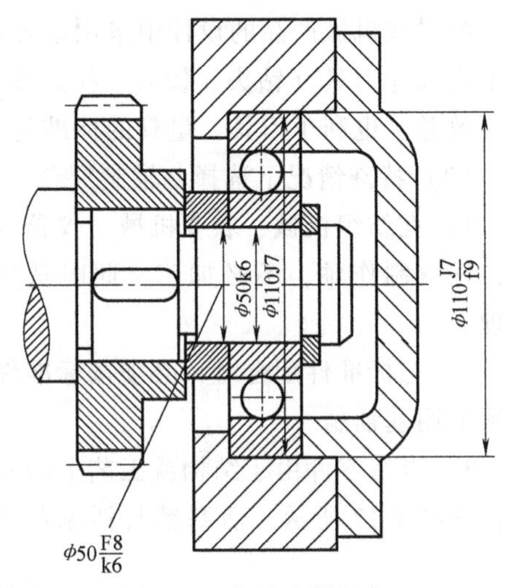

图 1-18　非基准制配合

5. 配合种类的选择

在确定配合制和公差等级之后，就确定基准孔或基准轴的公差带以及相应的非基准件公差带的大小，因此配合种类的选择实际上就是要确定非基准件公差带的位置，即确定非基准件的基本偏差代号。

选择配合种类的主要根据是使用要求，应该按照使用要求的松紧程度，在保证机器正常工作的情况下来选择适当的配合。但是，除动压轴承的间隙配合和在弹性变形范围内由过盈传递力矩或轴向力的过盈配合外，使用要求的松紧程度很难用量化指标衡量。在实际工作中，除少数可用计算法进行配合选择的设计计算外，多数采用类比法和试验法选择配合种类。

采用类比法选择配合时，应从以下几个方面入手。

1）确定配合的类别。配合共分间隙、过渡和过盈配合三大类。设计时究竟应选择哪一种配合类别，主要取决于使用要求。

过盈配合具有一定的过盈量，主要用于结合件间无相对运动且不需要拆卸的静连接。当过盈量较小时，只作为精确定心用，如需传递力矩，需加键、销等紧固件；过盈量较大时，可直接用于传递力矩。

过渡配合可能具有间隙，也可能具有过盈，因其量小，主要用于精确定心、结合件间无相对运动、可拆卸的静连接。要传递力矩时则要加紧固件。

间隙配合具有一定的间隙，间隙小时主要用于精确定心又便于拆卸的静连接，或结合件间只有缓慢移动或转动的动连接；间隙较大时主要用于结合件间有转动、移动或复合运动的动连接。

2）按工作条件确定配合的松紧。配合的类别确定后，若待定的配合部位与供类比的配合部位在工作条件上存在一定的差异，应对配合的松紧程度（即间隙或过盈量的大小）做适当调整。

3）了解各配合的特征与应用，确定轴和孔的基本偏差。

图 1-19 所示为配合应用实例。

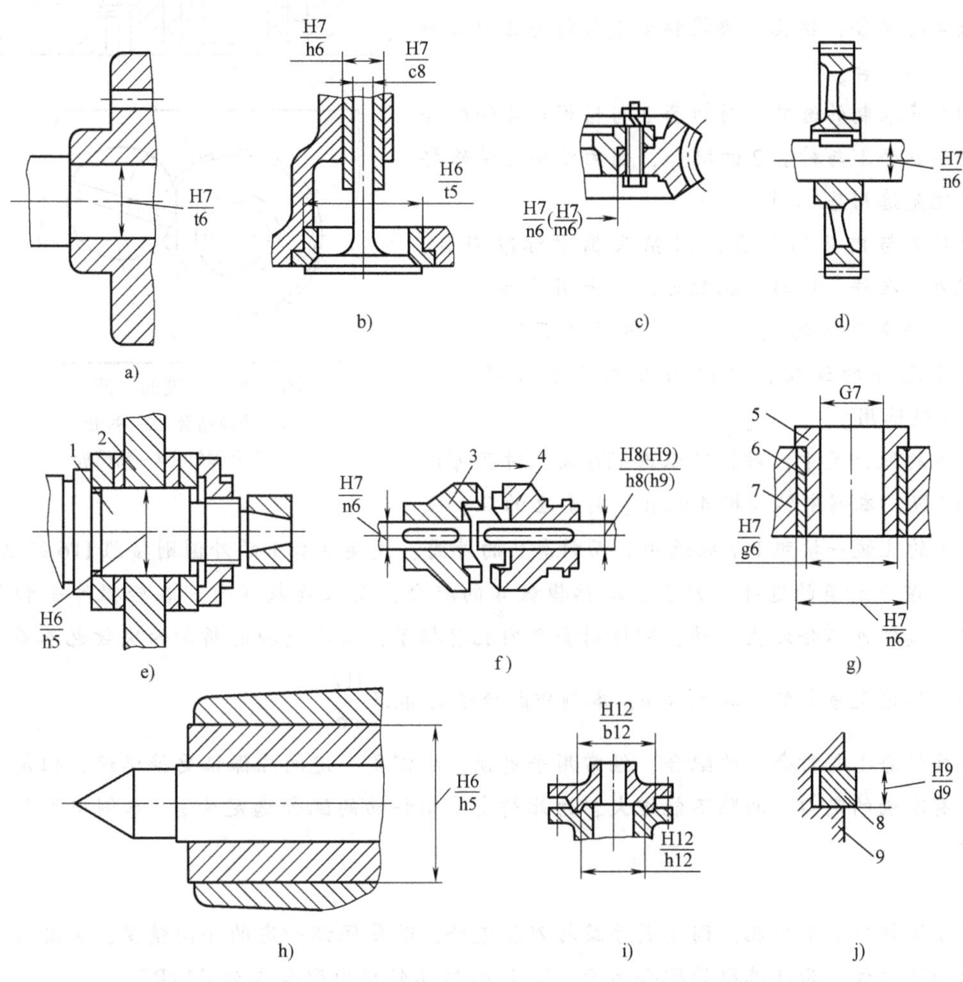

图 1-19　配合应用实例

a）联轴器和轴配合　b）内燃机排气阀杆和座配合　c）涡轮轮缘和轮辐配合

d）压力机齿轮和轴配合　e）剃齿刀和刀杆配合　f）牙嵌离合器配合

g）钻套及衬套的配合　h）车床尾座配合　i）管道法兰配合　j）活塞环配合

1—刀杆主轴　2—剃齿刀　3—固定爪　4—移动爪　5—钻套　6—衬套　7—钻模板　8—活塞环　9—活塞

知识拓展　如何选择配合

图 1-20 所示为钻模的一部分。钻模板 4 上有衬套 2，快换钻套 1 在工作中要求能迅速更换，当快换钻套 1 以其铣成的缺边对正钻套螺钉 3 后可以直接装入衬套 2 的孔中，再顺时针旋转一个角度，钻套螺钉 3 的下端面就盖住快换钻套 1 的另一缺面。这样钻削时，快换钻套 1 便不会因为切屑排出产生的摩擦力而使其退出衬套 2 的孔外。当钻孔后更换快换钻套 1 时，可将快换钻套 1 逆时针旋转一个角度后直接取下，换上另一个孔径不同的快换钻套而不必将钻套螺钉 3 取下。钻模现需加工工件上的 ϕ12mm 孔时，试选择衬套 2 与钻模板 4 的配合、钻孔时快换钻套 1 与衬套 2 以及内孔与钻头的配合。

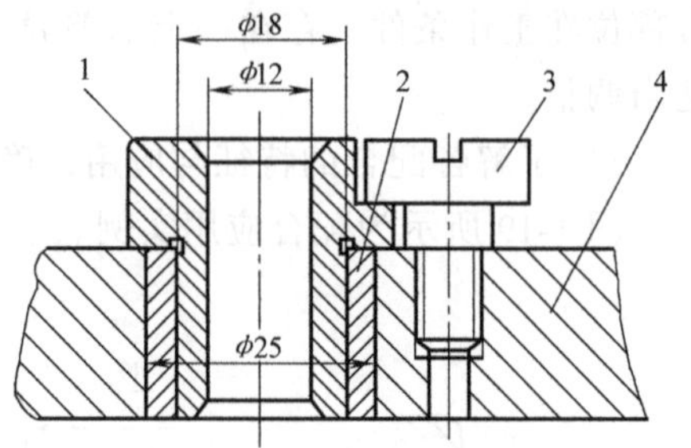

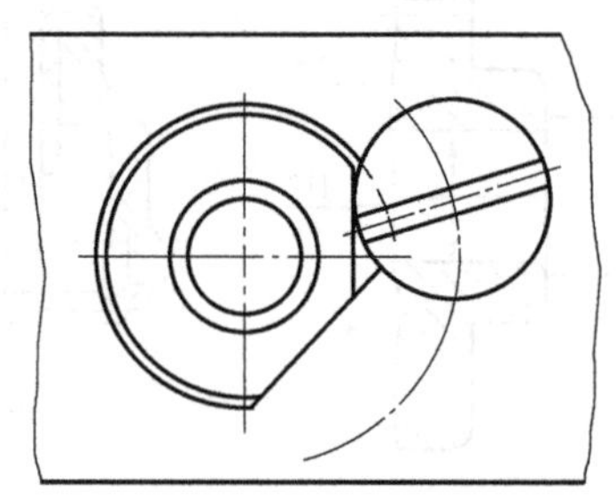

图 1-20　钻模的一部分

1—快换钻套　2—衬套

3—钻套螺钉　4—钻模板

(1) 基准制的选择　对衬套 2 与钻模板 4 的配合以及快换钻套 1 与衬套 2 的配合，因为结构无特殊要求，应优先选用基孔制。

对钻头与内孔的配合，因钻头属于标准刀具，可以视为标准件，故与内孔配合应该采用基轴制。

(2) 公差等级的选择　通过相关手册可知，钻模夹具各元件的连接，可以按照用于配合尺寸的 IT5 ~ IT8 级选用。

重要的配合尺寸，对轴可以选 IT6 级，对孔可以选择 IT7 级。本例中钻模板 4 的孔、衬套 2 的孔、快换钻套 1 的孔统一按照 IT7 级选用。而衬套 2 的外圆、快换钻套 1 的外圆则按照 IT6 级选用。

(3) 配合种类的选择　衬套 2 与钻模板 4 的配合，要求连接牢靠，在轻微冲击和负荷下不用连接件也不会发生松动，即使衬套 2 内孔磨损了，需要更换时拆卸的次数也不多。因此选择平均过盈量大的过渡配合 n，本例中配合选为 $\phi25\frac{H7}{n6}$。

快换钻套 1 与衬套 2 的配合，经常用手更换，故需要一定间隙保证更换迅速，但是因为又要求有准确的定心，间隙不能过大，为此精密手动移动的配合选定为 g。本例中配合选为 $\phi18\frac{H7}{g6}$。

至于快换钻套 1 内孔，因要引导旋转刀具进给，既要保证一定的导向精度，又要防止间隙过小而被卡住，为此选取的配合为 R。图 1-20 所示钻模中配合选为 ϕ12R7。

必须指出：对于快换钻套 1 配合的衬套 2 内孔，根据上面分析本应该选择 H7，考虑到 GB 2804—2008，为了统一快换钻套 1 内孔与衬套 2 内孔的公差带，规定了统一选用 R7，以利于制造。所以，在衬套 2 内孔公差带为 R7 的前提下，选用相当于$\frac{H7}{r6}$类配合的$\frac{R7}{h6}$非基准制配合。基准制配合与非基准制配合的对比，如图 1-21 所示。

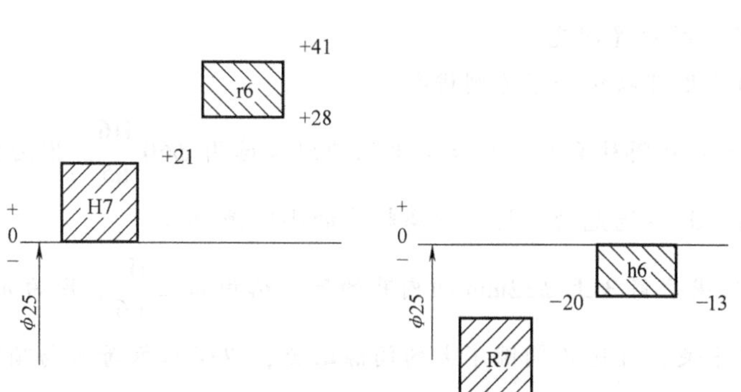

图 1-21　基准制配合与非基准制配合的对比

知识拓展　试分析确定 CA6132 型车床尾座有关部位的配合选择

图 1-22 所示为 CA6132 型车床尾座。该车床属于中等精度、小批量生产的机器，其尾座的作用主要是以顶尖顶持工件或安装钻头、铰刀等，并承受切削力。尾座与主轴的同轴度要求比较严格。

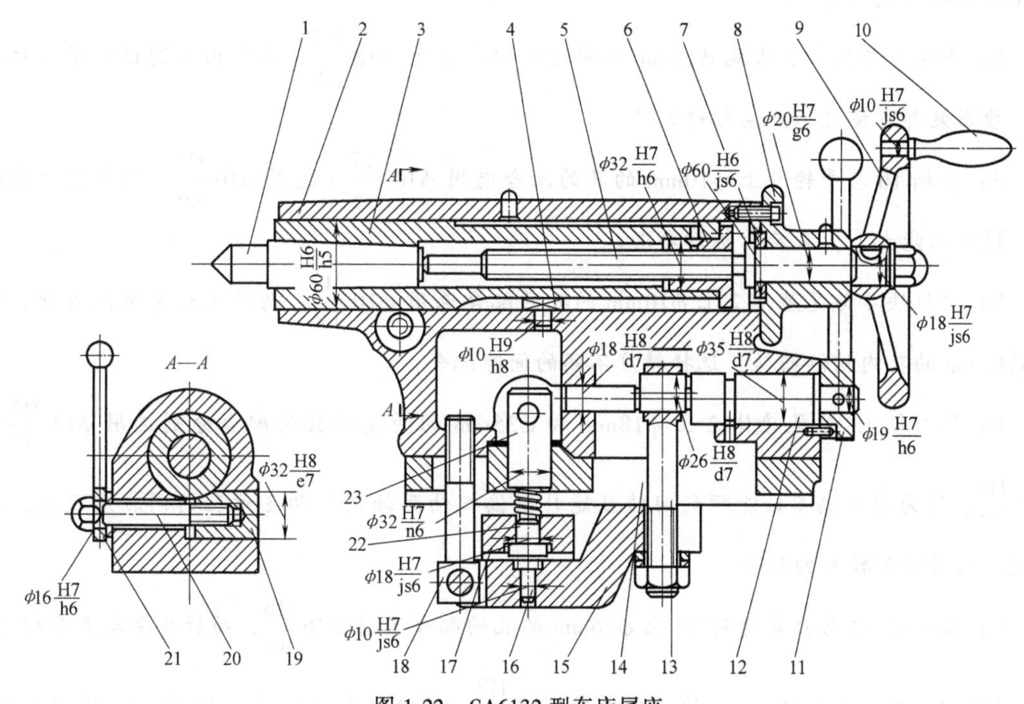

图 1-22　CA6132 型车床尾座

1—顶尖　2—尾座体　3—顶尖套筒　4—定位块　5—丝杠　6—螺母　7—挡圈　8—后盖　9—手轮　10—手柄　11—扳手　12—偏心轴　13—拉紧螺钉　14—底板　15—杠杆　16—小压块　17—压板　18—螺钉　19—夹紧套　20—螺杆　21—小扳手　22—压块　23—柱

尾座的动作大致这样：尾座沿床身导轨移动到位后，可扳动扳手 11，通过偏心轴 12 使拉紧螺钉 13 上提，使压板 17 紧压床身，从而固定尾座位置；转动手轮 9，通过丝杠 5，推动螺母 6、顶尖套筒 3 和顶尖 1 沿轴向移动，顶紧工件；最后扳动小扳手 21，由螺杆 20 拉紧夹紧套 19，使顶尖的位置固定。

极限与配合的选用可以按如下原则进行。

1）顶尖套筒 3 的外圆柱面与尾座体 2 上孔的配合选用 $\phi60\frac{H6}{h5}$。因为顶尖套筒 3 要求能在孔中沿轴向移动，且不能晃动，故应选高精度的小间隙配合。

2）螺母 6 与顶尖套筒 3 上 ϕ32mm 的内孔的配合选用 $\phi32\frac{H7}{h6}$。因为 ϕ32mm 尺寸起径向定位作用，为装配方便，宜选用间隙不大的间隙配合，以保证螺母 6 与顶尖套筒 3 同心，保证丝杠转动灵活性。

3）后盖 8 凸肩与尾座体 2 上 ϕ60mm 的孔的配合选用 $\phi60\frac{H6}{js6}$。后盖 8 要求能沿径向挪动，补偿其与丝杠轴装配后可能产生的偏心误差，从而保证丝杠的灵活性，因此需用小间隙配合。

4）后盖 8 与丝杠 5 上 ϕ20mm 的轴颈的配合选用 $\phi20\frac{H7}{g6}$，因为要求能低速转动，间隙比轴向移动时稍大即可。

5）手轮 9 与丝杠 5 右端 ϕ18mm 的轴颈的配合选用 $\phi18\frac{H7}{js6}$。手轮由半圆键带动丝杠转动，要求装卸方便且不产生相对晃动。

6）手柄 10 与手轮 9 上 ϕ10mm 的孔的配合选用 $\phi10\frac{H7}{js6}$或选用 $\phi10\frac{H7}{k6}$。因手轮为铸铁件，过盈不能太大，装后无拆卸要求。

7）定位块 4 与尾座体 2 上 ϕ10mm 的孔的配合选用 $\phi10\frac{H9}{h8}$。为使定位块装配方便，轴在 ϕ10mm 的孔内稍做回转，选择精度不高的间隙配合。

8）偏心轴 12 与尾座体 2 上 ϕ18mm 和 ϕ35mm 的两支承孔的配合分别选用 $\phi18\frac{H8}{d7}$和 $\phi35\frac{H8}{d7}$。因为应使偏心轴能顺利回转且能补偿偏心轴两轴颈与两支承孔的同轴度误差，故分别应选用间隙较大的配合。

9）偏心轴 12 与拉紧螺钉 13 上 ϕ26mm 的孔的配合选用 $\phi26\frac{H8}{d7}$，功能要求与上条相近。

10）偏心轴 12 与扳手 11 的配合选用 $\phi19\frac{H7}{h6}$。装配时需调整扳手 11 处于紧固位置时，偏心轴 12 也处于偏心向上位置，因此不能选有过盈的配合。

11）杠杆 15 上 ϕ10mm 的孔与小压块 16 的配合选用 $\phi10\frac{H7}{js6}$。为装配方便且装拆时不易掉出，故选过盈很小的过渡配合。

12）压板 17 上 ϕ18mm 的孔与压块 22 的配合选 $\phi18\frac{H7}{js6}$，其要求同上条。

13）底板 14 上 $\phi32$mm 的孔与柱 23 的配合选用 $\phi32\frac{H7}{n6}$，因为其要求在有横向力时不松动，装配时可用锤击方式。

14）夹紧套 19 与尾座体 2 上 $\phi32$mm 的孔的配合选用 $\phi32\frac{H8}{e7}$。要求当小扳手 21 松开后，夹紧套 19 能很容易地退出，故选间隙较大的配合。

15）小扳手 21 上 $\phi16$mm 的孔与螺杆 20 的配合选用 $\phi16\frac{H7}{h6}$，因两者用半圆键连接，功能与第 5）条相近，但间隙可稍大于第 5）条。

实训操作

【实训操作一】　常用量具的见习；钢直尺、钢卷尺、游标卡尺等的使用

1. 常用量具的见习

（1）实训目的

1）了解常用量具的种类及其适用范围。

2）熟悉使用量具时应注意的事项。

3）熟悉量具保管的常识。

（2）实训要求

1）严格遵守实训纪律，一切行动听指挥，不迟到、不早退、不无故缺席。

2）态度端正、谦虚谨慎，认真听取指导老师的讲解和演示，并做好笔记。

3）未经培训和许可，不得随意摆弄量具。

4）保持工作场地整洁、通畅；严肃认真地进行实训操作，不得嬉戏打闹。

（3）实训量具和器材　实验室现存的各类量具以及挂图。

（4）实训步骤

1）分类介绍各种常用量具及其适用范围。

2）介绍使用量具的注意事项。

3）介绍量具的保管常识。

4）举例说明精密量具的特殊使用条件和要求。

2. 钢直尺、钢卷尺、游标卡尺等的使用

（1）实训目的

1）学会使用钢直尺、钢卷尺测量长度。

2）学会使用划规、划针划线和截取线段。

3）初步了解使用游标卡尺测量长度的方法。

（2）实训量具和器材　钢直尺、钢卷尺、划规、划针、游标卡尺、白色或彩色粉笔等。

（3）实训步骤

1）分别用钢直尺、钢卷尺测量工件长度。

2）使用划规在工件平面上划圆，在工件表面截取长度；使用划针在工件表面划线。

3）使用游标卡尺测量长度（不要求精确读数）。

（4）填写测量报告单　按要求将测量内容、测量过程、测量收获与体会填入测量报告单。

习题与思考题

1-1　何谓互换性？按互换性组织生产活动有哪些优越性？

1-2　互换性的分类有哪些？完全互换性与不完全互换性有什么区别？各应用于什么场合？

1-3　何谓标准？我国标准分为哪四级？

1-4　什么是标准化？标准化与互换性生产有何联系？实现标准化有何重要意义？

1-5　什么是优先数和优先数系？我国标准采用了哪些优先数系？

1-6　R5、R40 系列各表示什么意义？

1-7　何谓公称尺寸？何谓极限尺寸？怎样判断零件是否合格？

1-8　什么是尺寸偏差？什么是尺寸公差？两者有何区别？

1-9　什么是配合？什么是间隙配合？什么是过渡配合？什么是过盈配合？

1-10　什么是配合公差？怎样计算配合公差？

1-11　试分析 $\phi45^{+0.039}_{0}$mm 的孔与 $\phi45^{0}_{-0.025}$ 的轴配合，属于哪种基准制的哪种配合？

1-12　何谓标准公差因子？怎样确定标准公差因子？

1-13　标准公差等级是怎么规定的？

1-14　什么是基本偏差？基本偏差代号是怎么规定的？

1-15　查出下列配合中孔和轴的上、下极限偏差，说明配合性质，画出公差带图和配合公差带图，标明其公差，上、下极限尺寸，最大、最小间隙（或过盈）。

$$（1）\phi40\frac{H8}{f7}\qquad（2）\phi40\frac{H8}{js7}\qquad（3）\phi40\frac{H8}{t7}$$

1-16　某配合其公称尺寸为 ϕ60mm，$X_{max}=40\mu m$，$T_D=30\mu m$，$T_d=20\mu m$，$es=0\mu m$，试计算 ES、EI、ei、T_f 及 X_{min}（Y_{max}），说明配合性质。

1-17　图 1-23 所示为机床传动装配图的一部分，齿轮与轴由键连接，轴承内外圈与轴和机座孔的配

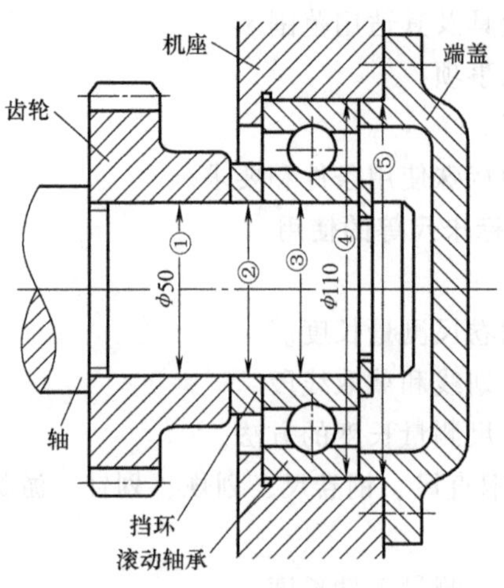

图 1-23　机床传动装配图的一部分

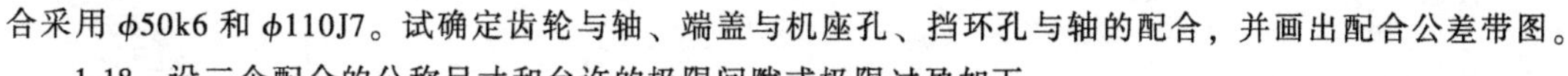

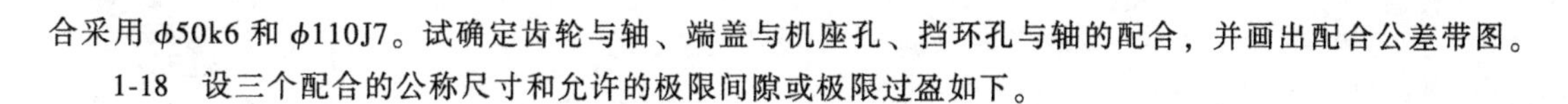

合采用 ϕ50k6 和 ϕ110J7。试确定齿轮与轴、端盖与机座孔、挡环孔与轴的配合，并画出配合公差带图。

1-18　设三个配合的公称尺寸和允许的极限间隙或极限过盈如下。

1）$D(d)=\phi 40$mm，$X_{max}=70\mu m$，$X_{min}=20\mu m$。

2）$D(d)=\phi 95$mm，$Y_{max}=-130\mu m$，$Y_{min}=-20\mu m$。

3）$D(d)=\phi 10$mm，$X_{max}=10\mu m$，$Y_{max}=20\mu m$。

若均选用基孔制，试确定各孔、轴的公差等级及配合种类。

第二章　技术测量基础

教学导航

【知识目标】

1. 了解测量的基本概念；熟悉测量过程所包括的四个要素；熟悉测量时必须遵循的四条原则。
2. 熟悉测量器具和测量方法；熟悉量仪、量具的计量指标。
3. 掌握各类常用量仪、量具的基本结构与工作原理及其使用时的注意事项。
4. 熟悉在测量中应用的现代量仪和新技术。
5. 熟悉测量方法、测量器具、测量基准面和定位方法等的选择。
6. 熟悉测量误差和测量精度的概念；掌握测量数据的处理方法。

【能力目标】

1. 能够较为熟练地选择和使用各类测量器具。
2. 能够初步分析测量误差的来源及其性质，能够对测量数据进行适当处理。

第一节　技术测量的基本知识

知识要点一　测量的基本概念

零件几何量需要通过测量或检验，才能判断其合格与否，只有合格的零件才具有互换性。

1. 测量

测量就是把被测量与具有计量单位的标准量进行比较，从而确定被测量量值的过程。被测量的量在一定条件下总有一个客观存在的量值，通常称为真值。当我们使用某种设备在一定条件下对此量进行测量时，所得的测量值同真值之间总有一个差值，该差值称为测量误差。可用公式表示为

$$L=qE \tag{2-1}$$

式中，L 是被测量值；q 是比值；E 是计量单位。

式（2-1）表明，任何几何量的量值都由两部分组成：表征几何量的数值和该几何量的

计量单位。例如：几何量 $L=65$mm，其中 mm 为长度计量单位，数值 65 则是以 mm 为计量单位时该几何量的数值。

显然，对任一被测对象进行测量，首先要建立计量单位，其次要有与被测对象相适应的测量方法，并且要达到所要求的测量精度。因此，一个完整的几何量测量过程包括被测对象、计量单位、测量方法和测量精度四个要素。

(1) 被测对象　在几何量测量中，被测对象是指长度、角度、形状、相对位置、表面粗糙度、几何参数等。

(2) 计量单位　计量单位是指用以度量同类量值的标准量。我国法定长度计量单位为米（m），角度计量单位为弧度（rad）和度（°）、分（′）、秒（″）。机械制造中常用的长度计量单位为毫米（mm）、微米（μm）、纳米（nm）；常用的角度计量单位为弧度（rad）、微弧度（μrad）、度（°）、分（′）、秒（″），1°≈0.0174533rad。

(3) 测量方法　测量方法是指测量时所采用的测量原理、测量器具和测量条件的综合。

(4) 测量精度　测量精度是指测量结果与真值一致的程度。

为了尽量缩小测量误差，提高测量精度，保证测量质量，进行测量时必须遵守测量四原则。

(1) 最小变形原则　测量器具与被测零件都会因实际温度偏离标准温度或受力（重力和测量力）而产生变形，形成测量误差。为了实现最小变形，在测量过程中，必须控制测量温度及其变动、保证测量器具与被测零件有足够的等温时间、选用与被测零件线膨胀系数相近的测量器具，必须选用适当的测量力并保持其稳定、选择适当的支承点等。

(2) 基准统一原则　测量基准应与加工基准和使用基准统一，即工序测量应以工艺基准作为测量基准，终检测量应以设计基准作为测量基准。

(3) 阿贝原则　阿贝原则要求在测量过程中被测长度与基准长度应安置在同一直线上。若被测长度与基准长度并排放置，在测量比较过程中由于制造误差的存在、移动方向的偏移、两长度之间出现夹角而产生较大的误差。误差的大小除与两长度之间夹角大小有关外，还与其之间的距离有关，距离越大，误差也越大。

(4) 最短链原则　在间接测量中，与被测量具有函数关系的其他量与被测量形成测量链。形成测量链的环节越多，被测量的不确定度越大。因此，应尽可能减少测量链的环节数，以保证测量精度，称其为最短链原则。以最少数目的量块组成所需尺寸的量块组，就是最短链原则的一种实际应用。

2. 检验

检验是指判断被测量是否在规定的极限范围之内即是否合格的过程。

3. 检测

检测是测量与检验的总称，是保证产品精度和实现互换性生产的重要前提，是贯彻质量标准的重要技术手段，是生产过程中的重要环节。

检测是机械制造的“眼睛”，不仅用于评定产品质量，分析不良产品的原因，及时调整加工工艺，预防废次品，降低成本，还为 CAD/CAM 逆向工程提供数据服务。

知识要点二　长度单位与量值传递系统

1. 长度单位及其基准

目前，世界各国所使用的长度单位制度有米制和英制两种。我国采用米制。法定计量单位是米（m）。1983 年，第十七届国际计量大会通过决议，规定米的定义为：光在真空中（1/299792458）s 时间间隔内所经路径的长度，并推荐用激光辐射来复现它，其不确定度可达 1×10^{-9}。我国用碘吸收稳定的 0.633μm 氦氖激光辐射波长来复现长度基准。

2. 量值传递系统

（1）长度量值传递系统　在生产实践和科学研究中，不可能直接利用光波波长进行长度尺寸的测量，通常要通过各种测量器具进行测量。为了保证量值的互换性，必须建立起严密地将中间长度基准逐级传递到生产中使用的各种测量器具上的量值传递系统。我国长度量值传递系统如图 2-1 所示，从最高基准谱线开始，通过线纹尺和量块两个平行的系统向下传递。

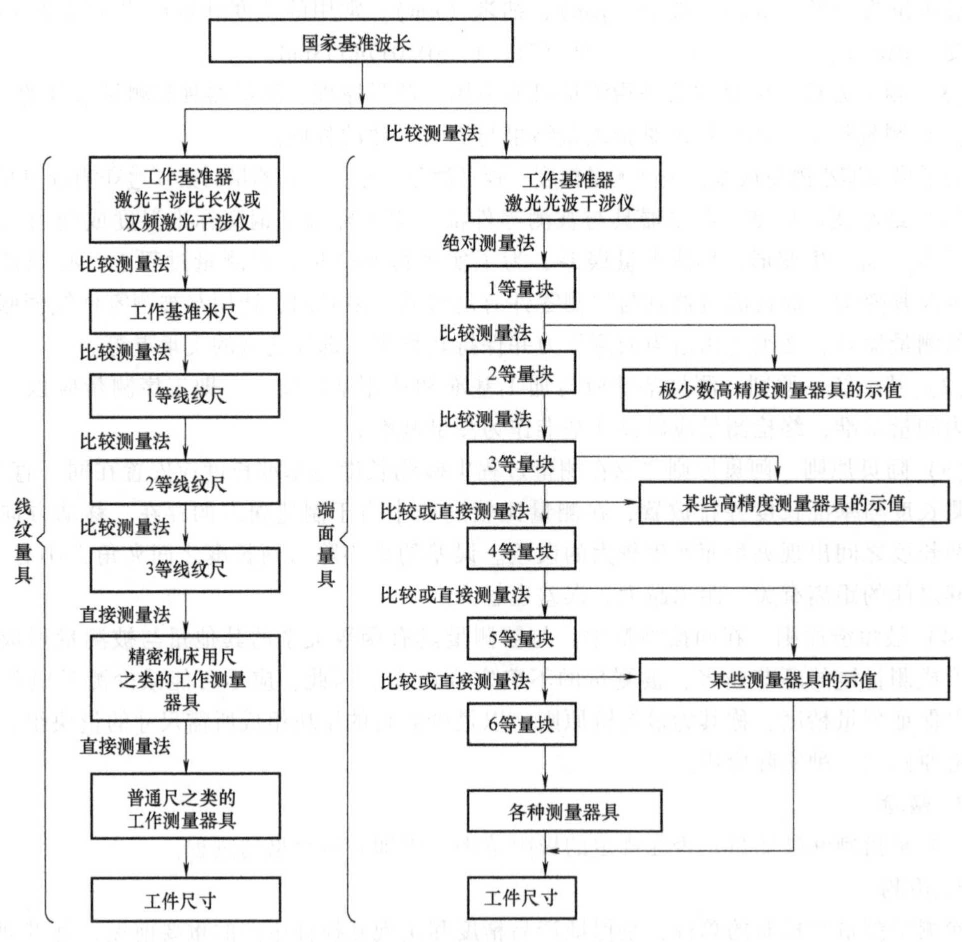

图 2-1　我国长度量值传递系统

（2）角度量值传递系统　角度是重要的几何量之一。一个圆周定义为 360°。角度不需要像长度一样建立自然基准。但在计量部门，为了方便，仍采用多面棱体（棱形块）作为角度量值的基准。机械制造中的角度标准一般是角度量块、测角仪或分度头等。

多面棱体有 4 面、6 面、8 面、12 面、24 面、36 面以及 72 面等，如图 2-2 所示。以多面棱体作为角度基准的量值传递系统，如图 2-3 所示。

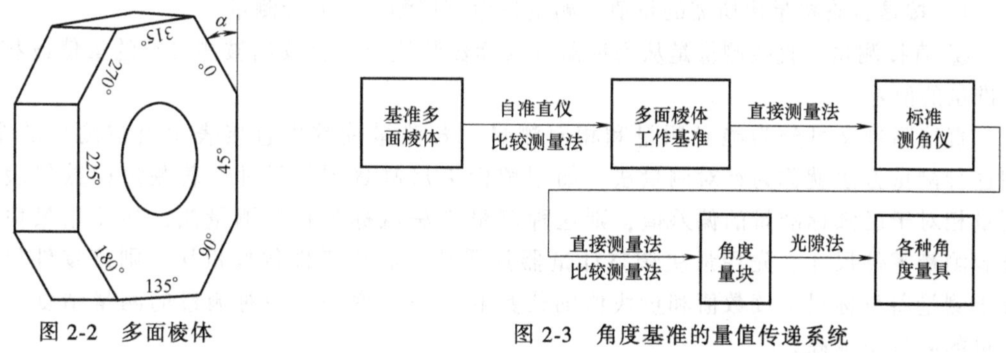

图 2-2　多面棱体　　　　图 2-3　角度基准的量值传递系统

第二节　测量器具与测量方法

知识要点一　测量器具与测量方法的分类

1. 测量器具的分类

测量器具（也称为计量器具）是测量仪器和测量工具的总称。通常把具有传动放大系统的测量器具称为测量仪器，如指示表、杠杆式比较仪、光学比较仪等；把没有传动放大系统的测量器具称为量具，如游标卡尺、各种量规等。按照测量器具的结构特点可分为量具、量规、量仪（测量仪器）和计量装置四类。

（1）量具　量具通常是指结构比较简单的测量工具，包括单值量具、多值量具和标准量具等。

1）单值量具是用来复现单一量值的量具。例如：量块、角度量块等，它们通常都是成套使用。

2）多值量具是一种能复现一定范围内的一系列不同量值的量具，如千分尺、90°角尺等。

3）标准量具是用作计量标准，供量值传递用的量具，如量块、基准米尺、角度尺等。

（2）量规　量规又称为极限量规，是一种没有刻度的，用以检验零件尺寸或形状、相互位置，控制上、下极限尺寸的专用检验工具。它只能判断零件是否合格，而不能得出具体尺寸，如光滑极限量规、螺纹量规、花键量规等。

（3）量仪　量仪即测量仪器，是指能将被测的量值转换成可直接观察的指示值或等效信息的测量器具。按工作原理和结构特征，量仪可分为数显式（如数显卡尺、数显量角器、数显千分尺等）、机械式（如百分表、扭簧比较仪等）、电动式（如电感比较仪、电动轮廓仪等）、光学式（如光学仪、工具显微镜、激光干涉仪等）、气动式（如压力式气动量仪、浮标式气动量仪等）以及它们的组合形式——光机电一体化的现代量仪等。

（4）计量装置　计量装置是一种专用检验工具，可以迅速地检验更多或更复杂的参数，从而有助于实现自动测量和自动控制，如自动分选机、齿轮综合精度检查仪、发动机缸体孔几何精度综合测量仪、检验夹具、主动测量装置等。

2. 测量方法的分类

按照测量值的获得方式不同，测量方法可以进行如下分类。

1）按是否直接量出所需的量值，测量分为直接测量和间接测量。

① 直接测量。直接测量是从测量器具的读数装置上直接读出被测参数的量值或相对于标准量的偏差。

直接测量又可分为绝对测量和相对测量。若测量读数可直接表示出被测量的全值，则这种测量方法就称为绝对测量法，如用游标卡尺测量零件尺寸。若测量读数仅表示被测量相对于已知标准量的偏差值，则这种测量方法就称为相对测量法，如使用量块和千分表测量零件尺寸，先用量块调整计量器具零位，后用零件替换量块，则该零件尺寸就等于测量器具标尺上读数值和量块值的代数和。一般说来，相对测量的测量精度比绝对测量的测量精度高。

② 间接测量。间接测量是指先测量有关量，再通过一定的函数关系，求得被测量的量值，如用正弦规测量零件角度，又如通过测量弦高和弦长计算求得半径。

2）按同时测量零件被测参数的多少，测量可分为单项测量和综合测量。

① 单项测量。单项测量是指对被测零件的各个参数分别测量，如分别测量齿轮的齿厚、齿距偏差等。

② 综合测量。同时测量零件几个相关参数，综合判断零件是否合格的测量方法称为综合测量。其目的在于保证被测零件在规定的极限轮廓内，以满足互换性要求，如齿轮（或花键）的综合测量。

单项测量结果便于工艺分析，而综合测量结果比较符合零件的实际工作状态。

3）按被测零件的表面与测头是否有机械接触，测量可分为接触测量和非接触测量。

① 接触测量。接触测量是指被测零件表面与测头有机械接触，并有机械作用的测量力存在，如游标卡尺、千分尺测量。

② 非接触测量。非接触测量是指被测零件表面与测头没有机械接触，如光学投影测量、激光测量、气动测量等。

4）按测量技术在机械制造工艺过程中所起的作用，测量可分为主动测量和被动测量。

① 主动测量。零件加工过程中进行的测量称为主动测量。这种测量方法可以直接控制零件的加工过程，能及时防止废品的产生。

② 被动测量。零件加工完毕后所进行的测量称为被动测量。这种测量方法仅能发现和剔除废品。

此外，还可根据测量是否在加工过程中进行而分为在线测量和离线测量；根据被测量在测量过程中所处的状态分为静态测量和动态测量；根据决定测量结果的全部因素或条件是否改变分为等精度测量和不等精度测量。

以上测量方法的分类出于不同角度的考虑，对于一个具体的测量过程，可能同时兼备几种测量方法的特性，如用三坐标测量机对零件的轮廓进行测量，则同时属于接触测量、直接测量、在线测量、动态测量等。

知识要点二　测量器具的技术指标

1. 测量器具的基本技术指标

测量器具的基本技术指标是合理选择和使用测量器具的重要依据。

（1）分度间距　分度间距也称为标尺间距。测量器具刻度标尺或刻度盘上两相邻刻线中心线间的距离。为了便于读数，分度间距不宜太小，一般为 1～2.5mm。分度间距太大，会加大读数装置的轮廓尺寸。

（2）分度值　分度值是指测量器具刻度标尺上每刻线间距所代表的被测量的量值。一般长度测量器具的分度值有 0.1mm、0.01mm、0.001mm、0.0005mm 等。分度值是一种测量器具所能直接读出的最小单位量值，它反映了读数精度的高低。分度值通常取 1、2、5 的倍数，一般说来，分度值越小，测量器具的精度越高。

（3）示值范围　示值范围是指测量器具刻度标尺或刻度盘所指示的起始值到终止值的范围，如某比较仪的示值范围为±15μm。

（4）测量范围　测量范围是指测量器具所能测量的最大与最小值范围，如千分尺的测量范围就有 0～25mm、25～50mm、50～75mm 等多种。

（5）示值误差　示值误差是指测量器具示值减去被测量的真值所得的差值，是测量器具本身各种误差的综合反映。测量器具示值范围内的不同工作点，其示值误差是不同的。

（6）灵敏度　灵敏度是指测量器具对被测量变化的反应能力。若被测几何量的变化为 Δx，该几何量引起测量器具的响应变化为 ΔL，则灵敏度为

$$S=\Delta L/\Delta x \tag{2-2}$$

在分子、分母是同一类量的情况下，灵敏度也称为放大比或放大倍数。

2. 测量器具的其他技术指标

（1）分辨力　分辨力是指测量器具所能显示的最末一位数所代表的量值。有些量仪不能使用分度值，其读数只能采用非标尺或非分度盘显示，而将其称为分辨力，如国产 JC19 型数显式万能工具显微镜的分辨力为 0.5μm。

（2）测量的重复性　在相同的测量条件下，对同一被测量进行连续多次测量（一般 5～10 次）所有测得值的最大变化范围称为示值的稳定性，又称为测量的重复性。通常以测量重复性误差的极限值（上、下极限偏差）来表示。

（3）灵敏阈　能够引起测量器具示值变动的被测尺寸的最小变动量称为该测量器具的灵敏阈，也称为鉴别力，反映该测量器具对于被测尺寸变动的敏感程度。

灵敏度和灵敏阈是两个不同的概念，如分度值均为 0.001mm 的齿轮式千分表与扭簧比较仪，它们的灵敏度基本相同，但就灵敏阈来说，后者比前者高。

（4）回程误差　回程误差是指在相同条件下，被测量值不变，测量器具行程方向不同时，两示值之差的绝对值。它是由测量器具中测量系统的间隙、变形和摩擦等原因引起的。

（5）修正值　修正值是指为了消除或减少系统误差，用代数法加到未修正的测量结果上的数值，其大小与示值误差绝对值相等而符号相反。例如：示值误差为-0.005mm，则修正值为+0.005mm。

（6）不确定度　不确定度表示由于测量误差的存在而对被测几何量不能肯定的程度。这是一个综合指标，包括示值误差、回程误差等。

（7）测量力　测量力是指测量器具的测量元件与被测表面接触时产生的机械压力。显然，测量力过大会引起测量器具的有关部分变形，在一定程度上降低测量精度；测量力过小也可能降低测量器具与被测表面接触的可靠性而引起测量误差。因此必须合理控制测量力的

大小。

知识要点三　测量器具的典型读数装置

测量器具上的读数装置种类很多，此处介绍以下五种。

1. 游标读数装置

游标的读数原理，可用图 2-4a 来说明。在图 2-4a 中，尺身的标尺间距为 1mm，游标尺的标尺间距为 0.9mm，所以尺身与游标尺一格的宽度差为 0.1mm。当尺身的零线与游标尺的零线对准时，除游标尺的最后一条刻线（即第 10 条刻线）与尺身刻线（第 9 条刻线）对准外，游标尺的其他刻线都不与尺身的刻线对准，但若将游标尺向右移动 0.1mm，则游标尺的第 1 条刻线与尺身刻线重合；若将游标尺向右移动 0.2mm，则游标尺的第 2 条刻线与尺身刻线重合，依次类推。故游标尺在 1mm 范围内（尺身标尺间距）向右移动的距离，可由游标尺刻线与尺身刻线对准的序号决定。例如，当游标尺的第 8 条刻线与尺身刻线重合时，则表示游标尺向右移动了 0.8mm。因此有了游标尺，就可以比较精确地获得尺身分度的小数部分。

图 2-4b～d 所示原理与上述原理是相同的，只不过它们尺身的标尺间距与游标尺的标尺间距的差值不同，所以它们的分度值也不相同。

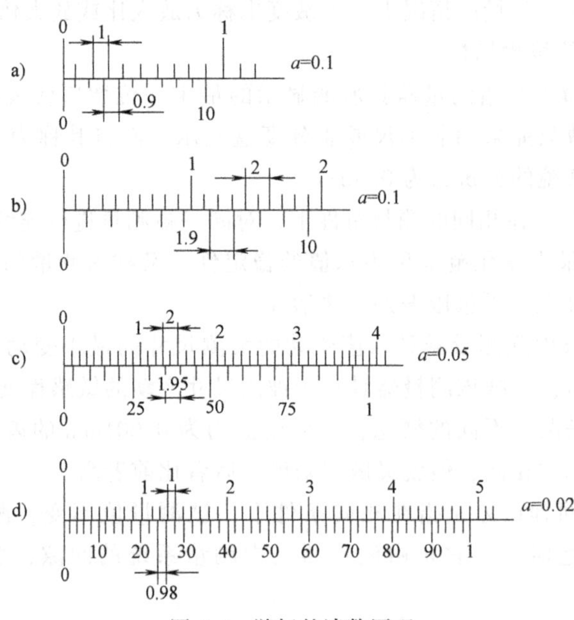

图 2-4　游标的读数原理

2. 千分螺旋读数装置

千分螺旋读数装置除应用在千分尺上以外，在其他测量器具上也应用得较为普遍。千分螺旋读数装置是一个精密螺杆和螺母的结合。图 2-5 所示为千分尺的原理图。螺杆 2 能在不动的螺母 1 中转动，从而螺杆 2 相对螺母 1 产生轴向移动。螺杆 2 的一端和套筒 3 相连，另一端即为活动测量端 5。螺母 1 固定在量杆 4 上，量杆 4 又通过弓形架和固定测量端 6 连接在一起。量杆 4 上刻有标尺间隔为 0.5mm 的刻线，套筒 3 的锥面圆周上刻有 50 小格，螺杆 2 的螺距为 0.5mm。这样，当套筒 3 带动螺杆 2 旋转一周时，活动测量端 5 相对固定测量端

6 轴向移动 0.5mm。例如：套筒 3 只转过它本身圆周上的一小格，则两测量端间的相对位移量为 0.5mm/50 = 0.01mm。读数从量杆 4 上刻度和套筒 3 上圆周刻度读出。图 2-5 所示读数为 15.97mm。

有时套筒的直径做得较大，在它的圆周上刻了 100 个小格。这样，每一小格所代表的长度值就是 0.005mm 了。

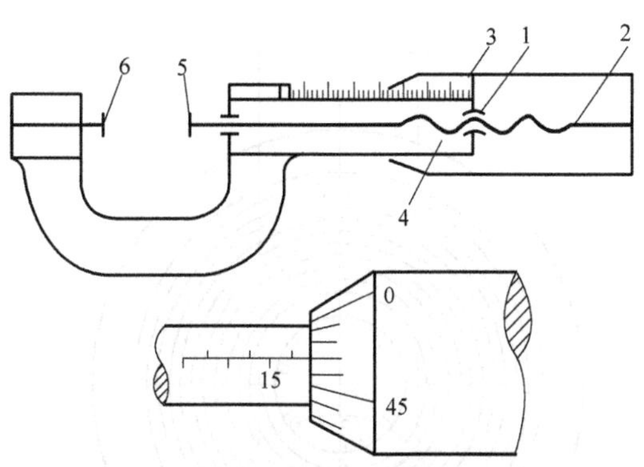

图 2-5　千分尺的原理图

1—螺母　2—螺杆　3—套筒　4—量杆　5—活动测量端　6—固定测量端

3. 指针刻度盘读数装置

指针刻度盘读数装置用在百分表、测微仪和其他有指针的量仪中。实际上它和普通刻度尺一样，只不过把刻线刻在圆盘上，靠指针所对准的刻度读出数值。

4. 螺旋显微镜读数装置

螺旋显微镜读数装置较为广泛地应用在精密测量器具中。它是由三个刻度尺组成的。图 2-6 所示为螺旋显微镜的原理图。

在图 2-6 中，玻璃刻度尺 5 为毫米刻度尺，它与测头固定在一起，通过物镜 4 成像于螺旋分划板 2 的刻线平面上。紧靠此螺旋分划板 2 有一固定分划板 3，在固定分划板 3 上刻有标尺间隔为（1/10）mm 的 11 条刻线（0~10），利用这块（1/10）mm 分划板，可以准确地读出测量值为（1/10）mm 的读数。整个读数可从目镜 1 的视场中看到。

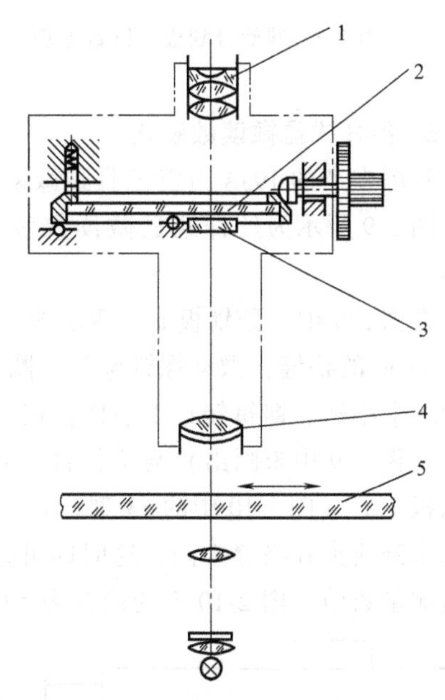

图 2-6　螺旋显微镜的原理图

1—目镜　2—螺旋分划板　3—固定分划板　4—物镜　5—玻璃刻度尺

为了确定毫米刻线在两条相邻的（1/10）mm 刻线之间的准确位置，就必须利用螺旋分划板 2。

螺旋分划板的读数原理如图 2-7 所示。螺旋分划板上刻有螺距为 0.1mm 的阿基米德螺旋线，在分划板中间的一个圆圈中刻有等距的 100 小格，此分划板绕其中心转动时，每转一周，阿基米德螺旋线的曲率半径增大（或减小）0.1mm，如每转过圆周上每一小格，则阿基米德螺旋线的曲率半径增大（或减小）0.1mm/100 = 0.001mm。用此分划板测量（1/10）mm 之间的准确位置时，只需转动螺旋分划板，直至阿基米德螺旋线与毫米刻度尺的刻度影像（图 2-7 中的 24 刻线）重合，即可在螺旋分划板中间的圆周上，读出（1/10）mm 以下的精确读数。

图 2-8 所示为螺旋显微镜读数装置的视场图，图中的读数为 46.3622mm。

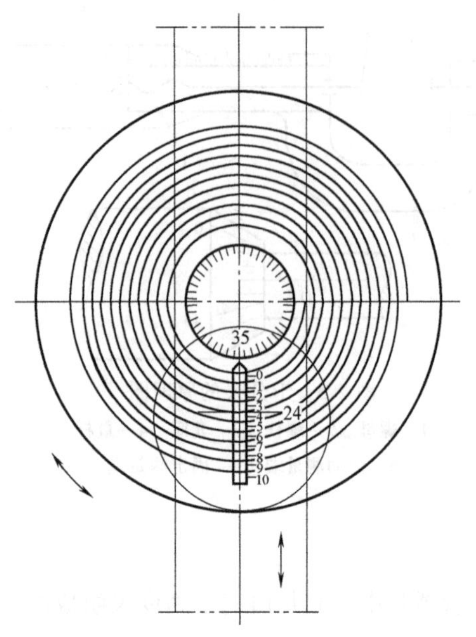

图 2-7　螺旋分划板的读数原理

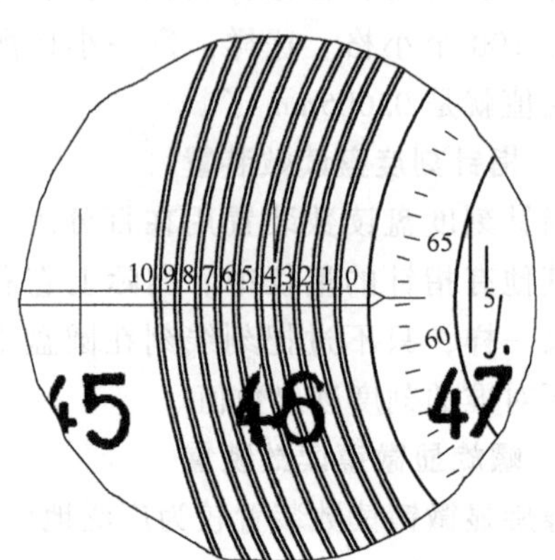

图 2-8　螺旋显微镜读数装置的视场图

5. 丝杆式显微读数装置

我国生产的 19JA 万能工具显微镜，是采用丝杆式显微读数装置的。

图 2-9 所示为丝杆式显微读数装置的原理图。图 2-10 所示为丝杆式显微读数装置的外形。

在图 2-9 中，分划板 1 是活动的，它与微动螺钉 3 连在一起。分划板 1 上刻有 11 条间隔为 0.1mm 的格缝，微动螺钉旋转一圈，分划板 1 移动 0.1mm，微动螺钉的刻度套筒 2 则转过 100 个小格，即每转过 1 小格，相当于分划板 1 移动 0.001mm。因此，当测量时，毫米刻度尺（图 2-9 中未画出）与工作台一起移动到测量位置上，通过光学系统把毫米刻线成像在分划板 1 上（图 2-10 中的 53 刻线）。如果毫米刻线成像在两条格缝之间，则转动刻度套筒 2 使毫米刻线夹在格缝中间，这时即可根据毫米刻线投影在影屏上的数值及刻度套筒上的数值读出测量数值。图 2-10 中的读数为 53.730mm。

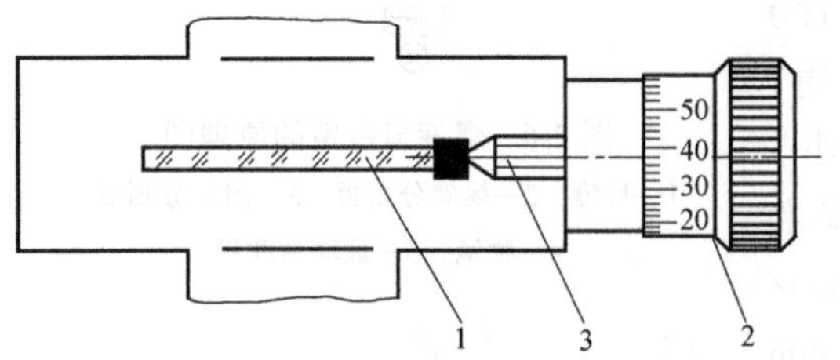

图 2-9　丝杆式显微读数装置的原理图

1—分划板　2—刻度套筒　3—微动螺钉

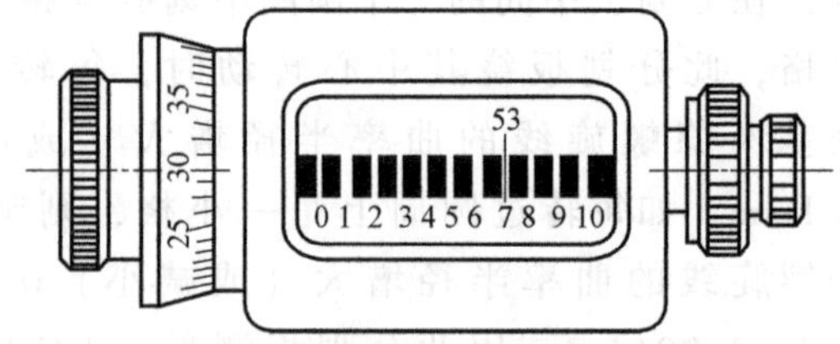

图 2-10　丝杆式显微读数装置的外形

图 2-11 所示为丝杆式显微读数装置的另一种结构。它与第一种丝杆式显微读数装置不同之处在于：它在玻璃套筒 2 上刻有 100 个小格；当转动手轮 3 时，通过传动齿轮 4 带动微动螺钉 5 转动；微动螺钉旋转 1 周，通过螺母 6 带动 0.1mm 刻度尺 1 移动 0.1mm，

同时玻璃套筒 2 旋转 1 周（即转过 100 个小格），这样，通过影屏上的读数即可得知毫米刻度尺的移动数值。

图 2-11 中的读数为 87.453mm。我国生产的 DXI 型投影工具显微镜，就是采用了这种显微读数装置。

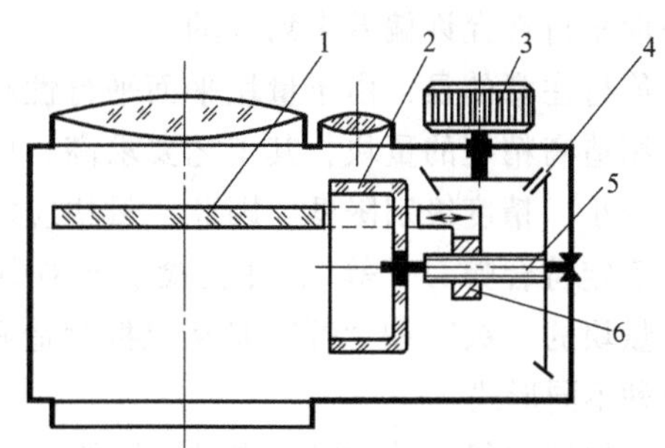

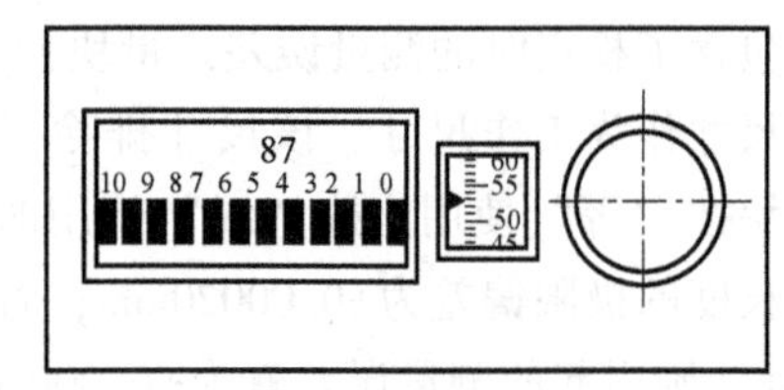

图 2-11　丝杆式显微读数装置的另一种结构
1—刻度尺　2—玻璃套筒　3—手轮　4—传动齿轮
5—微动螺钉　6—螺母

知识要点四　常用测量器具及其使用

1. 量块

量块是无刻度的平面平行端面量具。量块除作为标准器具进行长度量值传递之外，还可以作为标准器具来调整仪器、机床或直接检测零件。

（1）量块的材料、形状和尺寸　量块通常用线膨胀系数小、性能稳定、耐磨、不易变形的材料如铬锰钢等制成。

长度量块的形状有长方体和圆柱体，常用的是长方体，如图 2-12 所示，其上有两个相互平行、非常光洁的工作面，也称为测量面，另有四个一般的侧面，其截面尺寸有 30mm×9mm（$l_n \leqslant 10$mm 时）和 35mm×9mm（$l_n > 10$mm 时）两种。量块的工作尺寸是指中心长度 OO'，即从一个测量面上的中点至与该量块另一测量面相研合的辅助体表面（平晶）之间的距离。

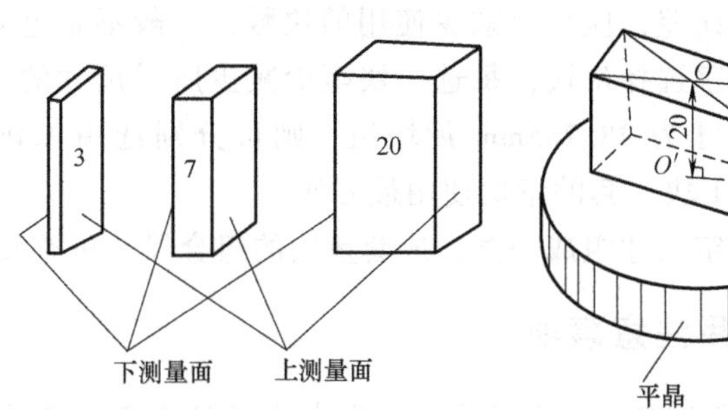

图 2-12　量块

角度量块有三角形和四边形两种。三角形角度量块只有一个工作角（10°~79°），可以用作角度测量的标准量；而四边形角度量块则有四个工作角（80°~100°），也可以用作角度测量的标准量。

（2）量块的精度　根据 GB/T 6093—2001 规定，量块按制造精度（即量块长度的极限偏差和长度变动量允许值）分为 5 级：K 级（校准级）和 0、1、2、3 级（准确度级）。精度 0 级最高，3 级最低。其主要根据量块长度的极限偏差、测量面的平面度和表面粗糙度以及量块的研合性等指标来划定。量块长度的极限偏差是指量块中心长度与标称长度之间允许的最大偏差。

在计量部门，量块按 JJG 146—2011 规定，检定精度分为 5 等，即 1 等、2 等、3 等、4 等、5 等。其中，1 等精度最高，5 等精度最低。检定精度是按量块中心长度测量极限误差和平面平行性允许偏差来划分的。

值得注意的是，由于量块平面平行性和研合性的要求，一定的级只能检定出一定的等。

制造高精度的量块，其工艺要求高，成本也高，而且使用一段时间后也会因磨损而引起尺寸减小、精度级别降低。因此，量块应定期送专业部门按照标准对其各项精度指标进行检定，确定符合哪一“等”，并在检定证书中给出标称尺寸的修正值。

量块的“级”和“等”是从成批制造和单个检定两种不同角度出发，对其精度进行划分的两种不同形式。

量块按“级”使用时，应以量块的标称长度作为工作尺寸，该尺寸包含了量块的制造误差，也包含了检定时的测量误差。量块按“等”使用时，应以检定后所给出的量块中心长度的实际尺寸作为工作尺寸，该尺寸排除了量块制造误差的影响，仅包含较小的测量误差。因此，量块按“等”使用比按“级”使用时的测量精度高。例如：标称长度为 30mm 的 0 级量块，其长度的极限偏差为±0. 00020mm；若按“级”使用，不管该量块的实际尺寸如何，均按 30mm 计，则引起的测量误差就为±0. 00020mm。但是，若该量块经过检定后，确定为 3 等，其实际尺寸为 30. 00012mm，测量极限误差为±0. 00015mm。显然，按“等”使用，即按尺寸为 30. 00012mm 使用的测量极限误差为±0. 00015mm，比按“级”使用测量精度高。

（3）量块的特性和应用　量块的基本特性除上述的稳定性、耐磨性和准确性之外，还有一个重要特性——研合性。研合性是指两个量块的测量面相互接触，并在不大的压力下做一些切向相对滑动就能贴附在一起的性质。这是由于量块表面粗糙度值极小，表面附着的油膜的单分子层的定向作用所致。利用这一特性，把量块研合在一起，便可以组成所需要的各种尺寸。我国生产的成套量块有 91 块、83 块、46 块、38 块等几种规格。在使用组合量块时，为了减小量块组合的累积误差，应尽量减少使用的块数，一般不超过 4 块。选用量块，应根据所需尺寸的最后一位数字选择量块，每选一块至少减少所需尺寸的一位小数。例如：从 83 块一套的量块中选取尺寸为 28. 785mm 量块组，则可分别选用 1. 005mm、1. 28mm、6. 5mm、20mm 共 4 块量块。91 块一套的量块使用最方便。

量块是成套供应的，按一定尺寸组成一盒。成套量块的组合尺寸可查阅相关手册。

知识拓展　量块使用注意事项

1）使用量块必须在使用有效期内，否则应及时送专业部门检定。使用环境应良好，防止各种腐蚀性物质及灰尘对测量面的损伤，影响其研合性。量块应存放在干燥处，房间湿度应不大于 25%。

2）使用时，分清量块的“级”和“等”，注意使用规则。

3）选取量块时，应用航空汽油清洗，洁净软布擦干，等量块温度与环境温度相同时方可使用。

4）轻拿、轻放量块，杜绝碰撞、跌落等情况发生。

5）不得用手直接接触量块，以免造成汗液对量块的腐蚀及手温对测量精确度的影响。

6）研合时应用推压方式研合，应保持动作平稳，以免测量面被量块棱角刮伤。

7）使用完毕，应用航空汽油清洗所用量块，擦干后涂上防锈脂存于干燥处。

2. 游标类量具

游标卡尺是利用游标读数原理制成的量具。游标卡尺分度值常用的有 0. 1mm、0. 05mm、

0.02mm 三种，最常用的为 0.02mm。游标卡尺主要用于机械加工中测量工件内径尺寸、外径尺寸、宽度、深度、厚度和孔距等。它具有结构简单、使用方便、测量范围大等特点。

（1）游标卡尺　结构如图 2-13 所示。

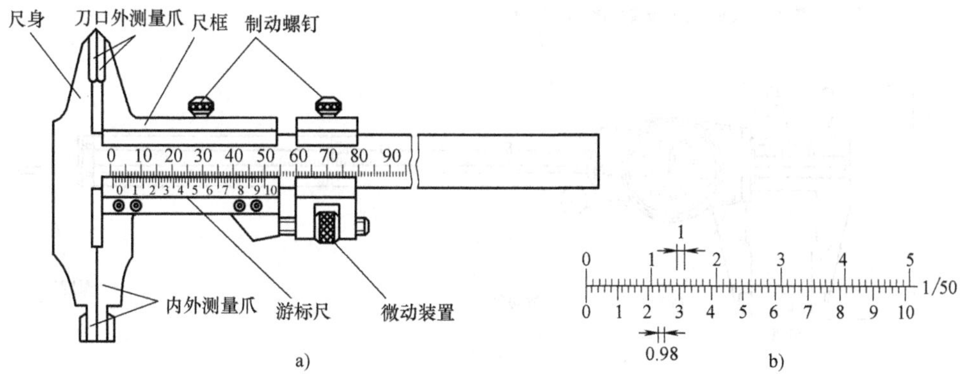

图 2-13　游标卡尺

a）示意图　b）游标读数原理

通常所称游标卡尺即指游标长度卡尺。游标卡尺的量爪可测量工件的内、外尺寸，测量范围为 0~125mm、0~150mm 的游标卡尺还带有深度尺，可测量槽深及凸台高度。图 2-14

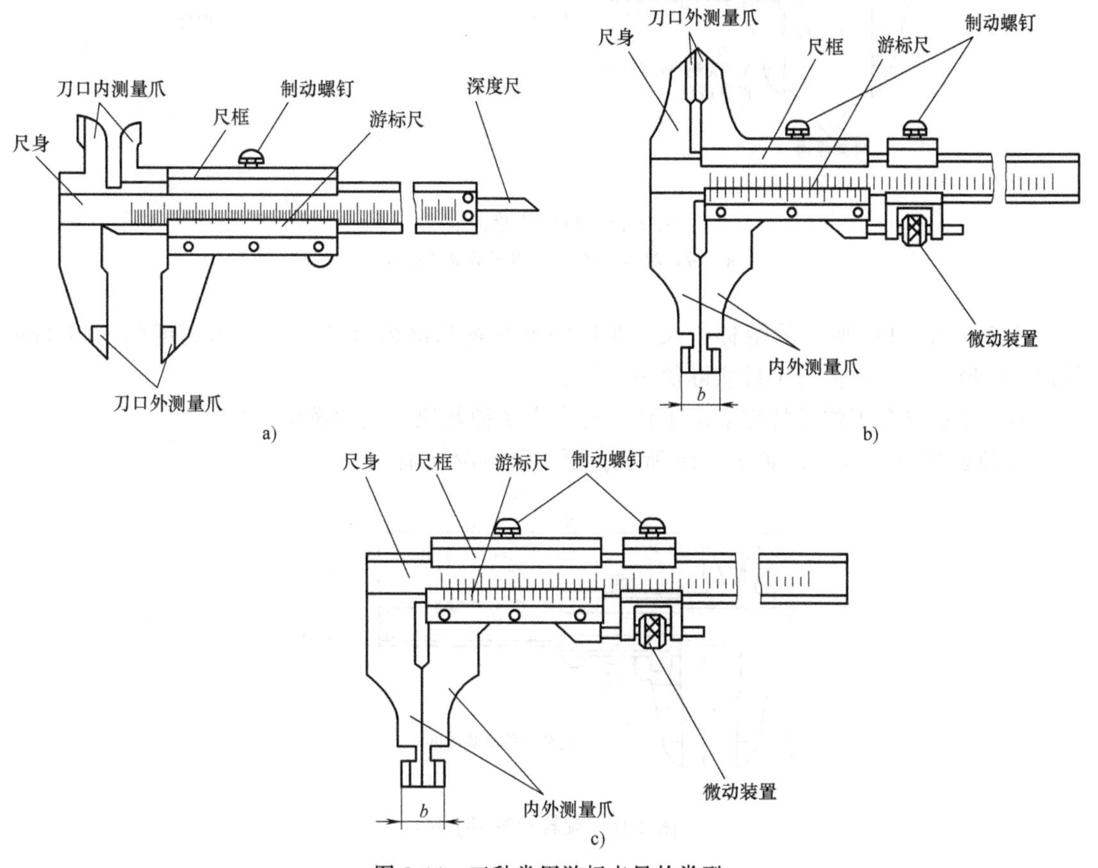

图 2-14　三种常用游标卡尺的类型

a）三用卡尺（Ⅰ）型　b）双面卡尺（Ⅱ）型　c）单面卡尺（Ⅲ）型

所示为三种常用游标卡尺的类型。

新型的游标卡尺为读数方便，装有测微表头或配有电子数显，如图 2-15 所示。

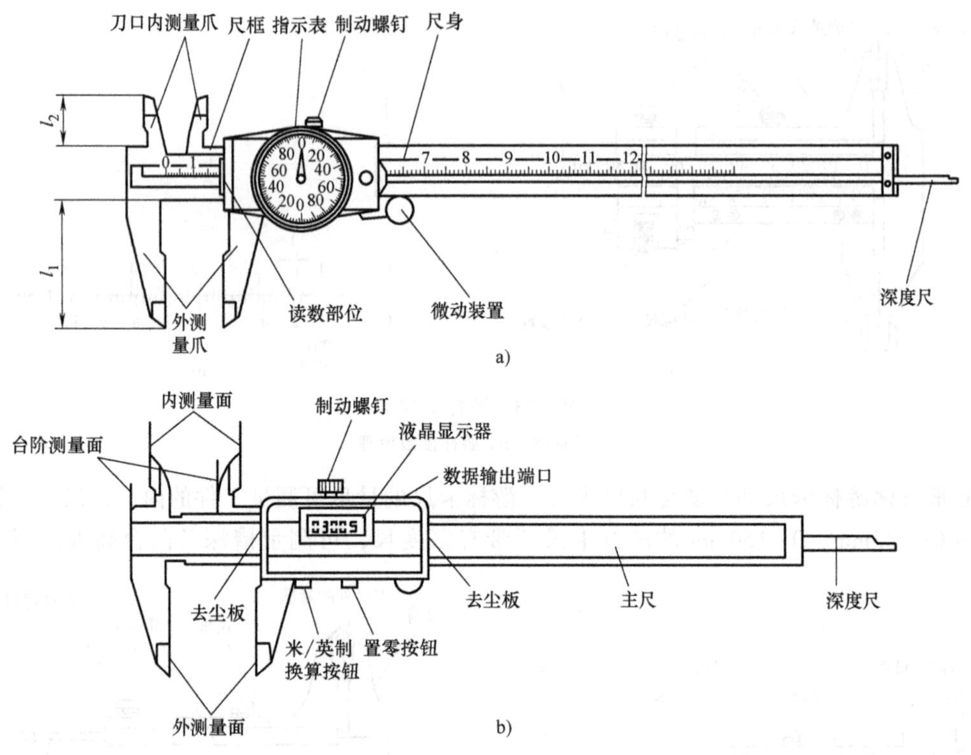

图 2-15 新型的游标卡尺

a）带表游标卡尺 b）电子数显游标卡尺

注意：图 2-13a 所示的游标卡尺，在用内外测量爪测内尺寸时，量爪宽度的 10.00mm 要计入示值，否则示值与工件实际值不一致。

为了测量复杂工件或特殊要求工件，还有许多种其他样式的游标卡尺。

① 旋转型游标卡尺，如图 2-16 所示，便于测量阶梯轴。

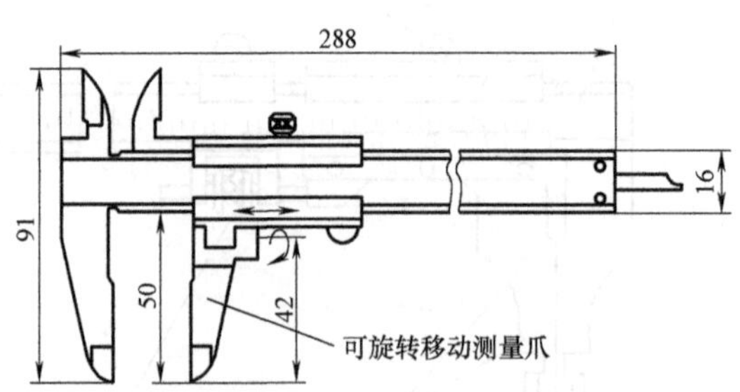

图 2-16 旋转型游标卡尺

② 偏置卡尺，如图 2-17 所示，尺身测量爪可上下滑动，便于进行阶差断面测量。

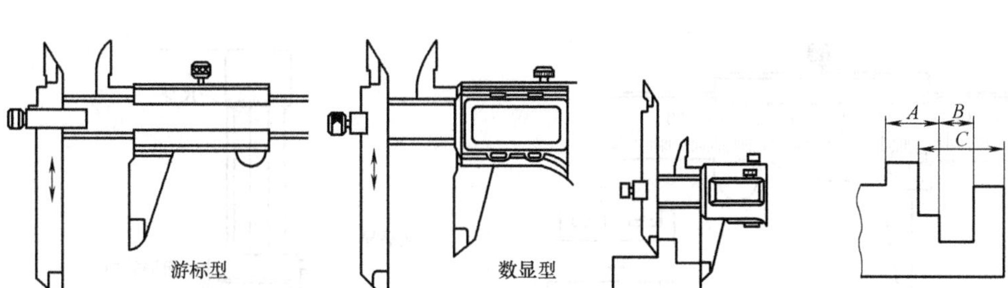

图 2-17　偏置卡尺

a）示意图　b）例图

③ 背置量爪型中心线卡尺，如图 2-18 所示，专门用于两中心间距离或边缘到中心距离的测量；液晶显示器带有测量爪，便于俯视读数测量。

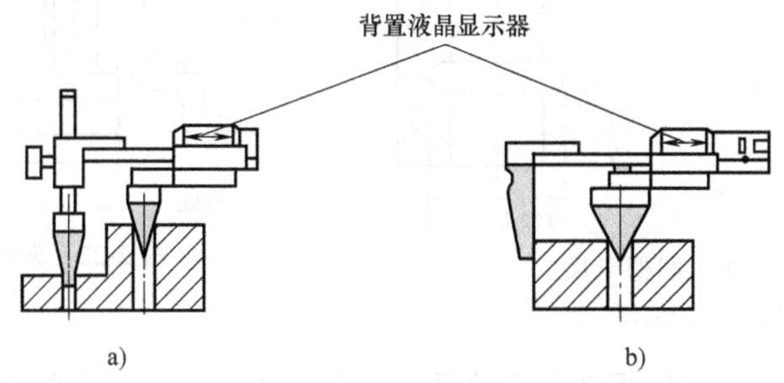

图 2-18　背置量爪型中心线卡尺

a）中心-中心型　b）边缘-中心距离型

④ 长量爪卡尺，如图 2-19 所示，适用于通常情况下难以测量到的位置。

⑤ 管壁厚度卡尺，如图 2-20 所示，尺身测量爪为一根圆形杆，适于管壁厚度测量。

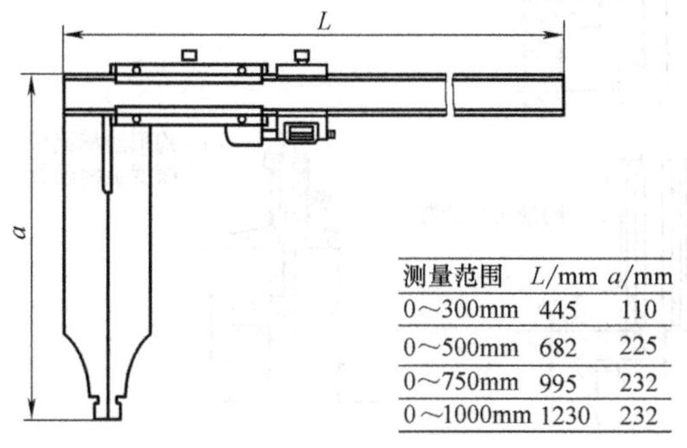

测量范围	L/mm	a/mm
0～300mm	445	110
0～500mm	682	225
0～750mm	995	232
0～1000mm	1230	232

图 2-19　长量爪卡尺

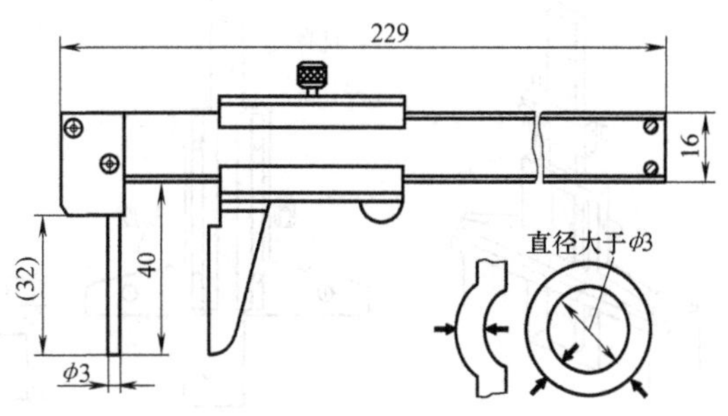

图 2-20　管壁厚度卡尺

⑥ 内（外）凹槽卡尺，如图 2-21 所示，专门用于难以测量的位置。

（2）游标高度卡尺　带有底座及辅件的游标高度卡尺，可用于在平板上精确划线与测量。图 2-22 所示的游标高度卡尺配有双向电子测头，确保了测量的高效性和稳定性，分辨力为 0.001mm；配有硬质合金划线器；具有测量及划线功能，带有数据保持与输出功能。

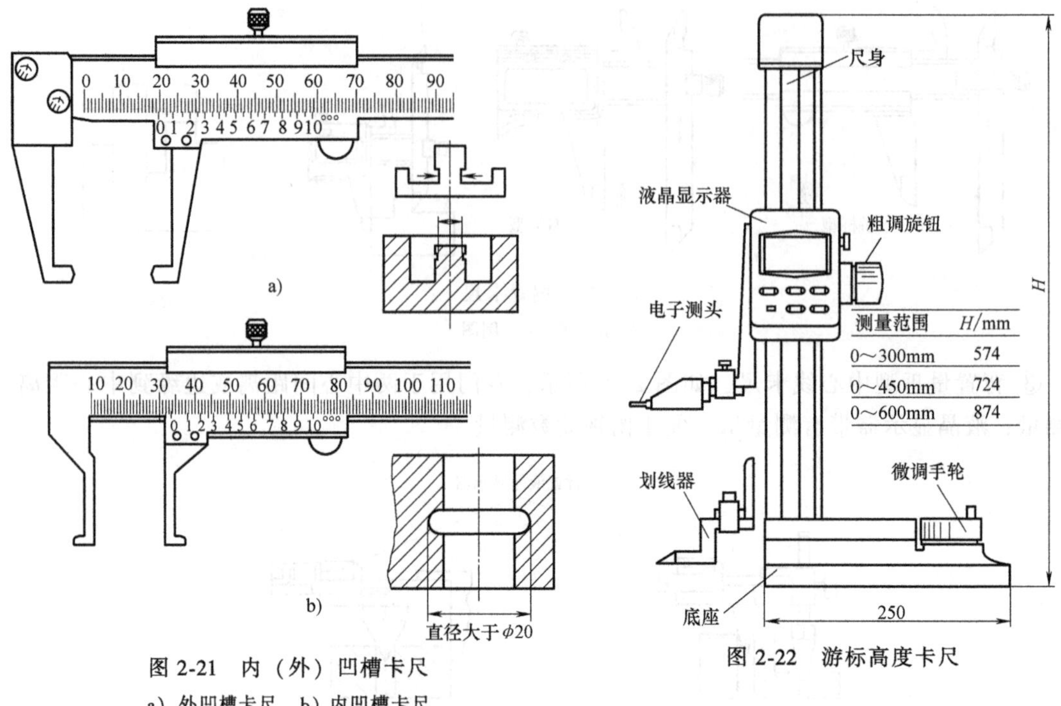

图 2-21 内（外）凹槽卡尺

a）外凹槽卡尺 b）内凹槽卡尺

图 2-22 游标高度卡尺

（3）游标深度卡尺 游标深度卡尺的尺身顶端有普通顶端及钩形顶端，如图 2-23 所示。钩形尺身不仅可进行标准的深度测量，还可对凸台阶或凹台阶、阶差深度和厚度进行测量。

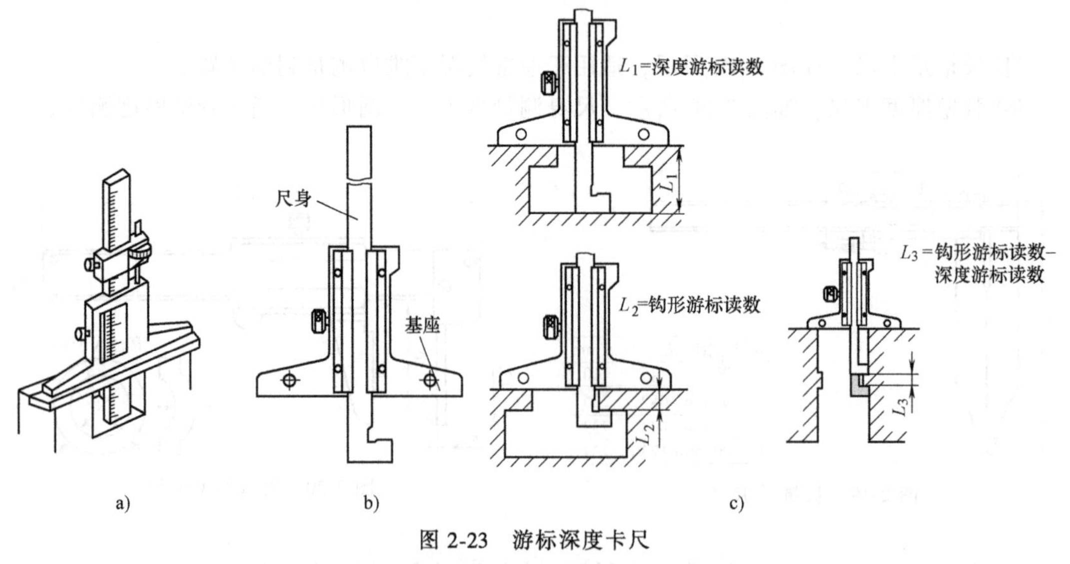

图 2-23 游标深度卡尺

a）普通顶端 b）钩形顶端 c）测量示例

知识拓展 使用游标卡尺的注意事项

1）使用前，应先把测量爪和被测工件表面的灰尘和油污等擦干净，以免碰伤测量爪面和影响测量精度，同时检查各部件的相互作用，如尺框和基尺装置移动是否灵活，紧固螺钉是否能起作用等。使用前，还应检查游标卡尺零位，使游标卡尺两测量爪紧密贴合，用眼睛观察时应无明显的光隙，同时观察游标零刻线与尺身零刻线是否对准，游标的尾刻线与尺身的相应刻线是否对准。最好把测量爪闭合3次，观察各次读数是否一致。如果3次读数虽然不是“0”，但却一样，可把这一数值记下来，在测量时加以修正。

2）使用时，要掌握好测量爪面同工件表面接触时的压力，做到既不太大，也不太小，刚好使测量面与工件接触，同时测量爪还能沿着工件表面自由滑动。有微动装置的游标卡尺，应使用微动装置。

3）在读数时，应把游标卡尺水平拿着朝光亮的方向，使视线尽可能和尺上所读的刻线垂直，以免由于视线的歪斜而引起读数误差（即视差）。必要时，可用3~5倍的放大镜帮助读数。最好在工件的同一位置上多测量几次，取其平均读数，以减小读数误差。测量外尺寸读数后，切不可从被测工件上用猛力取下游标卡尺，否则会使测量爪的测量面磨损。测量内尺寸读数后，要使测量爪沿着孔的中心线滑出，防止歪斜，否则将使测量爪扭伤、变形或使尺框走动，影响测量精度。

4）不准用游标卡尺测量运动中的工件，否则容易使游标卡尺受到严重磨损，也容易发生事故。不准以游标卡尺代替卡钳在工件上来回拖拉。使用游标卡尺时不可用力同工件撞击，防止损坏游标卡尺。

5）游标卡尺不要放在强磁场附近（如磨床的工作台上），以免使游标卡尺感应磁性，影响使用。

6）使用后，应当注意把游标卡尺平放，尤其是大尺寸的游标卡尺，否则会使尺身弯曲变形。使用完毕之后，游标卡尺应安放在专用盒内，避免弄脏或生锈。

7）游标卡尺受损后，不能用锤子、锉刀等工具自行修理，应交专门修理部门修理，并经检定合格后才能使用。

3. 千分尺

千分尺是应用螺旋副读数原理进行测量的量具。千分尺按结构、用途不同分为外径类千分尺、内径类千分尺及深度千分尺等。

千分尺的测量范围分为0~25mm、25~50mm、…、475~500mm，大型千分尺可达几米。注意，0.01mm分度值的千分尺每25mm为一规格档，应根据工件尺寸大小选择千分尺规格，使工件尺寸在其测量范围之内。

（1）外径类千分尺

1）普通外径千分尺，如图2-24所示。

普通外径千分尺的结构设计符合阿贝原则；以螺杆螺距作为测量的基准量，螺杆和螺母的配合应该精密，配合间隙应能调整；固定套筒和微分筒作为示数装置，用刻线进行读数；有保证一定测力的棘轮机构。

普通外径千分尺有刻线式和数显式等种类。

2）大外径千分尺。它适合于大型工件的精确测量，其分度值为0.01mm，测量范围为1000~3000mm，按结构形式分为测砧可换式和可调式。带表测砧式千分尺如图2-25所示。

3）精确测量外尺寸的千分尺。杠杆千分尺的分度值为0.001mm、0.002mm。一般测量范围为0~25mm；最大测量值为100mm，如图2-26所示。它是利用杠杆传动原理，将测量的轴向位移变为指示表指针的回转运动。

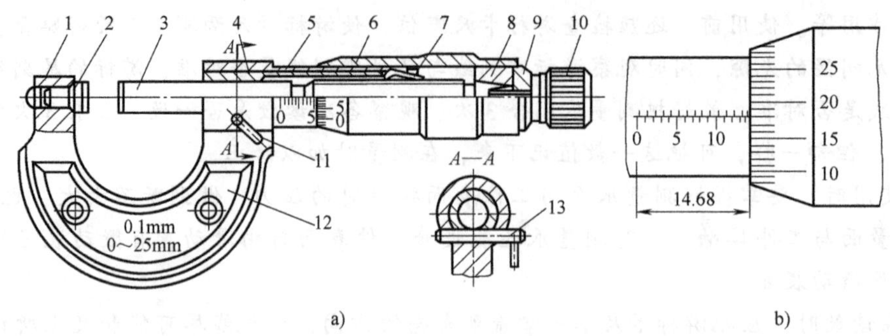

a)　　　　b)

图 2-24　普通外径千分尺

a）示意图　b）普通外径千分尺读数示例

1—尺架　2—测砧　3—测微螺杆　4—螺纹轴套　5—固定套筒　6—微分筒　7—调节螺母　8—接头

9—垫片　10—测力装置　11—锁紧机构　12—绝热板　13—锁紧轴

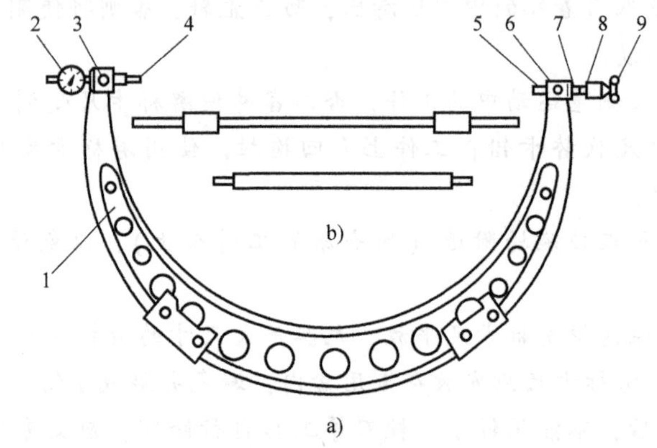

a)

图 2-25　带表测砧式千分尺

a）示意图　b）校对量杆

1—尺架　2—百分表　3—测砧紧固螺钉　4—测砧　5—测微螺杆

6—制动器　7—套筒　8—微分筒　9—测力装置

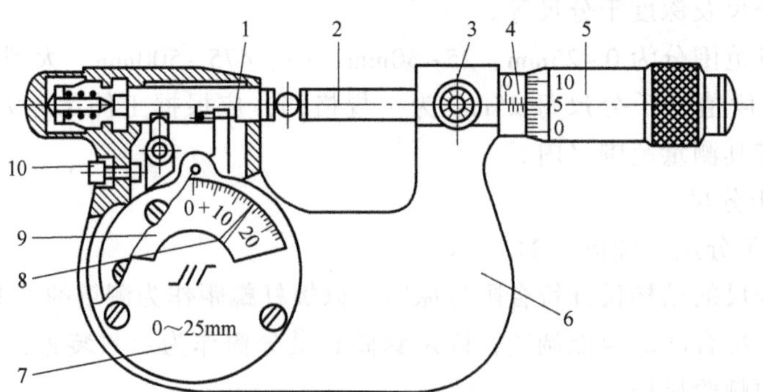

图 2-26　杠杆千分尺

1—测砧　2—测微螺杆　3—锁紧装置　4—固定套筒　5—微分筒

6—尺架　7—盖板　8—指针　9—刻度盘　10—按钮

知识拓展　使用杠杆千分尺的注意事项

① 使用前应校对杠杆千分尺的零位。首先校对微分筒零位和杠杆指示表零位。0~25mm

杠杆千分尺可使两测量面接触，直接进行校对；25mm 以上的杠杆千分尺用 0 级调整量棒或用 1 级量块来校对零位。刻度盘可调整式杠杆千分尺零位的调整方法为，先使微分筒对准零位，指针对准零刻线即可。刻度盘固定式杠杆千分尺零位的调整方法为，先调整指针零位，此时若微分筒上零位不准，应按通常千分尺调整零位的方法进行调整，即将微分筒后盖打开，紧固止动器，松开微分筒后，将微分筒对准零刻线，再紧固后盖，直至零位稳定。在上述零位调整时，均应多次拨动拨叉，示值必须稳定。

② 直接测量时将工件正确置于两测量面之间，调节微分筒使指针有适当示值，并应拨动拨叉几次，示值必须稳定。此时，微分筒的读数加上表盘上的读数，即为工件的实测尺寸。相对测量时可用量块作为标准，调整杠杆千分尺，使指针位于零位，然后紧固微分筒，在指示表上读数，比较测量可提高测量精度。成批测量时应按工件被测尺寸，用量块组调整杠杆千分尺示值，然后根据工件公差，转动公差带指标调节螺钉，调节公差带。测量时只需观察指针是否在公差带范围内，即可确定工件是否合格，这种测量方法不但精度高且检验效率也高。

③ 当转动旋钮，测微螺杆即将靠近待测物时，一定要改为旋动测力装置，不能转动旋钮使测微螺杆压在待测物上。测微螺杆与测砧已将待测物卡住或锁紧装置已旋紧时，决不能强行转动旋钮。

④ 通常千分尺尺架上装有隔热塑料块，测量时应尽量让手少接触金属部分，以免手温使尺架膨胀引起微小误差。

⑤ 使用千分尺测量较为重要的同一长度时，一般应反复测量几次，取平均值作为测量结果。

⑥ 使用后，应擦拭干净，让测砧和测微螺杆之间留出一点间隙，放在专用盒内保存。较长时间不用的话，应将测微螺杆和测砧抹上润滑脂或机油，放置在干燥的地方。

4）可测壁厚、板厚的千分尺及特殊用途的千分尺。壁厚千分尺是利用测砧与管壁内表面成点接触而实现测量的，如图 2-27 所示。

板厚千分尺的测量范围为 0～25mm，尺架凹入，深度 H 分为 40mm、80mm、150mm 三种，如图 2-28 所示。它具有球形测量面、平测量面及特殊形状的尺架。

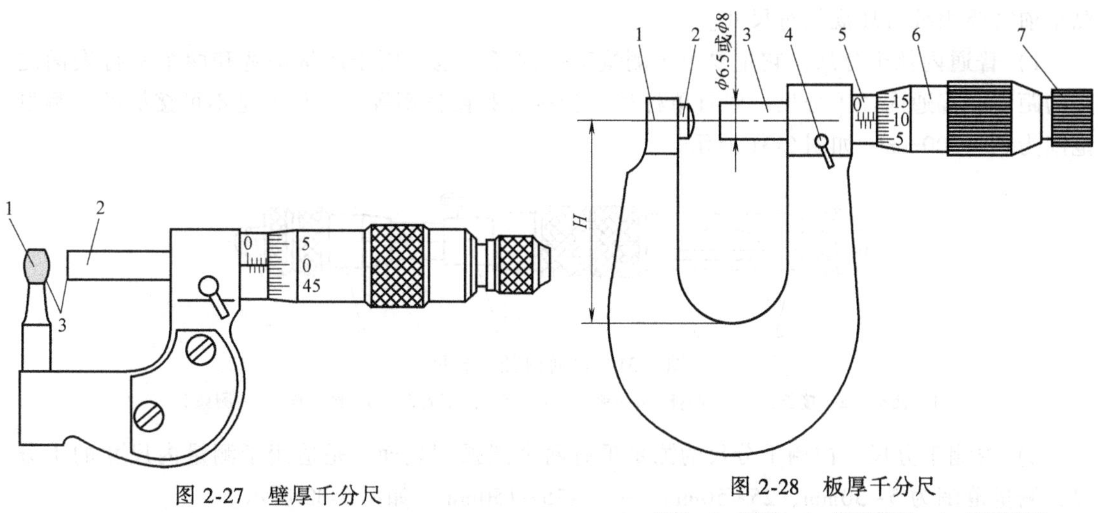

图 2-27　壁厚千分尺

1—测砧　2—测微螺杆　3—测量面

图 2-28　板厚千分尺

1—尺架　2—测砧　3—测微螺杆　4—锁紧装置　5—固定套筒　6—微分筒　7—测力装置

尖头千分尺用于测量钻头的钻心直径或丝锥锥心直径等，其测量面为球面或平面，直径 $d=\phi0.2\sim\phi0.3$mm，如图 2-29 所示。

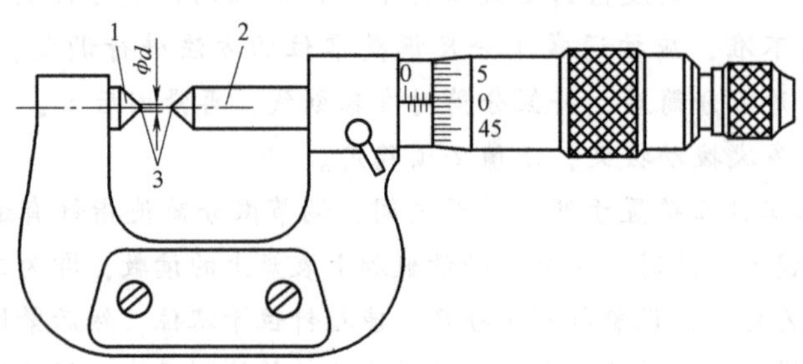

图 2-29　尖头千分尺

1—测砧　2—测微螺杆　3—测量面

奇数沟千分尺具有特制的 V 形测砧，可测量带有 3 个、5 个和 7 个沿圆周均匀分布沟槽工件的外径，如图 2-30 所示。

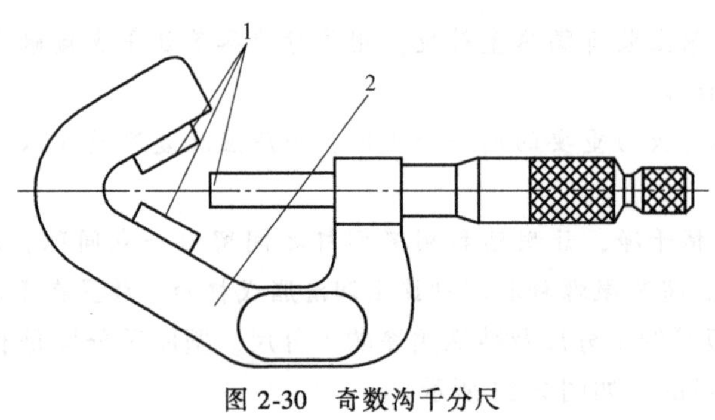

图 2-30　奇数沟千分尺

1—测量面　2—尺架

（2）内径类千分尺　内径类千分尺的特点是：运用螺旋副原理；具有圆弧测头（爪）；测量前需要用校对环规校对尺寸。

1）普通内径千分尺。它主要用于测量工件内径，也可用于测量槽宽和两个平行表面之间的距离。普通内径千分尺一般有单杆型、管接式和换杆型等。单杆型是不可接拆的，测量范围为 50～300mm，如图 2-31 所示。

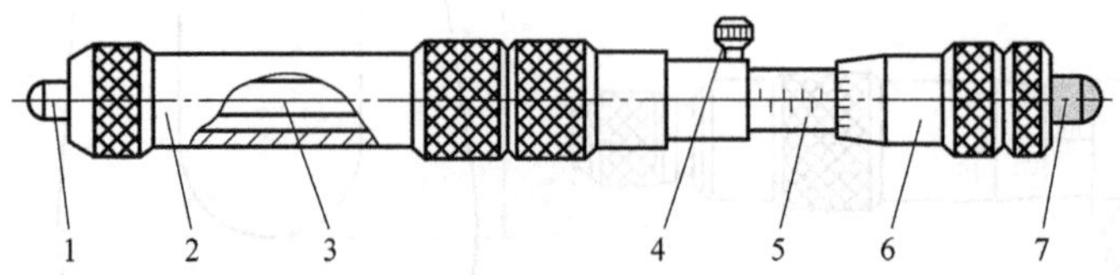

图 2-31　普通内径千分尺

1—测头　2—接长杆　3—心杆　4—锁紧装置　5—固定套筒　6—微分筒　7—测微头

2）内测千分尺。内测千分尺的测量爪有两个圆弧测量面，是适用于测量内尺寸的千分尺，测量范围为 5～30mm、25～50mm、…、125～150mm，如图 2-32 所示。

3）三爪内径千分尺。它利用螺旋副原理，通过旋转塔形阿基米德螺旋体或推动锥体使

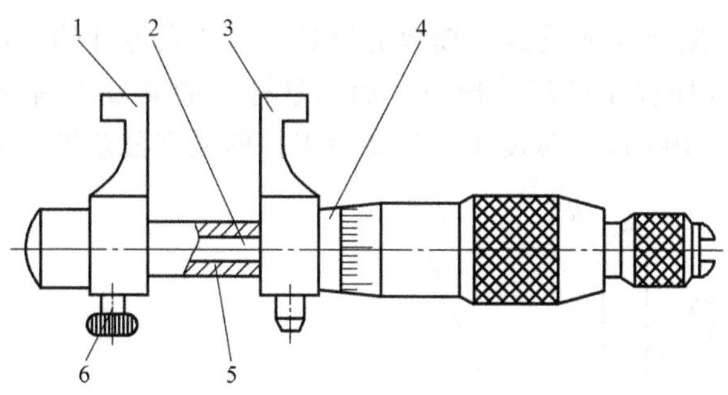

图 2-32　内测千分尺（25～50mm）

1—固定测量爪　2—测微螺杆　3—活动测量爪　4—固定套筒　5—导向套　6—锁紧装置

三个测量爪做径向位移，且与被测内孔接触，对内孔读数，如图 2-33 所示。其Ⅱ型测量范围为 3.5～4.5mm、…、8～10mm、…、20～25mm，最大为 300mm。

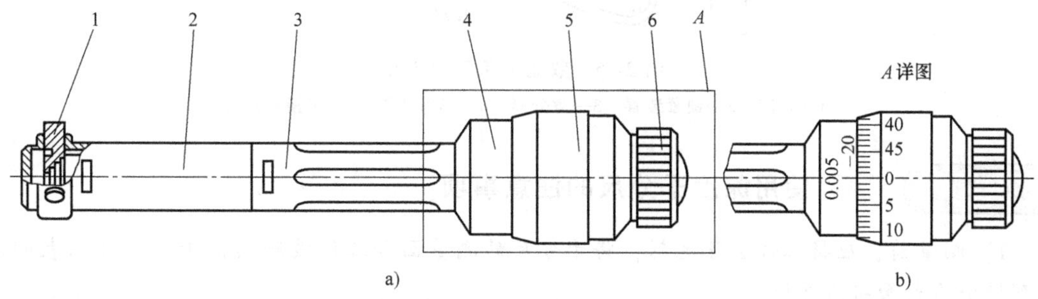

图 2-33　三爪内径千分尺

a）示意图　b）A 详图

1—测量爪　2—测头　3—套筒　4—固定套筒　5—微分筒　6—测力装置

（3）深度千分尺　深度千分尺由测量杆、基座、测力装置等组成，用于测量工件的孔、槽深度和台阶高度，如图 2-34 和图 2-35 所示。它是利用螺旋副原理，对基座基面与测量杆

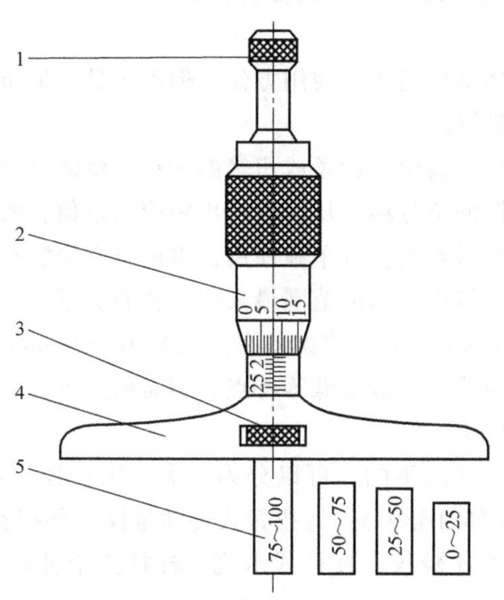

图 2-34　深度千分尺

1—测力装置　2—微分筒　3—锁紧装置　4—基座　5—可换测量杆

测量面分隔的距离进行刻度（或数显）读数的量具。在测微螺杆的下面连接着可换测量杆，以增加测量范围。测量杆有 4 种尺寸规格，加测量杆后的测量范围分别为 0~25mm、25~50mm、50~75mm、75~100mm。深度千分尺测量工件的最高公差等级为 IT10。

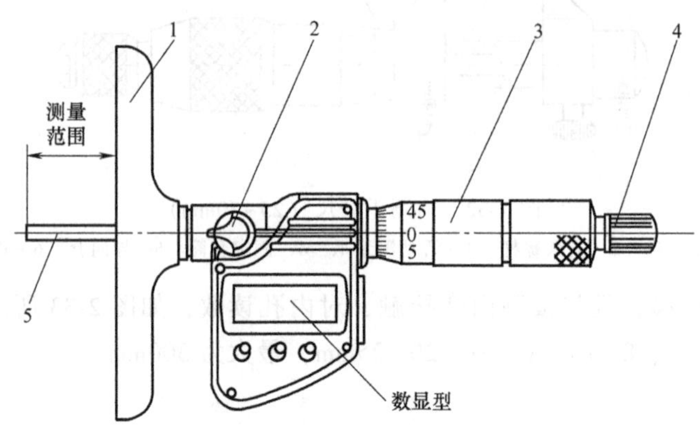

图 2-35　数显型深度千分尺

1—基座　2—锁紧装置　3—微分筒　4—测力装置　5—可换测量杆

知识拓展　使用深度千分尺的注意事项

1）测量前，应将工件去除毛刺，将千分尺的测量面和工件被测面擦干净，被测表面应具有较小的表面粗糙度值。

2）在每次更换测量杆后，必须用调整量具校正其示值，如无调整量具，可用量块校正。应经常校对零位，零位的校对可采用两块尺寸相同的量块组合体进行。

3）测量时，应使测量面与被测工件表面保持紧密接触。测量杆中心轴线与被测工件的测量面保持垂直。

4）用完之后，深度千分尺应放在专用盒内保存。

4. 机械式量仪

游标卡尺和千分尺虽然结构简单，使用方便，但由于其示值范围较大及机械加工精度的限制，故其测量准确度不易提高。

机械式量仪是借助杠杆、齿轮、齿条或扭簧的传动，将测量杆的微小直线位移经传动和放大机构转变为表盘上指针的角位移，从而指示出相应的数值，所以又称为指示式量仪。

机械式量仪主要用于相对测量，可单独使用，也可将它安装在其他仪器中作为测微表头使用。这类量仪的示值范围较小，示值范围最大的（如百分表）不超出 10mm，最小的（如扭簧式比较仪）只有±0.015mm，其示值误差在±0.01~0.0001mm 之间。此外，机械式量仪都有体积小、重量轻、结构简单、造价低等特点，不需附加电源、光源、气源等，也比较坚固耐用，因此它应用十分广泛。

机械式量仪按其传动方式的不同，可以分为 4 类：①杠杆式传动量仪（如刀口式测微仪）；②齿轮式传动量仪（如百分表）；③扭簧式传动量仪（如扭簧式比较仪）；④杠杆式齿轮传动量仪（如杠杆齿轮式比较仪、杠杆式卡规、杠杆式千分尺、杠杆百分表和内径百分表等）。

（1）百分表　分度值为 0.01mm 的指示表称为百分表；分度值为 0.001mm、0.002mm

的指示表称为千分表，千分表示值误差在工作行程范围内不大于5μm，在任意0.2mm范围内不大于3μm，示值变化不大于0.3μm。图2-36所示为百分表结构图。

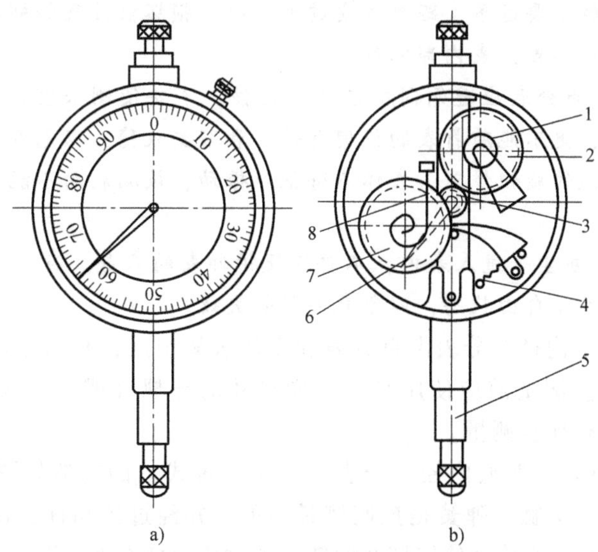

图2-36　百分表结构图

1—小齿轮　2、7—大齿轮　3—中间齿轮　4—弹簧　5—测量杆　6—指针　8—游丝

从图2-36中可以看到，当带有齿条的测量杆5上下移动时，带动与齿条相啮合的小齿轮1转动，此时与小齿轮固定在同一轴的大齿轮2也跟着转动。通过大齿轮2即可带动中间齿轮3及与中间齿轮固定在同一轴上的指针6。这样通过齿轮传动系统就可将测量杆的微小位移放大变为指针的偏转，并由指针在刻度盘上指出相应的数值。为了消除由齿轮传动系统中齿侧间隙引起的测量误差，在百分表内装有游丝8，由游丝产生的转矩作用在大齿轮7上，大齿轮7也和中间齿轮3啮合，这样可以保证齿轮在正反转时都在齿的同一侧面啮合，因而可消除齿侧间隙的影响。大齿轮7的轴上装有小指针，以显示大指针的转数。

使用百分表座及专用夹具，可对长度尺寸进行相对测量。测量前先用标准件或量块校对百分表，转动表圈使表盘的零刻线对准指针，然后再测量工件，从表中读出工件尺寸相对标准件或量块的偏差，从而确定工件尺寸。

使用百分表及相应附件还可测量工件的直线度、平面度及平行度等误差，以及在机床上或者其他专用装置上测量工件的各种跳动误差等。

知识拓展　使用百分尺的注意事项

1）测量前，应该检查百分表盘玻璃是否破裂或脱落，测头、测量杆、套筒等是否有碰伤或锈蚀，指针有无松动现象，指针的转动是否平稳等。

2）测量时，应使测量杆与零件被测表面垂直。测量圆柱面的直径时，测量杆的中心线要通过被测量圆柱面的轴线。测头开始与被测量表面接触时，为保持一定的初始测量力，应该使测量杆压缩0.3~1mm，以免当偏差为负时，得不到测量数据。

3）测量时，应轻提测量杆，移动工件至测头下面（或将测头移至工件上），再缓慢放下与被测表面接触。不能急于放下测量杆，否则易造成测量误差。不准将工件强行推至测头下，以免损坏量仪。测头移动要轻缓，距离不要太大，测量杆与被测表面的相对位置要正确，提压测量杆的次数不要过多，距离不要过大，以免损坏机件及加剧零件磨损。测量时不能超量程使用，以免损坏百分表内部零件。

4）使用过程中，百分表应避免剧烈振动和碰撞，不要使测头突然撞击在被测表面上，以防测量杆弯曲变形，更不能敲打表的任何部位。表架要放稳，以免百分表落地摔坏。使用磁性表座时要注意表座的旋钮位置。表体不得猛烈振动，被测表面不能太粗糙，以免齿轮等运动部件损坏。

5）严防水、油、灰尘等进入表内，不要随便拆卸表的后盖。百分表使用完毕，要擦净放回盒内，使测量杆处于自由状态，以免表内弹簧失效。

（2）内径百分表　内径百分表由百分表和专用表架组成，是用相对法测量深孔、沟槽等内表面尺寸的量具。测量前应使用与工件同尺寸的环规（或千分尺）标定表的分度值（或零位），然后再进行比较测量。

1）普通内径百分表。普通内径百分表（定位护桥式）的构造如图 2-37 所示，百分表的测量杆与传动杆始终接触，弹簧是控制测量力的，并经过传动杆、杠杆向外顶住活动测头。测量时，活动测头 1 的移动使杠杆 8 回转，通过传动杆 5 推动百分表的测量杆，使百分表指针回转。由于杠杆是等臂的，百分表测量杆、传动杆及活动测头三者的移动量是相同的，所以，活动测头的移动量可以在百分表上读出来。弹簧 6 用于控制测量力；定位装置 9 可确保正确的测量位置，该处是显示读数最大的内径的位置。

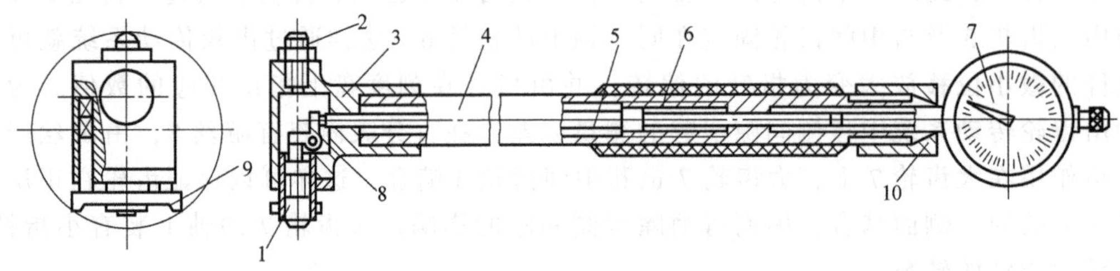

图 2-37　普通内径百分表（定位护桥式）的构造

1—活动测头　2—可换测头　3—主体　4—表架　5—传动杆　6—弹簧
7—量表　8—杠杆　9—定位装置　10—旋合螺母

带定位护桥内径百分表的测量范围为 6～10mm、10～18mm、…、50～100mm、…、250～400mm。

使用时，将量表 7 插入表架 4 的孔内，使百分表的测量杆与表架传动杆 5 接触，当表盘指示出一定预压值后，用旋合螺母 10 的锥面锁紧表头。用环规或千分尺校出零位后即可进行比较测量。

知识拓展　**使用内径百分表的注意事项**

① 测量前必须根据被测工件尺寸，选用相应尺寸的测头，安装在内径百分表上。使用前应调整百分表的零位。根据工件被测尺寸，选择相应精度标准环规或用量块及量块附件的

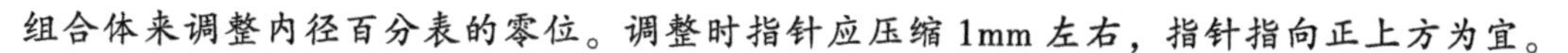

组合体来调整内径百分表的零位。调整时指针应压缩1mm左右，指针指向正上方为宜。

② 调整及测量中，内径百分表的测头应与环规及被测孔径轴线垂直，即在径向找最大值，在轴向找最小值。

③ 测量槽宽时，在径向及轴向均找其最小值。

④ 具有定心器的内径百分表，在测量内孔时，只要将其按孔的轴线方向来回摆动，其最小值，即为孔的直径。

2）涨簧式内径百分表。涨簧式内径百分表（图2-38）的测量范围由涨簧测头标称直径与工作行程决定。当测头标称直径为2~3.75mm时，工作行程为0.3mm；当测头标称直径为4~9.5mm时，工作行程为0.6mm；当测头标称直径为10~20mm时，工作行程为1.2mm。涨簧式内径百分表用于小孔测量，测量范围为3~4mm、4~10mm、10~20mm。

3）钢球式内径百分表。钢球式内径百分表的测量范围为3~4mm、4~10mm、10~20mm；其测孔深度H分别为10mm、16mm、25mm，如图2-39所示。钢球式内径百分表用于小孔测量。

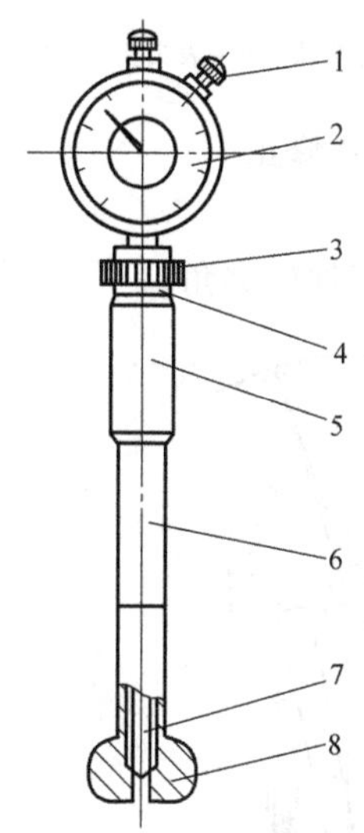

图2-38 涨簧式内径百分表

1—制动器 2—百分表 3—锁紧螺母 4—卡簧 5—手柄 6—接杆 7—顶杆 8—涨簧测头

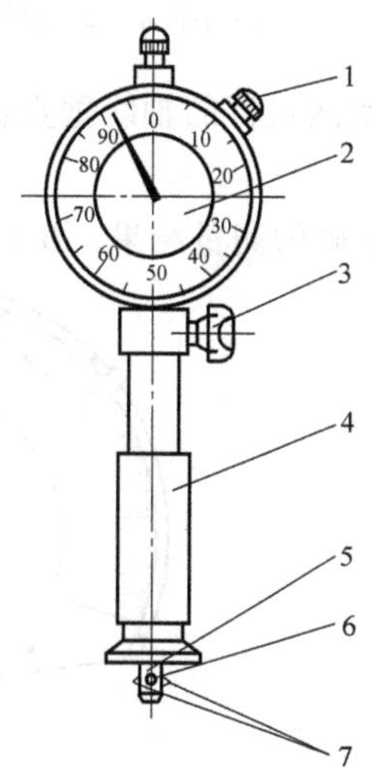

图2-39 钢球式内径百分表

1—制动器 2—百分表 3—锁紧装置 4—手柄 5—钢球测头 6—定位钢球 7—测量钢球

（3）杠杆百分表 杠杆百分表又称为靠表，是将杠杆测头的位移（杠杆的摆动），通过机械传动系统，转化为表针在表盘上的偏转。表盘圆周上有均匀的刻度，其分度值为0.01mm，示值范围为±0.4mm。

杠杆百分表的外形与原理如图2-40所示。测量时，杠杆测头5的位移使扇形齿轮4绕其轴摆动，从而带动小齿轮1及同轴上的指针3偏转而指示读数，扭簧2用于复位。

由于杠杆百分表体积较小，故可将表身伸入工件孔内测量，测头可变换测量方向，使用极为方便。尤其在测量或加工中对小孔工件的找正，更体现了其精度高且灵活的特点。

使用杠杆百分表时，也需将其装夹于表座上，夹持部位为表夹头6。

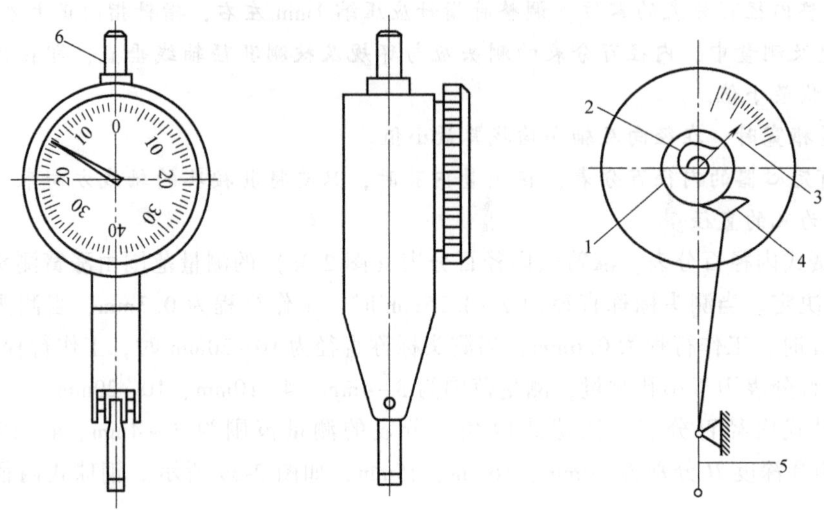

图 2-40　杠杆百分表的外形与原理

1—小齿轮　2—扭簧　3—指针　4—扇形齿轮　5—杠杆测头　6—表夹头

若无法使测量杆的轴线垂直被测工件时，测量结果按下式修正。

$$A=B\cos\alpha$$

式中，A 是正确的测量结果；B 是测量读数；α 是测量线与工件的夹角。

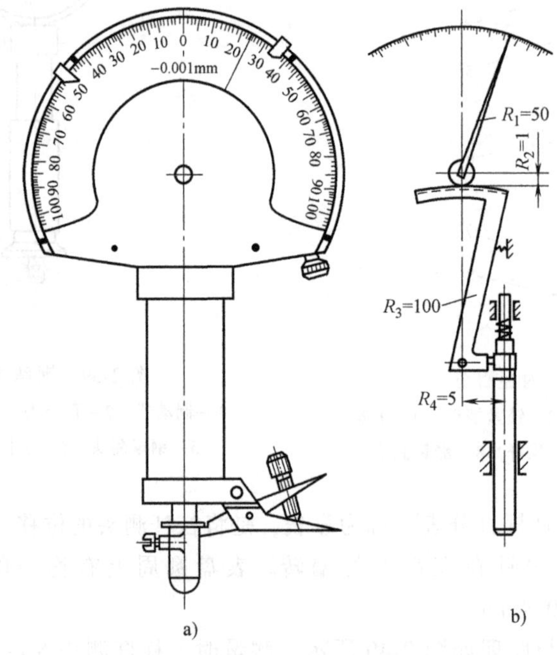

图 2-41　杠杆齿轮式比较仪

a）外形　b）传动示意

（4）比较仪

1）杠杆齿轮式比较仪。它是借助杠杆-齿轮传动系统，将测量杆的直线位移转换为指针在表盘上的角位移的量仪。杠杆齿轮式比较仪主要用于以比较测量法测量精密制件的尺寸和几何误差。该比较仪也可用作其他测量装置的指示表。杠杆齿轮式比较仪如图 2-41 所示，表盘上有不满一周的刻度，分度值为 0.5μm、1μm、2μm、5μm。

当测量杆移动时，使杠杆绕轴转动，并通过杠杆短臂 R_4 和长臂 R_3 将位移放大，同时扇形齿轮带动与其啮合的小齿轮转动，这时小齿轮分度圆半径 R_2 与指针长度 R_1 又起放大作用，使指针在标尺上指示出相应测量杆的位移值。

2）扭簧式比较仪。扭簧式比较仪是利用扭簧作为传动放大机构，将测量杆的直线位移变换为指针的角位移的量仪。其结构简单，传动比大，在传动机构中没有摩擦和间隙，所以测力小，灵敏度高，广泛应用于机械、轴承、仪表等行业，用于以比较法测量精密制件的尺寸和几何误差。该比较仪还可用作其他测量装置的指示表。机械扭簧式比较仪如图 2-42 所示。

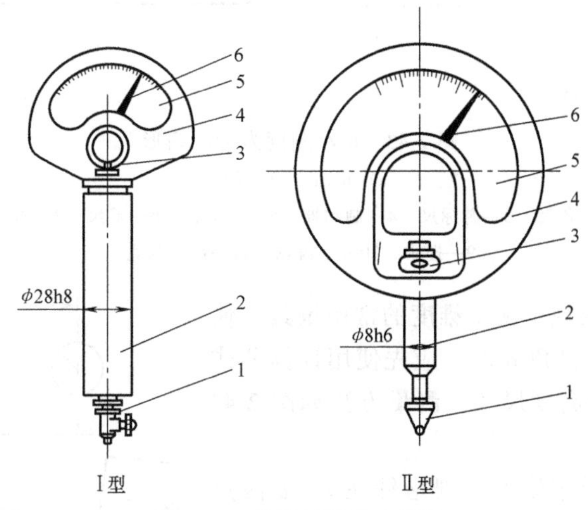

图 2-42　机械扭簧式比较仪

1—测帽　2—套筒　3—微动螺钉　4—表壳　5—刻度盘　6—指针

扭簧式比较仪的传动原理是：利用扭簧元件作为尺寸的转换和放大机构。其分度值为 0.1μm、0.2μm、0.5μm、1μm、2μm、5μm、10μm。

5. 角度量具

（1）游标万能角度尺　游标万能角度尺是用来测量工件 0°~320°内外角度的量具，其分度值有 2′和 5′两种，其尺身的形状有圆形和扇形两种。在此以最小刻度为 2′的扇形游标万能角度尺为例介绍游标万能角度尺的结构、刻线原理、读数方法和测量范围。

图 2-43 所示为最小刻度为 2′的扇形游标万能角度尺，由尺身、角尺、游标尺、制动器、扇形板、基尺、直尺、夹块、捏手、小齿轮和扇形齿轮等组成。游标尺固定在扇形板上，基尺和尺身连成一体。扇形板可以与尺身做相对回转运动，形成和游标卡尺相似的读数机构。角尺用夹块固定在扇形板上，直尺又用夹块固定在角尺上。根据所测角度的需要，也可拆下角尺，将直尺直接固定在扇形板上。制动器可将扇形板和尺身锁紧，便于读数。

测量时，可转动游标万能角度尺背面的捏手，通过小齿轮转动扇形齿轮，使尺身相对扇形板产生转动，从而改变基尺与角尺或直尺间的夹角，满足各种不同情况测量的需要。

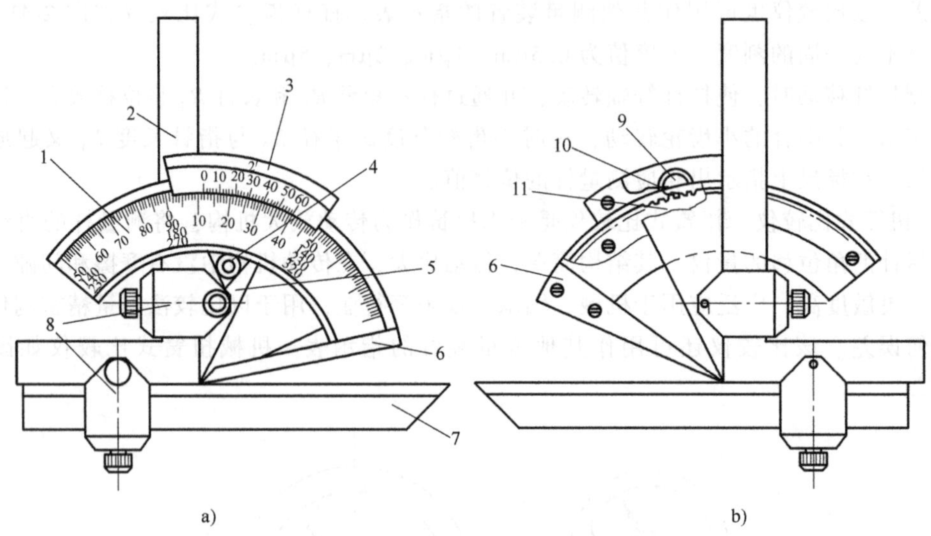

图 2-43　最小刻度为 2′的扇形

a) 正面　b) 背面

1—尺身　2—角尺　3—游标尺　4—制动器　5—扇形板　6—基尺　7—直尺　8—夹块

9—捏手　10—小齿轮　11—扇形齿轮

(2) 正弦规　正弦规是测量锥度的常用量具。使用正弦规检测圆锥体的锥角 α 时，应先使用计算公式 $h=L\sin\alpha$ 算出量块组的高度尺寸，测量方法如图 2-44 所示。

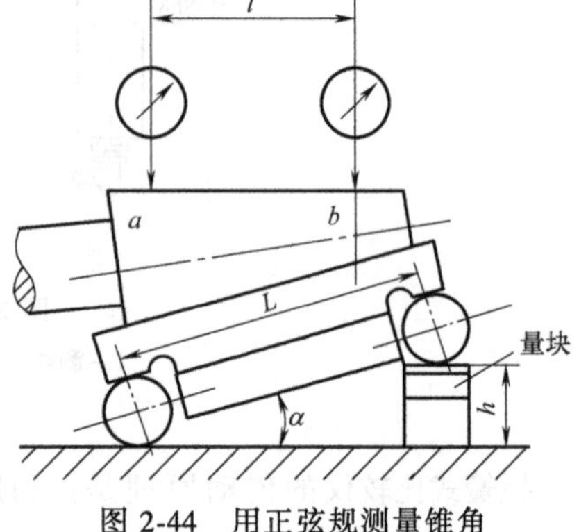

图 2-44　用正弦规测量锥角

如果被测角正好等于锥角，则指针在 a、b 两点指示值相同；如果被测角度有误差 ΔK，则 a、b 两点必有差值 n。n 与被测长度的比即为锥度误差，即

$$\Delta K=\frac{n}{L} \tag{2-3}$$

(3) 水平仪　水平仪是测量被测平面相对水平面微小倾角的一种测量器具，在机械制造中，常用来检测工件表面或设备安装的水平情况，如检测机床、仪器的底座、工作台面及机床导轨等的水平情况，还可以用水平仪检测导轨、平尺、平板等的直线度误差和平面度误差，以及测量两工作面的平行度误差和工作面相对于水平面的垂直度误差等。

水平仪按其工作原理可分为水准式水平仪和电子水平仪两类。水准式水平仪又分为条式水平仪、框式水平仪和合像水平仪三种。水准式水平仪目前使用最为广泛。

水准式水平仪的主要工作部分是管状水准器。管状水准器是一个密封的玻璃管，其内表面的纵剖面是一曲率半径很大的圆弧面。管内装有精馏乙醚或精馏乙醇，但未注满，形成一个气泡。玻璃管的外表面刻有刻度，不管水准器处于何种位置，气泡总是趋向于玻璃管圆弧面的最高位置。当水准器处于水平位置时，气泡位于中央。当水准器相对于水平面倾斜时，气泡就偏向高的一侧，倾斜程度可以从玻璃管外表面上的刻度读出，如图 2-45 所示，经过简单换算，就可得到被测表面相对水平面的倾斜度和倾斜角。

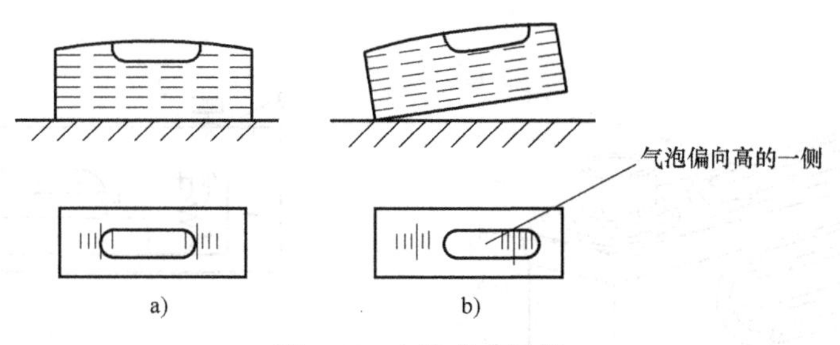

图 2-45　水准式水平仪
a）水平状态　b）倾斜状态

1）条式水平仪。条式水平仪如图 2-46 所示。它由主体、盖板、水准器和调零装置组成。在测量面上刻有 V 形槽，以便放在圆柱形的被测表面上测量。图 2-46a 所示水平仪的调零装置在一端，而图 2-46b 所示调零装置在水平仪的上表面，因而使用更为方便。条式水平仪工作面的长度有 200mm 和 300mm 两种。

2）框式水平仪。框式水平仪如图 2-47 所示。它由横水准器、主体把手、主水准器、盖板和调零装置组成。条式水平仪的主体为一条形，而框式水平仪的主体为一框架。框式水平仪除有安装水准器的下测量面外，还有一个与下测量面垂直的侧测量面，因此框式水平仪不仅能测量工件的水平表面，还可用它的侧测量面与工件的被测表面相靠，检测其对水平面的垂直度。框式水平仪的框架规格有 150mm×150mm、200mm×200mm、250mm×250mm、300mm×300mm 四种，其中 200mm×200mm 最为常用。

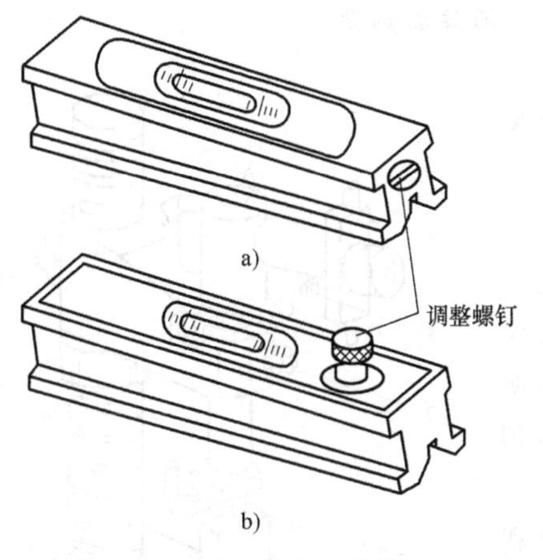

图 2-46　条式水平仪

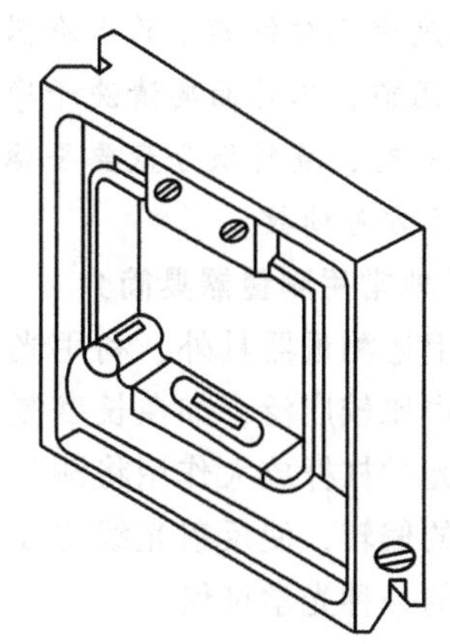

图 2-47　框式水平仪

3）合像水平仪。合像水平仪主要应用于测量平面和圆柱面对水平的倾斜度以及机床与光学机械仪器的导轨或机座等的平面度、直线度和设备安装位置是否正确等。其工作原理是利用棱镜将水准器中的气泡影像放大，来提高读数的瞄准精度，利用杠杆、微动螺杆等传动机构进行读数。合像水平仪如图 2-48 所示。合像水平仪的水准器安装在杠杆架的底板上，它的位置可用微动旋钮通过测微螺杆与杠杆系统进行调整。水准器内的气泡，经两个不同位置的棱镜反射至观察窗放大观察（分成两半合像）。当水准器不在水平位置时，气泡 A、B 两半不对齐；当水准器在水平位置时，气泡 A、B 两半就对齐，如图 2-48c 所示。

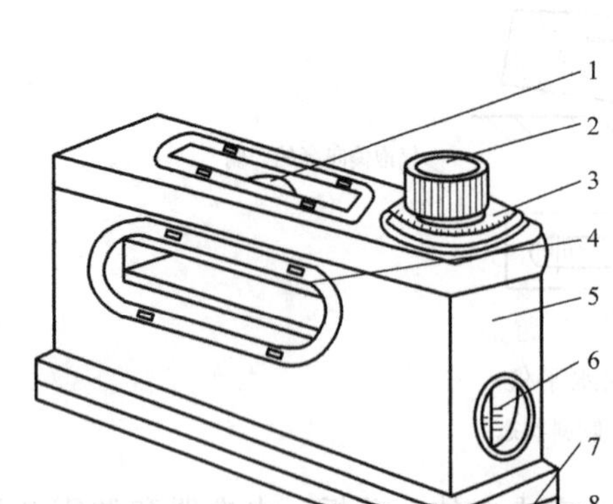

a)

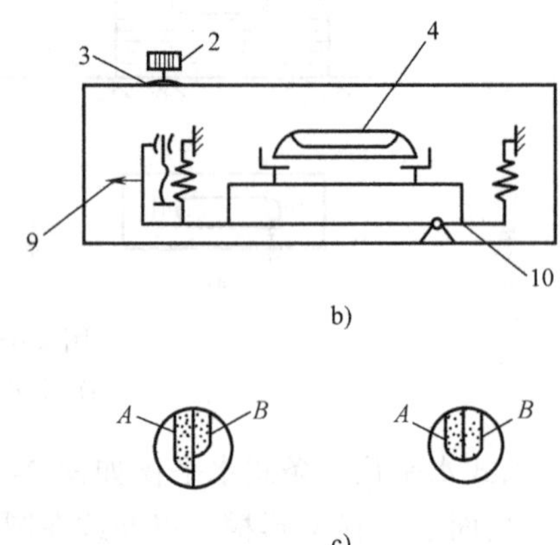

b)

A B A B
c)

图 2-48 合像水平仪

1—观察窗 2—微动旋钮 3—微分盘 4—主水准器 5—壳体 6—毫米/米刻度 7—底面工作面 8 —V 形工作面 9—指针 10—杠杆

合像水平仪主要用于精密机械制造中，其最大特点是使用范围广、测量精度较高、读数方便和准确。

知识拓展 水准式水平仪的使用注意事项

① 温度变化对仪器中的水准器位置影响很大，必须隔离热源。

② 使用前，工作面要清洗干净。

③ 测量时，旋转微分盘要平稳，必须等两气泡像完全稳定后方可读数。

6. 其他常用测量器具简介

除了上述测量器具外，利用光学原理制成的光学量仪应用也比较广泛，如在长度测量中的光学比较仪就是利用光学杠杆放大作用将测量杆的直线位移转换为反射镜的偏转，使反射光线也发生偏转，从而得到标尺影像的一种光学量仪。

（1）立式光学比较仪 立式光学比较仪主要是利用量块与零件相比较的方法来测量零件外形的微差尺寸，是测量精密零件的常用测量器具。

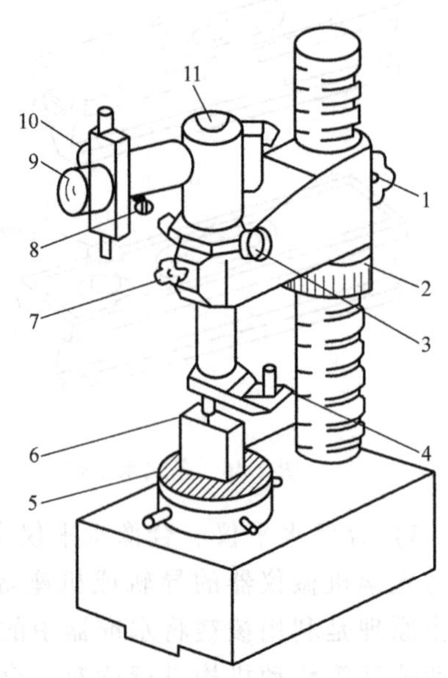

图 2-49 立式光学比较仪外形结构

1—悬臂锁紧装置 2—升降螺母 3—光管细调手轮 4—拨叉 5—工作台 6—被测件 7—光管锁紧螺母 8—测微螺母 9—目镜 10—反光镜 11—光管

立式光学比较仪外形结构如图 2-49 所示，主要由四个部分组成：①光学计管。测量读数的主要部件；②光管细调手轮。可对零位进行微调节；③测帽。根据被测件形状，选择不同的测帽套在测量杆上，其选择原则为测帽与被测件的接触面积要最小；④工作台。对不同形状的被测件，应选用尺寸不同的工作台，选择原则与③基本相同。

关于立式光学比较仪的相关知识

1）立式光学比较仪主要技术参数。以 LG-1 型立式光学比较仪为例，其主要技术参数是：总放大倍数：约 1000 倍；分度值：0.001mm；示值范围：±0.1mm；测量范围：最大长度 180mm；仪器的最大不确定度：±0.00025mm；示值稳定性：0.0001mm；测量的最大不确定度：$\pm(0.5+L/100)\mu m$。

2）立式光学比较仪的工作原理。立式光学比较仪是利用光学杠杆的放大原理，将微小的位移量转换为光学影像的移动来进行测量的。

3）立式光学比较仪的使用方法。使用立式光学比较仪必须做好以下四项工作。

① 粗调。仪器放在平稳的工作台上，将光学比较仪光管安在横臂的适当位置。

② 测帽选择。测量时被测件与测帽间的接触面积应最小，即近似于点接触或线接触。

③ 工作台校正。工作台校正的目的是使工作面与测帽平面保持平行。一般是将与被测件尺寸相同的量块放在测帽边缘的不同位置，若读数相同，则说明其平行。否则可调工作台旁边的四个调节旋钮。

④ 调零。将选用的量块组放在一个清洁的平台上，转动粗调节环使横臂下降至测量头刚好接触量块组时，将横臂固定在立柱上。再松开横臂前端的锁紧装置，调整光管与横臂的相对位置，当从光管的目镜中看到零刻线与指示虚线基本重合后，固定光管。调整光管细调手轮，使零刻线与指示虚线完全对齐。拨动提升器几次，若零位稳定，则仪器可进行工作。

4）立式光学比较仪的仪器保养。立式光学比较仪属于精密仪器，必须认真做好保养工作。

① 应注意保持清洁，不用时宜用罩子套上防尘。

② 立式光学比较仪部件避免用手指碰触，以免影响成像质量。

③ 立式光学比较仪光管内部构造比较复杂精密，不宜随意拆卸，出现故障时应送专业部门修理。

④ 使用完毕后，必须用航空汽油清洗、拭干工作台以及其他金属表面，再涂上无酸凡士林。

（2）万能测长仪　万能测长仪是由精密机械、光学系统和电气部分结合起来的长度测量仪器，既可用来对零件的外形尺寸进行直接测量和比较测量，也可以使用仪器的附件进行各种特殊测量工作。

图 2-50 所示为卧式万能测长仪，卧式万能测长仪主要由底座、万能工作台、测量座、手轮、尾座和各种测量设备附件等组成。

底座 10 的头部和尾部分别安装测量座 4 和尾座 9，它们可在导轨上沿测量轴线方向移动，在底座 10 中部安装万能工作台 6，通过底座 10 的平衡装置，可使工作台连同被测件一起升降。平衡装置通过工作台升降手轮 14 使弹簧产生不同的伸长和拉力，再通过杠杆机构和工作台升降机构连接，使与工作台的重量相平衡。

万能工作台 6 可有 5 个自由度的运动。中间手轮调整其升降运动，范围为 0~105mm，并可在刻度盘上读出；旋转前端微分手轮可使工作台产生 0~25mm 的横向移动；扳动侧面两手柄可使工作台具有±3°的倾斜运动或使工作台绕其垂直轴线旋转±4°；在测量轴线上，工作台可自由移动±5mm。

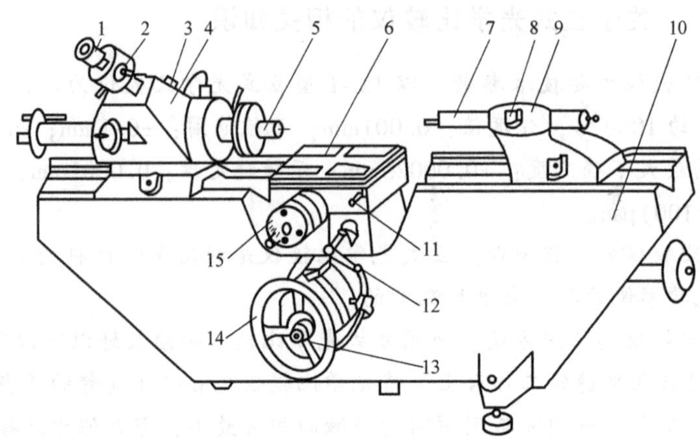

图 2-50 卧式万能测长仪

1—目镜 2—读数显微镜 3—紧固螺钉 4—测量座 5—测量主轴 6—万能工作台 7—尾管 8—尾管紧固螺钉 9—尾座 10—底座 11—工作台回转手柄 12—摆动手柄 13—手轮紧固螺钉 14—工作台升降手轮 15—工作台横向移动微分手轮

测量座 4 是测量过程中感应尺寸变化并显示读数的重要部件，主要由测量杆、读数显微镜 2、照明装置及微动装置组成。它可以通过滑座在底座导轨上滑动，并能通过手轮在任何位置上固定。测量座的壳体由内六角螺钉与滑座紧固成一体。

尾座 9 是放在底座右侧的导轨面上，它可以用手柄固定在任意位置上，尾管 7 装在尾管的相应孔中，并能用尾管紧固螺钉 8 固定，旋转其后面的手轮时可使尾座测量头做轴向微动。测量头上可以装置各种测帽，同时通过螺钉调节，可使其测帽平面与测量座上的测帽平面平行，尾座上的测量头是测量中的一个固定测量点。

测量附件主要包括内尺寸测量附件、内螺纹测量附件和电眼装置三类。

知识拓展 关于卧式万能测长仪的相关知识

1）主要技术参数。分度值：0.001mm；测量范围包括以下几个方面：直接测量 0～100mm，外尺寸测量 0～500mm，内尺寸测量 10～200mm，电眼装置测量 1～20mm，外螺纹中径测量 0～180mm，内螺纹中径测量 10～200mm，仪器误差包括以下方面：测外部尺寸 $\pm(0.5+L/100)\mu m$，测内部尺寸 $\pm(2+L/100)\mu m$。

2）测量原理。卧式万能测长仪是按照阿贝原则设计制造的，其测量精度较高。在卧式万能测长仪上进行测量，是直接把被测件与精密玻璃尺做比较，然后利用补偿式读数显微镜观察刻度尺，进行读数。玻璃刻度尺被固定在测体上，因其在纵向轴线上，故刻度尺在纵向上的移动量完全与被测件的长度一致，而此移动量可在显微镜中读出。

3）仪器使用。卧式万能测长仪可测量两平行平面间的长度、圆柱体的直径、球体的直径、内尺寸长度、外螺纹中径和内螺纹中径等。由于卧式万能测长仪能测量的被测件类型较多，测量方法各不相同，其基本步骤为选择并装调测量头、安放被测件、校正零位、寻找被测件的最佳测量点、测量读数，在具体操作仪器前须仔细阅读使用说明书。

4）维护保养。仪器室不得有灰尘或腐蚀性气体，不得有振动；室温应维持在 20℃ 左右，相对湿度最好不超过60%，防止光学部件产生霉斑；每次使用完毕后，必须用汽油清洗工作台、测帽以及其他附属设备的表面，并涂上无酸凡士林，盖上仪器罩。

（3）SRM-1型表面粗糙度测量仪　SRM-1型表面粗糙度测量仪如图2-51所示。该仪器主要用于测量各种型面的表面粗糙度。该仪器采用了计算机进行信号处理，测量精度高，传感器灵敏度高，测量人员只需按一个测量键即可进行测量，仪器自动显示测量结果。

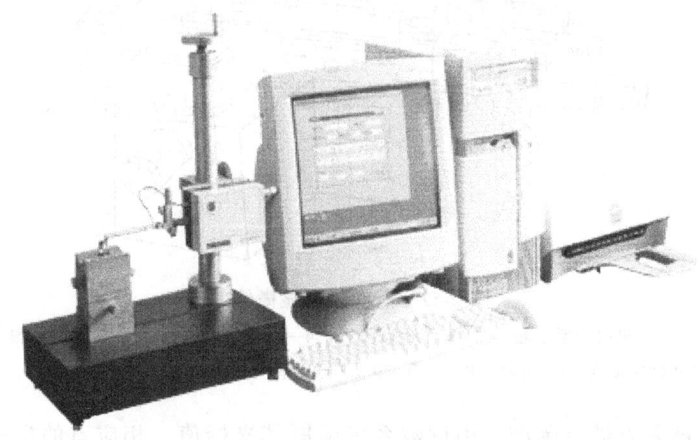

图2-51　SRM-1型表面粗糙度测量仪

SRM-1型表面粗糙度测量仪的工作原理为：驱动器带动压电式传感器在零件表面移动进行采样，信号经放大器及计算机的处理，通过显示屏同时读出被测量表面的表面粗糙度 Ra、Rz、Ry 实测值。

使用该仪器的基本步骤为：安装仪器；校准仪器放大倍数；安放被测件；采集数据；数据处理。

知识拓展　SRM-1型表面粗糙度测量仪的维护与保养

① 被测表面温度不得高于40℃，且不得有水、油、灰尘、切屑、纤维及其他污物。

② 使用现场不得有振动，仪器不得发生跌撞。

③ 传感器在使用中避免撞击触尖，触尖不能用酒精清洗，必要时只能用无水汽油清洗。

④ 随仪器附带的多刻线样板如有严重划伤时，应及时更换，否则会造成校准误差增大。

（4）万能工具显微镜　万能工具显微镜是一种在工业生产和科学研究部门使用十分广泛的光学测量仪器。它具有较高的测量精度，适用于长度和角度的精密测量，同时由于配备多种附件，使其应用范围得到充分扩大。仪器可用影像法、轴切法或接触法按直角坐标或极坐标对机械工具和零件的长度、角度和形状进行测量。主要的测量对象有刀具、量具、模具、样板、螺纹和齿轮类零件等。

万能工具显微镜如图2-52所示。

万能工具显微镜主要是应用直角或极坐标原理，通过主显微镜瞄准定位和读数系统读取坐标值而实现测量的。

根据被测件的形状、大小及被测部位的不同，一般有以下三种测量方法。

1）影像法。中央显微镜将被测件的影像放大后，成像在“米”字分划板上，利用

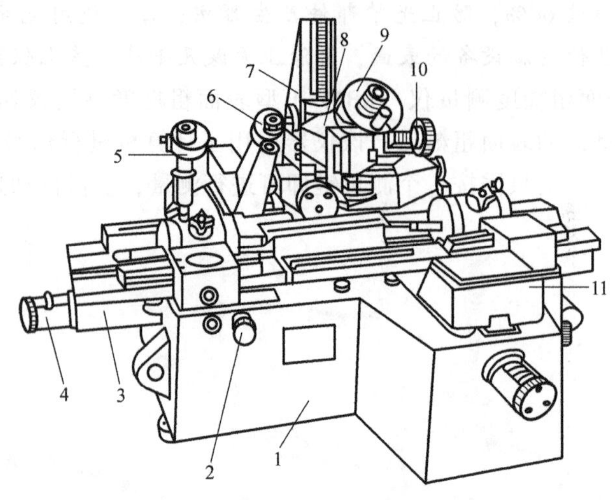

图 2-52　万能工具显微镜

1—基座　2—纵向锁紧手轮　3—工作台纵滑板　4—纵向滑动微调　5—纵向读数显微镜　6—横向读数显微镜　7—立柱　8—支臂　9—测角目镜　10—立柱倾斜手轮　11—小平台

“米”字分划板对被测点进行瞄准，由读数系统读取其坐标值，相应点的坐标值之差即为所需尺寸的实际值。

2）轴切法。为克服影像法测量大直径外尺寸因出现衍射现象而造成较大的测量误差，利用仪器所配附件测量刀上的刻线，来替代被测表面轮廓进行瞄准，从而完成测量。

3）接触法。用光学定位器直接接触被测表面来进行瞄准、定位并完成测量。它适用于影像成像质量较差或根本无法成像的零件测量，如有一定厚度的平板件、深孔零件、台阶孔、台阶槽等。

使用万能工具显微镜时，因不同的被测件所采用的测量原理各不相同，详细的操作使用方法可查阅其使用说明书和有关的参考书。

万能工具显微镜的维护保养，与立式光学比较仪、万能测长仪、光切法显微镜等光学仪器相似。

知识要点五　新技术在测量中的应用

随着科学技术的迅速发展，测量技术已从应用机械原理、几何光学原理发展到应用更多新的物理原理，引进了光栅、激光、感应同步器、磁栅以及射线技术等最新的技术成就，特别是计算机技术的发展和应用，使得测量仪器进入了新的领域。三坐标测量机和计算机的结合，使之成为一种越来越引人注目的高效率、新颖的几何量精密测量设备。

1. 光栅技术

（1）计量光栅　在长度计量测试中应用的光栅称为计量光栅。它一般是由很多间距相等的不透光刻线和刻线间透光缝隙构成。光栅尺的材料有玻璃和金属两种。

计量光栅一般可分为长光栅和圆光栅。长光栅的刻线密度有 25 条/mm、50 条/mm、100 条/mm 和 250 条/mm 等。圆光栅的刻线数有 10800 条和 21600 条两种。

（2）莫尔条纹的产生　如图 2-53a 所示，将两块具有相同栅距（W）光栅的刻线面平行地叠合在一起，中间保持 0.01～0.1mm 间隙，并使两光栅刻线之间保持一很小夹角（θ）。

于是在 a-a 线上，两块光栅的刻线相互重叠，而缝隙透光（或刻线间的反射面反光），形成一条亮条纹。而在 b-b 线上，两块光栅的刻线彼此错开，缝隙被遮住，形成一条暗条纹。由此产生一系列明暗相间的条纹称为莫尔条纹，如图 2-53b 所示。图 2-53 中莫尔条纹近似地垂直于光栅刻线，因此称为横向莫尔条纹。两亮条纹或暗条纹之间的宽度 B 称为条纹间距。

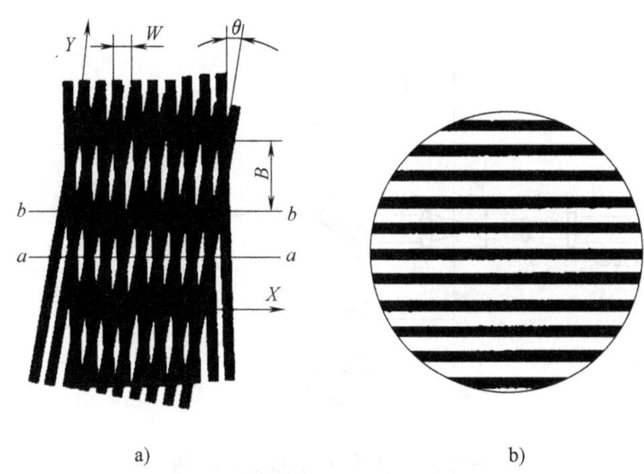

图 2-53　莫尔条纹

（3）莫尔条纹的特征　莫尔条纹具有以下特征。

1）对光栅栅距具有放大作用。根据图 2-53 所示的几何关系可知，当两光栅刻线的 θ 夹角很小时

$$B \approx W/\theta \tag{2-4}$$

式中，θ 以弧度为单位。此式说明，适当调整夹角 θ 可使条纹间距 B 比光栅栅距 W 放大几百倍甚至更大，这对莫尔条纹的光电接收器接收非常有利。例如：$W=0.04\text{mm}$、$\theta=0°13'15''$ 时，则 $B=10\text{mm}$，相当于放大了 250 倍。

2）对光栅刻线误差具有平均效应。由图 2-53a 可以看出，每条莫尔条纹都是由许多光栅刻线的交点组成的，所以个别光栅刻线的误差在莫尔条纹中得到平均。设 δ_0 为光栅刻线误差，n 为光电接收器所接收的刻线数，则经莫尔条纹读出系统后的误差为

$$\delta=\delta_0/\sqrt{n} \tag{2-5}$$

由于 n 一般可以达几百条刻线，所以莫尔条纹的平均效应可使系统测量精度提高很多。

3）莫尔条纹运动与光栅副运动具有对应性。在图 2-53a 中，当两光栅尺沿 X 方向相对移动一个栅距 W 时，莫尔条纹在 Y 方向也随之移动一个莫尔条纹间距 B，即保持着运动周期的对应性；当光栅尺的移动方向相反时，莫尔条纹的移动方向也随之相反，即保持了运动方向的对应性。利用这个特性，可实现数字式的光电读数和判别光栅副的相对运动方向。

2. 激光技术

激光是一种具有很好的单色性、方向性、相干性和能量高度集中性的光源。它在科学研究、工业生产、医学、国防等许多领域中获得了广泛应用。现在，激光技术已成为建立长度计量基准和精密测试的重要手段。它不但可以用干涉法测量线位移，还可以用双频激光干涉法测量小角度，用环形激光测量圆周分度以及用激光准直技术来测量直线度误差等。

常用的激光测长仪实质上就是以激光作为光源的迈克尔逊干涉仪，如图 2-54 所示。从

激光器发出的激光束，经透镜 L、L_1 和光阑 P_1 组成的准直光管扩束成一束平行光，经分光镜 M 被分成两路，分别被角隅棱镜 M_1 和 M_2 反射回到 M 重叠，被透镜 L_2 聚集到光电计数器 PM 处。当工作台带动棱镜 M_2 移动时，在光电计数处由于两路光束聚集产生干涉，形成明暗条纹，通过计数就可以计算出工作台移动的距离 $S=N\lambda/2$（式中，N 是干涉条纹数，λ 是激光波长）。

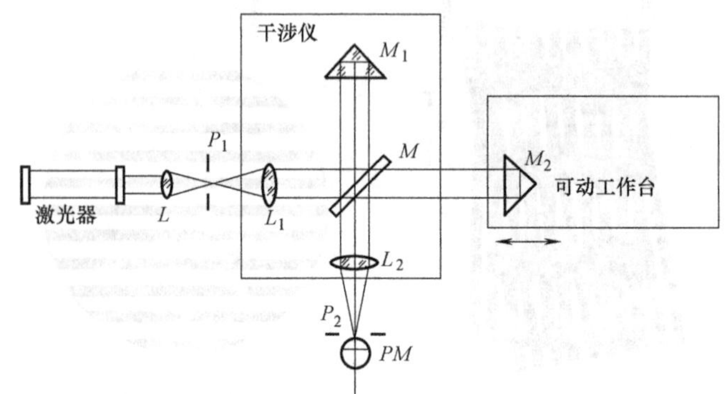

图 2-54　激光干涉测长仪原理

激光干涉测长仪电路原理图如图 2-55 所示。

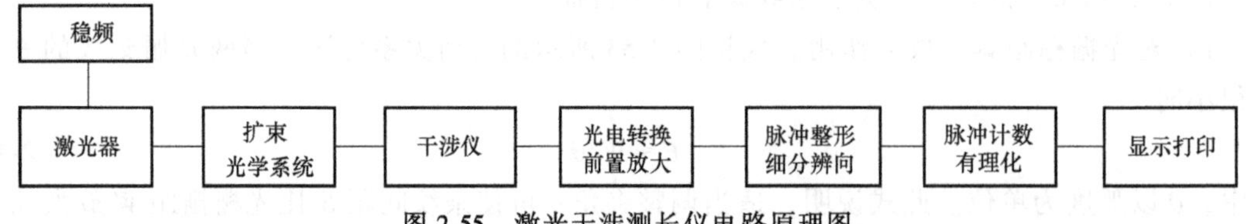

图 2-55　激光干涉测长仪电路原理图

3. 三坐标测量机

（1）三坐标测量机的结构与类型　三坐标测量机如图 2-56 所示，一般都具有相互垂直的三个测量方向，水平纵向运动方向为 x 方向（又称为 x 轴），水平横向运动方向为 y 方向（又称为 y 轴），垂直运动方向为 z 方向（又称为 z 轴）。

三坐标测量机类型如图 2-57 所示，其中图 2-57a 所示为悬臂式 z 轴移动，特点是左右方向开阔，操作方便，但因 z 轴在悬臂 y 轴上移动，易引起 y 轴挠曲，使 y 轴的测量范围受到限制（一般不超过 500mm）。图 2-57b 所示为悬臂式 y 轴移动，特点是 z 轴固定在悬臂 y 轴上，随 y 轴一起前后移动，有利于工件的装卸。但悬臂在 y 轴方向移动，重心的变化较明显。图 2-57c、d 所示为桥式，以桥框作为导向面，z 轴能沿 y 轴方向移动，它的结构刚性好，适用于大型测量机。图 2-57e、f 所示分别为龙门移动式和龙门固定式，其特点是当龙门移动或工作台移动时，装卸工件非常方便，操作性能好，适用于小型测量机，精度较高。图 2-57g、h 所示测量机是在卧式镗床或坐标镗床的基础上发展起来的测量机，这种形式精度也较高，但结构复杂。

（2）三坐标测量机的测量系统　测量系统是三坐标测量机的重要组成部分之一。它关系着三坐标测量机的精度、成本和寿命。对于 CNC 三坐标测量机，一定要求测量系统输出的坐标值为数字脉冲信号，才能实现坐标位置闭环控制。三坐标测量机上使用的测量系统种类很多，按其性质可分为机械式、光学式和电气式测量系统。各种测量系统精度范围各不

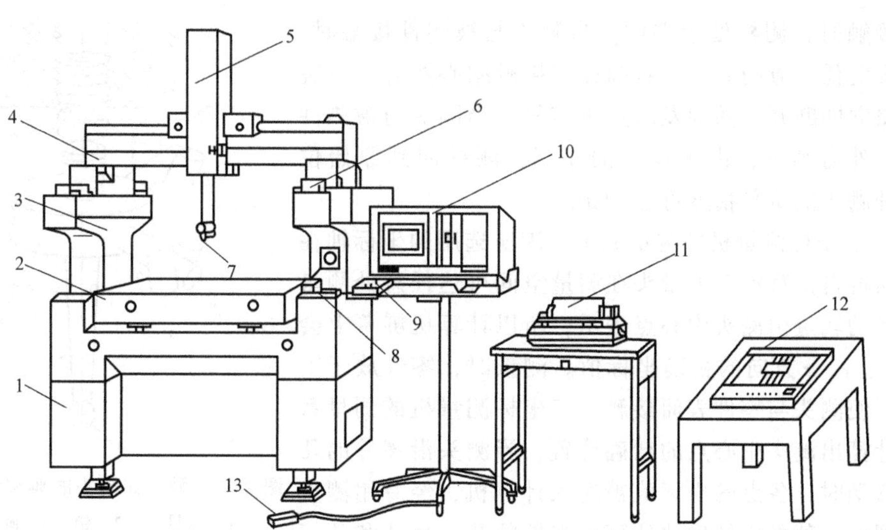

图 2-56　三坐标测量机

1—底座　2—工作台　3—立柱　4~6—导轨　7—测量头　8—驱动开关
9—键盘　10—计算机　11—打印机　12—绘图仪　13—脚踏开关

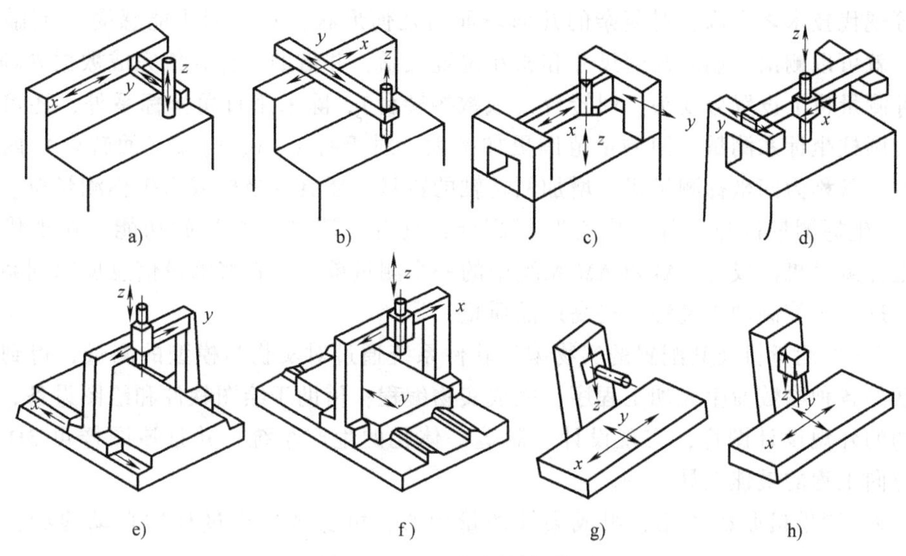

图 2-57　三坐标测量机类型

相同。

（3）三坐标测量机的测量头　三坐标测量机的测量头按测量方法分为接触式和非接触式两大类。接触式测量头可分为硬测头和软测头两类。硬测头多为机械测头，主要用于手动测量和精度要求不高的场合。软测头是目前三坐标测量机普遍使用的测量头。软测头有触发式测头和三维测微测头。触发式测头也称为电触式测头，其作用是瞄准。它可用于“飞越”测量，即在检测过程中，测头缓缓前进，当测头接触工件并过零时，测头即自动发出信号，采集各坐标值，而测头则不需要立即停止或退回，即允许若干毫米的超程。图 2-58 所示为触发式测头的典型结构之一，其工作原理相当于零位发信开关。当三对由圆柱销组成的接触副均匀接触时，测杆处于零位。当测头与被测件接触时，测头被推向任一方向后，三对圆柱销接触副必然有一对脱开，电路立即断开，随即发出过零信号。当测头与被测件脱离后，外力消失，由于弹簧的作用，测杆回到原始位置。这种测头的重复精度可达±1μm。

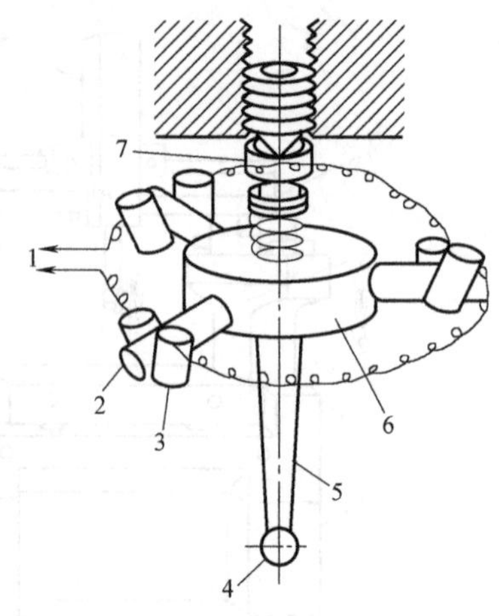

图 2-58　触发式测头的典型结构之一
1—信号线　2—销　3—圆柱销
4—红宝石测头　5—测杆
6—量块　7—陀螺

（4）三坐标测量机的测量原理　因所选用的坐标轴在空间方向可自由移动，测量头在测量空间可达任意处测量点，且运动轨迹由测头中心点表示，所以计算机屏幕上会显示出 x、y、z 方向的精确坐标值。测量时，零件放于工作台上，使测头与零件表面接触，三坐标测量机的测量系统即时计算出测头中心点的精确位置，当测头沿零件的几何型面移动时，各点的坐标值被送入计算机，经专用测量软件处理后，就可以精确地计算出零件的几何尺寸和几何误差，实现多种几何量测量、实物编程、设计制造一体化以及柔性测量中心等功能。

（5）三坐标测量机的应用　三坐标测量机集精密机械、电子技术、传感器技术、电子计算机等现代技术之大成，对复杂的几何表面与几何形状，只要测头能感受（或瞄准）到的地方，就可以测出它们的几何尺寸和相互位置关系，并借助于计算机完成数据处理。如果在三坐标测量机上设置分度头、回转台（或数控转台），除采用直角坐标系外，还可采用极坐标系、圆柱坐标系测量，使测量范围更加扩大。对于有 x、y、z、φ（回转台）四轴坐标的测量机，常称为四坐标测量机。增加回转轴的数目，还有五坐标或六坐标测量机。

1）三坐标测量机与“加工中心”相配合，具有“测量中心”的功能。在现代化生产中，三坐标测量机已成为 CAD/CAM 系统中的一个测量单元，它将测量信息反馈到系统主控计算机，进一步控制加工过程，提高产品质量。

2）三坐标测量机及其配置的实物编程软件系统通过对实物与模型的测量，得到加工面几何形状的各种参数而生成加工程序，完成实物编程；借助于绘图软件和绘图设备，可得到整个实物的外观设计图样，实现设计、制造一体化的生产系统，并且该图样可 3D 立体旋转，是逆向工程的最佳工具之一。

3）多台测量机联机使用，组成柔性测量中心，可实现生产过程的自动检测，提高生产率。

正因如此，三坐标测量机越来越广泛地应用于机械制造、电子、汽车和航空航天等工业领域。

知识要点六　各种测量选择原则

1. 测量方法的选择原则

测量方法主要根据测量目的、生产批量、被测件的结构尺寸与精度以及现有测量器具的条件等选择，其选择原则如下。

1）保证测量结果的准确度。

2）在满足测量要求的前提下，选择成本尽可能低的测量方法。

2. 验收极限、安全裕度

(1) 误收与误废的概念　任何测量过程都难免存在测量误差，因而在确定工件的合格性时，可能出现两种错误的判断：一种是把尺寸超出规定尺寸极限的废品误判为合格品而接收下来，此称为误收；另一种是把处于规定尺寸极限之内的合格品误判为废品而予以报废，此称为误废。

误收不利于保证质量，误废不利于降低成本。为了适当控制误废，尽量减少误收，保证检验质量，根据我国实际情况，参照 ISO 标准，国家制定了国家标准［GB/T 3177—2009《产品几何技术规范（GPS）光滑工件尺寸的检验》］。此标准规定了验收原则，即“所用验收方法应只接收位于规定尺寸极限之内的工件”。根据这一原则，建立了在规定尺寸极限基础上的内缩的验收极限。

(2) 验收条件与安全裕度　为了正确选择测量器具，必须合理确定验收极限。在车间条件下，使用游标卡尺、千分尺、百分表等普通测量器具以及分度值不小于 0.0005mm、放大倍数不大于 1000 倍的比较仪，测量公差值大于 0.0009mm 至 3.2mm、尺寸至 1000mm 有配合要求的光滑工件尺寸，应按内缩方案确定验收极限。

1) 验收条件。规定验收极限要符合车间实际检验情况，这种验收方法的前提条件包括以下几个方面：验收工件时测量几次（多数情况下只测一次；测量几次是指对工件不同部位进行测量）；在车间，由于普通测量器具的特点，一般只测量尺寸，不用来测量工件上可能存在的形状误差；对温度、测量力引起的误差以及标准器的系统误差，一般不予修正。

2) 安全裕度。由于检验在上述条件下进行，测量器具内在误差和测量条件以及工件形状误差等综合作用的结果，引起了测量结果对其真值的分散，其分散程度可由测量不确定度来评定。显然，测量不确定度由测量器具不确定度 u_1 和温度、压陷效应以及工件形状误差等因素所引起的不确定度 u_2 两部分组成。

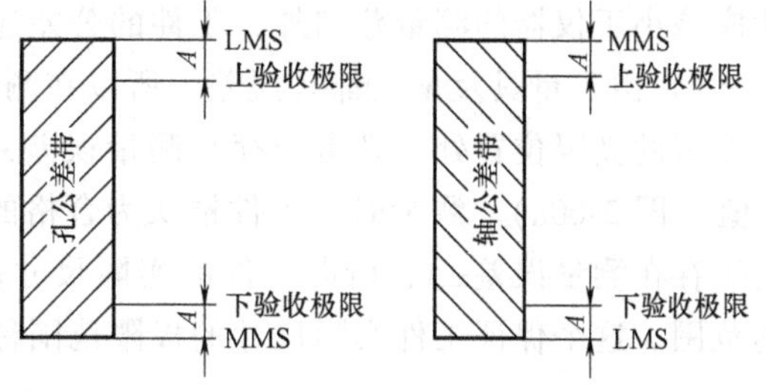

图 2-59　验收极限与工件公差带关系图

为了防止因测量不确定度的影响而使工件误收，为了保证工件原定的配合性质并考虑工件上可能存在的形状误差，国家标准规定按验收极限验收工件。验收极限是规定最大实体尺寸和最小实体尺寸分别向工件公差带内移动一个安全裕度 A 来确定的，如图 2-59 所示。这样，就尽可能地避免了误收，从而保证了工件的质量。

知识拓展　尺寸验收极限

验收方法的选择要结合尺寸的功能要求及其重要程度、尺寸公差等级、测量不确定度和过程能力等因素综合考虑。

1) 方法 1 的验收极限为

$$\text{上验收极限}=\text{上极限尺寸}-\text{安全裕度}(A) \tag{2-6}$$

$$\text{下验收极限}=\text{下极限尺寸}+\text{安全裕度}(A) \tag{2-7}$$

方法 1 的验收极限比较严格，适用于以下情形。

① 符合包容要求、公差等级高的尺寸，其验收极限按方法 1 确定。

② 偏态分布的尺寸，其“尺寸偏向边”的验收极限按方法 1 确定。

③ 符合包容要求的尺寸，当过程能力指数 $C_p \geqslant 1$ 时，其最大实体极限一边的验收极限按方法 1 确定为宜。

过程能力指数 C_p 是工件公差（T）值与加工设备工艺能力（$C\sigma$）的比值，C 为常数，工件尺寸遵循正态分布时取 $C=6$，σ 为加工设备的标准偏差，此时 $C_p=T/6\sigma$。

2）方法 2 的验收极限为

$$上验收极限=上极限尺寸 \tag{2-8}$$

$$下验收极限=下极限尺寸 \tag{2-9}$$

方法 2 的验收极限比较宽松，适用于以下情形。

① 当过程能力指数 $C_p \geqslant 1$ 时，其验收极限可以按方法 2 确定，即取 $A=0$。

② 符合包容要求的尺寸，其最小实体极限一边的验收极限按方法 2 确定为宜。

③ 非配合尺寸和一般尺寸，其验收极限按方法 2 确定。

④ 偏态分布的尺寸，其“尺寸非偏向边”的验收极限按方法 2 确定。

3. 量具及量仪的选择原则

对于机械零件的尺寸测量，量具及量仪的选择主要考虑以下三个方面。

1）量具及量仪的测量范围及标尺的测量范围，能够适应工件的外形、位置、被测尺寸的大小以及尺寸公差的要求。例如：用光学比较仪测量工件时，除工件的外形尺寸和被测尺寸应该小于仪器的测量范围外，工件的公差还应小于刻度标尺的测量范围（±100μm）。

2）由于量具及量仪都有误差，所以在测量时，如量仪上指示出的工件尺寸正好在工件公差带的极限位置处，则由于存在测量误差±Δ，工件的真实尺寸可能已超出公差范围一个 Δ 值（图 2-60a）。测量时，工件被认为合格的量仪允许读数的极限尺寸范围称为生产公差。由于存在测量误差±Δ，所以工件的实际尺寸范围比生产公差（即工件公差）还要扩大 2 Δ 的范围。这个保证工件实际尺寸的极限范围称为保证公差。

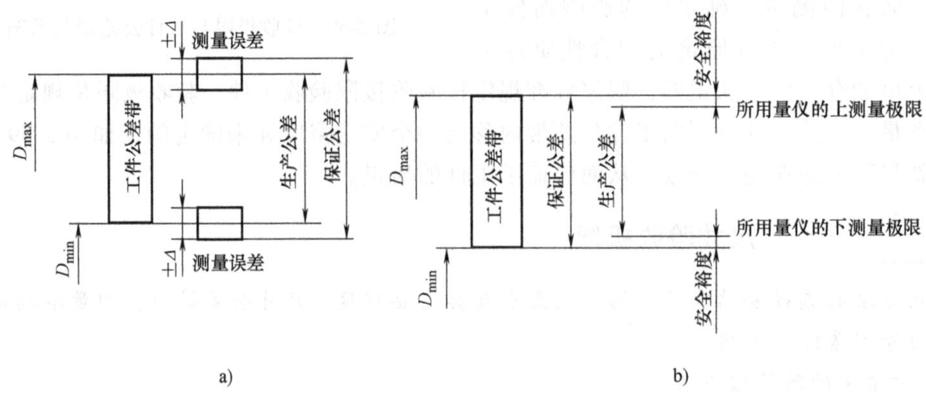

图 2-60 测量误差、工件公差、生产公差、保证公差、安全裕度间的关系

国际标准 ISO 将测量误差作为测量时的不确定度，用 S_m 表示，一般取 2S 值。S 值由以下公式计算，即

$$S=\sqrt{\frac{\sum_{i=1}^{n}(x_i-\bar{x})^2}{n-1}} \tag{2-10}$$

式中，x_i 是单个测量的结果值；n 是测量次数；$\bar{x}$ 是 n 次测量结果的平均值。

当测量条件很差时，可取比 2S 更大的值；如条件很好，也可取比 2S 更小的值。

为了使工件实际尺寸能在规定的公差范围内，ISO 规定测量工件时的读数极限应位于工件极限尺寸之内，并相距一个 S_m 值，称为安全裕度（图 2-60b）。所以工件标准公差基本上是保证公差，而测量时的生产公差应比工件标准公差减少 2S_m 值，即

生产公差=标准公差-2S_m

标准公差=保证公差

ISO 对不同直径和公差等级规定了 S_m 值的容许最大值 S_M。选择测量器具精度应和 S_M 值相适应。

3）在满足上述两项基本要求的前提下，应尽可能地降低测量器具和检验工作的费用。

通常，选择测量器具的测量误差，约占被测件尺寸公差的 10%～30%。对于高精度的零件，测量器具的测量误差可占被测件尺寸公差的 30%～50%。通常把测量方法的极限误差和被测件的尺寸公差之比，称为测量方法的精度系数，以 K 表示，即

$$K=\frac{测量方法的极限误差}{被测件的尺寸公差}=\frac{3\sigma}{T_{公差}} \tag{2-11}$$

表 2-1 是与被测件尺寸公差等级相应的测量方法的精度系数。

表 2-1　与被测件尺寸公差等级相应的测量方法的精度系数

公差等级	IT5	IT6	IT7	IT8	IT9	IT10	IT11～IT16
K	32.5%	30%	27.5%	25%	20%	15%	10%

具体选择测量器具应贯彻以下三原则。

① $u_1' \leqslant u_1$ 原则。按照测量器具所引起的测量不确定度允许值 u_1 来选择测量器具，以保证测量结果的可靠性。常用的千分尺、游标卡尺、比较仪和百分表的不确定度u_1'值可通过相关手册中查到。但是，如果没有所选精度的测量器具，或是现场器具的测量不确定度大于 u_1 值，则可以采用比较测量法以提高现场器具的使用精度。

② 0.4 $u_1' \leqslant u_1$ 原则。当使用形状与工件形状相同的标准器进行比较测量时，千分尺的不确定度u_1'值降为原来的 40%。

③ 0.6 $u_1' \leqslant u_1$ 原则。当使用形状与工件形状不相同的标准器进行比较测量时，千分尺的不确定度u_1'值降为原来的 60%。

研读范例　选择测量器具和测量方法

【例 2-1】 试选择 ϕ65h8 轴的测量器具和测量方法。

解：查出零件尺寸公差：$T_{公差}=46\mu m$。

根据表 2-1 确定 K 值：$K=25\%$。

$$3\sigma=KT_{公差}=25\%\times46\mu m=11.5\mu m$$

$$\pm3\sigma=\pm11.5\mu m$$

根据相关手册有关测量方法的极限误差，可知测量尺寸为50~80mm范围内，符合极限误差为±11.5μm的测量仪器如下。

① 二级杠杆式百分表（在0.1mm内使用）与三级量块进行比较测量。

② 用50~75mm的一级千分尺进行绝对测量。

以上两种方法均符合要求，但是第一种方法需要用平板和其他辅助工具，操作也比较复杂，而用第二种方法则比较简单。故采用一级千分尺测量该轴较为合适。

4. 测量基准面的选择原则

选择测量基准面原则上必须遵守基准统一原则，即测量基准面应与设计基准面、工艺基准面、装配基准面相一致。但是，在工件的工艺基准面与设计基准面不一致的情况下，则测量基准面的选择应遵守下列原则。

1）在工序间检验时，测量基准面应与工艺基准面一致。

2）在终结检验时，测量基准面应与装配基准面一致。

在实际检测中，有时还需要辅助测量基准面。辅助测量基准面的选择原则如下。

1）选择具有精度较高的尺寸或尺寸组的表面作为辅助测量基准面，当没有合适的辅助测量基准面时，应事先加工一辅助基准面作为辅助测量基准面。

2）应选择稳定性较好且具有较高精度的尺寸的表面作为辅助测量基准面。

3）当被测参数较多时，应在精度大致相同的情况下，选择各参数之间关系较密切的、便于控制各参数的表面作为辅助测量基准面。

5. 定位方式的选择原则

定位方式应根据被测件的几何形状和结构形式选择。定位方式的选择原则如下。

1）对于平面，可用三点支承或平面定位。

2）对于球面，可用V形架或平面定位。

3）对于外圆柱表面，可用V形架或顶尖、自定心卡盘定位。

4）对于内圆柱表面，可用心轴、内自定心卡盘定位。

6. 温度误差的消除方法

对测量数据准确度有影响的测量条件主要有温度、湿度、振动、尘埃、腐蚀性气体等，其中温度对测量准确度影响最大，特别是在绝对测量过程中。由温度引起的测量误差可按下式计算，即

$$\Delta L = L[\alpha_1(t_1-20) - \alpha_2(t_2-20)] \tag{2-12}$$

式中，L是被测件长度，单位为mm；α_1是测量器具的线膨胀系数；α_2是被测件的线膨胀系数；t_1是测量器具的温度；t_2是被测件的温度。

减小或消除温度误差的主要方法如下。

1）选择与被测件线膨胀系数一致或相近的测量器具进行测量。

2）经定温后进行测量。

3）在标准温度20℃下进行测量。高精度测量应在（20±0.1）~（20±0.5）℃的室内进行；中等精度测量应在（20±2）℃的室内进行；一般精度测量应在（20±5）℃的室内进行。而且测量前，应在恒温室内定温一段时间。

知识要点七　光滑工件尺寸的检验

《产品几何技术规范（GPS）　光滑工件尺寸的检验》（GB/T 3177—2009）规定，“应只

接收位于规定的尺寸极限之内的工件”原则，从而建立了在规定的尺寸极限基础上的验收极限，有效地解决了“误收”和“误废”现象。

1. 检验范围

该标准适用于使用游标卡尺、千分尺及车间使用的比较仪、投影仪等这些普通测量器具，对标准公差等级为IT6~IT18，公称尺寸至500mm的光滑工件尺寸进行检验。该标准也适用于对一般公差尺寸的检验。

2. 验收原则及方法

该标准所用验收方法应只接收位于规定的尺寸极限之内的工件。由于测量器具和测量系统都存在误差，故不能测得真值。多数测量器具通常只用于测量尺寸，而不测量工件存在的形状误差。因此，对遵循包容要求的尺寸要素，应把对尺寸及形状测量的结果综合起来，以判定工件是否超出最大实体边界。

为了保证验收质量，标准规定了验收极限、测量器具的测量不确定度允许值和测量器具的选用原则，但对温度、压陷效应等不进行修正。

3. 验收极限

验收极限是判断所检验工件尺寸合格与否的尺寸界限。

1）验收极限方式的确定。验收极限可按下列方式之一确定。

①内缩方式。验收极限是从规定的最大实体尺寸（MMS）和最小实体尺寸（LMS）分别向工件公差带内移动一个安全裕度（A）来确定。

孔尺寸的验收极限：

$$\text{上验收极限}=\text{最小实体尺寸(LMS)}-\text{安全裕度}(A) \tag{2-13}$$

$$\text{下验收极限}=\text{最大实体尺寸(MMS)}+\text{安全裕度}(A) \tag{2-14}$$

轴尺寸的验收极限：

$$\text{上验收极限}=\text{最大实体尺寸(MMS)}-\text{安全裕度}(A) \tag{2-15}$$

$$\text{下验收极限}=\text{最小实体尺寸(LMS)}+\text{安全裕度}(A) \tag{2-16}$$

A值按工件公差的1/10确定。安全裕度A相当于测量中总的不确定度，其表征了各种误差的综合影响。

② 不内缩方式。规定验收极限等于工件的最大实体尺寸（MMS）和最小实体尺寸（LMS），即A值等于零。

2）验收极限方式的选择。验收极限方式的选择要结合尺寸功能要求及其重要程度、尺寸公差等级、测量不确定度和过程能力等因素综合考虑。

① 对遵循包容要求的尺寸、公差等级高的尺寸，其验收极限方式要选内缩方式。

② 对非配合和一般公差的尺寸，其验收极限方式则选不内缩方式。

③ 当过程能力指数$C_p \geqslant 1$时，其验收极限可以按不内缩方式确定；但对遵循包容要求的尺寸，其最大实体尺寸一边的验收极限仍应按内缩方式确定。

④ 对非配合和一般公差的尺寸，其验收极限按不内缩方式确定。

4. 测量器具的选择

按照测量器具所导致的测量不确定度允许值（u_1）选择测量器具。选择时，应使所选用的测量器具的测量不确定度数值等于或小于选定的u_1值。

测量器具的测量不确定度允许值（u_1）按测量不确定度（u）与工件公差的比值分档。

对 IT6~IT11 分为Ⅰ、Ⅱ、Ⅲ三档，测量不确定度（u）的Ⅰ、Ⅱ、Ⅲ三档值分别为工件公差的 1/10、1/6、1/4。对 IT12~IT18 分为Ⅰ、Ⅱ两档。

测量器具的测量不确定度允许值（u_1）约为测量不确定度（u）的 0.9 倍，即

$$u_1 = 0.9u \tag{2-17}$$

一般情况下应优先选用Ⅰ档，其次选用Ⅱ、Ⅲ档。

选择测量器具时，应保证其不确定度不大于其允许值 u_1。

研读范例　验收极限的确定和测算器具的选择

【例 2-2】 试确定轴类工件 $\phi145h9\ (^{\ 0}_{-0.10})$ 的验收极限，并选择相应的测量器具。

解： 1）确定安全裕度 A。查表得，公称尺寸为 120～180mm、IT9 时，$A = 1/10T = 10\mu m$。

2）确定验收极限。由于工件采用包容要求，应按内缩方式确定验收极限。

上验收极限 = 最大实体尺寸 $-A$ = 144.99mm

下验收极限 = 最小实体尺寸 $+A$ = 144.91mm

3）选择测量器具。从相关手册查表可知，工件尺寸不大于 150mm、分度值为 0.01mm 的千分尺的不确定度为 0.008mm，小于 u_1 = 0.009mm，可满足要求。

第三节　测量误差与数据处理

知识要点一　测量误差概述

1. 测量误差的概念

由于测量器具本身的误差以及测量条件、测量方法的限制，任何测量过程所测得的值都不可能是真值，测量所得的值与被测量的真值之间的差异在数值上表现为测量误差。

2. 测量误差的表示

测量误差可以表示为绝对误差和相对误差。

（1）绝对误差　绝对误差是指测量所得的值（仪表的指示值）x 与被测量的真值 x_0 之差，即

$$\delta = x - x_0 \tag{2-18}$$

式中，δ 是绝对误差；x 是测量所得的值；x_0 是被测量的真值。

由于测量所得的值 x 可能大于或小于被测量的真值 x_0，所以测量误差 δ 可能为正值，也可能为负值。δ 的绝对值越小，说明测量所得的值越接近真值，因此测量精度越高。

（2）相对误差　被测量的真值是难以得知的，在实际工作中，常以较高精度的测得值作为相对真值。例如：用千分尺或比较仪的测得值作为相对真值，以确定游标卡尺测得值的测量误差。

相对误差是指绝对误差 δ 的绝对值 $|\delta|$ 与被测量的真值 x_0 之比，即

$$\varepsilon = \frac{|x - x_0|}{x_0} \times 100\% = \frac{|\delta|}{x_0} \times 100\% \tag{2-19}$$

相对误差比绝对误差更能说明测量的精确程度。但是，在长度测量中，相对误差应用较

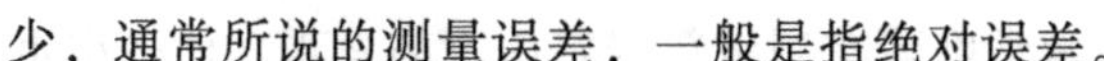

少，通常所说的测量误差，一般是指绝对误差。

3. 测量误差的来源

为了提高测量精度，分析与估算测量误差的大小，就必须了解测量误差产生的原因及其对测量结果的影响。在实际测量中，产生测量误差的因素很多，归纳起来主要有以下几方面。

(1) 测量器具误差　测量器具误差是指测量器具的内在误差，包括设计原理、制造、装配调整、测量力所引起的变形和瞄准所存在的各项误差的总和。这些误差综合反映可用测量器具的示值精度或不确定度来表示。

(2) 基准件误差　基准件误差是指作为标准的标准件本身的制造误差和检定误差。例如：用量块作为标准件调整测量器具的零位时，量块的误差会直接影响测量所得值。因此，为了保证测量精度，进行调整时必须选择一定精度的基准件。一般取基准件误差占总测量误差的1/5~1/3。

(3) 测量方法误差　测量方法误差是指测量时选用的测量方法不完善而引起的误差。例如：接触测量中，测量力引起测量器具和零件表面变形产生的误差，测量基准、测量头形状选择不当产生的测量误差等。测量时，采用的测量方法不同，产生的测量误差也不一样。例如：对高精度孔径测量，使用气动仪比使用内径千分尺要精确得多。

(4) 安装定位误差　测量时，应正确地选择测量基准，并相应地确定被测件的安装方法。为了减小安装定位误差，在选择测量基准时，应尽量遵守“基准统一原则”，即工序检验应以工艺基准作为测量基准，终检时应以设计基准作为测量基准。测量基准选择不当，将产生测量误差。

(5) 测量环境误差　测量的环境条件包括温度、湿度、振动、气压、尘埃、介质折射率等，这些因素均影响测量精度。一般情况下，可只考虑温度影响。其余因素，只有精密测量时才考虑。测量时，由于室温偏离标准温度20℃而引起的测量误差可由下式计算，即

$$\Delta l = l[\alpha_1(t_1-20) - \alpha_2(t_2-20)] \tag{2-20}$$

式中，l是被测件在20℃时的长度；t_1、t_2是被测件与标准件的实际温度；α_1、α_2是被测件与标准件的线膨胀系数。

(6) 人员因素　影响测量误差员人员因素也有不少，如测量人员的技术水平、测量力的控制、心理状态、视觉偏差、估读判断错误、疲劳程度等，这些均可能引起测量误差。

总之，产生测量误差的因素很多。有的是不可避免的，而有些是完全可以避免的。因此，测量人员应对一切可能产生测量误差的原因进行分析，掌握规律，做到心中有数，消除或减小其对测量结果的影响，保证测量精度。

4. 测量误差的分类

测量误差按其性质可分为三类，即系统误差、随机误差和粗大误差。

(1) 系统误差

1）定义。在相同条件下多次重复测量同一量值时，误差的数值和符号保持不变；或在条件改变时，按某一确定规律变化的误差称为系统误差。

2）研究系统误差的重要意义。系统误差的出现和存在，严重地影响测量精度，因为它的影响比随机误差大得多，尤其在高精度的比较测量中，由量块之类的基准件误差所产生的系统误差，有可能占测量总误差的一半以上。因此消除系统误差往往成为提高测量精度的关

键。再者，系统误差虽然有确定的规律性，但常常隐藏在测量数据之中不易发现，而多次重复测量又不能降低它对测量精度的影响。所以，研究系统误差的规律，用一定的方法及时发现并加以消除，就显得十分重要。

3）系统误差的分类。系统误差按取值特征分为定值系统误差和变值系统误差两种。例如：在立式光较仪上用相对法测量工件直径，调整仪器零点所用量块的误差，对每次测量结果的影响都相同，属于定值系统误差；在测量过程中，若温度产生均匀变化，则引起的误差为线性系统变化，属于变值系统误差。

从理论上讲，当测量条件一定时，系统误差的大小和符号是确定的，因而，它也是可以被消除的。但在实际工作中，系统误差不一定能够完全消除，只能减少到一定的限度。根据系统误差被掌握的情况，可分为固定系统误差和变动系统误差两种。

固定系统误差又称为常值误差，是在测量过程中，其符号和绝对值均已确定的系统误差。

变动系统误差是指符号和绝对值未经确定的系统误差。对变动系统误差应在分析原因、发现规律或采用其他手段的基础上，估计误差可能出现的范围，尽量减少或消除。变动系统误差又分为两种：累积性误差，即在测量过程中，随时间增加或测量过程进行，其测量误差逐渐增大或减小，如千分尺测量螺杆，其螺距累积误差等；周期性误差，即在测量过程中，误差的大小和符号发生周期性变化，如百分表指针回转中心与刻度盘中心不重合时，即产生周期性系统误差。

（2）随机误差　在相同条件下，多次测量同一量值时，误差的绝对值和符号以不可预定的方式变化着，但误差出现整体是服从统计规律的，这种类型的误差称为随机误差，又称为偶然误差。

大量的测量实践证明，多数随机误差，特别是在各不占优势的独立随机因素综合作用下的随机误差是服从正态分布规律的，其概率密度函数为

$$y=\frac{1}{\sigma\sqrt{2\pi}}e^{-\frac{\delta^2}{2\sigma^2}} \tag{2-21}$$

式中，y 是概率密度；e 是自然对数的底数，e＝2.71828；δ 是随机误差，$\delta=l-\mu$（l 是被测件在 20℃时的长度，u 是测量不确定度允许值）；σ 是均方根误差，又称为标准偏差，可按下式计算，即

$$\sigma=\sqrt{\frac{\delta_1^2+\delta_2^2+\cdots+\delta_n^2}{n}}=\sqrt{\frac{\sum_{i=1}^{n}\delta_i^2}{n}} \tag{2-22}$$

式中，n 是测量次数。

正态分布曲线如图 2-61a 所示。

不同的标准偏差对应不同的正态分布曲线，如图 2-61b 所示，σ 越小，正态分布曲线越陡，随机误差分布也就越集中，测量的可靠性也就越高。

由图 2-61a 知，随机误差有如下特性。

1）对称性。绝对值相等的正、负误差出现的概率相等。

2）单峰性。绝对值小的随机误差比绝对值大的随机误差出现的机会多。

3）有界性。在一定测量条件下，随机误差的绝对值不会大于某一界限值。

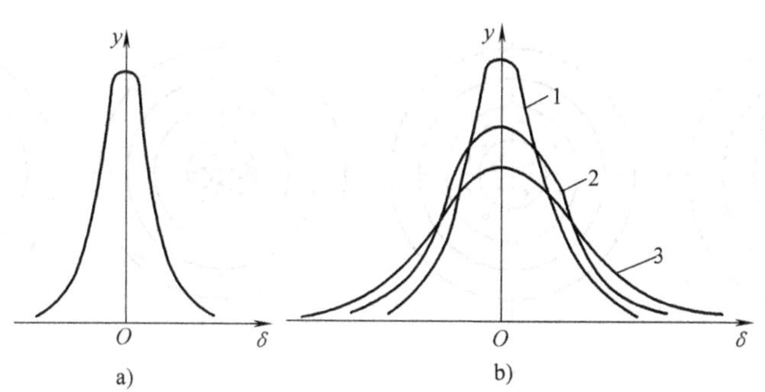

图 2-61　正态分布曲线

4）抵偿性。当测量次数 n 无限增多时，随机误差的算术平均值趋向于零。

（3）粗大误差　粗大误差的数值较大，它是由测量过程中各种错误造成的，对测量结果有明显的歪曲，如已存在，应予以剔除。常用的方法为，当 $|\delta_i|>3\sigma$ 时，测得值就含有粗大误差，应予以剔除。3σ 即作为判别粗大误差的界限，此方法称为 3σ 准则。

知识拓展　消除系统误差的方法

消除系统误差常用的方法有以下四种。

1）修正法。即预先将仪器的误差鉴定出来，制成修正表，测量时按修正表将误差从测量结果中消去。

2）抵消法。即在测量中，使固定的系统误差相互抵消。

3）对称法即当系统误差具有按线性变化的累积误差性质时，则采用对称法来消除误差，即取某一中间数值两端对称的测量值的平均值。

4）半周期法。当系统误差是按正弦函数规律变化的周期误差时，可采用半周期法来消除误差，即取相隔半个周期的两个值的平均值。

知识要点二　测量精度

测量精度是指测得值与真值的接近程度。精度是误差的相对概念。由于误差分系统误差和随机误差，因此笼统的精度概念不能反映上述误差的差异，从而引出如下的概念。

（1）精密度　精密度表示测量结果中随机误差大小的程度，可简称为精度。

（2）正确度　正确度表示测量结果中系统误差大小的程度，是所有系统误差的综合。

（3）精确度　精确度是指测量结果受系统误差与随机误差综合影响的程度，也就是说，它表示测量结果与真值的一致程度。精确度也称为准确度。

在具体测量中，精密度高，正确度不一定高；正确度高，精密度不一定高。精密度和正确度都高，则精确度就高。

现以射击打靶为例加以说明。图 2-62a 所示武器系统误差大而气象、弹药等随机误差小，正确度低而精密度高。图 2-62b 所示武器系统误差小而气象、弹药等随机误差大，即正确度高而精密度低。图 2-62c 所示系统误差和随机误差均小，即精确度高，说明各种条件皆好。图 2-62d 所示武器系统误差大，气象、弹药等随机误差大，即精确度低。

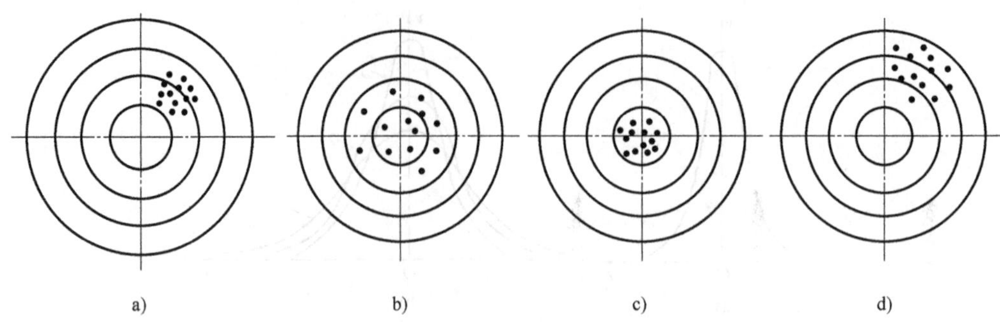

图 2-62 精密度、正确度和精确度

a）精密度高 b）正确度高 c）精确度高 d）精确度低

知识要点三 测量结果的数据处理

1. 各类测量误差的处理

通过对某一被测几何量进行连续多次的重复测量，得到一系列的测量数据——测量列，通过对该测量列进行数据处理，可以消除或减小测量误差的影响，提高测量精度。

（1）测量列中随机误差的处理 随机误差不可能被修正或消除，但可以应用概率论和数理统计的方法估计出随机误差的大小及规律，并设法消除其影响。

对大量测试实验数据进行统计后发现，随机误差通常服从正态分布规律。由正态分布曲线的数学表达式可知，随机误差的概率密度 y 的大小与随机误差 δ、标准偏差 σ 有关。当$\delta=0$时，概率密度最大，即 $y_{\max}=1/(\sigma\sqrt{2\pi})$。显然，标准偏差 σ 越小，分布曲线就越陡，随机误差分布越集中，表示测量精度就越高。

由于被测几何量的真值未知，所以不能直接计算求得标准偏差 σ 的数值。在实际测量中，当测量次数 N 充分大时，随机误差的算术平均值趋于零，便可以用测量列中各个测得值的算术平均值代替真值，并估算出标准偏差，进而确定测量结果。

在假定测量中不存在系统误差和粗大误差的前提下，可按下列步骤对随机误差进行处理。

1）计算测量中各个测得值的算术平均值$\bar{x}$。

2）计算残余误差（残差），残余误差（残差）v_i 即测得值与算术平均值之差（$v_i=x_i-\bar{x}$），一个测量列对应着一个残余误差列。

3）运用贝塞尔公式计算标准偏差（即单次测得值的标准偏差 σ）$\sigma=\sqrt{\dfrac{\sum_{i=1}^{N}v_i^2}{N-1}}$。

4）计算测量列算术平均值的标准误差$\sigma_{\bar{x}}=\dfrac{\sigma}{\sqrt{N}}$。

5）计算测量列算术平均值的测量极限误差 $\delta_{\lim}$（$\bar{x}$）$=\pm\sigma_{\bar{x}}$。

6）定出多次测量所得结果的表达式 $x_e=\bar{x}\pm3\ \sigma_{\bar{x}}$。

并说明置信概率为 99.73%。

（2）测量列中系统误差的处理 在实际测量中，系统误差对测量结果的影响是不可忽视的。揭示系统误差出现的规律，消除系统误差对测量结果的影响，是提高测量精度的有效措施。

产生测量系统误差的因素是复杂多样的，要查明所有系统误差是困难的，因而也不可能完全消除系统误差的影响。发现系统误差必须根据测量过程和测量器具进行全面而细致地分析。目前常用以下两种方法发现某些系统误差。

1）实验对比法。实验对比法就是通过改变产生系统误差的测量条件，进行不同条件下的测量来发现系统误差。这种方法适用于发现定值系统误差。

2）残差观察法。残差观察法是指根据测量列的各个残差大小和符号的变化规律，直接由残差数据或残差曲线图形来判断有无系统误差。这种方法适用于发现大小和符号按一定规律变化的变值系统误差。

对于系统误差，可从以下几方面着手消除。

① 从产生误差的根源上消除系统误差。测量员应对测量过程中可能产生系统误差的各个环节进行分析，并在测量前就将系统误差从根源上消除掉，如测量前后都需要检查示值零位是否偏移或变动。

② 用修正法消除系统误差。这种方法是预先将测量器具的系统误差检定或计算出来，作误差表或误差曲线，然后取与误差数值相同而符号相反的值作为修正值，将测得值加上相应的修正值，即可使测量结果不包含系统误差。

③用抵消法消除定值系统误差。这种方法要求在对称位置上分别测量一次，以使两次测量中测得的数据出现的系统误差大小相等、符号相反，取这两次测量中数据的平均值作为测得值，即可消除定值系统误差。

④ 用半周期法消除周期性系统误差。对周期性系统误差，可以每相隔半个周期进行一次测量，以相邻两次测量数据的平均值作为一个测得值，即可消除周期性系统误差。

（3）测量列中粗大误差的处理　粗大误差的数值相当大，在测量中应尽可能避免。如果粗大误差已经产生，则通常根据判别粗大误差的拉依达准则予以消除。拉依达准则又称为 3σ 准则：当测量列服从正态分布时，残差落在 $\pm3\sigma$ 外的概率很小，仅为 0.27%，因此当出现绝对值比 3σ 大的残差时，则认为该残差对应的测得值含有粗大误差，应予以剔除。需要注意的是，拉依达准则不适用于测量次数小于或等于 10 的情形。

2. 等精度测量下直接测量列的数据处理

等精度测量是指在测量人员、量仪、测量方法以及环境等测量条件不变的情况下，对某一被测几何量进行的连续多次测量。虽然在此条件下得到的各个测量值不同，但影响各个测得值精度的因素和条件相同，故测量精度视为相等。一般情况下，为简化测量数据处理，大多采用等精度测量。

对于等精度测量条件下直接测量列中的测量结果，应按以下步骤进行数据处理。

1）计算测量列的算术平均值和残差，以判断测量列中是否存在系统误差。如存在系统误差，则应采取措施消除。

2）计算测量列单次测量值的标准偏差，判断是否存在粗大误差。如存在粗大误差，则应剔除含粗大误差的测得值，并重新组成测量列，重复上述计算，直到将所有含粗大误差的测得值都剔除干净为止。

3）计算测量列的算术平均值的标准偏差和测量极限误差。

4）给出测量结果表达式 $x_e=\bar{x}\pm3\sigma_{\bar{x}}$，并说明置信概率。

研读范例 求测量结果

【例 2-3】 对某一轴颈 x 等精度测量 16 次，按测量顺序将各测得值依次列于表 2-2 中，试求测量结果。

表 2-2 数据处理计算表

测量序号	测得值(x_i)/mm	残差($v_i=x_i-\bar{x}$)/μm	残差的平方v_i^2/μm^2
1	54.958	+1	1
2	54.957	0	0
3	54.959	+2	4
4	54.957	0	0
5	54.956	-1	1
6	54.958	+1	1
7	54.957	0	0
8	54.959	+2	4
9	54.957	0	0
10	54.955	-2	4
11	54.958	+1	1
12	54.957	0	0
13	54.956	-1	1
14	54.955	-2	4
15	54.957	0	0
16	54.956	-1	1
算术平均值$\bar{x}$为 54.957mm		$\sum v_i=0$	$\sum v_i^2=22$

解： 1）判断定值系统误差。假设测量器具已经检定，测量环境得到有效控制，可认为测量中不存在定值系统误差。

2）求测量列算术平均值。

$$\bar{x}=\frac{\sum_{i=1}^{N}x_i}{N}=54.957\text{mm}$$

3）计算残差。各残差的数值经计算后列于表 2-2 中。按残差观察法，这些残差的符号大体上正、负相间，没有周期性变化，因此可以认为测量中不存在变值系统误差。

4）计算测量列单次测得值的标准偏差。

$$\sigma=\sqrt{\frac{\sum_{i=1}^{N}v_i^2}{N-1}}\approx1.211\mu\text{m}$$

5）判别粗大误差。

6）计算测量列算术平均值的标准偏差。

$$\sigma_{\bar{x}}=\frac{\sigma}{\sqrt{N}}\approx0.30\mu\text{m}$$

7）计算测量列算术平均值的测量极限误差。

$$\delta_{\lim}(\bar{x}) = \pm\sigma_{\bar{x}} = \pm 0.30\mu m$$

8）确定测量结果。

$$x_e = \bar{x} \pm 3\sigma_{\bar{x}} = (54.957 \pm 0.00090)\,mm$$

这时的置信概率为99.73%。

【实训操作二】 使用外径千分尺测量轴径、内径百分表测量孔径

1. 使用外径千分尺测量轴径

（1）实训目的

1）了解千分尺的构造，掌握千分尺的刻度、读数原理。

2）掌握利用千分尺测量长度的方法，并利用千分尺实际操作测量圆柱体轴径。

（2）实训要求

1）严格遵守实训纪律，一切行动听指挥，不迟到、不早退、不无故缺席。

2）态度端正、谦虚谨慎，认真听取指导老师的讲解和演示，并做好笔记。

3）未经培训和许可，不得随意摆弄测量器具。

4）保持工作场地整洁、通畅；严肃认真地进行实训操作，不得嬉戏打闹。

5）实训结束后，按要求清理、保管好操作使用过的工具、测量器具等。

（3）实训测量器具和器材

1）外径千分尺及其附件。

2）若干直径不大于ϕ25mm的短圆棒料。

（4）复习千分尺的测量原理及使用千分尺的注意事项

（5）测量步骤

1）将被测件擦拭干净（如有锈蚀还需除锈）。

2）松开千分尺的锁紧装置，根据量程进行“对零”调整。转动旋钮，使测微螺杆与测砧之间的距离略大于被测件的直径。

3）一只手捏住千分尺尺架，将待测件置于测砧与测微螺杆的端面之间，另一只手转动旋钮，当测微螺杆即将接近被测件时，改为旋转测力装置，直至听到咯咯声。

4）为防止千分尺测微螺杆转动，旋紧锁紧机构，即可读数。

（6）填写测量报告单　按要求将被测件的相关信息、测量过程、测量结果及测量条件等填入测量报告单A（表2-3）中。

2. 使用内径百分表测量孔径

（1）实训目的

1）了解内径百分表的构造，掌握内径百分表的刻度、读数原理。

2）掌握利用内径百分表进行比较测量内径的方法，并利用内径百分表实际操作测量圆柱孔孔径。

（2）实训要求　同前。

（3）实训测量器具和器材　内径百分表、外径千分尺、标准量块及其附件，若干车有大于或等于 ϕ30mm 孔的物料。

（4）复习内径百分表测量内孔孔径的测量原理及使用内径百分表的注意事项

（5）测量步骤

1）预调整。首先，将百分表装入量杆内，预压缩 1mm 左右后锁紧。然后，根据被测件公称尺寸选择适当的可换测量头装入量杆的头部，用专用扳手扳紧锁紧螺母（可换测量头与活动测量头之间的长度须大于被测尺寸 0.8~1mm，以便测量时活动测量头能在公称尺寸的一定正、负值范围内自由运动）。

2）对零位。本测量实验可运用两种方法校对零位：①用外径千分尺校对零位，即按被测件的公称尺寸选择适当测量范围的外径千分尺，将内径百分表的两测头置于外径千分尺两测量面之间校对零位；②用量块及量块附件校对零位，即按被测件的公称尺寸组合量块，并装夹在量块附件中，将内径百分表的两测头放在量块附件的两量脚之间，摆动量杆，使百分表读数最小，此时可转动百分表的滚花环，将刻度盘的零刻线转到与百分表的长指针对齐，则已校对零位。

3）测量。用手握住内径百分表的隔热手柄，先将内径百分表的活动测头和定位装置轻轻压入被测孔中，然后再将可换测头放入，当测头到达指定的测量部位时，将表轻微地在轴向截面内摆动，读出百分表的最小读数，即为该测量点孔径的实际偏差。读数时应注意实际偏差的正、负符号。在孔轴向的三个截面及每个截面相互垂直的两个方面上，共测六个点，将数据记录到测量报告单，按孔的验收极限判断其是否合格。

（6）填写测量报告单　按要求将被测件的相关信息、测量过程、测量结果及测量条件等填入测量报告单 B（表 2-4）中。

（7）零件合格性评定　考虑到测量误差的存在，为保证不误收、误废，应先根据被测孔径的公差大小，查表得到相应的安全裕度 A，然后确定其验收极限，若全部实际尺寸都在验收极限范围内，则可判断此孔径合格，即

$$\mathrm{ES}-A \geqslant D_{\mathrm{a}} \geqslant \mathrm{EI}+A$$

表 2-3　测量报告单 A

<table>
<tr><td rowspan="4">测量数据</td><td>1</td><td>2</td><td>3</td><td>4</td><td>5</td><td rowspan="4">平均值
/mm</td><td rowspan="4">变化量
/mm</td></tr>
<tr><td></td><td></td><td></td><td></td><td></td></tr>
<tr><td>6</td><td>7</td><td>8</td><td>9</td><td>10</td></tr>
<tr><td></td><td></td><td></td><td></td><td></td></tr>
<tr><td>测量简图</td><td colspan="7"></td></tr>
<tr><td>合格性判断</td><td colspan="7"></td></tr>
<tr><td>姓　名</td><td></td><td>班级</td><td></td><td>学号</td><td></td><td>成绩</td><td></td></tr>
</table>

表 2-4　测量报告单 B

<table>
<tr><td colspan="2">被测件名称</td><td colspan="3"></td><td colspan="2">测量器具</td><td colspan="2"></td></tr>
<tr><td colspan="9">测量结果/mm</td></tr>
<tr><td colspan="2">测量部位</td><td colspan="2">实际偏差值</td><td colspan="5">公称尺寸、上下极限偏差、测量简图</td></tr>
<tr><td rowspan="2">上截面</td><td>A—A</td><td colspan="2"></td><td colspan="5" rowspan="6"></td></tr>
<tr><td>B—B</td><td colspan="2"></td></tr>
<tr><td rowspan="2">中截面</td><td>A—A</td><td colspan="2"></td></tr>
<tr><td>B—B</td><td colspan="2"></td></tr>
<tr><td rowspan="2">下截面</td><td>A—A</td><td colspan="2"></td></tr>
<tr><td>B—B</td><td colspan="2"></td></tr>
<tr><td>合格性
判断</td><td colspan="8"></td></tr>
<tr><td>姓名</td><td colspan="2"></td><td>班级</td><td colspan="2"></td><td>学号</td><td></td><td>成绩</td></tr>
</table>

习题与思考题

2-1　什么是测量？一个完整的测量过程包含哪些要素？

2-2　为了保证测量质量，进行测量时必须遵守哪些原则？

2-3　示值范围与测量范围有何区别？

2-4　什么是测量方法？测量方法的选择原则是什么？有哪些测量方法？

2-5　试简要说明量具和量仪的典型读数装置及其原理。

2-6　试分别列举游标卡尺、千分尺、百分表的种类及用途。

2-7　量块的作用是什么？量块的“等”和“级”有何区别？举例说明如何按“等”、按“级”使用量块。

2-8　试从 46 块一套的量块中，组合下列尺寸：51.59mm、82.456mm、20.73mm。

2-9　什么是测量误差？产生测量误差的因素有哪些？

2-10　试说明分度值、分度间距和灵敏度三者之间的区别。

2-11　试说明绝对测量方法和相对测量方法、绝对误差和相对误差的区别。

2-12　试说明系统误差、随机误差和粗大误差的特性和它们的不同之处。

2-13　为什么要规定安全裕度和验收极限？

2-14　对同一尺寸，进行 10 次等精度测量，测得值如下（单位为 mm）：

10.013　10.016　10.012　10.011　10.014

10.010　10.012　10.013　10.016　10.011

1）判断有无粗大误差，有无系统误差。

2）求出测量列任一测得值的标准偏差。

3）求出测量列算术平均值的标准偏差。

4）求出算术平均值的测量极限误差，并确定测量结果。

2-15　已知某轴尺寸为 $\phi30h7$，试确定验收极限并选择测量器具。

2-16　用两种方法分别测量尺寸为 100mm 和 80mm 的零件，其测量绝对误差分别为 8μm 和 7μm，试问此两种测量方法哪种测量精度高？为什么？

第三章　零件的几何公差及其测量

教学导航

【知识目标】

1. 了解零件几何要素的定义、分类；熟悉几何公差的国家标准、分类、特征符号及其标注。

2. 熟悉各类几何公差带的定义、标注及解释。

3. 熟悉公差原则的定义及其有关术语；掌握公差原则的内容及应用。

4. 熟悉几何公差选择的内容。

5. 熟悉几何误差的检测原则；熟悉并掌握各类几何误差的检测方法。

【能力目标】

1. 能够熟练识别几何公差的标注。

2. 能够合理选择并使用各类几何误差的检测方法。

第一节　几何公差概述

知识要点一　零件的几何要素

1. 零件几何要素的定义

构成零件几何特征的点（圆心、球心、锥顶等）、线（素线、轴线、中心线、曲线等）、面（平面、圆柱面、圆锥面、球面、曲面等），称为零件的几何要素，如图 3-1 所示。

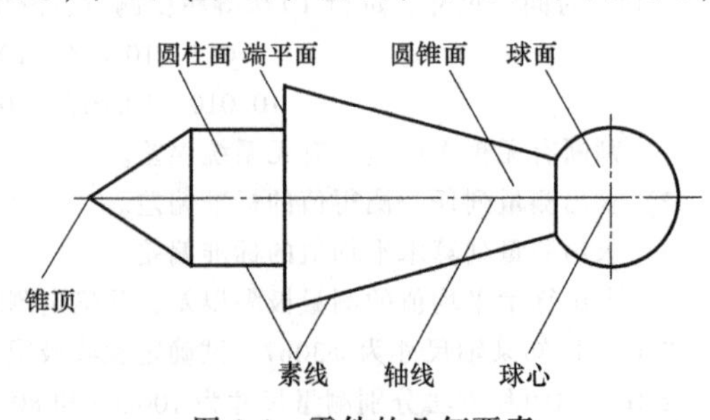

图 3-1　零件的几何要素

2. 零件几何要素的分类

（1）按结构特征分　构成零件内、外表面外形并为人们直接感觉到的具体要素称为组成要素，或称为轮廓要素。组成要素的对称中心所表示的（点、线、面）要素称为导出要素，也称为中心要素，属于抽象要素。设计图样所表示的要素如中心点、中心线、中心面等中心要素均为导出要素。

（2）按存在状态分　零件上实际存在的要素称为实际要素，测量时由提取要素代替。由于存在测量误差，提取要素并非该实际要素的真实状况。具有几何学意义、无误差的要素称为理想要素。

（3）按功能要求分　仅对其本身给出形状公差要求，或仅涉及其形状公差要求时的要素称为单一要素。相对其他要素有功能要求而给出方向、位置和跳动公差的要素称为关联要素。

（4）按所处地位分　图样上给出了几何公差要求的要素称为被测要素。用来确定被测要素方向或位置的要素称为基准要素，理想基准要素简称为基准，如图 3-2 所示。

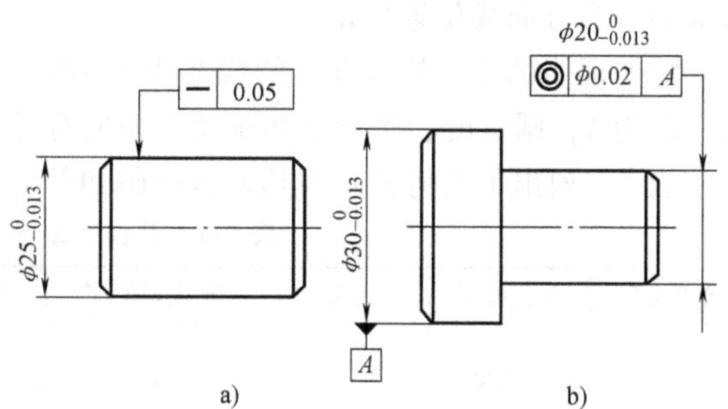

图 3-2　基准要素和被测要素

知识要点二　几何公差的项目及符号

1. 现行的几何公差国家标准

我国现行的几何公差国家标准如下。

GB/T 1182—2018《产品几何技术规范（GPS）　几何公差　形状、方向、位置和跳动公差标注》。

GB/T 16671—2018《产品几何技术规范（GPS）　几何公差　最大实体要求（MMR）、最小实体要求（LMR）和可逆要求（RPR）》。

GB/T 4249—2018《产品几何技术规范（GPS）　基础概念、原则和规则》。

GB/T 1958—2017《产品几何技术规范（GPS）　几何公差　检测与验证》。

GB/T 13319—2003《产品几何量技术规范（GPS）　几何公差　位置度公差注法》。

GB/T 24630. 1—2009《产品几何技术规范（GPS）　平面度　第 1 部分：词汇和参数》。

GB/T 24630. 2—2009《产品几何技术规范（GPS）　平面度　第 2 部分：规范操作集》。

GB/T 24632. 1—2009《产品几何技术规范（GPS）　圆度　第 1 部分：词汇和参数》。

GB/T 24632. 2—2009《产品几何技术规范（GPS）　圆度　第 2 部分：规范操作集》。

GB/T 24631. 1—2009《产品几何技术规范（GPS）　直线度　第 1 部分：词汇和参数》。

GB/T 24631. 2—2009《产品几何技术规范（GPS）　直线度　第 2 部分：规范操作集》。

GB/T 24633. 1—2009《产品几何技术规范（GPS）　圆柱度　第 1 部分：词汇和参数》。

GB/T 24633. 2—2009《产品几何技术规范（GPS）　圆柱度　第 2 部分：规范操作集》。

GB/T 18780. 1—2002《产品几何量技术规范（GPS）　几何要素　第 1 部分：基本术语和定义》。

GB/T 18780. 2—2003《产品几何量技术规范（GPS）　几何要素　第 2 部分：圆柱面和圆锥面的提取中心线、平行平面的提取中心面、提取要素的局部尺寸》。

GB/T 7234—2004《产品几何量技术规范（GPS）　圆度测量　术语、定义及参数》。

2. 几何公差的分类与特征符号

国家标准 GB/T 1182—2018 中规定了几何公差包括形状公差、方向公差、位置公差和跳动公差。几何公差的几何特征及符号见表 3-1。由表 3-1 可见，形状公差无基准要求；方向公差、位置公差和跳动公差有基准要求；而在线、面轮廓度中，无基准要求为形状公差，有基准要求为方向或位置公差。

需要说明的是：特征符号的线宽为 $h/10$（h 为图样中所注尺寸数字的高度），符号的高度一般为 h，圆柱度、平行度和跳动公差的符号倾斜约 75°。

表 3-2 列出了几何公差的几何特征附加符号，仅供参考。

表 3-1 几何公差的几何特征及符号

公差类型	几何特征	符号	有或无基准
形状公差	直线度	—	无
	平面度	▱	无
	圆度	○	无
	圆柱度	⌭	无
方向、位置公差或形状公差	线轮廓度	⌒	有或无
	面轮廓度	⌓	有或无

公差类型	几何特征	符号	有或无基准
方向公差	平行度	//	有
	垂直度	⊥	有
	倾斜度	∠	有
位置公差	位置度	⌖	有或无
	同心度（用于中心点）	◎	有
	同轴度（用于轴线）	◎	有
	对称度	⌯	有
跳动公差	圆跳动	↗	有
	全跳动	⌰	有

表 3-2 几何公差的几何特征附加符号

名称	符 号	名称	符 号
基准目标	($\phi2$ / $A1$)	包容要求	Ⓔ
理论正确尺寸	[50]	可逆要求	Ⓡ
延伸公差带	Ⓟ	组合公差带	CZ
最大实体要求	Ⓜ	线素	LE
最小实体要求	Ⓛ	任意横截面	ACS
全周（轮廓）	○↙		

知识要点三　几何公差的含义及要素

1. 几何公差的含义及几何误差对零件使用性能的影响

机械零件在加工过程中，由于工艺系统本身具有一定的误差以及各种因素的影响，使得加工后零件的各个几何要素不可避免地产生各种加工误差。加工误差包括尺寸偏差、几何误差（形状、方向、位置和跳动误差）以及表面粗糙度等。几何公差就是指对构成零件的几何要素的形状和相互位置准确性的控制要求，也就是对几何要素的形状和位置规定的最大允许变动量。

几何误差对零件使用性能的影响可归纳为以下几点。

（1）影响装配性　如箱盖、法兰盘等零件上各螺栓孔的位置误差，将影响装配性。

（2）影响配合性质　如轴和孔配合面的形状误差，在间隙配合中会使间隙大小分布不均匀，发生相对运动时会加速零件的局部磨损，使得运动不平稳；在过盈配合中则会使各处的过盈量分布不均匀，而影响连接强度。

（3）影响工作精度　如车床床身导轨的直线度误差，会影响床鞍的运动精度；车床主轴两支承轴颈的几何误差将影响主轴的回转精度；齿轮箱上各轴承孔的位置误差，会影响齿轮齿面载荷分布的均匀性和齿侧间隙。

（4）其他影响　如液压系统中零件的形状误差会影响密封性；承受负荷零件结合面的形状误差会减小实际接触面积，从而降低接触刚度及承载能力。

实际上几何误差还将直接影响到工艺装备的工作精度，尤其是对于高温、高压、高速、重载等条件下工作的精密机器或仪器更为重要。因此，为了减少或消除这些不利的影响，设计零件时必须对零件的几何误差予以合理的限制，即对零件的几何要素规定必要的几何公差。

2. 几何公差的标注

在技术图样上，几何公差应采用代号标注，如图 3-3 所示。只有在无法采用代号标注，或者采用代号标注过于复杂时，才允许用文字说明几何公差要求。

几何公差代号由几何特征符号、公差框格、指引线、几何公差值和基准代号的字母等组成，如图 3-3a 所示。公差框格和指引线均用细实线画出。指引线可从公差框格的任一端引出，引出端必须垂直于公差框格；引向被测要素时允许弯折，但不得多于两次；指引线箭头与尺寸线箭头画法相同，箭头应指向公差带的宽度或直径方向。公差框格可以水平放置，也可垂直放置，自左到右顺序填写的是：第一格填写几何公差的几何特征符号；第二格填写几何公差值和有关符号，如果公差带为圆形或圆柱形，公差值前应加注符号“ϕ”，如果公差带为圆球形，公差值前应加注符号“Sϕ”；第三格和以后各格填写基准字母和有关符号：以单个要素为基准时，即一个字母表示的单个基准，如图 3-3b 所示，也有以两个或三个基准建立的基准体系，如图 3-3c 所示。表示基准的大写字母按基准的优先顺序自左到右地填写或以两个要素建立的公共基准时，用中间加连字符的两个大写字母来表示，如图 3-3d 所示；基准符号如图 3-3e 所示，大写的基准字母写在基准方格内，方格的边长为 $2h$，用细实线与一个涂黑的或空白的等腰三角形相连；涂黑或空白的等腰三角形具有相同的含义。

（1）被测要素的标注

1）当被测要素为零件的轮廓线或表面等组成要素时，将指引线的箭头指向该要素的轮

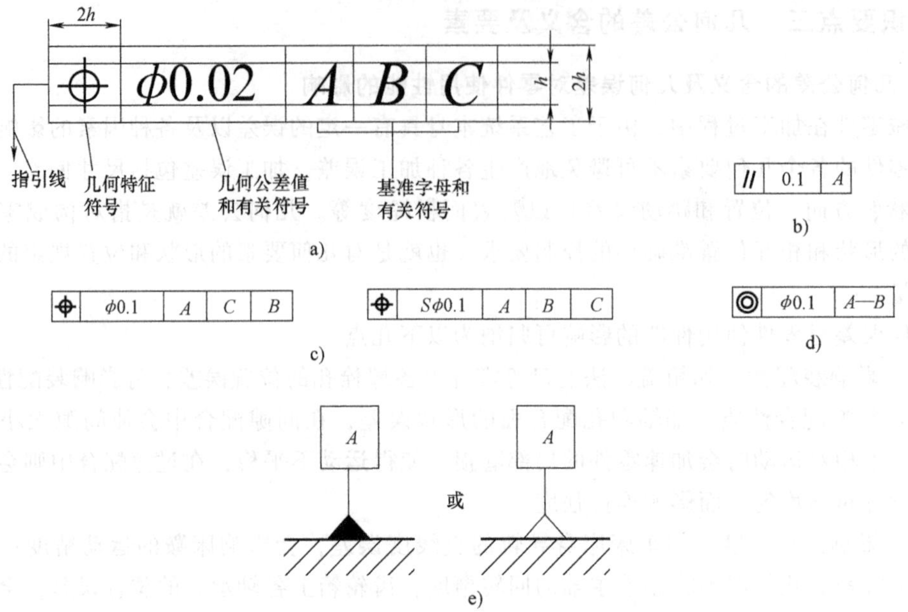

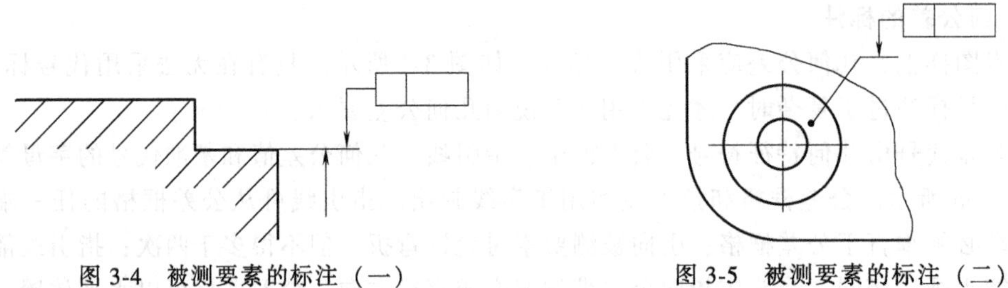

图 3-3 几何公差代号

a）几何公差的框格 b）单个基准 c）基准体系 d）公共基准

e）基准符号

廓线或其延长线上，但必须与尺寸线明显地错开，如图 3-4 所示。

2）当被测要素为零件的表面时，指向被测要素的指引线箭头，也可以直接指在引出线的水平线上。引出线可由被测量面中引出，其引出线的端部应画一圆黑点，如图 3-5 所示。

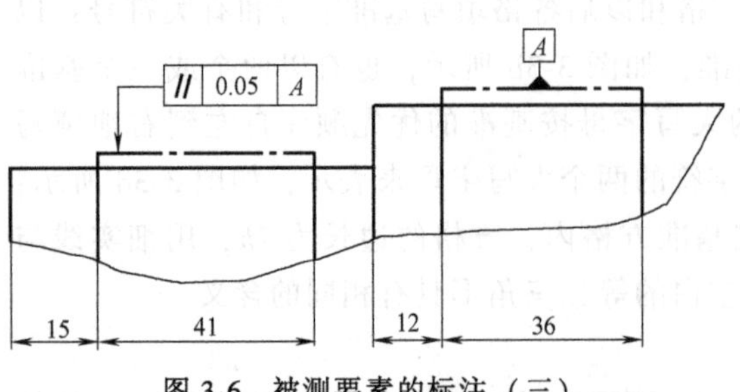

图 3-4 被测要素的标注（一）

图 3-5 被测要素的标注（二）

3）当被测要素为要素的局部时，可用粗点画线限定其范围，并加注尺寸，如图 3-6 和图 3-7 所示。

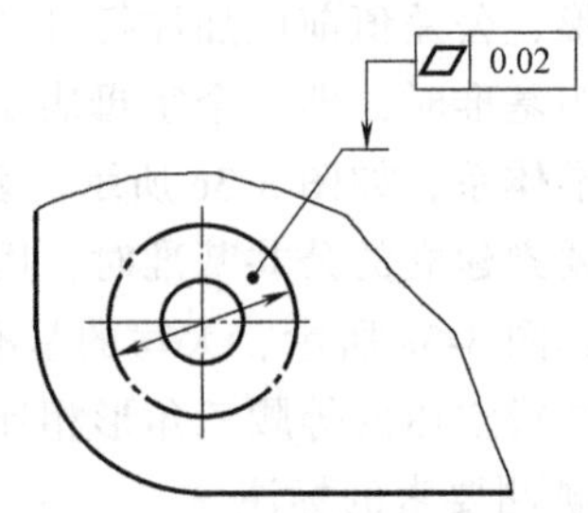

图 3-6 被测要素的标注（三）

图 3-7 被测要素的标注（四）

4）当被测要素为零件上某一段形体的轴线、中心平面或中心点时，则指引线的箭头应与该尺寸线的箭头对齐或重合，如图 3-8 所示。

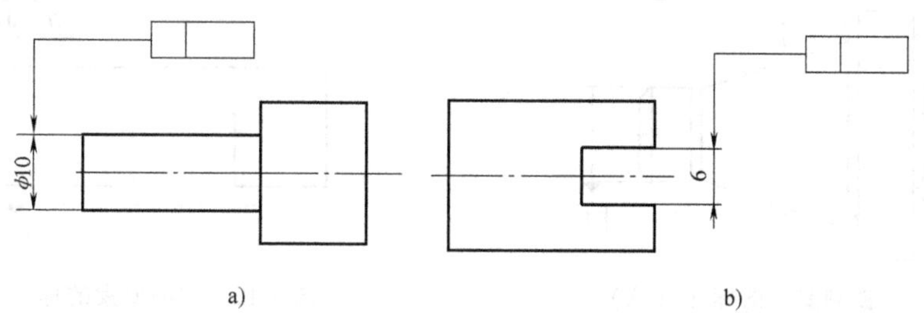

图 3-8　被测要素的标注（五）

5）当几个被测要素具有相同的几何公差要求时，可共用一个公差框格，从公差框格一端引出多个指引线的箭头指向被测要素，如图 3-9a 所示；当这几个被测要素位于同一高度且具有单一公差带时，可以在公差框格内公差值的后面加注组合公差带的符号 CZ，如图 3-9b 所示。当同一被测要素具有多项几何公差要求时，几何公差框格可并列，共用一个指引线箭头。

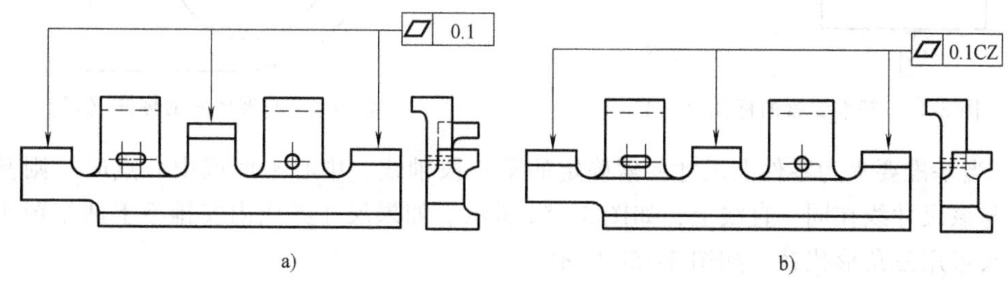

图 3-9　被测要素的标注（六）

6）用全周符号（在指引线的弯折处所画出的小圆）表示该视图的轮廓周边或周面均受此框格内公差带的控制，如图 3-10 所示。

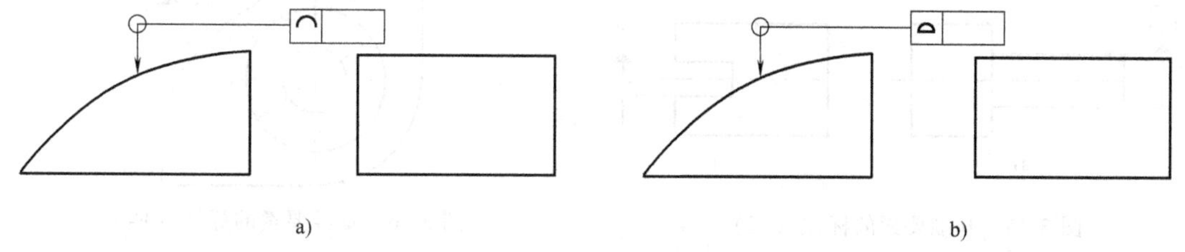

图 3-10　被测要素的标注（七）

7）当被测要素是圆锥体的轴线时，指引线应对准圆锥体的大端或小端的尺寸线。如图样中仅有任意处的空白尺寸线，则可与该尺寸线相连，如图 3-11 所示。

8）当被测要素是线而不是面时，应在公差框格附近注明线素符号（LE），如图 3-12 所示。

（2）基准要素的标注

1）当基准要素为零件的轮廓线或表面时，则基准三角形放置在基准要素的轮廓线或其延长线上，与尺寸线明显地错开，如图 3-13 所示。

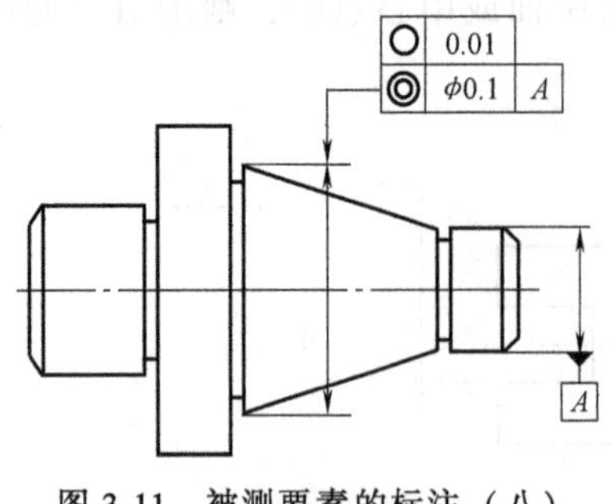

图 3-11　被测要素的标注（八）

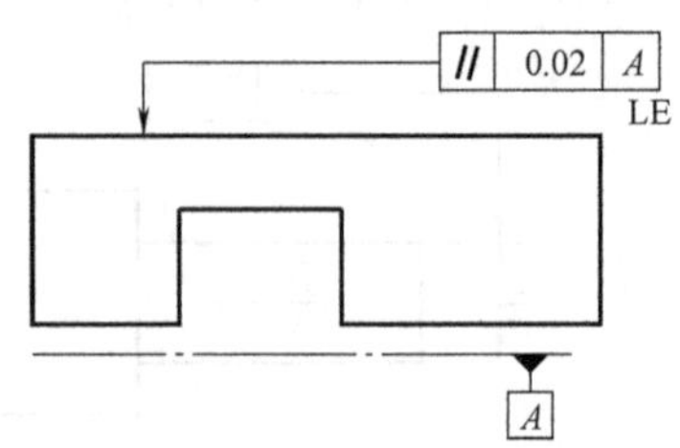

图 3-12　被测要素的标注（九）

2）基准要素为零件的表面时，受图形限制，基准三角形也可放置在该表面引出线的水平线上，其引出线的端部应画一圆黑点，如图 3-14 所示。

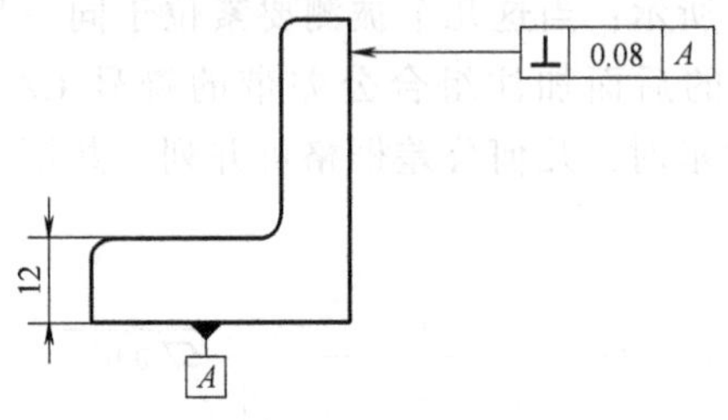

图 3-13　基准要素的标注（一）

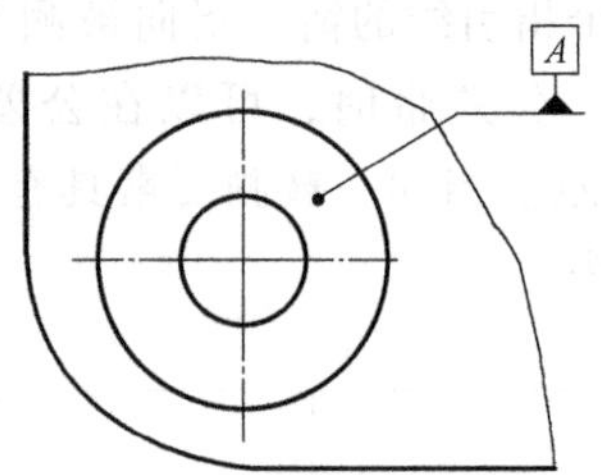

图 3-14　基准要素的标注（二）

3）当基准要素为零件上尺寸要素确定的某一段轴线、中心平面或中心点时，则基准三角形应与该尺寸线在同一直线上，如图 3-15a 所示。如果尺寸界线内安排不下两个箭头，则另一箭头可用三角形代替，如图 3-15b 所示。

4）当基准要素为要素的局部时，可用粗点画线限定范围，并加注尺寸，如图 3-6 和图 3-16 所示。

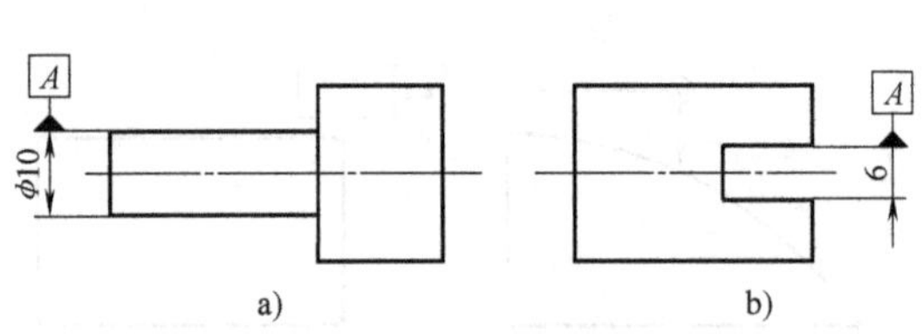

图 3-15　基准要素的标注（三）

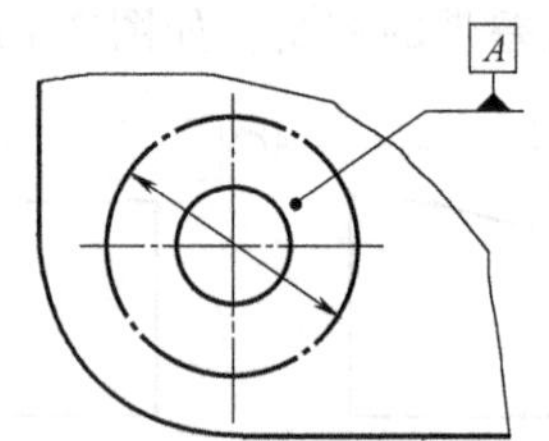

图 3-16　基准要素的标注（四）

5）当基准要素与被测要素相似而不易分辨时，应采用任选基准。任选基准符号如图 3-17a 所示，任选基准的标注方法如图 3-17b 所示。

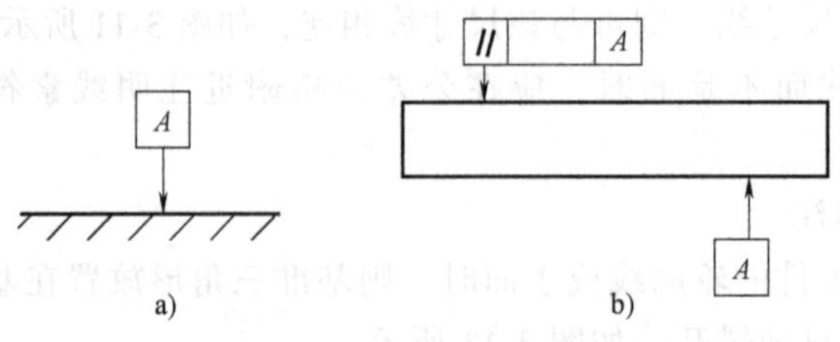

图 3-17　基准要素的标注（五）

（3）几何误差值的限定符号（表 3-3）

表 3-3 几何误差值的限定符号

对误差限定	符号	标注示例
只许实际要素的中间部位向材料内凹下	(−)	— t(−)
只许实际要素的中间部位向材料外凸起	(+)	⏥ t(+)
只许实际要素从左至右逐渐减小	(▷)	⌭ t(▷)
只许实际要素从右至左逐渐减小	(◁)	⌭ t(◁)

（4）避免采用的标注方法（表 3-4）

表 3-4 避免采用的标注方法

要素特征	序号	避免采用的图例	说明
被测要素	1	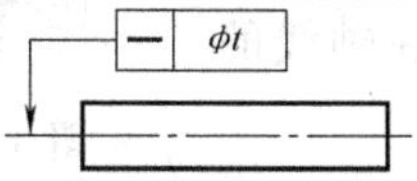 — φt	被测要素为单一要素的轴线，指引线箭头不应直接指向轴线，必须与尺寸线相连
	2	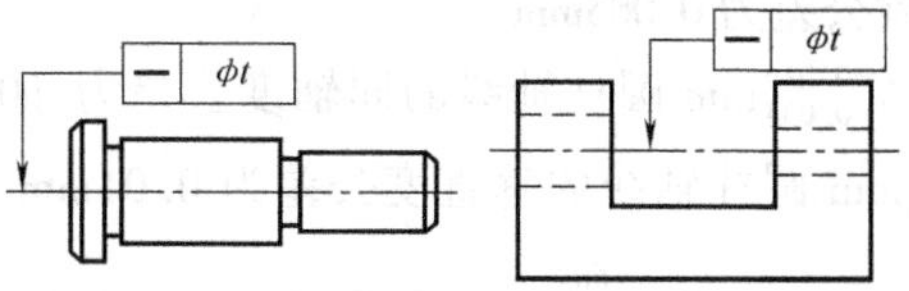 — φt　— φt	被测要素为多要素的公共轴线时，指引线箭头不应直接指向轴线，而应各自分别注出
	3	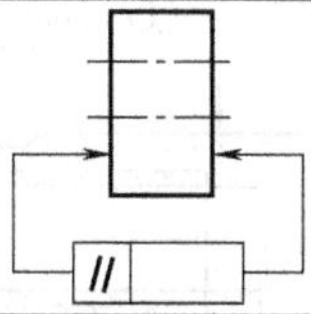 //	任选基准必须注出基准符号，并在公差框格中注出基准字母
	4	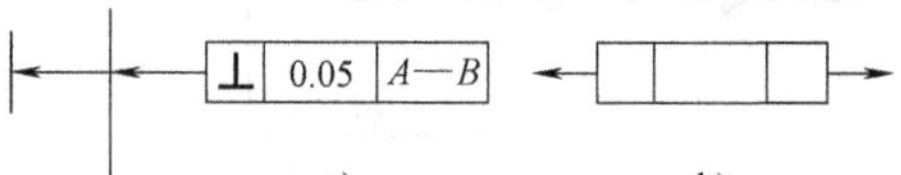 ⊥ 0.05 A—B a)　b)	如图 a 所示，不能在一条指引线上画多个同向的箭头 如图 b 所示，指引线箭头不准由公差框格两侧同时引出
基准要素	5	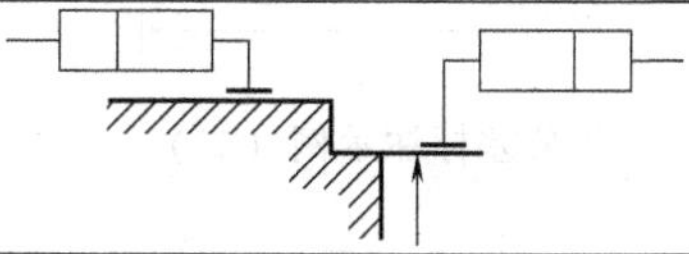	短横线不应直接与轮廓线或其延长线相连。必须标出基准符号并在公差框格中标出相应的字母
	6	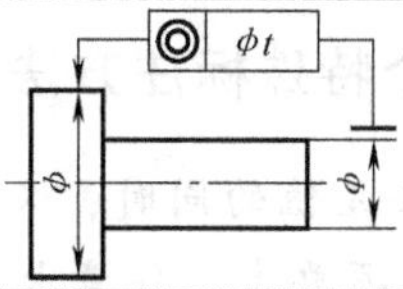 ◎ φt　φ　φ	短横线不应直接与尺寸线相连，必须标出基准符号并在公差框格中标出相应的字母
	7	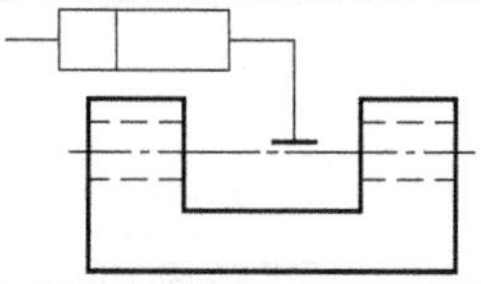	当基准要素为多个要素的公共轴线时，短横线不应直接与公共轴线相连，必须分别标注并在公差框格内标出相应的字母
	8	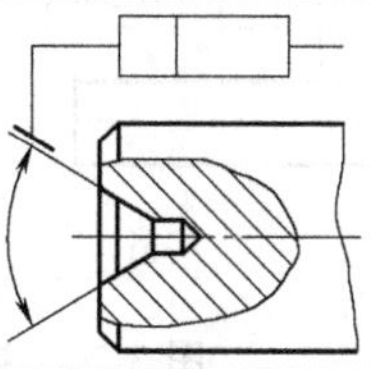	当中心孔为基准时，短横线不应直接与中心孔的角度尺寸线相连，必须标出基准符号并在公差框格中标出相应的字母

(5) 几何公差标注示例　几何公差在图样上的标注示例，如图 3-18 和图 3-19 所示。

图 3-18 所示机件上所标注的几何公差，其含义如下。

1）ϕ80h6 圆柱面对 ϕ35H7 孔轴线的圆跳动公差为 0.015mm。

2）ϕ80h6 圆柱面的圆度公差为 0.005mm。

3）$26_{-0.035}^{\ 0}$mm 的右端面对左端面的平行度公差为 0.01mm。

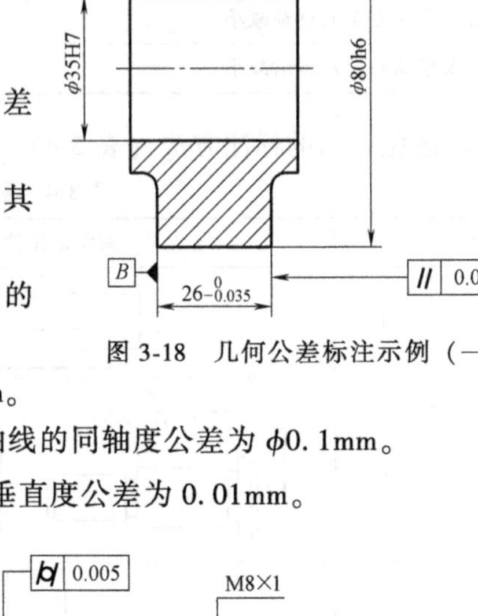

图 3-18　几何公差标注示例（一）

图 3-19 所示气门阀杆上所标注的几何公差，其含义如下。

1）SR150mm 的球面对 $\phi16_{-0.034}^{-0.016}$mm 圆柱轴线的圆跳动公差为 0.003mm。

2）$\phi16_{-0.034}^{-0.016}$mm 圆柱面的圆柱度公差为 0.005mm。

3）M8×1 螺纹孔的轴线对 $\phi16_{-0.034}^{-0.016}$mm 圆柱轴线的同轴度公差为 ϕ0.1mm。

4）阀杆的右端面对 $\phi16_{-0.034}^{-0.016}$mm 圆柱轴线的垂直度公差为 0.01mm。

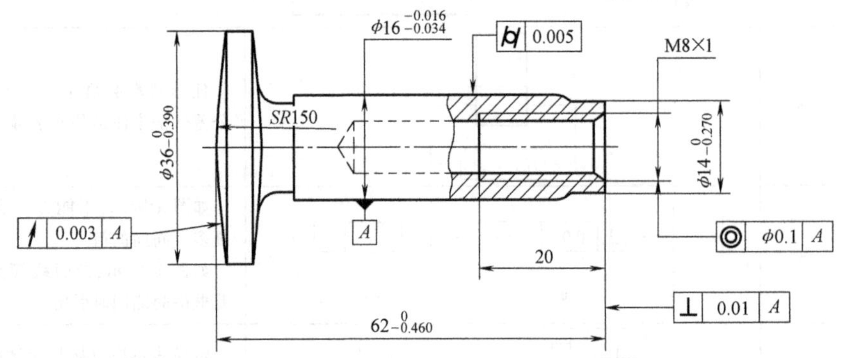

图 3-19　几何公差标注示例（二）

知识拓展　关于被测要素的几个特殊标注方法

1）对同一被测要素，如在全长上给出公差值的同时，又要求在任意长度上进行进一步的限制，可同时给出全长上和任意长度上两项要求，任意长度的公差值要求用分数形式表示，如图 3-20a 所示。同时给出全长和任意长度上的公差值时，全长上的公差框格置于任意长度的公差框格上面，如图 3-20b 所示。

2）表示被测要素的数量，应注在公差框格的上方，其他说明性内容应注在公差框格的下方，但允许例外的情况，如上方或下方没有位置标注时，

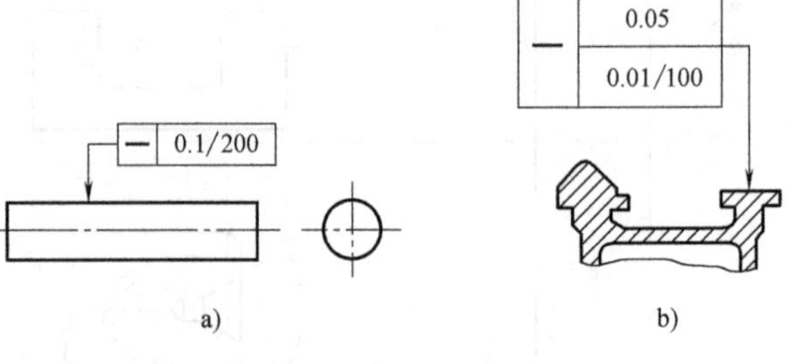

图 3-20　被测要素的标注（十）

可注在公差框格的周围或指引线上，如图 3-21 所示。

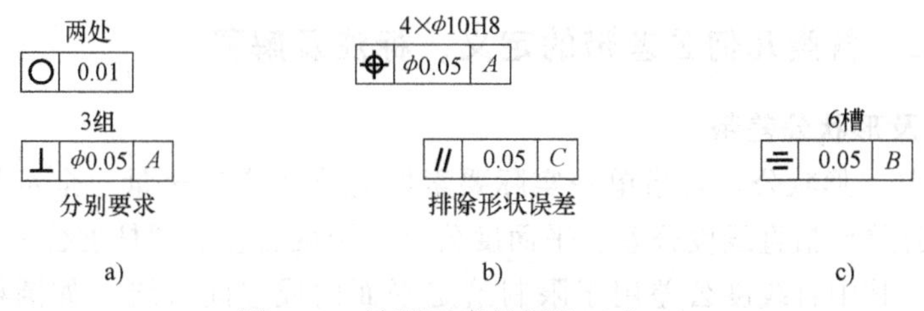

图 3-21　被测要素的标注（十一）

3）由齿轮和花键作为被测要素或基准要素时，其分度圆轴线用“PD”表示，大径（对外齿轮是齿顶圆直径，对内齿轮是齿根圆直径）轴线用“MD”表示，小径（对外齿轮是齿根圆直径，对内齿轮是齿顶圆直径）轴线用“LD”表示，如图 3-22 所示。

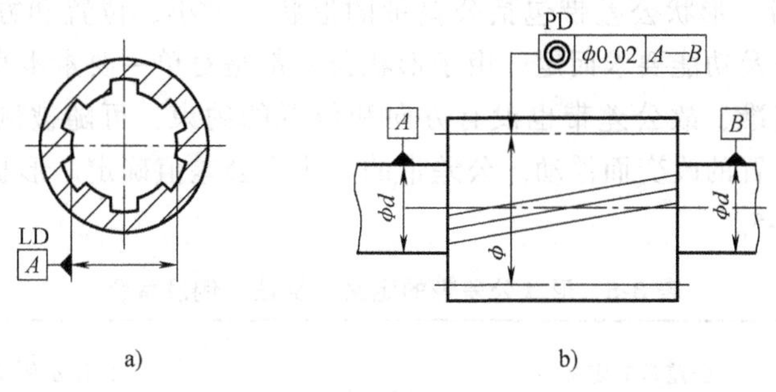

图 3-22　被测要素的标注（十二）

4）一般情况下，以螺纹的中径轴线作为被测要素或基准要素时，无需另加说明。如需以螺纹大径或小径轴线作为被测要素或基准要素时，应在公差框格下方或基准符号的下方加注“MD”或“LD”，如图 3-23 所示。

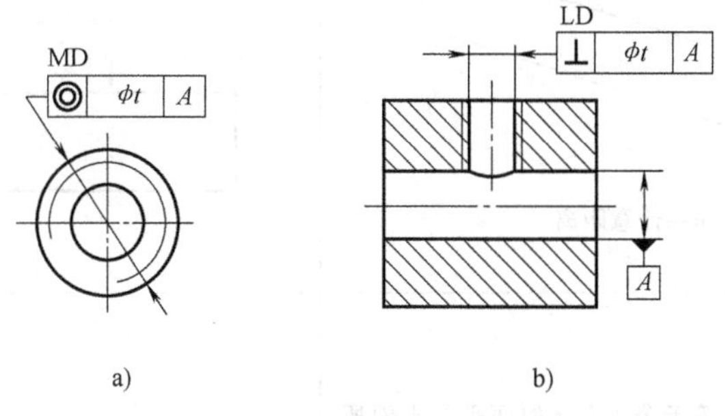

图 3-23　被测要素的标注（十三）

第二节　几何公差带

知识要点一　公差带图的定义

用以表示相互配合的一对几何要素的公称尺寸、极限尺寸、极限偏差以及相互关系的简图，称为极限与配合的示意图。将极限与配合的示意图用简化表示法画出的图，称为公差带图。

知识要点二　各类几何公差带的定义、标注及解释

1. 形状公差及形状公差带

（1）形状公差　形状公差是指单一实际要素所允许的变动全量，全量是指被测要素的整个长度。形状公差包括直线度公差、平面度公差、圆度公差、圆柱度公差、线轮廓度公差和面轮廓度公差。其中直线度公差用于限制给定平面内或空间直线（如圆柱面和圆锥面上的素线或轴线）的形状误差；平面度公差用于限制平面的形状误差；圆度公差用于限制曲面体表面正截面内轮廓的形状误差；圆柱度公差用于限制圆柱面整体的形状误差；线轮廓度公差则用于限制平面曲线或曲面的截面轮廓的形状误差；而面轮廓度用于限制空间曲面的形状误差。

（2）形状公差带　形状公差带包括公差带的形状、大小、位置和方向四个要素，其形状随要素的几何特征及功能要求而定。由于形状公差都是对单一要素本身提出的要求，因此形状公差都不涉及基准，故公差带也没有方向和位置的约束，可随被测实际要素的有关尺寸、形状、方向和位置的改变而浮动。公差带的大小由公差值确定。形状公差带的定义、标注示例及解释见表 3-5。

表 3-5　形状公差带的定义、标注示例及解释

几何特征及符号	公差带的定义	标注示例及解释
直线度 —	公差带为给定平面内和给定方向上，间距等于公差值 t 的两平行直线所限定的区域 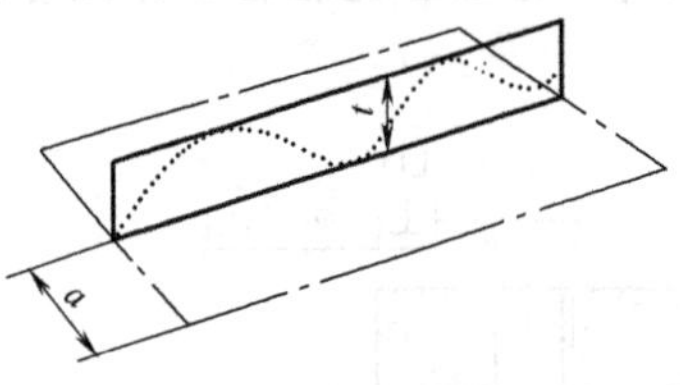 a—任意距离	在任一平行于图示投影面的平面内，被测上平面的提取（实际）线应限定在间距等于 0.1mm 的两平行直线之间 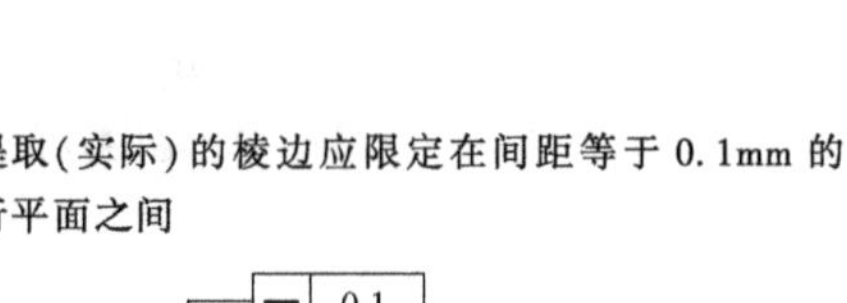 — 0.1
	公差带为间距等于公差值 t 的两平行平面所限定的区域 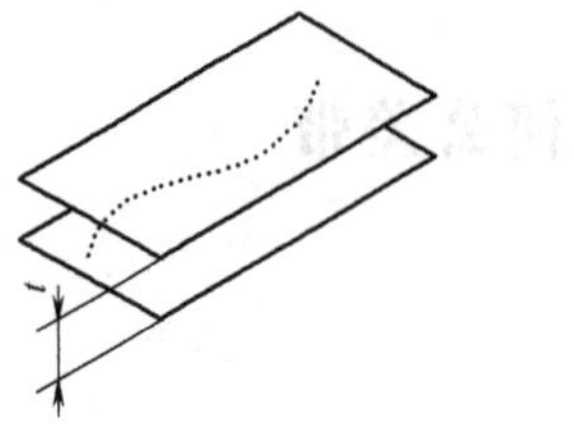	提取（实际）的棱边应限定在间距等于 0.1mm 的两平行平面之间 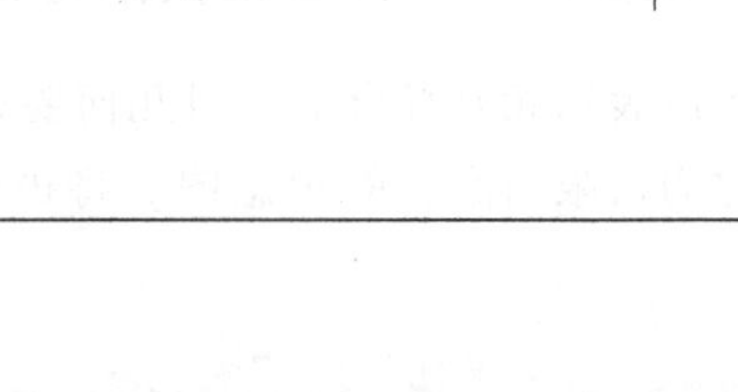 — 0.1

（续）

几何特征及符号	公差带的定义	标注示例及解释
直线度 —	公差带为直径等于公差值 ϕt 的圆柱面所限定的区域 注意:公差值前加注符号 ϕ	外圆柱面的提取（实际）中心线应限定在直径等于 ϕ0.08mm 的圆柱面内
平面度 ▱	公差带为间距等于公差值 t 的两平行平面所限定的区域	提取（实际）表面应限定在间距等于 0.08mm 的两平行平面之间
圆度 ○	公差带为在给定横截面内，半径差等于公差值 t 的两同心圆所限定的区域 a—任意横截面	在圆柱（或圆锥）面的任意横截面内，提取（实际）圆周应限定在半径差等于 0.03mm 的两共面同心圆之间 在圆锥面的任意横截面内，提取（实际）圆周应限定在半径差等于 0.01mm 的两同心圆之间
圆柱度 ⌭	公差带为半径差等于公差值 t 的两同轴圆柱面所限定的区域	提取（实际）圆柱面应限定在半径差等于 0.1mm 的两同轴圆柱面之间

（续）

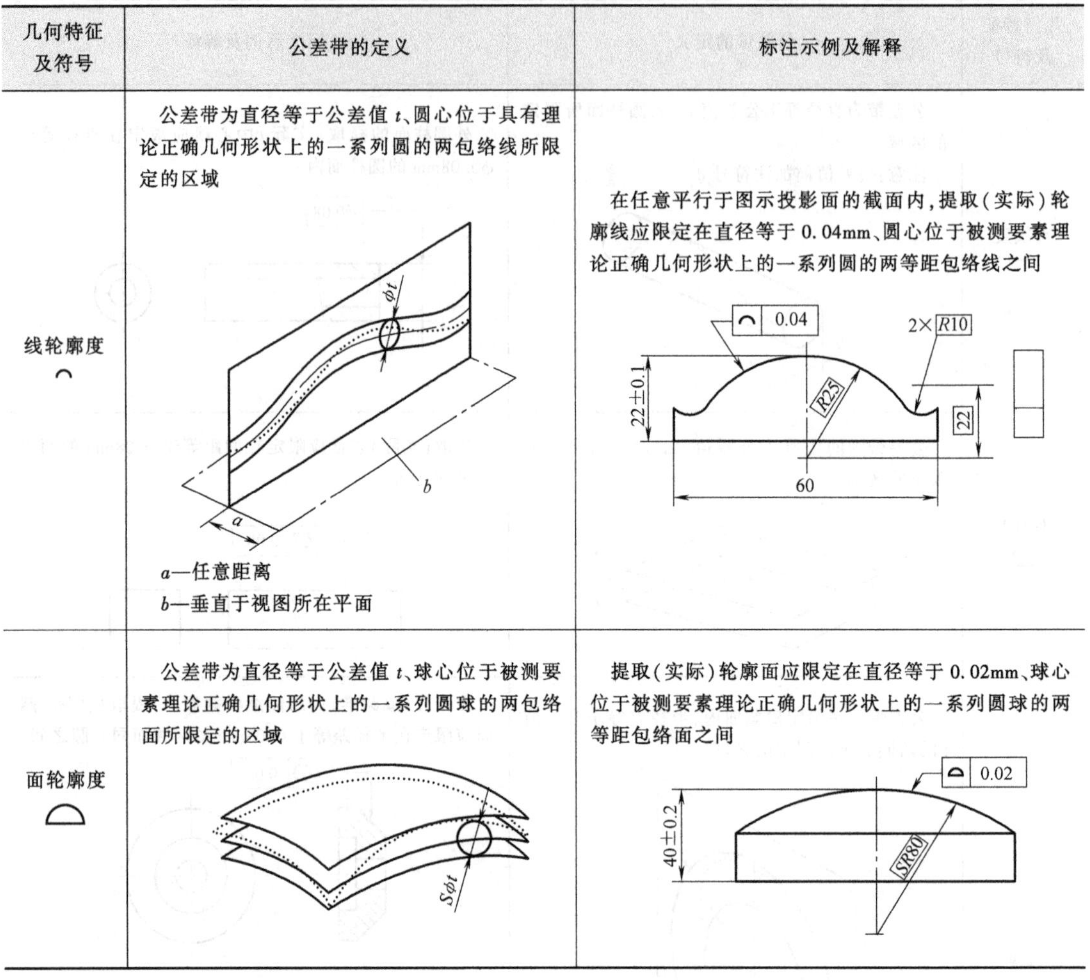

几何特征及符号	公差带的定义	标注示例及解释
线轮廓度 ⌒	公差带为直径等于公差值 t、圆心位于具有理论正确几何形状上的一系列圆的两包络线所限定的区域 a—任意距离 b—垂直于视图所在平面	在任意平行于图示投影面的截面内，提取（实际）轮廓线应限定在直径等于 0.04mm、圆心位于被测要素理论正确几何形状上的一系列圆的两等距包络线之间
面轮廓度 ⌓	公差带为直径等于公差值 t、球心位于被测要素理论正确几何形状上的一系列圆球的两包络面所限定的区域	提取（实际）轮廓面应限定在直径等于 0.02mm、球心位于被测要素理论正确几何形状上的一系列圆球的两等距包络面之间

2. 方向公差及方向公差带

（1）方向公差　方向公差是指关联实际要素对基准在方向上允许的变动全量，包括平行度公差、垂直度公差和倾斜度公差三种。

（2）方向公差带　方向公差带的方向是固定的，由基准来确定，而其位置则可在尺寸公差带内浮动。方向公差的公差带在控制被测要素相对于基准方向误差的同时，能自然地控制被测要素的形状误差，因此，通常对同一被测要素当给出方向公差后，不再对该要素提出形状公差要求。如果确实需要对它的形状精度提出要求时，可以在给出方向公差的同时，再给出形状公差，但形状公差值一定要小于方向公差值。方向公差带的定义、标注示例及解释见表 3-6。

3. 位置公差及位置公差带

（1）位置公差　位置公差是指关联实际要素对基准在位置上允许的变动全量。位置公差包括位置度公差、同轴（同心）度公差和对称度公差三种。其中位置度公差用于控制点、线、面的实际位置对其理想基准位置的误差；同轴（同心）度公差用于控制被测轴线（同心）对基准轴线（同心）的误差；而对称度公差用于控制被测中心面对基准中心平面的误差。

表 3-6　方向公差带的定义、标注示例及解释

几何特征及符号		公差带的定义	标注示例及解释
平行度 //	线对基准体系的平行度公差	公差带为间距等于公差值 t、平行于两基准(基准轴线和平面)的两平行平面所限定的区域 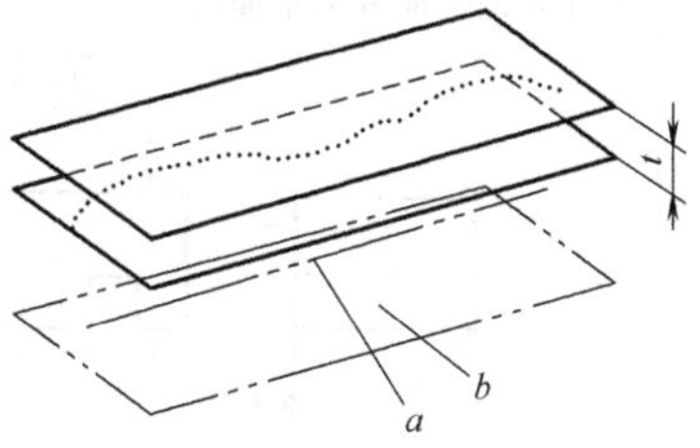 a—基准轴线 b—基准平面	提取(实际)中心线应限定在间距等于 0.1mm、平行于基准轴线 A 和基准平面 B 的两平行平面之间 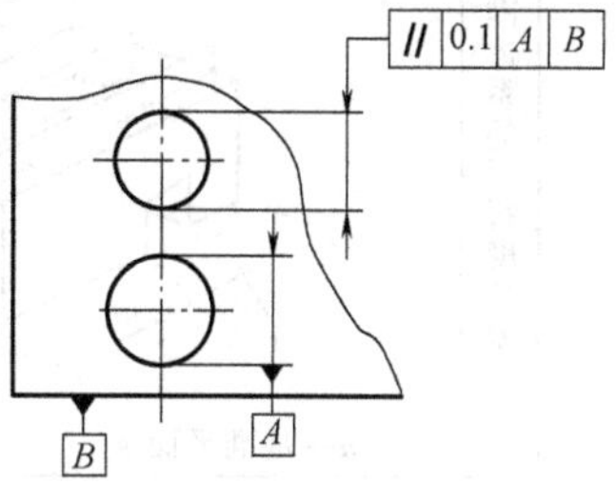 // 0.1 A B
		公差带为间距等于公差值 t、平行于基准轴线 A 且垂直于基准平面 B 的两平行平面所限定的区域 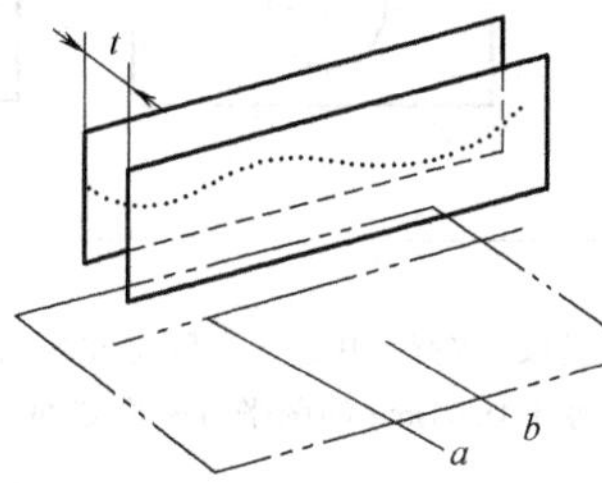 a—基准轴线 A b—基准平面 B	提取(实际)中心线应限定在间距等于 0.1mm 的两平行平面之间,该两平行平面平行于基准轴线 A 且垂直于基准平面 B // 0.1 A B 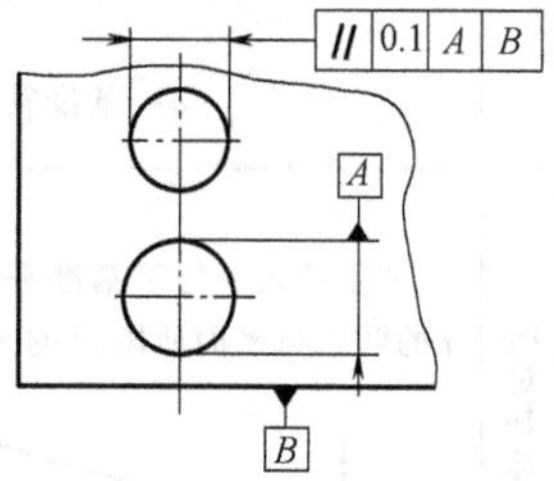
		公差带为平行于基准轴线和平行或垂直于基准平面、距离分别为公差值 t_1 和 t_2,且相互垂直的两平行平面所限定的区域 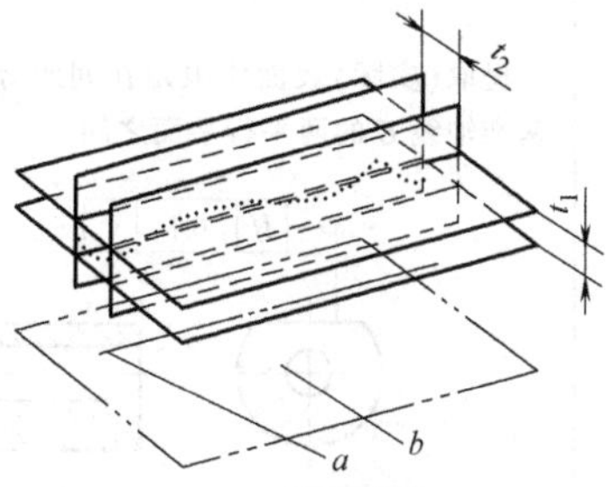 a—基准轴线 b—基准平面	提取(实际)中心线应限定在平行于基准轴线 A 和平行或垂直于基准平面 B、间距分别等于 0.1mm 和 0.2mm,且相互垂直的两平行平面之间 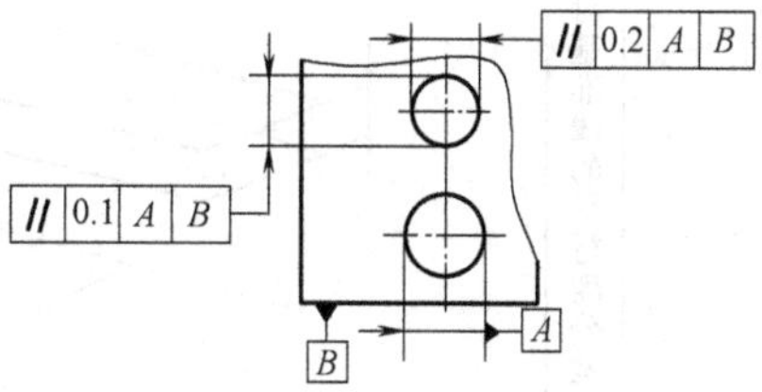 // 0.2 A B // 0.1 A B

（续）

几何特征及符号		公差带的定义	标注示例及解释
平行度 //	线对基准体系的平行度公差	公差带为间距等于公差值 t 的两平行直线所限定的区域，该两平行直线平行于基准平面 A 且处于平行于基准平面 B 的平面内 a—基准平面 A　b—基准平面 B	提取（实际）线应限定在间距等于 0.02mm 的两平行直线之间，该两平行直线平行于基准平面 A 且处于平行于基准平面 B 的平面内
	线对线的平行度公差	公差带为平行于基准轴线、直径等于公差值 ϕt 的圆柱面所限定的区域 注意：公差值前加注符号 ϕ a—基准轴线	提取（实际）中心线应限定在平行于基准轴线 A，直径等于 ϕ0.03mm 的圆柱面内
	线对基准面的平行度公差	公差带是平行于基准平面、距离为公差值 t 的两平行平面所限定的区域 a—基准平面	提取（实际）中心线应限定在平行于基准平面 B、间距等于 0.01mm 的两平行平面之间
	面对基准线的平行度公差	公差带为间距等于公差值 t、平行于基准轴线的两平行平面所限定的区域 a—基准轴线	提取（实际）表面应限定在间距等于 0.1mm、平行于基准轴线 C 的两平行平面之间

（续）

几何特征及符号		公差带的定义	标注示例及解释
平行度 //	面对基准面的平行度公差	公差带为间距等于公差值 t、平行于基准平面的两平行平面所限定的区域 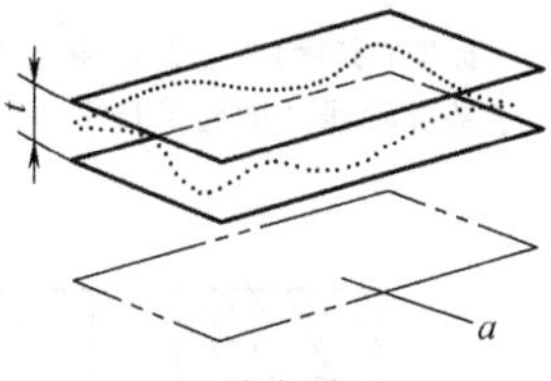 a—基准平面	提取(实际)表面应限定在间距等于 0.01mm、平行于基准平面 D 的两平行平面之间 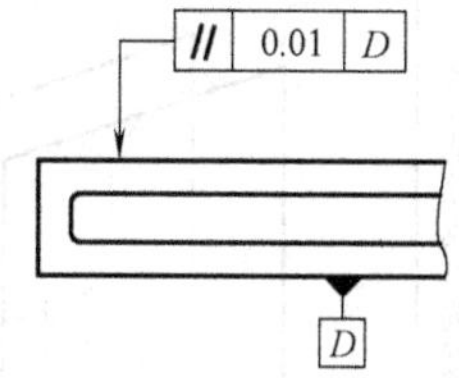 // 0.01 D
垂直度 ⊥	线对基准体系的垂直度公差	公差带为间距等于公差值 t 的两平行平面所限定的区域,该两平行平面垂直于基准平面 A 且平行于基准平面 B 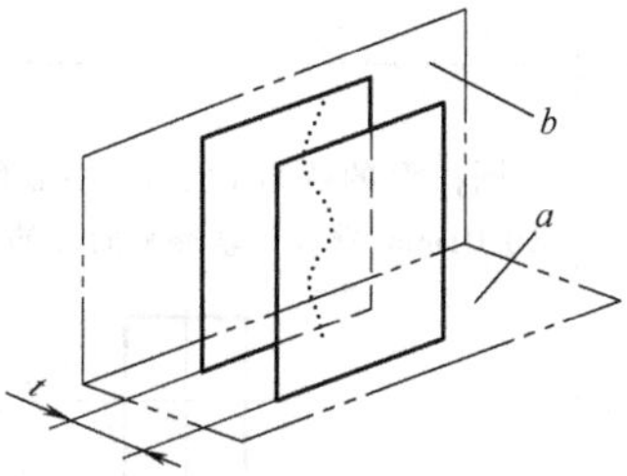 a—基准平面 A　b—基准平面 B	圆柱面的提取(实际)中心线应限定在间距等于 0.1mm 的两平行平面之间,该两平行平面垂直于基准平面 A 且平行于基准平面 B ⊥ 0.1 A B 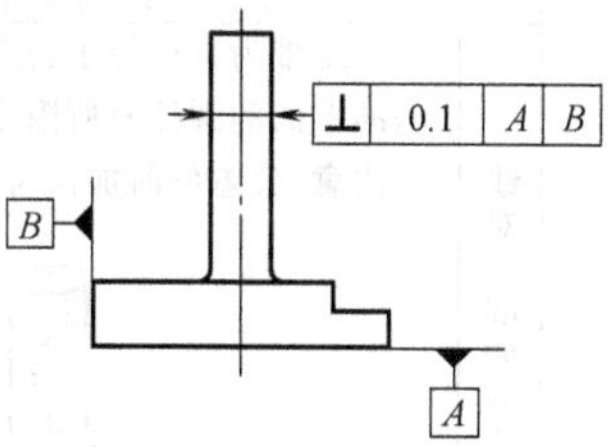
		公差带为间距等于公差值 t_1 和 t_2 且相互垂直的两组平行平面所限定的区域,该两组平行平面都垂直于基准平面 A,其中一组平行平面垂直于基准平面 B,如图 a 所示;而另一组平行平面平行于基准平面 B,如图 b 所示 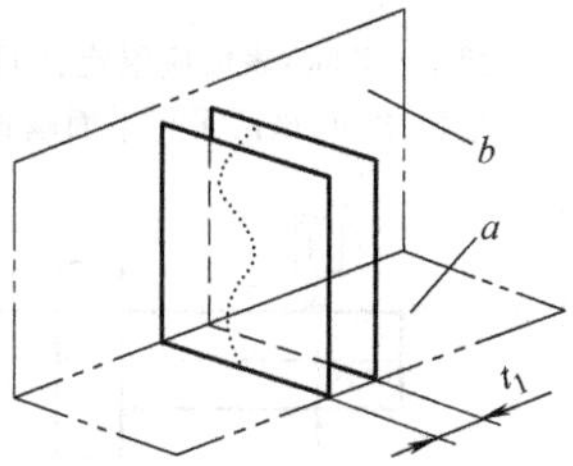 a) a—基准平面 A　b—基准平面 B 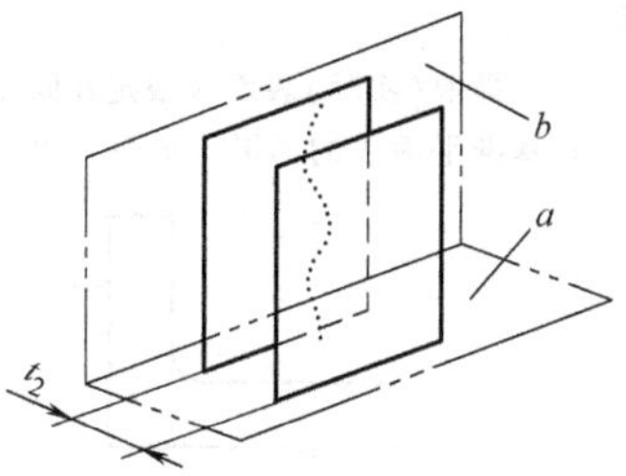 b) a—基准平面 A　b—基准平面 B	圆柱面的提取(实际)中心线应限定在间距等于 0.1mm 和 0.2mm 且相互垂直的两组平行平面内,该两组平行平面垂直于基准平面 A 且垂直或平行于基准平面 B 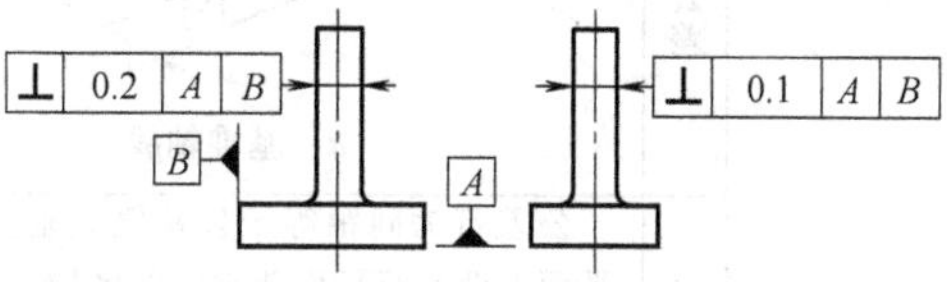 ⊥ 0.2 A B　⊥ 0.1 A B

（续）

几何特征及符号	公差带的定义		标注示例及解释
垂直度 ⊥	线对基准线的垂直度公差	公差带为间距等于公差值 t、垂直于基准轴线的两平行平面所限定的区域 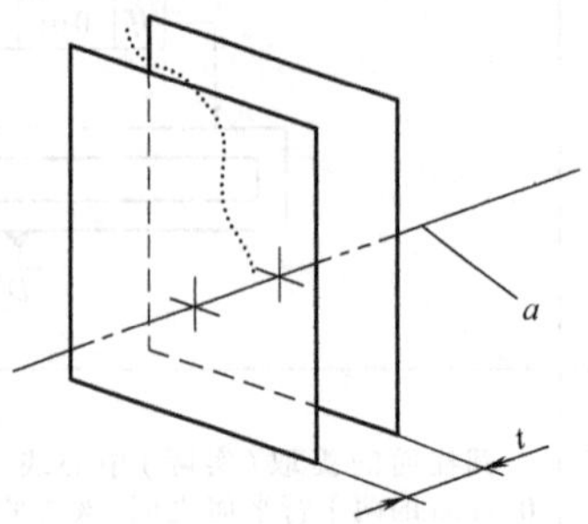 a—基准轴线	提取（实际）中心线应限定在间距等于 0.06mm、垂直于基准轴线 A 的两平行平面之间 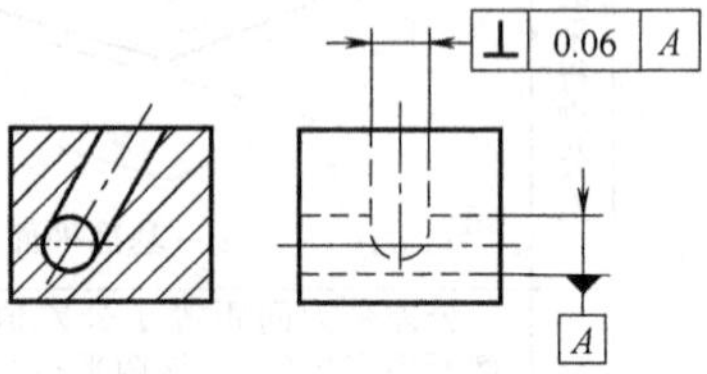
	线对基准面的垂直度公差	公差带为直径等于公差值 ϕt、轴线垂直于基准平面的圆柱面所限定的区域 注意：公差值前加注符号 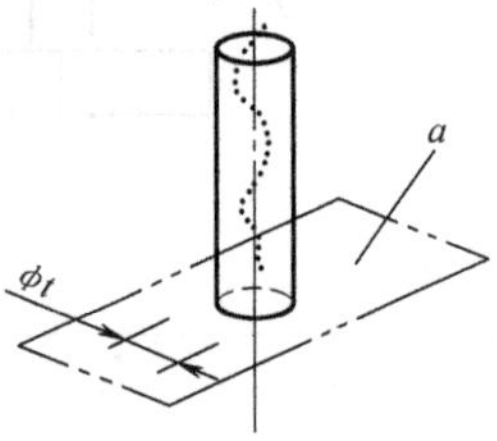 ϕ a—基准平面	圆柱面的提取（实际）中心线应限定在直径等于 ϕ0.01mm、垂直于基准平面 A 的圆柱面内 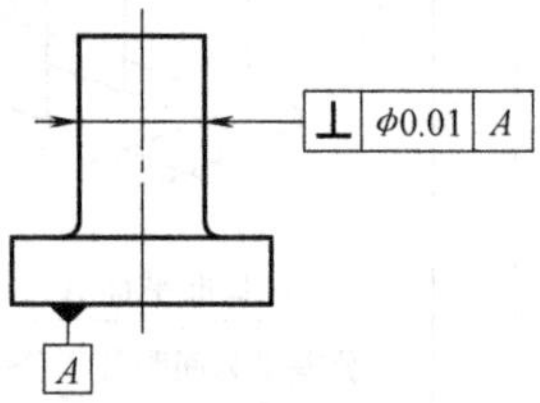
	面对基准线的垂直度公差	公差带为间距等于公差值 t 且垂直于基准轴线的两平行平面所限定的区域 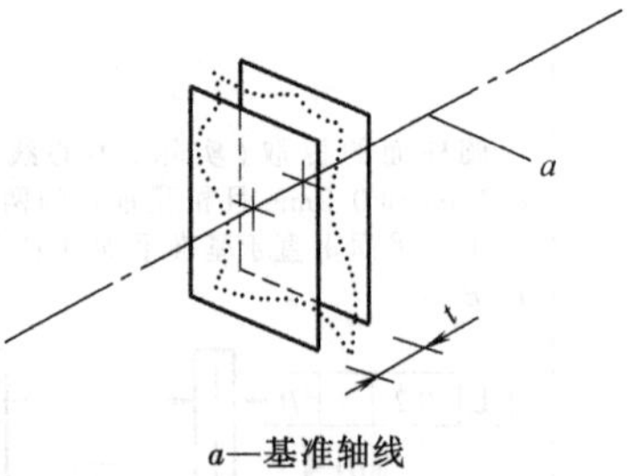 a—基准轴线	提取（实际）表面应限定在间距等于 0.08mm 的两平行平面之间，该两平行平面垂直于基准轴线 A 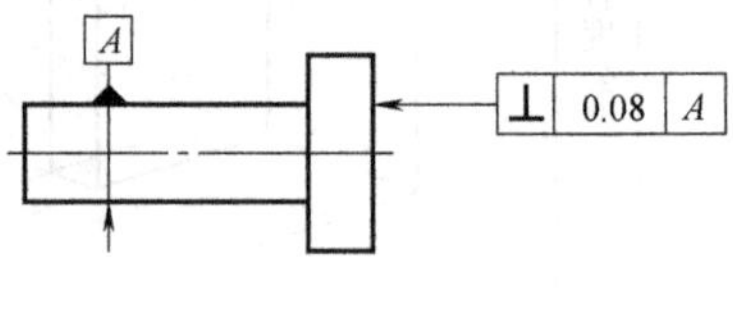
	面对基准面的垂直度公差	公差带为间距等于公差值 t、垂直于基准平面的两平行平面所限定的区域 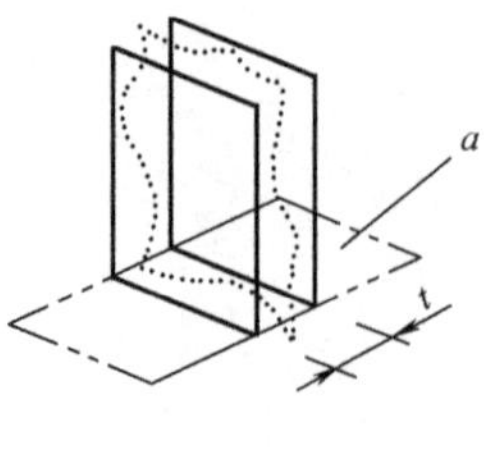 a—基准平面	提取（实际）表面应限定在间距等于 0.08mm、垂直于基准平面 A 的两平行平面之间 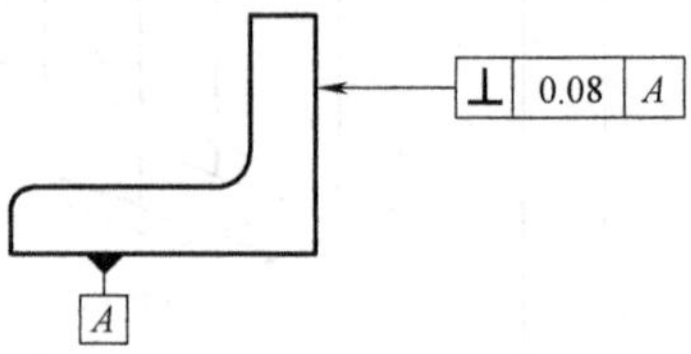

（续）

<table>
<tr><th>几何特征及符号</th><th colspan="2">公差带的定义</th><th>标注示例及解释</th></tr>
<tr><td rowspan="3">倾斜度
∠</td><td rowspan="2">线对基准线的倾斜度公差</td><td>被测线与基准线在同一平面上
公差带为间距等于公差值 t 的两平行平面所限定的区域，该两平行平面按给定角度倾斜于基准轴线
α　a　t
a—基准轴线</td><td>提取（实际）中心线应限定在间距等于 0.08mm 的两平行平面之间，该两平行平面按理论正确角度 60°倾斜于公共基准轴线 A—B
∠ 0.08 A—B　60°　A　B</td></tr>
<tr><td>被测线与基准线不在同一平面内
公差带为间距等于公差值 t 的两平行平面所限定的区域，该两平行平面按给定角度倾斜于基准轴线
α　a　t
a—基准轴线</td><td>提取（实际）中心线应限定在间距等于 0.08mm 的两平行平面之间，该两平行平面按理论正确角度 60°倾斜于公共基准轴线 A—B
∠ 0.08 A—B　60°　A　B</td></tr>
<tr><td>线对基准面的倾斜度公差</td><td>公差带为间距等于公差值 t 的两平行平面所限定的区域，该两平行平面按给定角度倾斜于基准平面
α　a　t
a—基准平面</td><td>提取（实际）中心线应限定在间距等于 0.08mm 的两平行平面之间，该两平行平面按理论正确角度 60°倾斜于基准平面 A
∠ 0.08 A　60°　A</td></tr>
</table>

（续）

几何特征及符号		公差带的定义	标注示例及解释
倾斜度 ∠	线对基准面的倾斜度公差	公差带为直径等于公差值 ϕt 的圆柱面所限定的区域，该圆柱面公差带的轴线按给定角度倾斜于基准平面 *A* 且平行于基准平面 *B* 注意：公差值前加注符号 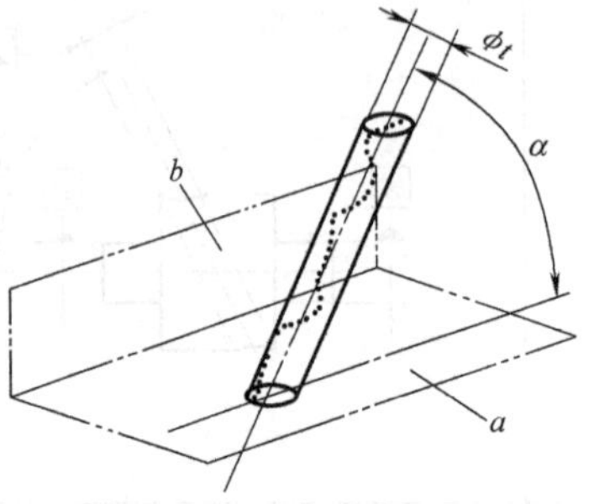 ϕ *a*—基准平面 *A*　*b*—基准平面 *B*	提取（实际）中心线应限定在直径等于 ϕ0.1mm 的圆柱面内，该圆柱面的中心线按理论正确角度 60°倾斜于基准平面 *A* 且平行于基准平面 *B* 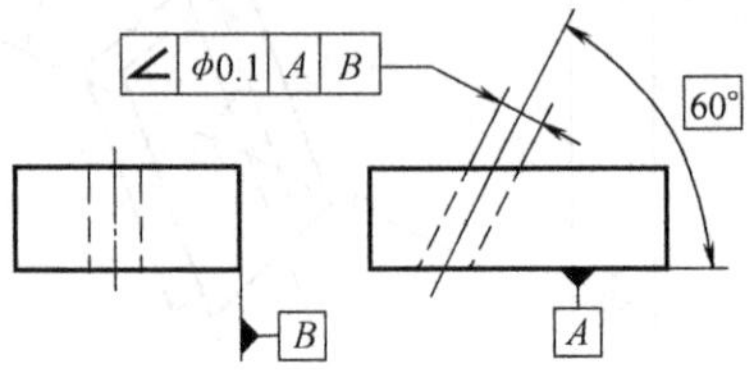
	面对基准线的倾斜度公差	公差带为间距等于公差值 *t* 的两平行平面所限定的区域，该两平行平面按给定角度倾斜于基准轴线 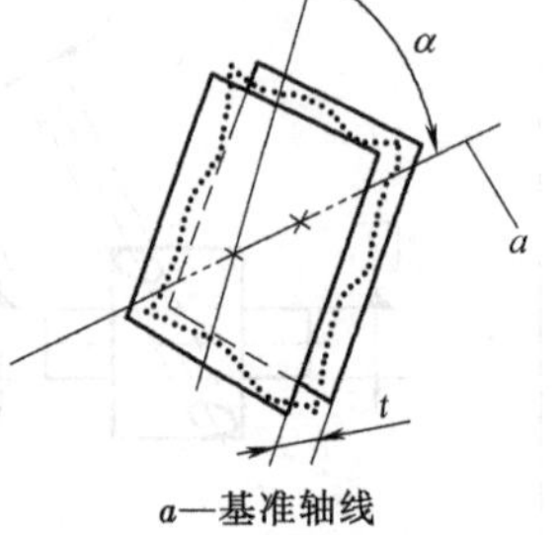 *a*—基准轴线	提取（实际）表面应限定在间距等于 0.1mm 的两平行平面之间，该两平行平面按理论正确角度 75°倾斜于基准轴线 *A* 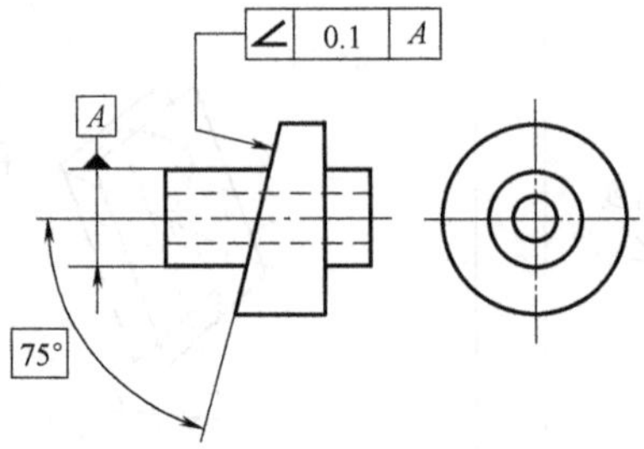
	面对基准面的倾斜度公差	公差带为间距等于公差值 *t* 的两平行平面所限定的区域，该两平行平面按给定角度倾斜于基准平面 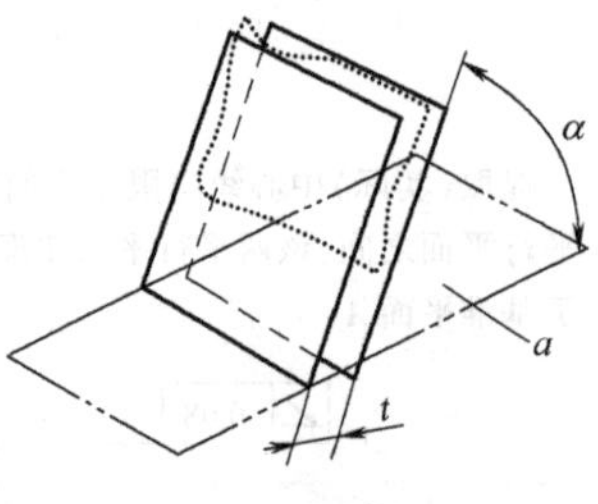 *a*—基准平面	提取（实际）表面应限定在间距等于 0.08mm 的两平行平面之间，该两平行平面按理论正确角度 40°倾斜于基准平面 *A* 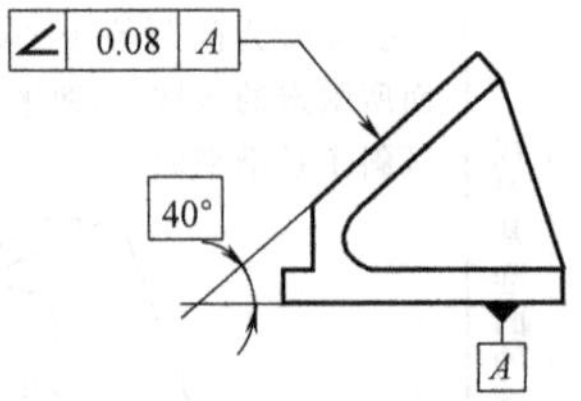

（2）位置公差带　位置公差带具有以下两个特点：相对于基准位置是固定的，不能浮动，其位置由理论正确尺寸相对于基准所确定；位置公差带既能控制被测要素的位置误差，又能控制其方向和形状误差。因此，当给出位置公差要求的被测要素，一般不再提出方向和形状公差的要求。只有对被测要素的方向和形状精度有更高要求时，才另行给出方向和形状公差要求，且应满足 $t_{位置}>t_{方向}>t_{形状}$。位置公差带的定义、标注示例及解释见表 3-7。

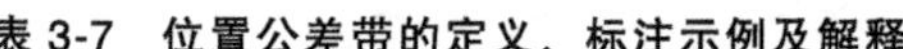

表 3-7　位置公差带的定义、标注示例及解释

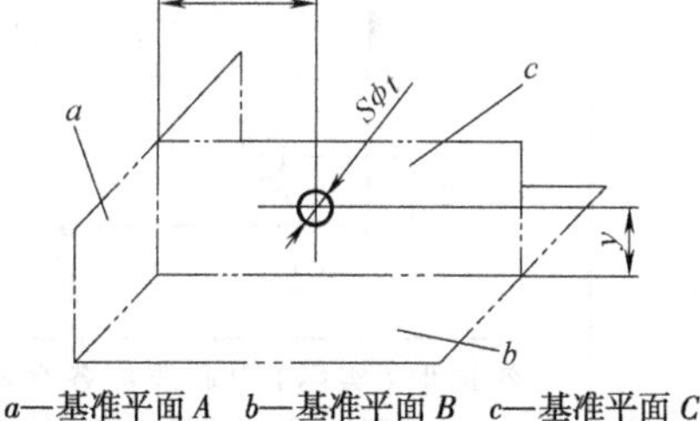

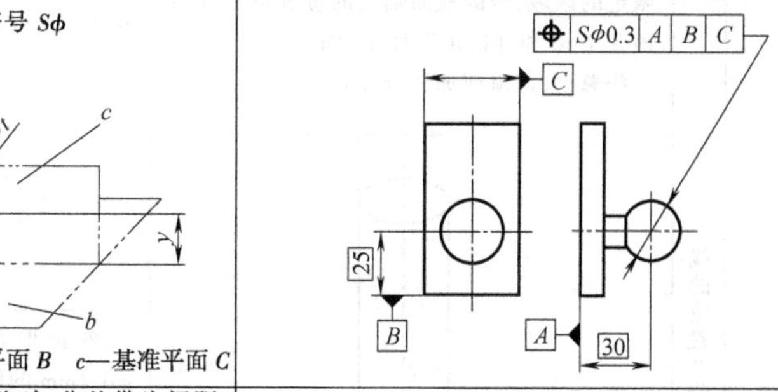

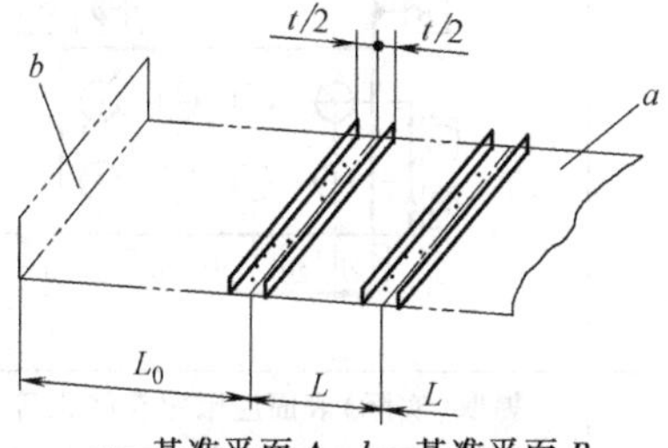

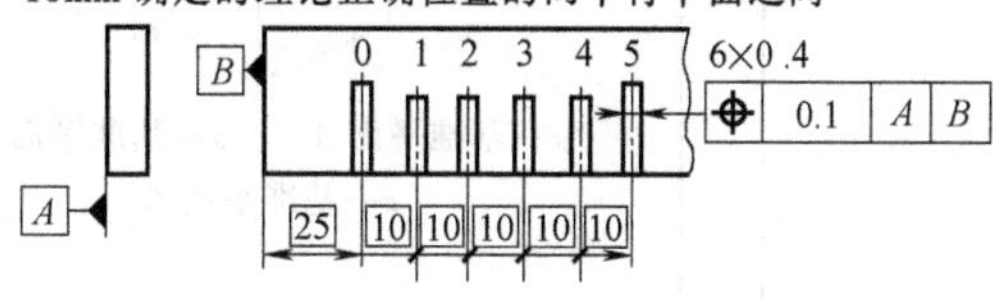

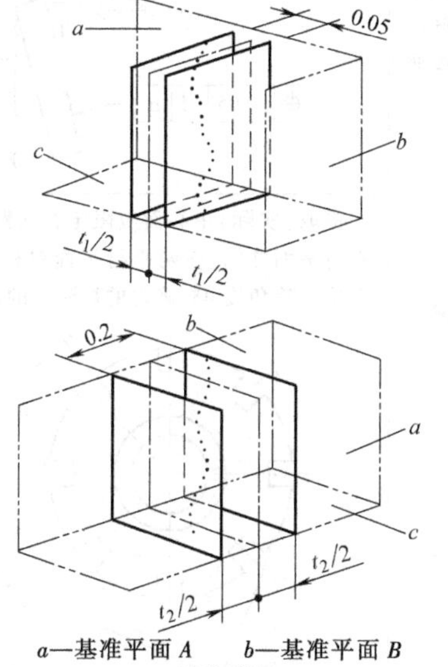

几何特征及符号		公差带的定义	标注示例及解释
位置度 ⌖	点的位置度公差	公差带为直径等于公差值 $S\phi t$ 的圆球面所限定的区域，该圆球面中心的理论正确位置由基准平面 A、B、C 和理论正确尺寸确定 注意：公差值前加注符号 $S\phi$ a—基准平面 A　b—基准平面 B　c—基准平面 C	提取(实际)球心应限定在直径等于 $S\phi0.3$mm 的圆球面内，该圆球面的中心由基准平面 A、基准平面 B、基准平面 C 和理论正确尺寸 30mm、25mm 确定
	线的位置度公差	当给定一个方向的公差时，公差带为间距等于公差值 t、对称于线的理论正确位置的两平行平面所限定的区域，线的理论正确位置由基准平面 A、B 和理论正确尺寸确定 a—基准平面 A　b—基准平面 B	各条刻线的提取(实际)中心线应限定在间距等于 0.1mm，对称于基准平面 A、B 和理论正确尺寸 25mm、10mm 确定的理论正确位置的两平行平面之间
		当给定两个方向的公差时，公差带为间距等于公差值 t_1 和 t_2、对称于线的理论正确位置的两对相互垂直的平行平面所限定的区域，线的理论正确位置由基准平面 C、A 和 B 及理论正确尺寸确定 a—基准平面 A　b—基准平面 B c—基准平面 C	各孔的提取(实际)中心线在给定方向上应各自限定在间距等于 0.05mm 和 0.2mm 且相互垂直的两对平行平面内。平行平面对称于由基准平面 C、A、B 和理论正确尺寸 20mm、15mm、30mm 确定的各孔轴线的理论正确位置 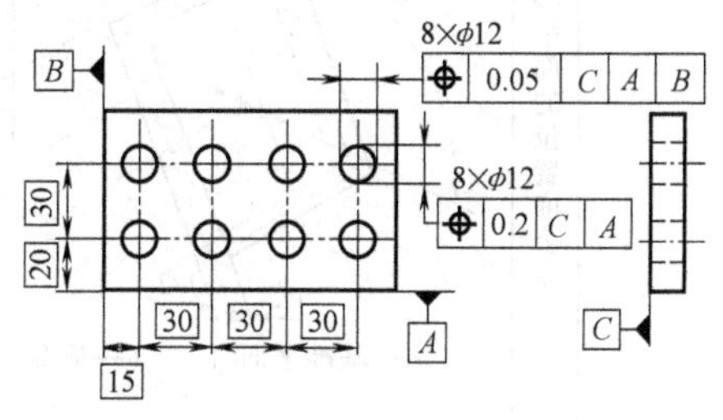

（续）

几何特征及符号		公差带的定义	标注示例及解释
位置度 ⌖	线的位置度公差	公差带为直径等于公差值 ϕt 的圆柱面所限定的区域，该圆柱面轴线的位置由基准平面 A、B、C 和理论正确尺寸确定 注意：公差值前加注符号 ϕ a—基准平面 A　b—基准平面 B c—基准平面 C	提取（实际）中心线应限定在直径等于 ϕ0.08mm 的圆柱面内，该圆柱面轴线的位置应处于由基准平面 C、A、B 和理论正确尺寸 100mm、68mm 确定的理论正确位置上 各提取（实际）中心线应各自限定在直径等于 ϕ0.1mm 的圆柱面内，该圆柱面的轴线应处于由基准平面 C、A、B 和理论正确尺寸 20mm、15mm、30mm 确定的各孔轴线的理论正确位置上
	轮廓平面或中心平面的位置度公差	公差带为间距等于公差值 t 且对称于被测面的理论正确位置的两平行平面所限定的区域，理论正确位置由基准平面 A、基准轴线 B 和理论正确尺寸确定 a—基准平面 A　b—基准平面 B	提取（实际）表面应限定在间距等于 0.05mm 且对称于被测面的理论正确位置的两平行平面之间，该两平行平面对称于由基准平面 A、基准轴线 B 和理论正确尺寸 15mm、105°确定的被测面的理论正确位置 提取（实际）中心面应限定在间距等于 0.05mm 的两平行平面之间，该两平行平面对称于由基准平面 A 和理论正确角度 45°确定的被测面的理论正确位置 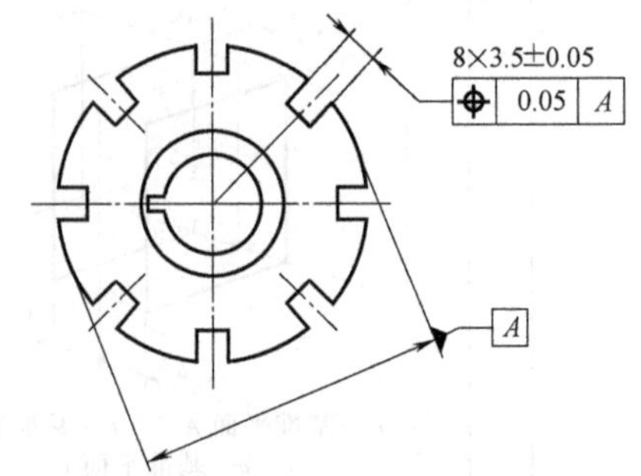

（续）

<table>
<tr><th>几何特征及符号</th><th colspan="2">公差带的定义</th><th>标注示例及解释</th></tr>
<tr><td rowspan="4">同轴度和同心度
◎</td><td>点的同心度公差</td><td>公差带为直径等于公差值 ϕt 的圆周所限定的区域，该圆周的圆心与基准点重合
注意：公差值前加注符号 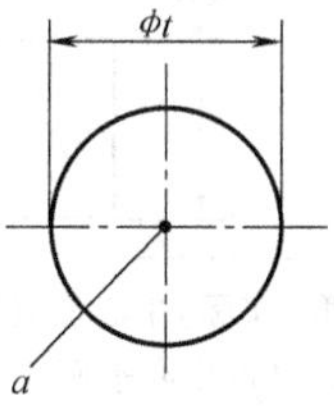 ϕ
a—基准点</td><td>在任意横截面内，内圆的提取（实际）中心应限定在直径等于 $\phi0.1$mm、以基准点 A 为圆心的圆周内 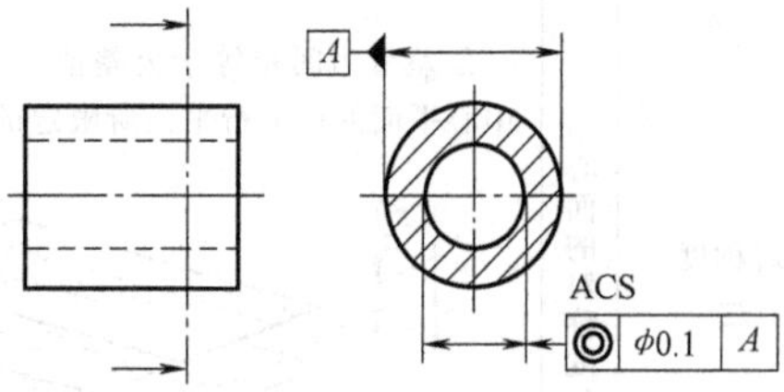</td></tr>
<tr><td rowspan="3">线的同轴度公差</td><td rowspan="3">公差带为直径等于公差值 ϕt 的圆柱面所限定的区域，该圆柱面的轴线与基准轴线重合
注意：公差值前加注符号 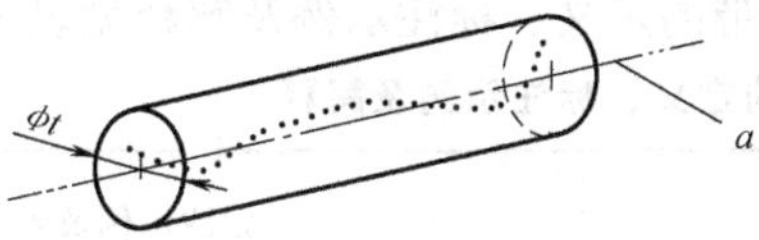 ϕ
a—基准轴线</td><td>大圆柱面的提取（实际）中心线应限定在直径等于 $\phi0.08$mm、以公共基准轴线 A—B 为轴线的圆柱面内 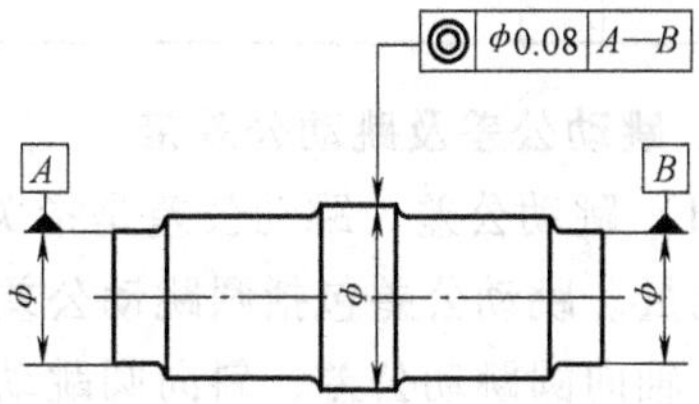</td></tr>
<tr><td>大圆柱面的提取（实际）中心线应限定在直径等于 $\phi0.1$mm、以基准轴线 A 为轴线的圆柱面内 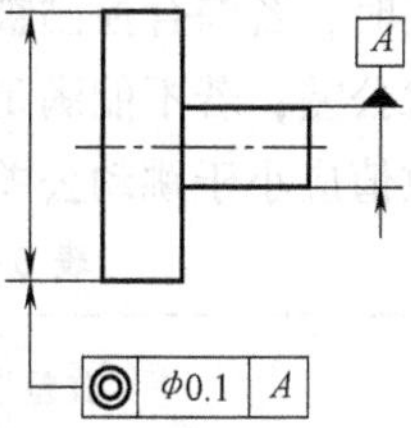</td></tr>
<tr><td>大圆柱面的提取（实际）中心线应限定在直径等于 $\phi0.1$mm、以垂直于基准平面 A 的基准轴线 B 为轴线的圆柱面内 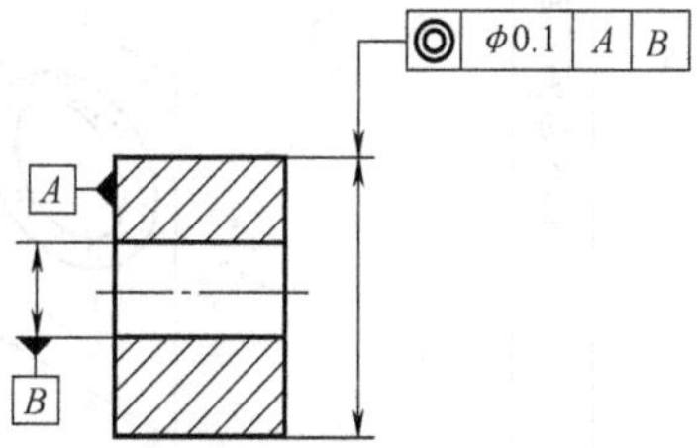</td></tr>
</table>

（续）

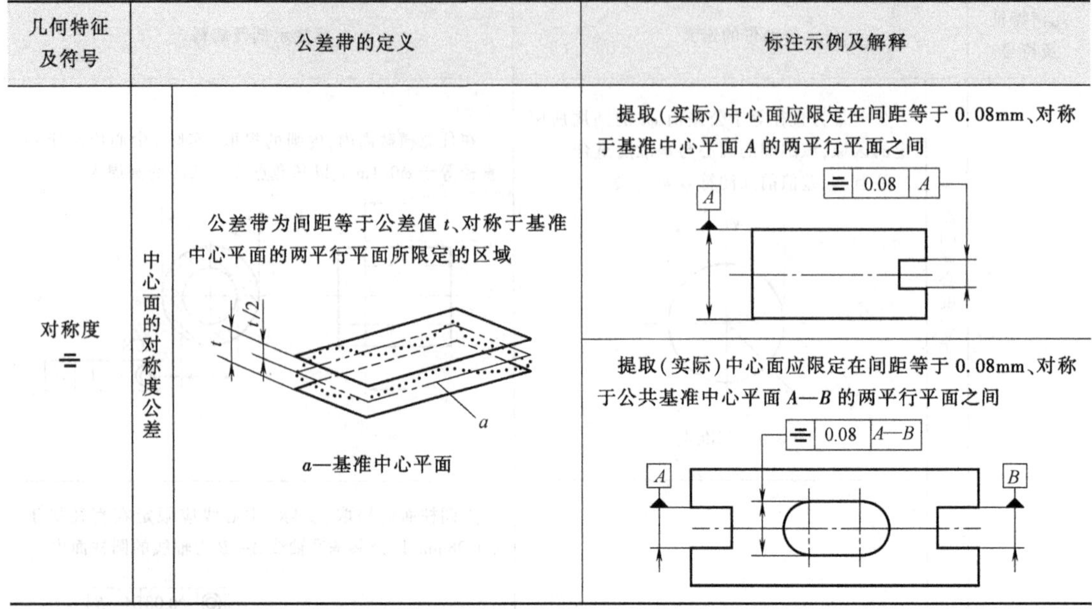

几何特征及符号	公差带的定义		标注示例及解释
对称度 ≡	中心面的对称度公差	公差带为间距等于公差值 t、对称于基准中心平面的两平行平面所限定的区域 a—基准中心平面	提取（实际）中心面应限定在间距等于 0.08mm、对称于基准中心平面 A 的两平行平面之间 ≡ 0.08 A 提取（实际）中心面应限定在间距等于 0.08mm、对称于公共基准中心平面 $A—B$ 的两平行平面之间 ≡ 0.08 A—B

4. 跳动公差及跳动公差带

（1）跳动公差　跳动公差是指关联实际要素绕基准回转一周或连续回转时所允许的最大跳动量。跳动公差包括圆跳动公差和全跳动公差两种，其中圆跳动公差又分为径向圆跳动公差、轴向圆跳动公差、斜向圆跳动公差和给定方向圆跳动公差，全跳动公差又分为径向全跳动公差和轴向全跳动公差两种。跳动公差是针对特定的测量方法来定义的几何公差项目，因而可以从测量方法上理解其意义。

（2）跳动公差带　跳动公差带具有综合控制被测要素的位置、方向和形状的作用。因此，采用跳动公差时，若综合控制被测要素能够满足功能要求，一般不再标注相应的位置公差、方向公差和形状公差；若不能满足功能要求，则可进一步给出相应的位置公差、方向公差和形状公差，但其数值应小于跳动公差值。跳动公差带的定义、标注示例及解释见表 3-8。

表 3-8　跳动公差带的定义、标注示例及解释

几何特征及符号	公差带的定义		标注示例及解释
圆跳动 ↗	径向圆跳动公差	公差带为在任意垂直于基准轴线的横截面内、半径差等于公差值 t、圆心在基准轴线上的两同心圆所限定的区域 a—基准轴线 b—横截面	在任意垂直于基准轴线 A 的横截面内，提取（实际）圆面应限定在半径差等于 0.1mm、圆心在基准轴线 A 上的两同心圆之间 ↗ 0.1 A

（续）

几何特征及符号		公差带的定义	标注示例及解释
圆跳动 ↗	径向圆跳动公差	公差带为在任意垂直于基准轴线的横截面内、半径差等于公差值 t、圆心在基准轴线上的两同心圆所限定的区域 *a*—基准轴线 *b*—横截面	在任意平行于基准平面 *B*、垂直于基准轴线 *A* 的横截面内，提取（实际）圆面应限定在半径差等于0.1mm、圆心在基准轴线 *A* 上的两同心圆之间
			在任意垂直于公共基准 *A*—*B* 的横截面内，提取（实际）圆面应限定在半径差等于 0.1mm、圆心在基准轴线 *A*—*B* 上的两同心圆之间
			圆跳动通常适用于整个要素，但也可规定只适用于局部要素的某一指定部分，如图 a 所示 在任意垂直于基准轴线 *A* 的横截面内，提取（实际）圆弧应限定在半径差等于 0.2mm、圆心在基准轴线 *A* 上的两同心圆弧之间，如图 b 所示 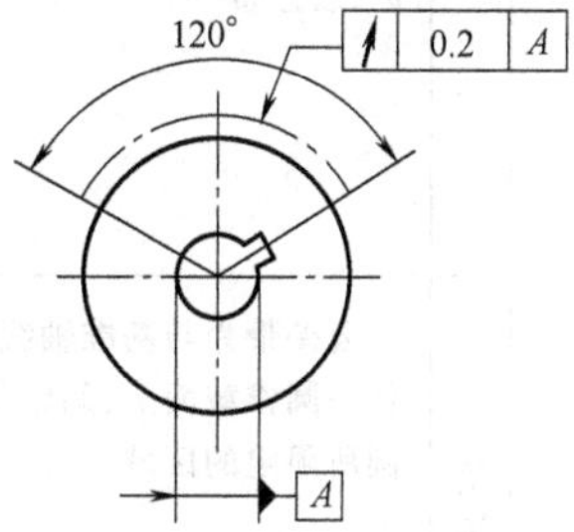 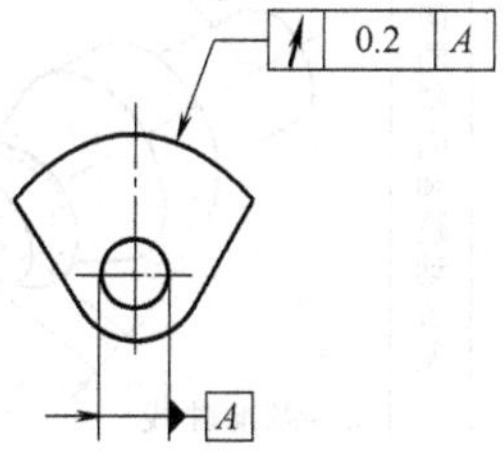 120° a) b)

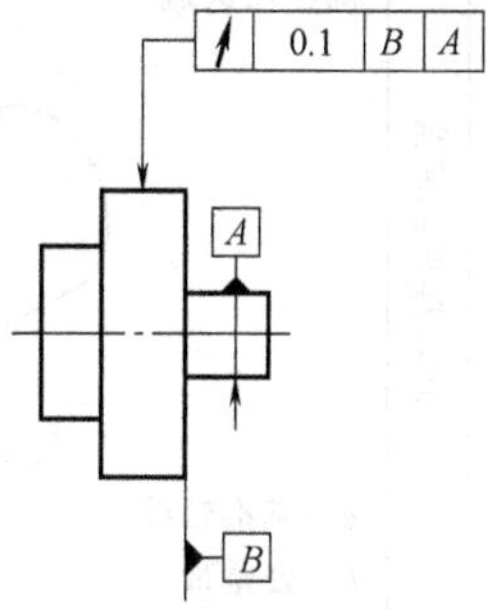

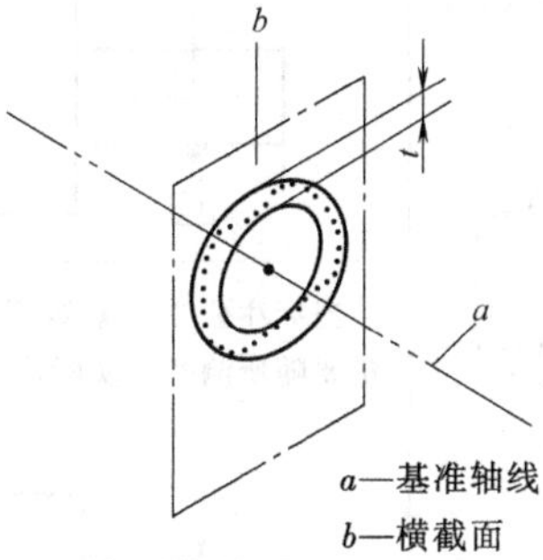

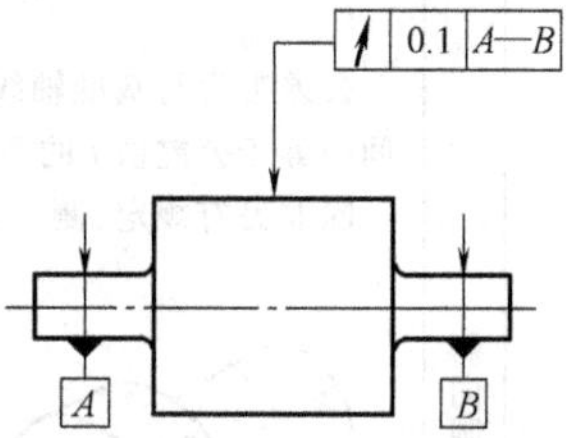

（续）

<table>
<tr><th>几何特征及符号</th><th colspan="2">公差带的定义</th><th>标注示例及解释</th></tr>
<tr><td rowspan="4">圆跳动
↗</td><td>轴向圆跳动公差</td><td>公差带为与基准轴线同轴的任意半径的圆柱截面上，轴向距离等于公差值 t 的两圆所限定的圆柱面区域 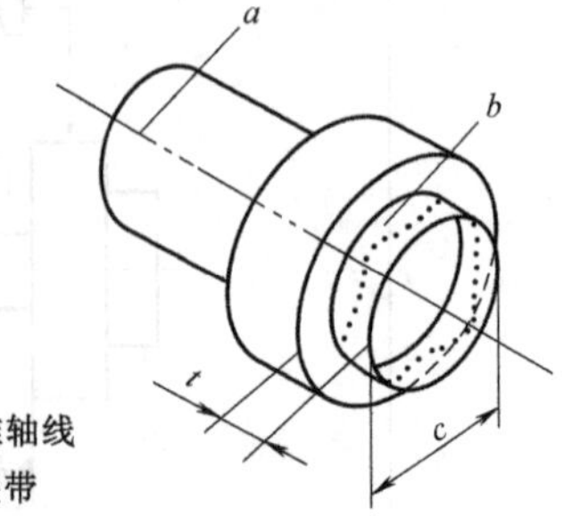
a—基准轴线
b—公差带
c—任意直径</td><td>在与基准轴线 D 同轴的任意圆柱截面上，提取（实际）圆应限定在轴向距离等于 0.1mm 的两个等圆之间 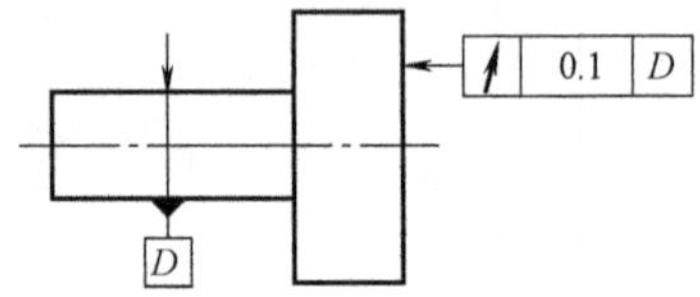</td></tr>
<tr><td rowspan="2">斜向圆跳动公差</td><td rowspan="2">公差带为与基准轴线同轴的某一圆锥截面上，间距等于公差值 t 的两圆所限定的圆锥面区域
除非另有规定，测量方向应沿被测表面的法向 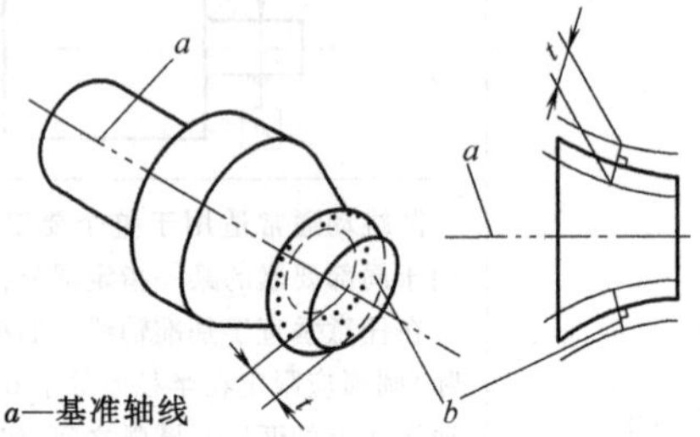
a—基准轴线
b—公差带</td><td>在与基准轴线 C 同轴的任一圆锥截面上，提取（实际）线应限定在素线方向间距等于 0.1mm 的两个不等圆之间 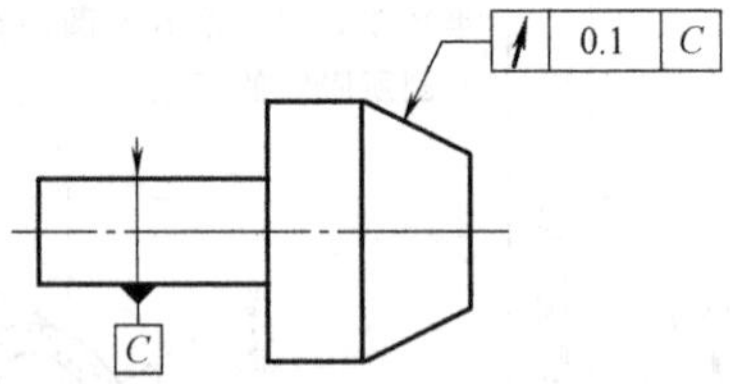</td></tr>
<tr><td>当标注公差的素线不是直线时，圆锥截面的锥角要随所测圆的实际位置而改变 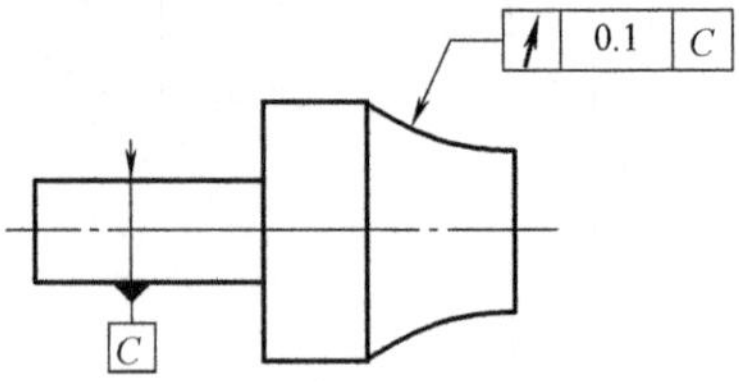</td></tr>
<tr><td>给定方向的斜向圆跳动公差</td><td>公差带为与基准轴线同轴的、具有给定锥角的任一圆锥截面上，间距等于公差值 t 的两个不等圆所限定的区域 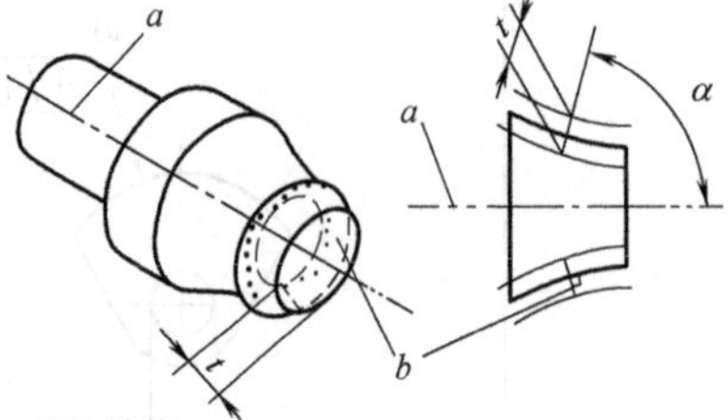
a—基准轴线
b—公差带</td><td>在与基准轴线 C 同轴的且具有给定角度 60°的任一圆锥截面上，提取（实际）圆应限定在素线方向间距等于 0.1mm 的两个不等圆之间 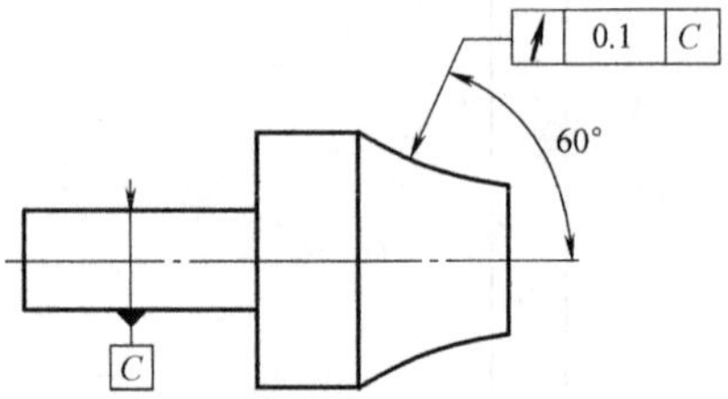</td></tr>
</table>

（续）

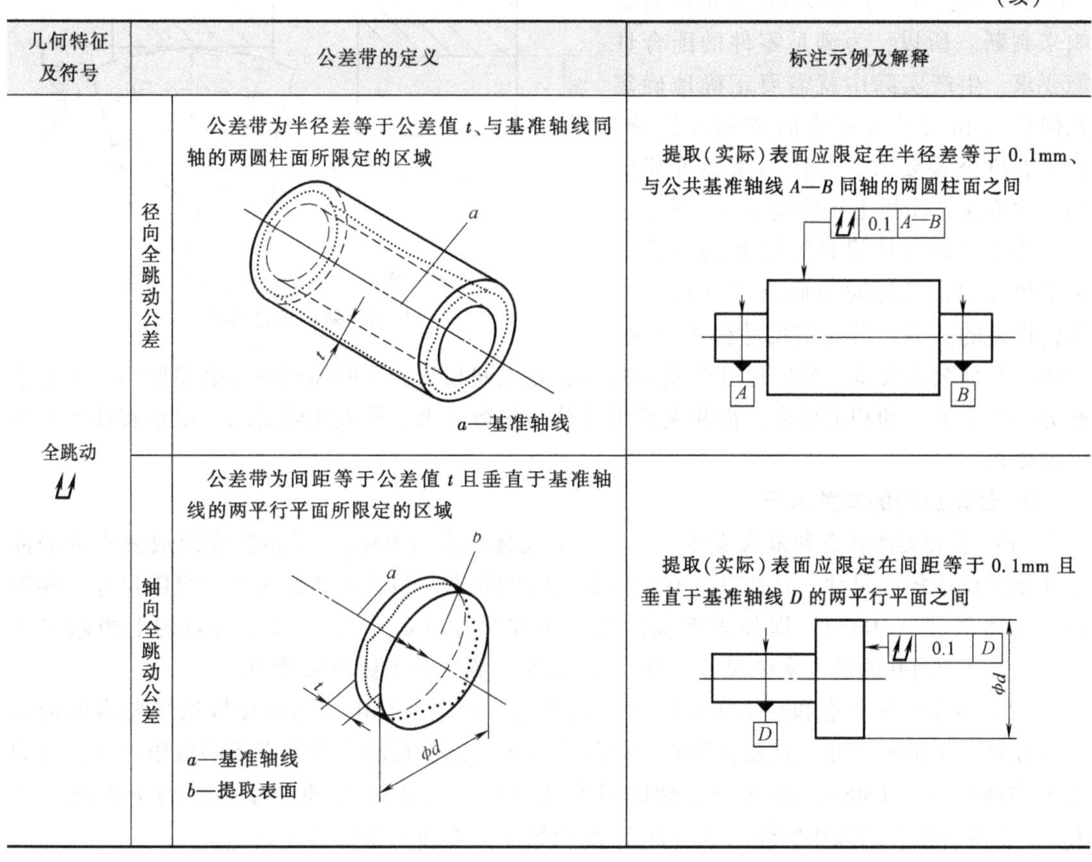

几何特征及符号		公差带的定义	标注示例及解释
全跳动 ⌰	径向全跳动公差	公差带为半径差等于公差值 t、与基准轴线同轴的两圆柱面所限定的区域 a t a—基准轴线	提取（实际）表面应限定在半径差等于 0.1mm、与公共基准轴线 $A—B$ 同轴的两圆柱面之间 ⌰ 0.1 A—B A B
	轴向全跳动公差	公差带为间距等于公差值 t 且垂直于基准轴线的两平行平面所限定的区域 b a t φd a—基准轴线 b—提取表面	提取（实际）表面应限定在间距等于 0.1mm 且垂直于基准轴线 D 的两平行平面之间 ⌰ 0.1 D D φd

第三节　公差原则

知识要点一　公差原则概述

1. 公差原则及其在生产实际中的重要意义

机械零件的任何实际要素，都同时存在尺寸误差和几何误差。有些尺寸误差和几何误差密切相关，如具有偶数棱圆的圆柱面的圆度误差就影响尺寸误差；而有些几何误差和尺寸误差相互无关，如中心要素的形状误差则与相应的轮廓要素的尺寸误差无关。影响零件使用性能的，有时主要是尺寸误差，有时主要是几何误差，有时则主要是它们的综合作用结果而不必严格区分各自的大小。例如：孔 $\phi20H7(^{+0.021}_{0})$mm 和轴 $\phi20h6(^{0}_{-0.013})$mm 的配合，是最小间隙为零的间隙配合。若加工后孔和轴的实际（组成）要素的尺寸处处都为 $\phi20$mm，且具有理想的正确形状，此时孔和轴的配合状态是处于最小间隙为零的装配关系，如图 3-24a 所示。若加工后孔的实际（组成）要素的尺寸仍处处都为 $\phi20$mm，且具有理想的正确形状；而轴的实际（组成）要素的尺寸也处处都为 $\phi20$mm，但存在着直线度误差。此时孔和轴的配合状态就不是处于最小间隙为零的装配关系，而产生了过盈，如图 3-24b 所示。

因此，零件的配合性能不能单从实际（组成）要素的尺寸大小来判定，而应根据实际

（组成）要素的尺寸与形状误差的综合影响来判断。所以，为满足零件的配合性能要求，生产实际中就需要正确地确定几何公差和尺寸公差之间的相互影响，给出相应公差要求，并按国家标准规定的标注方法在图样上正确地表示出来。

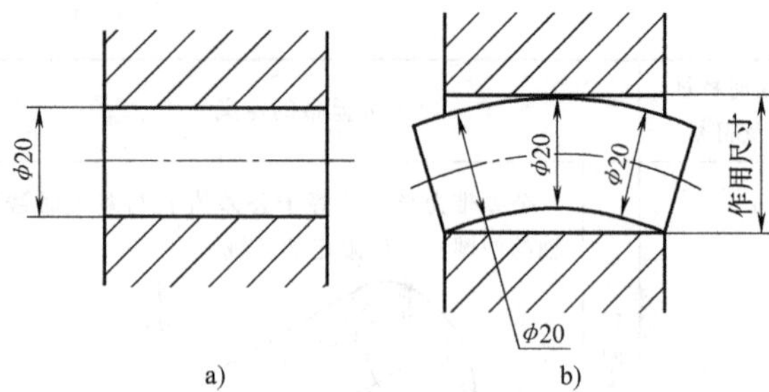

图 3-24　实际（组成）要素的尺寸与形状误差的综合影响

为了正确表达设计意图并为制造工艺提供方便，设计时应研究尺寸误差与几何误差的关系，既规定尺寸公差要求，又规定几何公差要求。确定尺寸公差和几何公差之间相互关系的原则称为公差原则。公差原则分为独立原则和相关要求，而相关要求又分为包容要求、最大实体要求、最小实体要求和可逆要求。

2. 公差原则的有关术语

（1）最大实体状态和最大实体尺寸　最大实体状态（MMC）是指提取组成要素的局部尺寸处处位于极限尺寸，且使其具有实体最大时的状态。最大实体状态下的极限尺寸，称为最大实体尺寸（MMS），即外表面轴的最大实体尺寸（d_M）是外尺寸要素的上极限尺寸 d_{max}，而内表面孔的最大实体尺寸（D_M）是内尺寸要素的下极限尺寸 D_{min}。

（2）最小实体状态和最小实体尺寸　最小实体状态（LMC）是指提取组成要素的局部尺寸处处位于极限尺寸，且使其具有实体最小时的状态。最小实体状态下的极限尺寸，称为最小实体尺寸（LMS），即外表面轴的最小实体尺寸（d_L）是外尺寸要素的下极限尺寸 d_{min}，而内表面孔的最小实体尺寸（D_L）是内尺寸要素的上极限尺寸 D_{max}。

（3）实效状态和实效尺寸　实效状态（VB）是指由图样上给定的被测要素最大实体尺寸和该要素轴线或中心平面的形状公差所形成的极限边界，该极限边界应具有理想形状。实效状态的边界尺寸称为实效尺寸（VS）。实效尺寸是最大实体尺寸与几何公差的综合结果，应按下式计算。

内表面（如孔、槽等）的实效尺寸＝下极限尺寸＋几何公差

外表面（如轴、凸台等）的实效尺寸＝上极限尺寸－几何公差

（4）最大实体边界和最小实体边界　最大实体边界（MMB）是指最大实体状态理想形状的极限包容面。最小实体边界（LMB）是指最小实体状态理想形状的极限包容面。

（5）作用尺寸　在装配时，提取组成要素的局部实际尺寸和几何误差综合起作用的尺寸称为作用尺寸。同一批零件加工后由于实际（组成）要素各不相同，其几何误差的大小也不同，所以作用尺寸也各不相同。但对某一零件而言，其作用尺寸是确定的。作用尺寸分为体外作用尺寸和体内作用尺寸。

1）体外作用尺寸。在被测要素的给定长度上，与实际内表面孔的体外相接的最大理想面的尺寸或与实际外表面轴的体外相接的最小理想面的尺寸称为体外作用尺寸。对于单一要素的体外作用尺寸，如图 3-25a 所示；而对于关联要素的体外作用尺寸，此时该理想面的轴线或中心平面必须与基准保持图样上给定的几何关系，如图 3-25b 所示。内、外表面的体外作用尺寸分别用 D_{fe} 和 d_{fe} 表示。

2）体内作用尺寸。在被测要素的给定长度上，与实际内表面孔的体内相接的最小理想

面的尺寸或与实际外表面轴的体内相接的最大理想面的尺寸称为体内作用尺寸。对于单一要素的体内作用尺寸，如图 3-26a 所示；而对于关联要素的体内作用尺寸，此时该理想面的轴线或中心平面必须与基准保持图样上给定的几何关系，如图 3-26b 所示。内、外表面的体内作用尺寸分别用 D_{fi} 和 d_{fi} 表示。

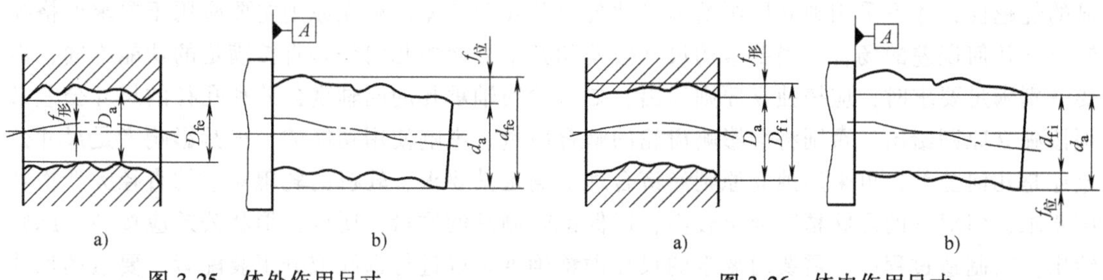

图 3-25　体外作用尺寸　　图 3-26　体内作用尺寸

由于孔的体外作用尺寸比实际（组成）要素的尺寸小，体内作用尺寸比实际（组成）要素的尺寸大；而轴的体外作用尺寸比实际（组成）要素的尺寸大，体内作用尺寸比实际（组成）要素的尺寸小。因此，作用尺寸将影响孔和轴装配后的松紧程度，也就是影响配合性质。故对有配合要求的孔和轴，不仅应控制其实际（组成）要素的尺寸，还应控制其作用尺寸。

知识要点二　公差原则的内容

1. 公差原则之独立原则

独立原则是指图样上给定的每个尺寸和几何（形状、方向、位置和跳动）要求均是独立的，并应分别满足要求。也就是说，当遵守独立原则时，图样上给出的尺寸公差仅控制提取组成要素的局部尺寸的变动量，而不控制要素的几何误差；而当图样上给出几何公差时，只控制被测要素的几何误差，与实际（组成）要素的尺寸无关；如果对尺寸和几何（形状、方向、位置和跳动）要求之间的相互关系有特定要求，应在图样上另行规定。

图 3-27 所示的零件是单一要素遵守独立原则，该轴在加工完后的提取组成要素的局部尺寸必须在 49.950~49.975mm 之间，并且无论轴的提取组成要素的局部尺寸是多少，中心线的直线度误差都不得大于 ϕ0.012mm。只有同时满足上述两个条件，轴才合格。图 3-28 所示的零件是关联要素遵守独立原则，该零件加工完后的实际（组成）要素的尺寸必须在 9.972~9.987mm 之间，中心线对基准平面 A 的垂直度误差不得大于 ϕ0.01mm。只有同时满足上述两个条件，零件才合格。

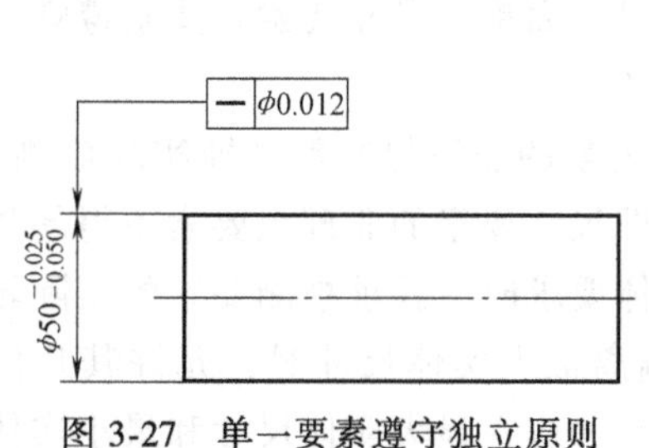

图 3-27　单一要素遵守独立原则

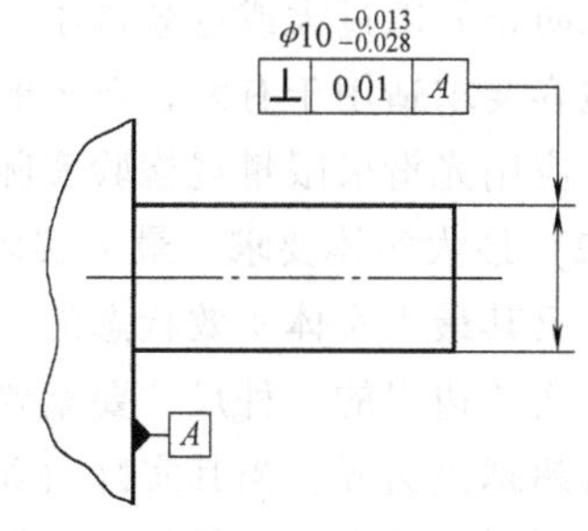

图 3-28　关联要素遵守独立原则

凡是对给出的尺寸公差和几何公差未用特定符号或文字说明它们之间有联系者，均表示其遵守独立原则，应在图样或技术文件中注明“公差原则按 GB/T 4249—2009”。

尺寸公差和几何公差按独立原则给出的设计图样，总是能够满足零件的功能要求。独立原则应用十分广泛，是确定尺寸公差和几何公差关系的基本原则，只有当采用相关要求有明显的优越性，才不采用独立原则给出尺寸公差和几何公差。独立原则主要应用于要求严格控制要素几何误差的场合。当要素的尺寸公差和其某方面的几何公差直接满足的功能不同，需要分别满足要求时，应按独立原则给出，如齿轮箱轴承孔的同轴度公差和孔径的尺寸公差必须按独立原则给出，否则将会影响齿轮的啮合质量。影响使用功能的，视其影响者是尺寸公差还是几何公差，可采用独立原则经济合理地满足其要求，轧机的轧辊对它的直径无严格精度要求，但对它的形状精度要求较高，以保证轧制品的质量，所以其形状公差应按独立原则给出。在制造过程中，需要对要素的尺寸做精确度量以进行选配或分组装配者，要素的尺寸公差和几何公差之间应遵守独立原则；要求密封性良好的零件，常对其形状精度提出较严格的要求，其尺寸公差和几何公差都应采用独立原则。

独立原则一般用于非配合零件，或对形状和位置要求严格但对尺寸精度要求相对较低的场合。

2. 公差原则之相关要求

尺寸公差和几何公差相互关联的公差要求称为相关要求。

（1）包容要求　包容要求是指提取的组成要素不得超越其最大实体边界，其局部尺寸不得超出最大、最小实体尺寸，即实际组成要素应遵守最大实体边界，体外作用尺寸不超过（对于轴不大于，对于孔不小于）最大实体尺寸。因此，如果实际要素达到最大实体状态，就不得有任何几何误差；只有在实际要素偏离最大实体状态时，才允许存在与偏离量相关的几何误差。同理，遵守包容要求时，提取组成要素的局部实际尺寸不得超出（对于轴不小于，对于孔不大于）最小实体尺寸。

当尺寸要素采用包容要求时，图样或文件中应注明“公差原则按 GB/T 4249—2009”，并在其尺寸极限偏差或公差带代号之后加注符号Ⓔ，如图 3-29a 所示。该零件提取的圆柱面应在最大实体边界之内，该边界的尺寸为最大实体尺寸 ϕ150mm，其局部尺寸不得小于 ϕ149.96mm，如图 3-29b～e 所示。

包容要求的实质是当要素的实际尺寸偏离最大实体尺寸时，允许其形状误差增大。它反映了尺寸公差与形状公差之间的补偿关系。采用包容要求，尺寸公差不仅限制了要素的实际尺寸，还控制了要素的形状误差。包容要求主要应用于形状公差，保证配合性质，特别是配合公差较小的精密配合，用最大实体边界来保证所要求的最小间隙或最大过盈，用最小实体尺寸来防止间隙过大或过盈过小。

包容要求适用于有配合要求的圆柱表面或两平行对应面单一尺寸要素。要素遵守包容要求时，应用光滑极限量规检验实际尺寸和体外作用尺寸。

（2）最大实体要求　最大实体要求是指零件尺寸要素的非理想要素（即实际被测要素）不得违反其最大实体实效状态的一种尺寸要素要求，即尺寸要素的非理想要素不得超越其最大实体实效边界的一种尺寸要素要求。在应用最大实体要求时，要求被测要素的实际轮廓处处不得超越该边界，当其实际（组成）要素的尺寸偏离最大实体尺寸时，允许其几何误差值超出图样上给定的公差值，而提取组成要素的局部尺寸应在最大实体尺寸和最小实体尺寸

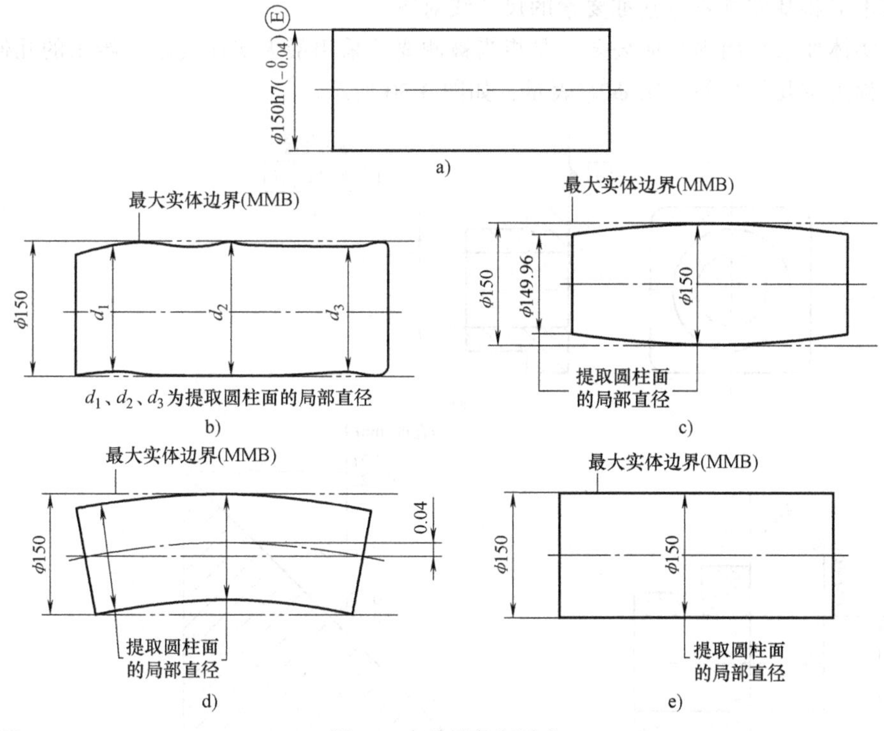

图 3-29　采用包容要求

之间。

最大实体要求适用于导出要素（如中心线），不能应用于组成要素（如轮廓要素），既可用于被测要素，又可用于基准要素。

应用最大实体要求时，几何公差值是被测要素或基准要素的实际轮廓处于最大实体状态的前提下给定的，目的是为保证装配互换性；被测要素的体外作用尺寸不得超过其最大实体实效尺寸；当被测要素的实际（组成要素）尺寸偏离最大实体尺寸时，其几何公差值可以增大，所允许的几何误差为图样上给定几何公差值与实际尺寸对最大实体尺寸的偏离量之和；被测要素的实际（组成）要素尺寸应处于最大实体尺寸和最小实体尺寸之间。

当最大实体要求用于被测要素时，被测要素的实际轮廓在给定的长度上处处不得超出最大实体实效边界，即其体外作用尺寸不应超出最大实体实效尺寸，且其提取要素的局部尺寸不得超出最大实体尺寸和最小实体尺寸；当被测要素是成组要素，基准要素体外作用尺寸对控制边界偏离所得的补偿量，只能补偿给成组要素，而不是补偿给每一个被测要素。

当最大实体要求用于基准要素时，基准要素本身采用最大实体要求，应遵守最大实体实效边界；基准要素本身不采用最大实体要求，而是采用独立原则或包容要求时，应遵守最大实体边界。

由于最大实体要求在尺寸公差和几何公差之间建立了联系，因此，只有被测要素或基准要素为导出要素时，才能应用最大实体要求。这样可以充分利用尺寸公差来补偿几何公差，提高零件的合格率，保证零件的可装配性，从而获得显著的经济效益。

采用最大实体要求标注时应在几何公差框格中的公差值或基准字母后加注符号Ⓜ。必须强调：当基准要素本身采用最大实体要求时，基准符号此时只能标注在基准要素公差框格的下端，而不能将基准符号与基准要素的尺寸线对齐。

最大实体要求采用零几何公差，是指当被测要素采用最大实体要求，给出的几何公差值为零时，称为零几何公差，用 $\phi0$Ⓜ表示，如图 3-30 所示。

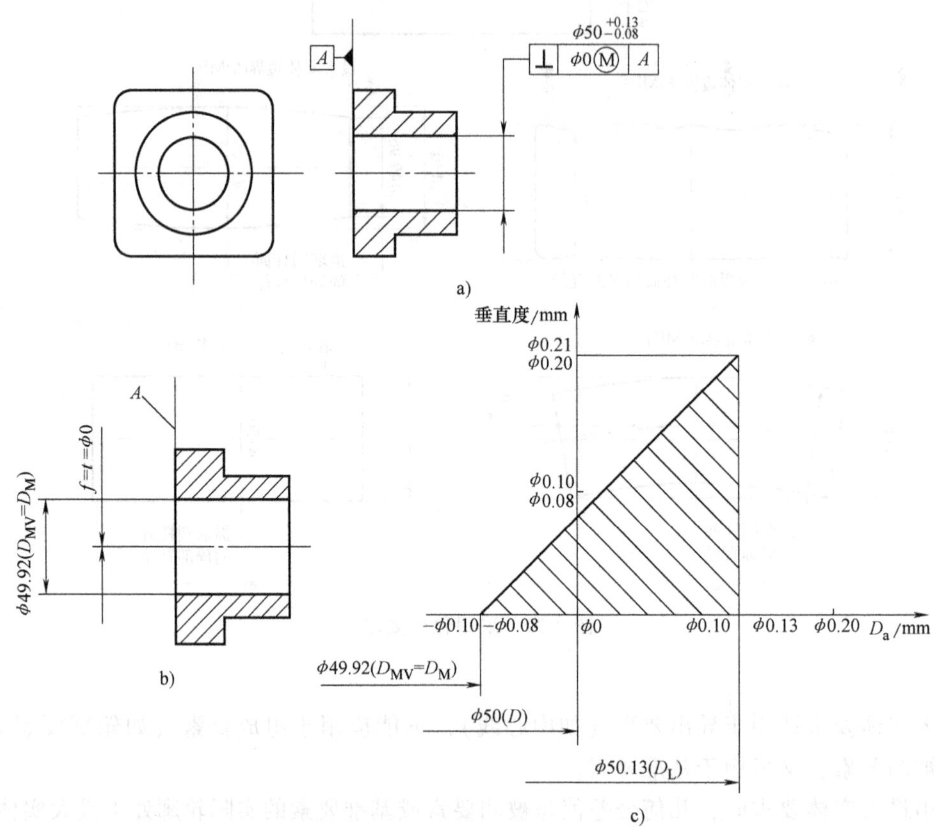

图 3-30 应用最大实体要求时的零几何公差

a）套 b）孔处于最大实体状态 c）动态公差带图

由此可知：

1）实际孔不大于 $\phi50.13$mm。

2）关联作用尺寸不小于最大实体尺寸 $D_M=49.92$mm。

3）当孔处于最大实体状态时，其轴线对基准 A 的垂直度误差为零。

4）当孔处于最小实体状态时，其轴线对基准 A 的垂直度误差最大，为孔的尺寸公差值 $\phi0.21$mm。

采用最大实体要求时，局部实际尺寸应用两点法测量；实体的实效边界应用位置量规检验。

（3）最小实体要求 最小实体要求是指零件尺寸要素的非理想要素不得违反其最小实体实效状态的一种尺寸要素要求，即尺寸要素的非理想要素不得超越其最小实体实效边界的一种尺寸要素要求。

在应用最小实体要求时，要求被测要素的实际轮廓处处不得超越该边界，当其实际尺寸偏离最小实体尺寸时，允许其几何误差值超出图样上给定的公差值，而要素的局部实际尺寸应在最大实体尺寸和最小实体尺寸之间。

最小实体要求既可用于被测要素，又可用于基准要素。

当最小实体要求用于被测要素时，被测要素实际轮廓在给定的长度上处处不得超出最小实体实效边界，即其体内作用尺寸不应超出最小实体实效尺寸，且其局部实际尺寸不得超出最大实体尺寸和最小实体尺寸；当最小实体要求用于被测要素时，被测要素的几何公差值是在该要素处于最小实体状态时给出的，被测要素的实际轮廓偏离其最小实体状态，即其实际（组成要素）尺寸偏离最小实体尺寸时，几何误差值可超出在最小实体状态下给出的几何公差值，即此时的几何公差值可以增大；当给出的几何公差值为零时，即为零几何公差，被测要素的最小实体实效边界等于最小实体边界，最小实体实效尺寸等于最小实体尺寸。

当最小实体要求用于基准要素时，基准要素应遵守相应的边界，若基准要素的实际轮廓偏离相应的边界，即其体内作用尺寸偏离相应的边界尺寸，则允许基准要素在一定范围内浮动，其浮动范围等于基准要素的体内作用尺寸与相应边界尺寸之差；当基准要素本身采用最小实体要求时，则相应的边界为最小实体实效边界，此时基准符号应直接标注在形成该最小实体实效边界的几何公差框格下面；基准要素本身不采用最小实体要求时，相应的边界为最小实体边界。

最小实体要求仅用于导出要素，是控制要素的体内作用尺寸：对于孔类零件，体内作用尺寸将使孔件的壁厚减薄，如图 3-26a 所示；而对于轴类零件，体内作用尺寸将使轴的直径变小，如图 3-26b 所示。因此，最小实体要求可用于保证孔件的最小壁厚和轴件的最小设计强度。在零件设计中，对薄壁结构和强度要求高的轴件，应考虑合理应用最小实体要求，以保证产品质量。

采用最小实体要求标注时，应在几何公差框格中的公差值或基准字母后加注符号Ⓛ。

当被测要素采用最小实体要求，给出的几何公差值为零时，称为零几何公差，用ϕ0Ⓛ表示。图 3-31a 所示孔 $\phi39^{+1}_{0}$mm 的轴线与外圆 $\phi51^{0}_{-0.5}$mm 的轴线的同轴度公差为 ϕ0Ⓛ，即在最小实体状态下的同轴度公差值为零。对基准也应用了最小实体要求。

在图 3-31 中，显然实际孔的直径必须在 ϕ39 ~ ϕ40mm 之间变化，控制实际孔的最小实体实效边界为直径是 ϕ40mm 的理想圆柱面，也即该孔的最小实体边界，如图 3-31a 所示。

由此可知，当基准圆柱面的直径为 ϕ50.5mm，即为最小实体尺寸时，其轴线不得有任何浮动。如此时被测孔的直径也是最小实体尺寸 ϕ40mm，被测轴线相对于基准轴线不得有任何同轴度误差，如图 3-31b 所示。当基准圆柱面的直径仍为 ϕ50.5mm，但被测孔的直径达到 ϕ39mm（最大实体尺寸），此时实际孔直径偏离最小实体尺寸的数值为 1mm，可补偿给被测轴线，因而被测轴线的同轴度误差可为 1mm，如图 3-31c 所示。如基准圆柱面的直径为 ϕ51mm（最大实体尺寸），偏离了最小实体尺寸 0.5mm，也即其实际轮廓偏离了 ϕ50.5mm 的控制边界。此时基准轴线可获得一个浮动的区域即 ϕ0.5mm。基准轴线的浮动，使被测轴线相对于基准轴线的同轴度误差因此而改变，但两者均仍受自身的边界控制。

（4）可逆要求　可逆要求（RPR）是指在不影响零件功能的前提下，当被测轴线或中心平面的几何误差值小于给出的几何公差值时，允许相应的尺寸公差增大。它通常与最大实体要求或最小实体要求一起应用，可以说可逆要求是最大实体要求或最小实体要求的附加要求，表示尺寸公差可以在实际几何误差小于几何公差的差值范围内增大。

可逆要求在图样上（公差框格内）标注：用符号Ⓡ标注在Ⓜ或Ⓛ之后，仅用于注有公差的要素，如图 3-32 和图 3-33 所示。在最大实体要求或最小实体要求附加可逆要求后，改变

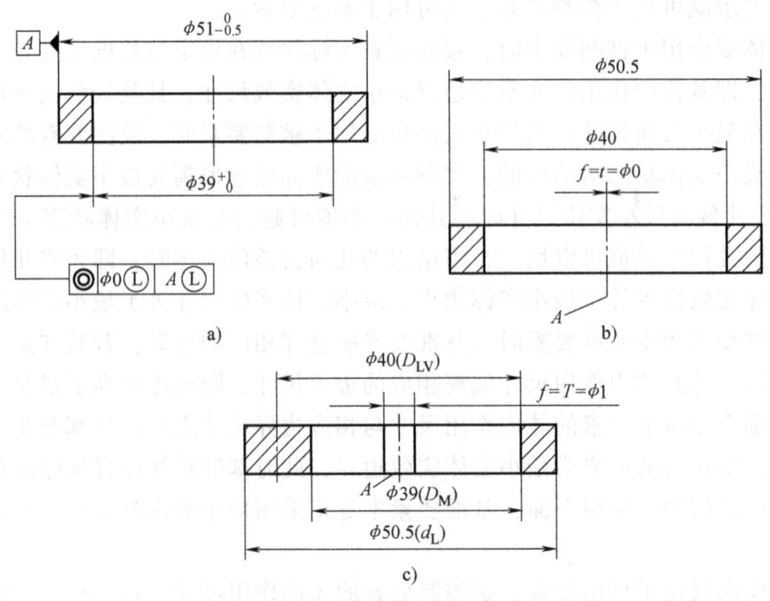

图 3-31　应用最小实体要求时的零几何公差

了尺寸要素的尺寸公差，可以充分利用最大实体实效状态和最小实体实效状态的尺寸。在制造可能性的基础上，可逆要求允许尺寸和几何公差之间相互补偿。此时，被测要素应遵守最大实体实效边界或最小实体实效边界。

如图 3-32a 所示，公差框格内加注Ⓜ、Ⓡ表示：被测要素孔的实际尺寸可在最小实体尺寸（ϕ50.13mm）和最大实体实效尺寸 ϕ49.92mm（ϕ50mm−ϕ0.08mm）之间变动，轴线的垂直度误差为 ϕ0～ϕ0.21mm，如图 3-32b、c 所示。

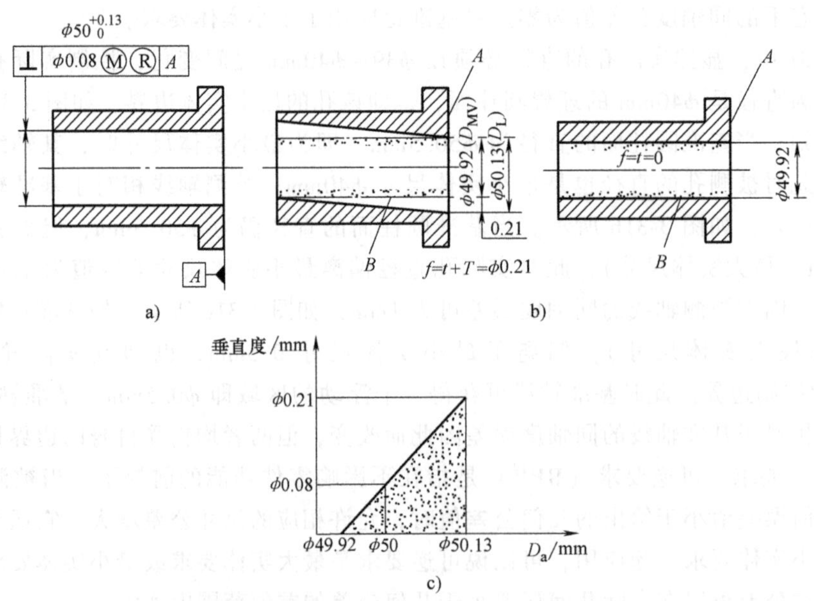

图 3-32　孔的轴线垂直度公差采用可逆的最大实体要求

a）零件图　b）补偿及反补偿　c）补偿关系及合格区域

如图 3-33a 所示，公差框格内加注Ⓛ、Ⓡ表示：被测要素孔的实际尺寸可在最大实体尺寸（8mm）和最小实体实效尺寸 ϕ8.65mm（ϕ8mm+ϕ0.25mm+ϕ0.4mm）之间变动，轴线的位置度误差为 ϕ0~ϕ0.65mm，如图 3-33b 所示。

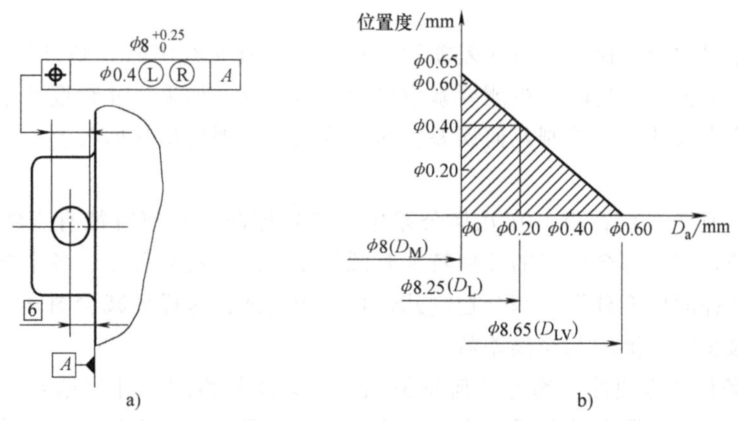

图 3-33　轴线位置度公差采用可逆的最小实体要求

a）零件图　b）补偿关系及合格区域

总之，在保证功能要求的前提下，力求最大限度地提高工艺性和经济性，是正确运用公差原则的关键所在。

第四节　几何公差的选择

知识要点一　几何公差选择的意义

正确地选用几何公差对提高产品的质量和降低制造成本，具有十分重要的意义。几何公差的选择主要包括几何特征、基准、公差原则和公差等级的选择。

知识要点二　几何公差选择的内容

1. 几何特征的选择

在选择几何特征时，应考虑以下几个方面。

（1）零件的结构特征　分析加工后的零件可能存在的各种几何误差。例如：圆柱形零件会有圆柱度误差；圆锥形零件会有圆度和素线直线度误差；阶梯轴、孔类零件会有同轴度误差；平面零件有平面度误差；孔、槽类零件会有位置度误差或对称度误差等。

（2）零件的功能要求　分析影响零件功能要求的主要几何误差。例如：影响车床主轴工作精度的主要误差是前后轴颈的圆柱度误差和同轴度误差；影响溜板箱运动精度的是车床导轨的直线度误差；影响轴颈与轴承内圈的配合性质以及轴承的工作性能、使用寿命的有与滚动轴承内圈配合的轴颈的圆柱度误差和轴肩的轴向圆跳动误差。有时，应根据工艺要求选择几何公差。例如：圆柱形零件，仅需要顺利装配或保证能减少孔和轴之间的相对运动时，可选用中心线的直线度公差；当孔和轴之间既有相对运动，又要求密封性能好，且要保证在整个配合的表面有均匀的小间隙时，则需要给出圆柱度公差以综合控制圆柱面的圆度、素线和中心线的直线度。此外还应考虑几何误差的综合影响。例如：减速器箱体上各轴承孔的中心线之间的平行度误差，会影响减速器中齿轮的接触精度和齿侧间隙的均匀性，为了保证齿轮的正确啮合，需给出各轴承孔之间的平行度公差；而为了保证平面的良好密封性，应给出平面度要求。

另外，当用尺寸公差控制几何误差能满足精度要求且又经济时，则可只给出尺寸公差，而不再另给出几何公差。这时的被测要素应采用包容要求。如果尺寸精度要求低而几何精度要求高，则不应由尺寸公差控制几何误差，而应按独立原则给出几何公差，否则会影响经济效益。

（3）各个几何公差的特点　在几何公差中，单项控制的几何特征有直线度公差、平面度公差、圆度公差等；综合控制的几何特征有圆柱度公差、跳动公差、各个方向公差以及各个位置公差。选择时应充分发挥综合控制几何特征的功能，这样可减少图样上给出的几何特征项目，从而减少需检测的几何误差数。

（4）检测条件的方便性　确定几何特征项目，必须与检测条件相结合，考虑现有条件的可能性与经济性。检测条件包括：有无相应的检测设备；检测难易程度；检测效率是否与生产批量相适应等。在满足功能要求的前提下，应选用测量简便的几何特征来代替测量较难的几何特征。常对轴类零件提出跳动公差来代替圆度公差、圆柱度公差、同轴度公差等，这是因为跳动公差检测方便，且具有综合控制功能。例如：与滚动轴承内孔相配合的两轴颈的同轴度公差常用径向圆跳动公差或径向全跳动公差来代替；端面对轴线的垂直度公差可用轴向圆跳动公差或轴向全跳动公差来代替。这样，会给测量带来方便。但必须注意，径向全跳动误差是同轴度误差与圆柱面形状误差的综合结果，故用径向全跳动公差代替同轴度公差时，给出的径向全跳动公差值应略大于同轴度公差值，否则会要求过严。用轴向圆跳动公差代替端面对轴线的垂直度公差，不是十分可靠；而轴向全跳动公差带与端面对轴线的垂直度公差带相同，故可以等价代替。

2. 基准的选择

基准是确定关联要素间方向或位置的依据。在选择位置公差时，必须同时考虑采用的基准。选择基准时，主要应根据零件的功能和设计要求，并兼顾基准统一原则和零件结构特征等方面来考虑。

（1）遵守基准统一原则　基准统一原则是指零件的设计基准、定位基准和装配基准均为零件上的同一要素。这样既可减少因基准不重合而产生的误差，又可简化夹具、量具的设计以及制造和检测过程。

1）根据要素的功能及几何形状来选择基准。例如：轴类零件通常是以两个轴承支承运转的，其运转轴线是安装轴承的两段轴颈的公共轴线，因此，从功能要求和控制其他要素的位置精度来看，应选用安装时支承该轴的两段轴颈的公共轴线作为基准。

2）根据装配关系，应选择零件上精度要求较高的表面。例如：采用零件在机器中的定位面或相互配合、相互接触的结合面等作为各自的基准，以保证装配要求。

3）从加工和检测的角度考虑，应选择在夹具、检具中定位的相应要素为基准。这样能使所选基准与定位基准、检测基准、装配基准重合，以消除由于基准不重合引起的误差。

4）基准应具有足够刚度和尺寸，以保证定位稳定性与可靠性。

（2）选用多基准　选用多基准时，应遵循以下原则。

1）对结构复杂的零件，一般应选组合基准或三个基准，还应从被测要素的使用要求考虑基准要素的顺序，以确定被测要素在空间的方向和位置。

2）选择对被测要素的功能要求影响最大或定位最稳的宽大平面或较长轴线（可以三点定位）作为第一基准。

3）选择对被测要素的功能要求影响次之或窄而长的平面（可以两点定位）作为第二基准。

4）选择对被测要素的功能要求影响较小或短小的平面（一点定位）作为第三基准。

3. 公差原则的选择

选择公差原则时，应根据被测要素的功能要求，充分发挥公差的职能，并考虑采用公差原则的可行性与经济性。

（1）独立原则的选择　选择独立原则应考虑以下几点问题。

1）当零件上的尺寸精度与几何精度需要分别满足要求时采用。例如：齿轮箱体孔的尺寸精度与两孔中心线的平行度；连杆活塞销孔的尺寸精度与圆柱度；滚动轴承内、外圈滚道的尺寸精度与形状精度。

2）当零件上的尺寸精度与几何精度要求相差较大时采用。例如：滚筒类零件的尺寸精度要求较低，形状精度要求较高；平板的形状精度要求较高，尺寸精度无要求；冲模架的下模座无尺寸精度要求，平行度要求较高；通油孔的尺寸精度有一定的要求，形状精度无要求。

3）当零件上的尺寸精度与几何精度无联系时采用。例如：滚子链条的套筒或滚子内、外圆柱面的中心线的同轴度与尺寸精度；齿轮箱体孔的尺寸精度与两孔中心线间的位置精度；发动机连杆上孔的尺寸精度与孔中心线间的位置精度。

4）保证零件的运动精度时采用。例如：导轨的形状精度要求严格，尺寸精度要求次之。

5）保证零件的密封性时采用。例如：气缸套的形状精度要求严格，尺寸精度要求次之。

6）零件上未注公差的要素采用。凡未注尺寸公差和未注几何公差的要素，都采用独立原则，如退刀槽、倒角、倒圆等非功能要素。

（2）相关要求的选择

1）包容要求的选择。选择包容要求应考虑以下问题。

① 应保证国家标准规定的极限与配合的配合性质。例如：ϕ20H7Ⓔ孔与ϕ20h6Ⓔ轴的配合中，所需要的间隙是通过孔与轴各自遵守最大实体边界来保证的，这样才不会因孔和轴的形状误差在装配时产生过盈，可以保证最小间隙等于零。

② 尺寸公差与几何公差无严格比例关系要求的场合。例如：一般的孔与轴配合，只要求作用尺寸不超越最大实体尺寸，实际（组成）要素的尺寸不超越最小实体尺寸。

2）最大实体要求的选择。

① 在零件上保证关联作用尺寸不超越最大实体尺寸时采用。例如：关联要素的孔与轴有配合性质要求。

② 用于被测导出要素，来保证自由装配。例如：轴承盖、法兰盘上的螺栓安装孔等。

③ 用于基准导出要素，此时基准轴线或中心平面相对于理想边界的中心允许偏离。例

如：同轴度的基准轴线。

3）最小实体要求的选择。

① 用于被测导出要素，来保证孔件最小壁厚及轴件的最低强度。对于孔类零件需保证其最小壁厚，对于轴类零件需保证其最小截面面积。

② 用于基准导出要素，此时基准轴线或中心平面相对于理想边界的中心允许偏离。

4）可逆要求的选择。用于零件上具有最大实体要求与最小实体要求的场合，来保证零件的实际轮廓在某一控制边界内，而不严格区分其尺寸公差和几何公差是否在允许的范围内。

4. 几何公差等级的选择

（1）几何公差等级的选择原则　几何公差等级用来确定几何公差值。几何公差等级的选择以满足零件功能要求为前提，并考虑加工成本的经济性和零件的结构特点，尽量选取较低的公差等级。

确定几何公差等级的方法有两种：计算法和类比法。通常采用类比法。类比法是根据零部件的结构特点和功能要求，参考现有的手册、资料和经过实际生产验证的同类零部件的几何公差要求，通过对比分析后确定较为合理的公差值的方法。

1）设计产品时，应按国家标准提供的统一数系选择几何公差等级。国家标准对直线度、平面度、平行度、垂直度、同轴度、对称度、倾斜度、圆跳动、全跳动都划分了12个等级。公差等级按序由高变低，公差值则按序递增。国家标准没有对线轮廓度和面轮廓度规定公差值。

2）国家标准将圆度、圆柱度公差分为0、1、2、…、12共13级，公差等级按序由高变低，公差值则按序递增。

3）考虑零件的结构特点选择几何公差等级。对于下列情况应较正常情况选择降低1~2级几何公差等级：刚性较差的零件，如细长的轴或孔；跨距较大的轴或孔；宽度较大（大于1/2长度）的零件表面。因为加工以上几种情况的零件时易产生较大的形状误差。另外，孔件的几何公差等级相对于轴件也应低些。

（2）几何公差值的选择原则　几何公差值的选择原则是：在保证零件功能的前提下，尽可能选用最经济的公差值。使用类比法确定几何公差值时，应注意考虑以下几点。

1）各类公差之间关系应协调，遵循的一般原则是：形状公差<方向公差<位置公差<跳动公差<尺寸公差。

但必须指出，细长轴轴线的直线度公差远大于尺寸公差；位置度公差和对称度公差往往与尺寸公差相当；当几何公差与尺寸公差相等时，对同一被测要素按包容要求处理。

同一要素上给出的形状公差值应小于其他几何公差值，如相互平行的两个平面，在其中一个表面上提出平面度公差和平行度公差时，则平面度公差值应小于平行度公差值；圆柱形零件的形状公差值（中心线的直线度除外）一般应小于其尺寸公差值；平行度公差值应小于其相应的距离尺寸的尺寸公差值。

2）位置公差应大于方向公差，因为一般情况下位置公差可包含方向公差要求。

3）综合公差应大于单项公差，如圆柱度公差大于圆度公差、素线和中心线的直线度公差，径向全跳动公差大于径向圆跳动公差。

4）形状公差与表面粗糙度之间的关系也应协调，一般中等尺寸和中等精度要求的零

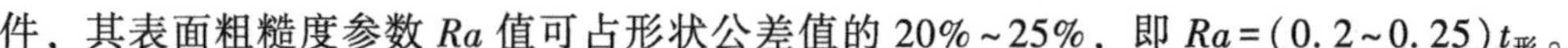

件，其表面粗糙度参数 Ra 值可占形状公差值的 20%～25%，即 $Ra=(0.2\sim0.25)t_{形}$。

5）位置度公差通常需要通过计算来确定。计算值应经圆整后查表选择标准公差值，若被连接零件之间需要调整，位置度公差应适当减小。

6）未注几何公差在图样上没有具体标明几何公差值，并不是没有几何精度要求，而是采用常用设备和工艺就能保证，因而未注几何公差在图样上不必标出。

第五节　几何误差的检测

知识要点一　几何误差的检测原则

几何误差的项目很多，为了能正确合理地选择检测方案，国家标准（GB/T 1958—2017）规定了几何误差的 5 个检测原则，即按最小区域法或定向、定位最小区域法对被测要素进行评定，以判断其零件是否合格，并附有一些检测方法。

1. 与理想要素比较原则

将被测实际要素与其理想要素相比较，量值由直接法或间接法获得（图 3-34）。理想要素用模拟方法获得。理想要素用模拟方法获得必须有足够的精度，如以一束光线、拉紧的钢丝或刀口尺等体现理想直线，以平板或平台的工作面体现理想平面。

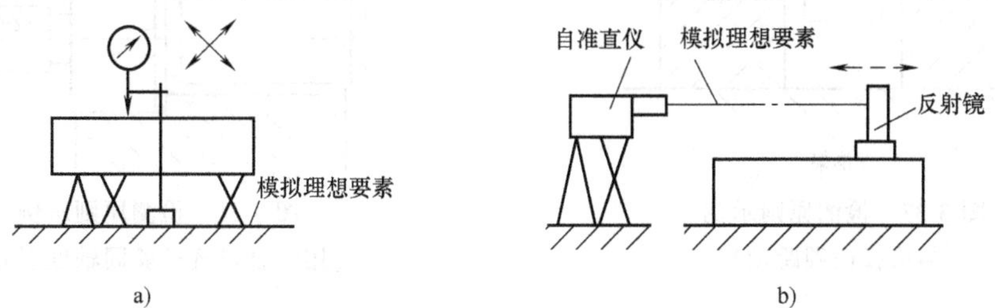

图 3-34　检测原则示例（量值的获得）
a）量值由直接法获得　b）量值由间接法获得

2. 测量坐标值原则

测量被测实际要素的坐标值（如直角坐标值、极坐标值、圆柱面坐标值），并经过数据处理获得几何误差值，如图 3-35 所示。这项原则适用于复杂表面，虽然其数据处理十分烦琐，但随着计算机技术的发展，其应用会越来越广泛。

3. 测量特征参数原则

测量被测实际要素上具有代表性的参数（即特征参数）来表示几何误差值，如图 3-36 所示。该原则虽然获得的数据只是近似，但易于实践，所以在生产中较为常用。

4. 测量跳动原则

在被测实际要素绕基准轴线回转过程中，沿给定方向测量其对某参考点或线的变动量，如图 3-37 所示。变动量是指指示计最大与最小读数之差。该方法和设备均较简单，适合在车间条件下使用，但只限于回转零件。

5. 控制实效边界原则

检验被测实际要素是否超过实效边界，以判断零件是否合格。例如：用位置量规模拟实

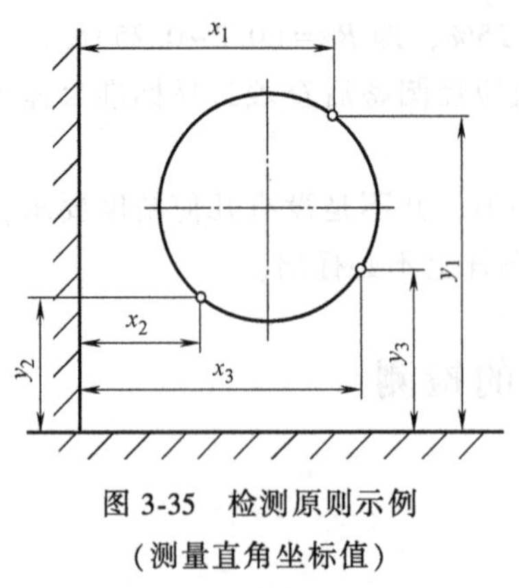

图 3-35　检测原则示例
（测量直角坐标值）

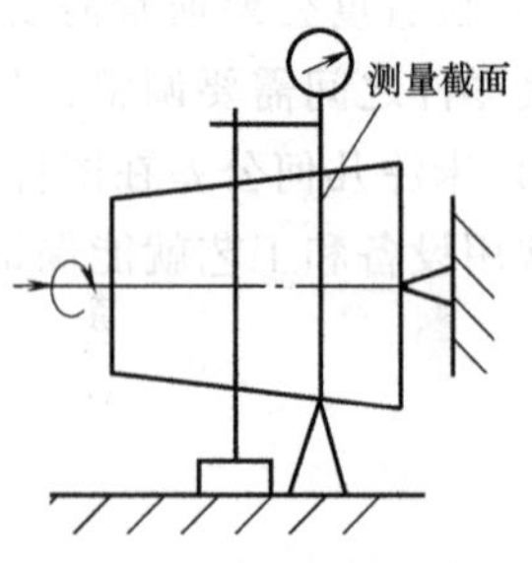

图 3-36　检测原则示例
（两点法测量圆度特征参数）

效边界，检测被测提取要素是否超过最大实体实效边界，以判断是否合格。它适用于采用最大实体要求的场合，一般采用综合量规来检验，如图 3-38 所示。

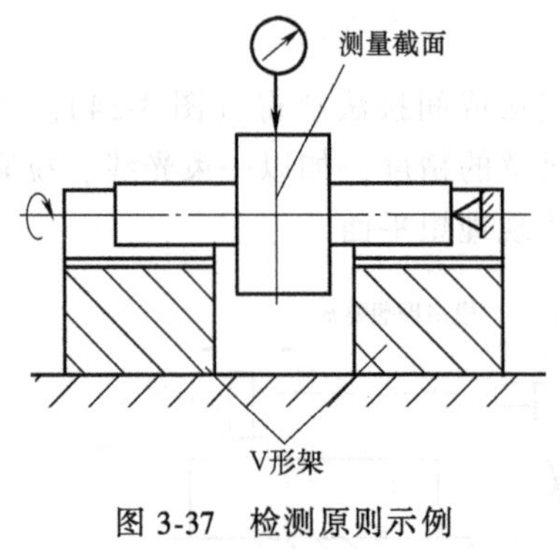

图 3-37　检测原则示例
（测量径向圆跳动）

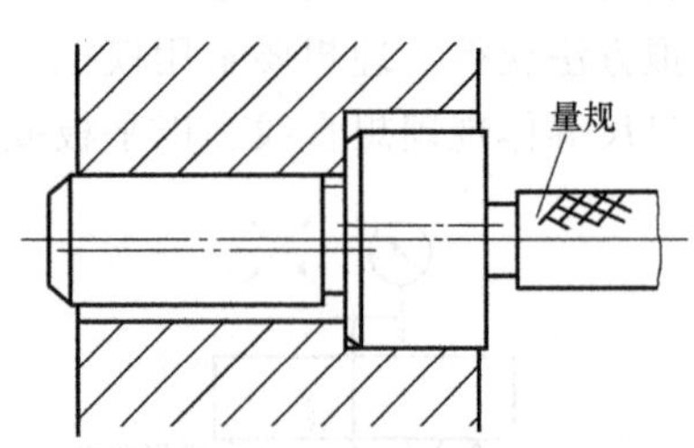

图 3-38　检测原则示例
（用综合量规检验同轴度误差）

知识要点二　形状误差的检测

1. 直线度误差的检测

直线度误差是指被测实际直线对理想直线的变动量。理想直线可以用平尺、刀口尺等标准器具模拟，如图 3-39 所示。应用与理想要素比较的检测原则，将平尺或刀口尺与被测直线接触，并使两者之间的最大光隙为最小。此时的最大光隙即为该被测直线的直线度误差。误差的大小是根据光隙测定的。当光隙较小时，可按标准光隙来估读；当光隙较大时，则可用塞尺来测量。按上述方法测量若干条直线，取其中最大误差值作为被测零件的直线度误差。

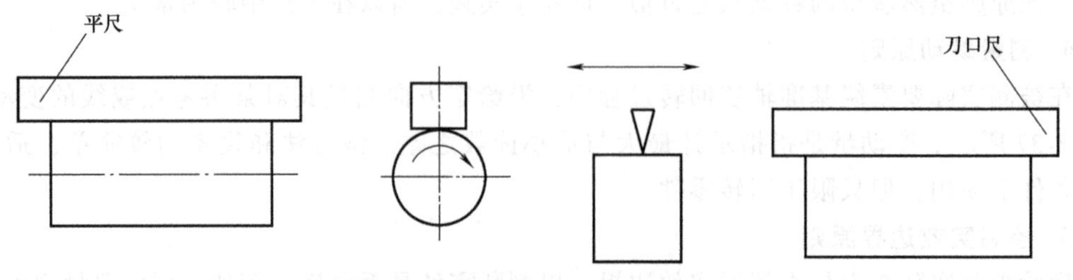

图 3-39　理想直线的模拟

标准光隙由量块、刀口尺和平面平晶（或精密平板）组合而成，如图 3-40 所示。标准光隙的大小借助于光线通过狭缝时，呈现不同颜色的光束来鉴别。一般来说，当间隙大于 2.5μm 时，光隙呈白色；当间隙为 1.25~1.75μm 时，光隙呈红色；当间隙约为 0.8μm 时，光隙呈蓝色；当间隙小于 0.5μm 时，则不透光。当间隙大于 30μm 时，可用塞尺来测量。

图 3-41 所示为应用带表的测量支架。测量时，将被测素线的两端调整到与平板等高，在素线全长范围内测量各点相对端点的高度差，同时记录读数，根据读数用计算法或作图法计算直线度误差。按上述方法测若干条素线，取其中最大的误差值作为该零件的直线度误差。

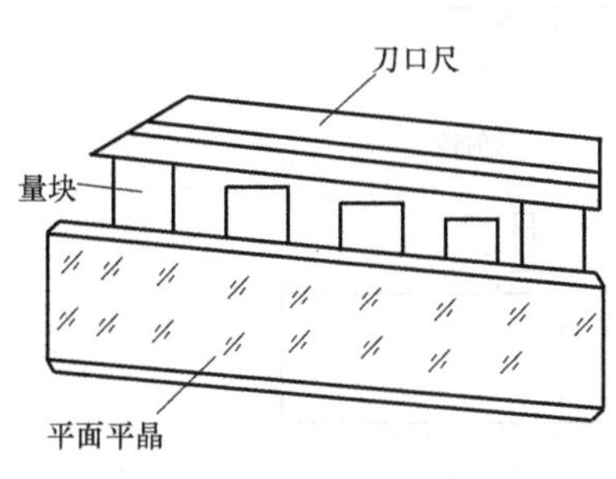

图 3-40　标准光隙的构成

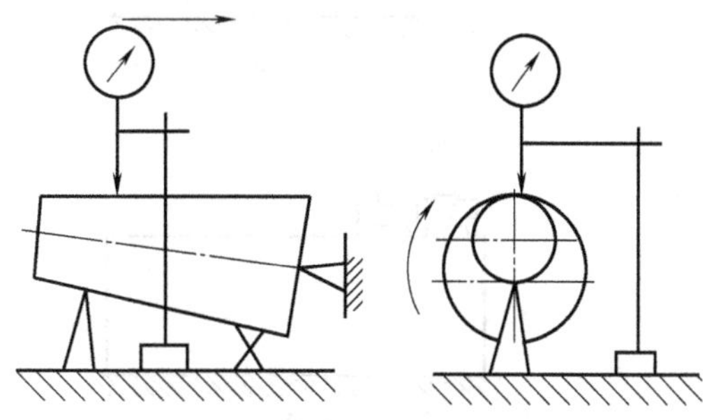

图 3-41　应用带表的测量支架

实际中直线度误差的检测方法很多，如指示表测量法、刀口尺法、钢丝法、水平仪法和自准直仪法等。

1）指示表测量法。如图 3-42 所示，将被测件安装在平行于平板的两顶尖之间，用带有两指示表的表架沿铅垂轴截面的两条素线测量，同时分别记录两指示表在各自测点的读数 M_1 和 M_2，取各测点读数差值之半的绝对值即 $|(M_1-M_2)/2|$ 中的最大与最小差值作为该截面轴线的直线度误差。将该零件转位，按上述方法测量若干个截面，取其中最大的误差值作为该零件轴线的直线度误差。

2）刀口尺法。如图 3-43a 所示，用刀口尺和被测要素（直线或平面）接触，使刀口尺和被测要素之间最大间隙为最小，此最大间隙即为被测要素的直线度误差，间隙量可用塞尺测量或与标准比较。

3）钢丝法。如图 3-43b 所示，用特制的钢丝作为测量基准，用测量显微镜读数。调整钢丝的位置，使测量显微镜读得的两端读数相等。沿着被测要素移动测量显微镜，测量显微镜中的最大读数即为被测要素的直线度误差。

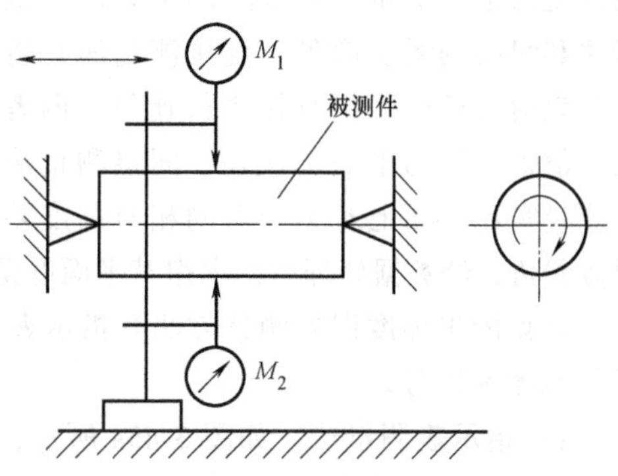

图 3-42　用两指示表测量直线度误差

4）水平仪法。如图 3-43c 所示，将水平仪放在被测表面上，沿被测要素按节距逐段连续测量。对读数进行计算可求得直线度误差，也可采用作图法求得直线度误差。一般是在读数之前先将被测要素调成近似水平，以保证水平仪读数更方便。测量时可在水平仪下面放入桥板，桥板的长度可按被测要素的长度和测量精度要求确定。

5）自准直仪法。如图 3-43d 所示，用自准直仪和反射镜测量是将自准直仪放在固定位置上，测量过程中保持位置不变。反射镜通过桥板放在被测要素上，沿被测要素按节距逐段连续移动反射镜，并在自准直仪的读数显微镜中读得相应的读数，对读数进行计算可求得直线度误差。该测量中以准直光线为测量基准。

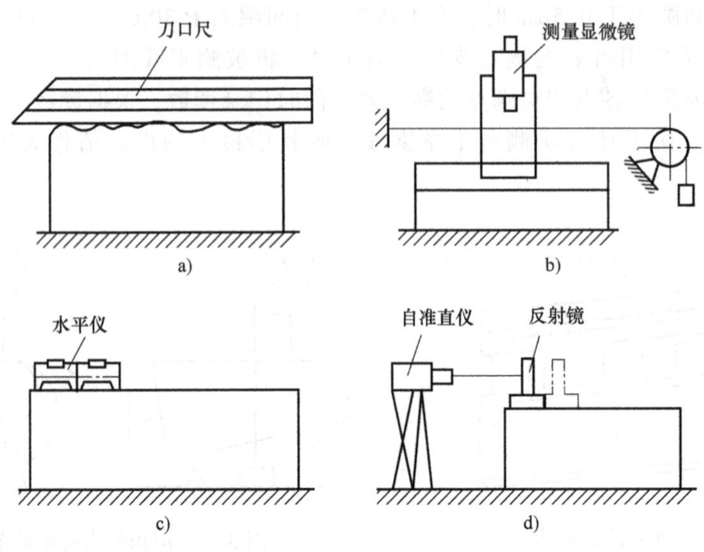

图 3-43　测量直线度误差

6）节距法。如图 3-44 所示，小角度水平仪安装在桥板上，依次逐段移动桥板，用小角度水平仪分别测出实际线各段的斜率变化，然后经过计算，求得直线度误差。显然，图 3-44 所示测量方法适用于较长表面测量，所需元件稍多一点，水平仪精度要求更高，而图 3-43c 所示测量方法适用于较短表面。

2. 平面度误差的检测

平面度误差是指被测实际表面对其理想平面的变动量。平面度误差的测量方法有直接测量法和间接测量法两种。直接测量法是将被测实际表面与理想平面直接进行比较，两者之间的线值距离即为平面度误差。间接测量法是通过测量实际表面上若干个点的相对高度差或相对倾斜角，经数据处理后，求得其平面度误差。

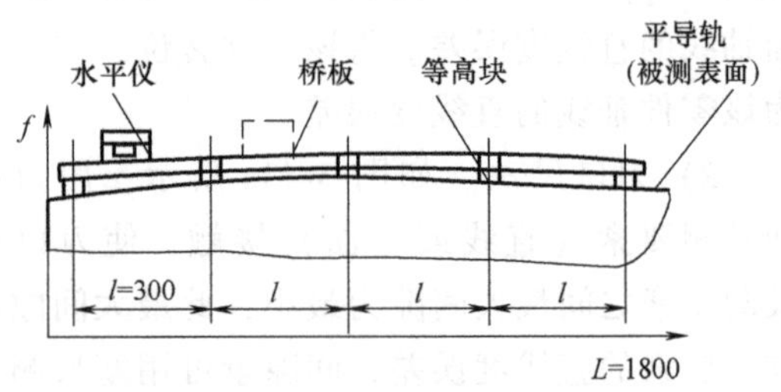

图 3-44　较长表面直线度误差的测量

常见的平面度误差测量方法有指示表测量法、水平仪测量法、平晶测量法和自准直仪及反射镜测量法等。

1）指示表测量法。如图 3-45a 所示，被测件支承在平板上，将被测平面上两对角线的角点分别调整等高或最远的三点调成距测量平板等高。按一定布点测量被测平面，指示表上最大与最小读数之差，即为该平面的平面度误差的近似值。该方法因此又可分为对角线法和三点法。

2）水平仪测量法。如图 3-45b 所示，将水平仪通过桥板放在被测平面上，用水平仪按一定的布点和方向逐点测量，经计算得到平面度误差。

3）平晶测量法，又称为光波干涉法。如图 3-45c 所示，将平晶紧贴在被测平面上，由产生的干涉条纹，经过计算得到平面度误差，此方法适用于高精度的小平面测量。

4）自准直仪及反射镜测量法。如图 3-45d 所示，将自准直仪固定在平面外的一定位置，反射镜放在被测平面上，调整自准直仪，使其和被测平面平行，按一定布点和方向逐点测量，经计算得到平面度误差。

3. 圆度误差的检测

圆度误差是指在回转体同一横截面内，被测实际圆对其理想圆的变动量。

圆度误差的测量方法有半径测量法（圆度仪测量）、直角坐标测量法（直角坐标装置）、特征参数测量法（用两点法和三点法测量）等。其中圆度仪测量圆度误差是一种高精度的测量法，符合第一检测原则。两点法和三点法测量圆度误差是采用第三检测原则，即测量特征参数原则。这是一种近似的测量法，因为该方法测量的直径差虽然在一定程度上反映了圆度的特征，但并不符合国家标准中有关圆度误差的概念。由于该方法设备简单、测量方便，对于一些精度要求不太高的零件，采用此方法要比采用圆度仪测量更为经济合理，故在实际生产中被广泛采用。

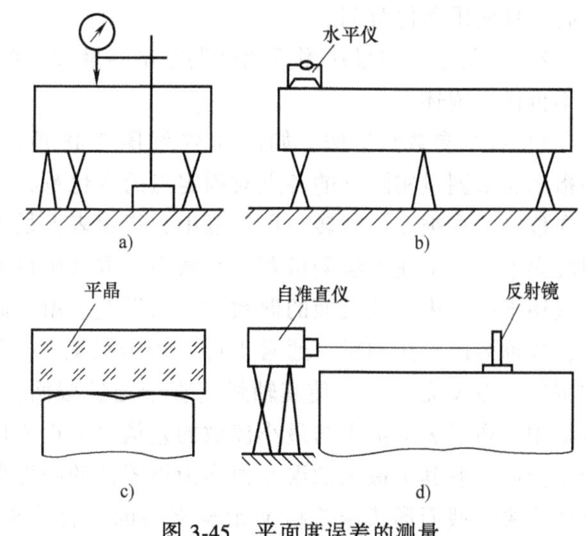

图 3-45 平面度误差的测量

1）圆度仪测量法。如图 3-46a 所示，圆度仪回转轴带着传感器转动，使传感器上的测量头沿着被测件的表面回转一圈，测量头的径向位移由传感器转换成电信号，经放大器放大，推动记录笔在圆盘的纸上画出相应的位移，得到所测截面的轮廓图，如图 3-46b 所示。这是以精密回转轴的回转轨迹模拟的理想圆与实际圆进行比较的方法。用一块刻有许多等距离同心圆的透明板，如图 3-46c 所示，置于记录纸下面，与测得的轮廓圆比较，找到紧紧包容轮廓圆，而半径差又为最小的两个同心圆，如图 3-46d 所示，其间距就是被测圆的圆度误差。值得注意的是，两同心圆包容被测要素的实际轮廓圆时，至少要有四个实测点内外相间地分布在两个圆周上，称为交叉准则，如图 3-46e 所示。

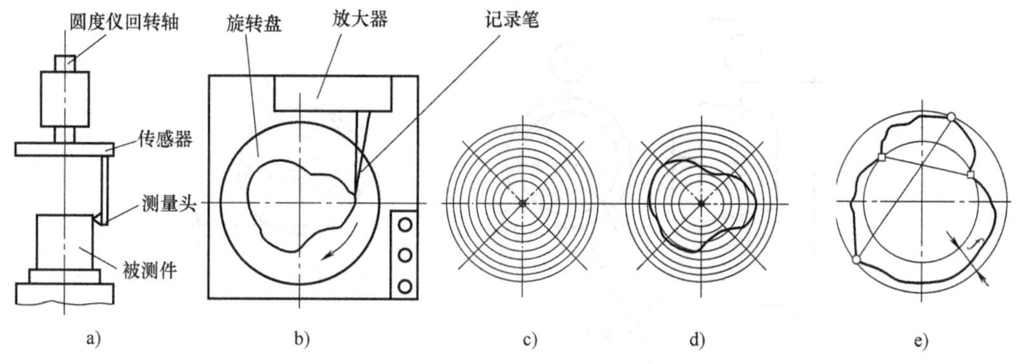

图 3-46 用圆度仪测量圆度误差

根据放大器的放大倍数不同，透明板上相邻两个同心圆之间的格值范围为 0.05~5μm，如果放大倍数为5000倍，规定格值为 0.2μm。如果圆度仪上配有计算器，可将传感器接收到的信号送入计算器，按预定的程序算出圆度误差。圆度仪的测量精度虽然很高，但价格也很高，且使用条件苛刻。

2）直角坐标测量法测量圆度误差是测量圆上各点的直角坐标值，再算出圆度误差，这里不再详细阐述。

3）特征参数测量法，如图 3-47 和图 3-48 所示。在图 3-47 中，将被测件放在支承上，用指示表来测量实际圆的各点对固定点的变化量，被测件轴线应垂直于测量截面，同时固定轴向位置。在被测件回转一周过程中，指示表上最大与最小读数的差值之半作为单个截面的圆度误差。按上述方法测量若干个截面，取其中最大的误差值作为该零件的圆度误差。此方法适用于测量内、外表面的偶数棱形状误差。由于此检测方法的支承点只有一个，加上测量点，故称为两点法测量。通常也可以用卡尺测量。图 3-48 所示为三点法测量圆度误差。将被测件放在 V 形架上，使其轴线垂直于测量截面，同时固定轴向位置。在被测件回转一周过程中，指示表上最大与最小读数的差值之半作为单个截面的圆度误差。按上述方法测量若干个截面，取其中最大的误差值作为该零件的圆度误差。三点法测量圆度误差，其结果的可靠性取决于截面形状误差和 V 形架夹角的综合效果。常以夹角 $\alpha=90°$ 和 120°或 72°和 108°两种 V 形架分别测量。此方法适用于测量内、外表面的奇数棱形状误差。无论采用两点法还是三点法测量圆度误差，测量时可以转动零件，也可以转动量具。

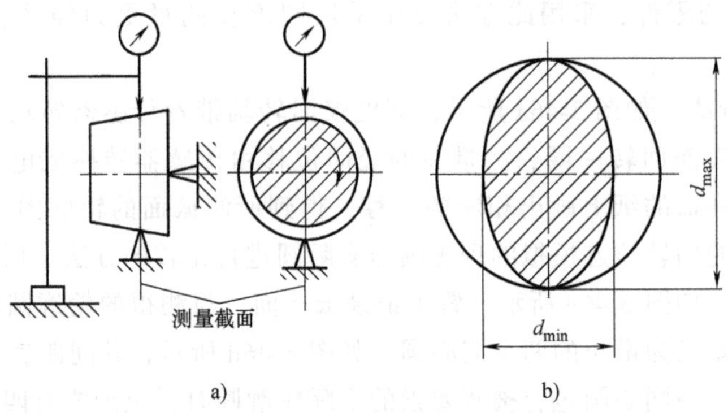

图 3-47　两点法测量圆度误差

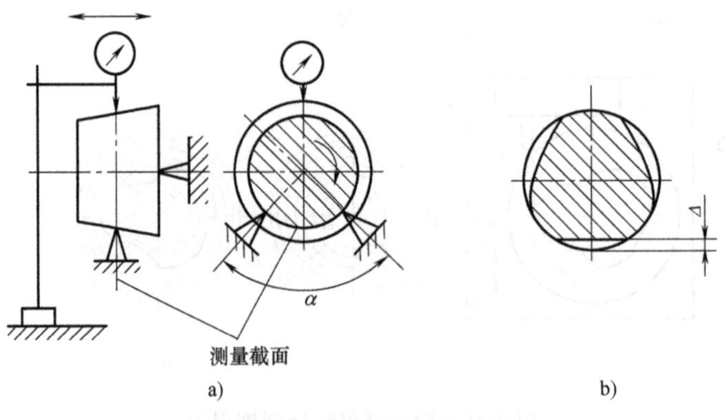

图 3-48　三点法测量圆度误差

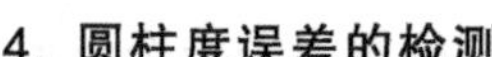

4. 圆柱度误差的检测

圆柱度误差是指实际圆柱面对其理想圆柱面的变动量。它是控制圆柱体横截面和轴截面内的各项形状误差，是一个综合指标，如圆度、素线的直线度、轴线的直线度等。

圆柱度误差的检测可在圆度仪上测量若干个横截面的圆度误差，按最小条件确定圆柱度误差。如圆度仪具有使测量头沿圆柱的轴向做精确移动的导轨，使测量头沿圆柱面做螺旋运动，则可以用电子计算机按最小条件确定圆柱度误差，也可用极坐标图近似求圆柱度误差。

在生产实际中测量圆柱度误差与测量圆度误差一样，多采用测量特征参数的方法来测量圆柱度误差。图 3-49 所示为两点法测量圆柱度误差。将被测件放在平板上，并紧靠直角座。在被测件回转一周过程中，测量一个横截面，得到指示表上最大与最小的读数。按上述方法测量若干个横截面，取其各横截面内所测得所有读数中最大与最小读数差之半，作为该零件的圆柱度误差。此方法适用于测量内、外表面的偶数棱形状误差。图 3-50 所示为三点法测量圆柱度误差。将被测件放在平板上的 V 形架内（V 形架的长度应大于被测件的长度）。在被测件回转一周过程中，测量一个横截面，得到指示表上最大与最小的读数。按上述方法连续测量若干个横截面，取其各横截面内所测得所有读数中最大与最小读数差之半，作为该零件的圆柱度误差。此方法适用于测量内、外表面的奇数棱形状误差。为了测量的准确性，通常采用夹角 $\alpha=90°$ 和 $\alpha=120°$ 两种 V 形架分别测量。

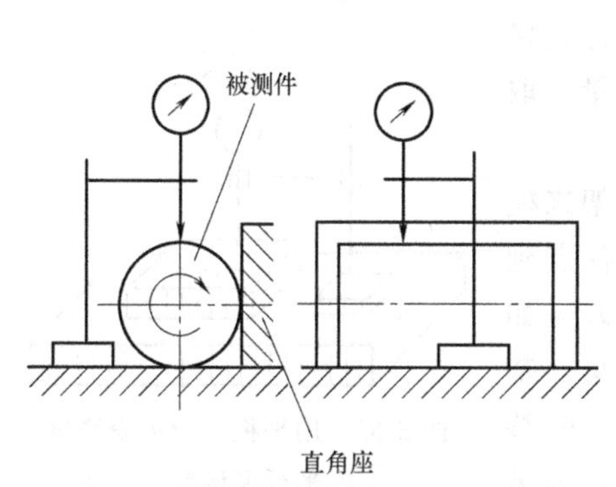

图 3-49　两点法测量圆柱度误差

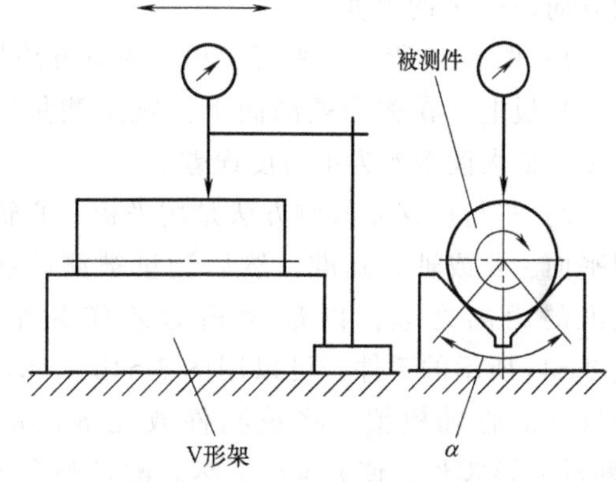

图 3-50　三点法测量圆柱度误差

圆度和圆柱度误差的相同之处是都用半径差来表示，不同之处在于圆度误差是控制横截面的误差，圆柱度误差则是控制横截面和轴向截面的综合误差。

5. 轮廓度误差的检测

轮廓度误差又分为线轮廓度误差和面轮廓度误差。

（1）线轮廓度误差的检测　线轮廓度误差是指实际曲线对其理想曲线的变动量，是对非圆曲线的几何精度的要求。

线轮廓度误差的检测是用轮廓样板模拟理想轮廓曲线，并与实际轮廓进行比较，如图 3-51 所示。将轮廓样板按规定的方向放置在被测件上，根据光隙法估读间隙的大小，取最大间隙作为该零件的线轮廓度误差。

（2）面轮廓度误差的检测　面轮廓度误差是指实际曲面对其理想曲面的变动量，是对曲面的几何精度要求。

面轮廓度误差的检测是用三坐标测量仪测量曲线上若干个点的坐标值，如图 3-52 所示。

将被测件放置在仪器的工作台上，并进行正确定位，测出实际曲面轮廓上若干个点的坐标值，并将测得的坐标值与理想轮廓的坐标值进行比较，取其差值最大的绝对值的两倍作为该零件的面轮廓度误差。

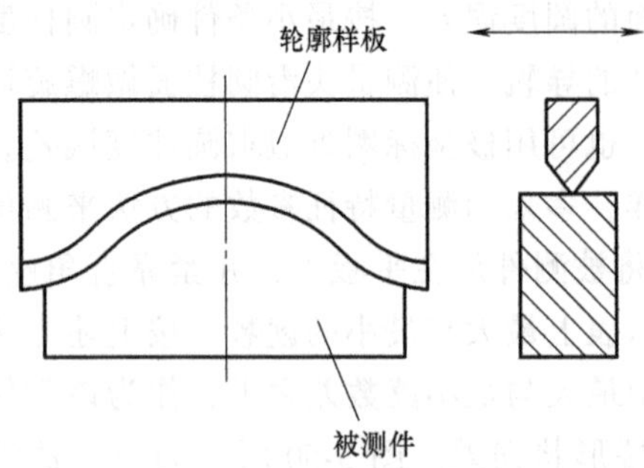

图 3-51　轮廓样板测量线轮廓度

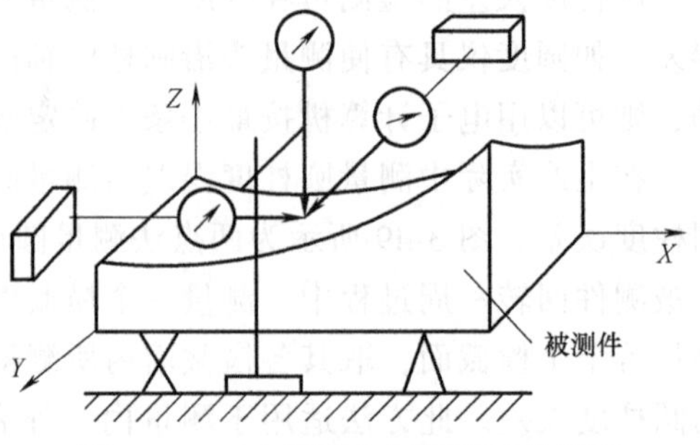

图 3-52　三坐标测量仪测量面轮廓度

知识要点三　方向误差的检测

1. 平行度误差的检测

平行度误差是指零件上被测要素（平面或直线）对其理想的基准要素（平面或直线）的方向偏离 0°的程度。

1）图 3-53 所示的平行度误差检测方法是将被测件直接置于平板上，在整个被测面上按规定测量线进行测量，取指示表最大读数差为平行度误差。

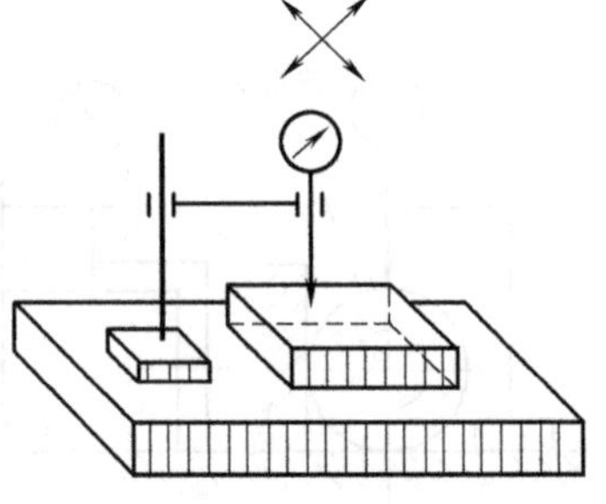
图 3-53　用平板、指示表测量平行度误差

2）平行度误差检测方法是用平板、心轴或 V 形架来模拟平面、孔或轴做基准，然后测量被测的线、面上各点到基准的距离之差，以最大相对差作为平行度误差。如图 3-54a 所示的零件，可以用图 3-54b 所示的方法测量。基准轴线由心轴模拟，将被测件放在等高的支承上，调整（转动）该零件，使 $L_3=L_4$。然后测量整个被测表面并记录读数。取其整个测量过程中指示表上的最大与最小读数之差，作为该零件的平行度误差。测量时应选用可胀式（或与孔为无间隙配合的）心轴。

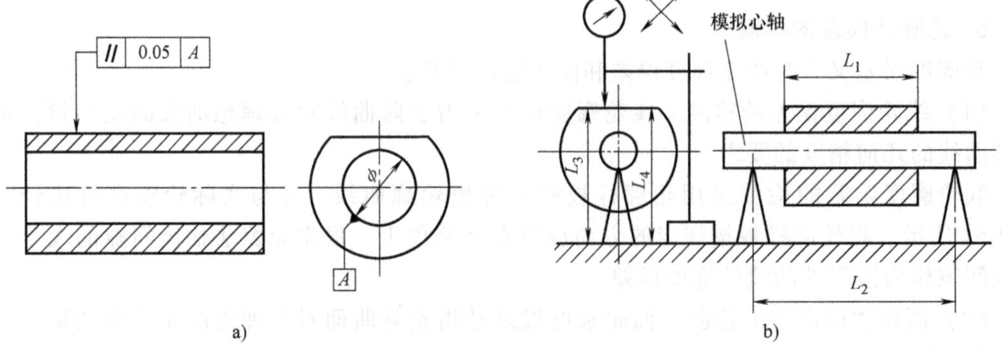

图 3-54　测量面对线的平行度误差
a）被测件　b）测量方法

3）图 3-55a 所示的零件（连杆），可以用图 3-55b 所示的测量方法来测量连杆两孔轴线的平行度误差。基准轴线和被测轴线用心轴模拟。将被测件放在等高的支承上，在测量距离为 L_2 的两个位置上测得的读数分别为 M_1 和 M_2。则平行度误差为 $f=\frac{L_1}{L_2}|M_1-M_2|$。在 0°~180°范围内按上述方法测量若干个不同角度位置，取其各个测量位置所对应的 f 值中最大值，作为该零件的平行度误差。测量时应选用可胀式（或与孔为无间隙配合的）心轴。

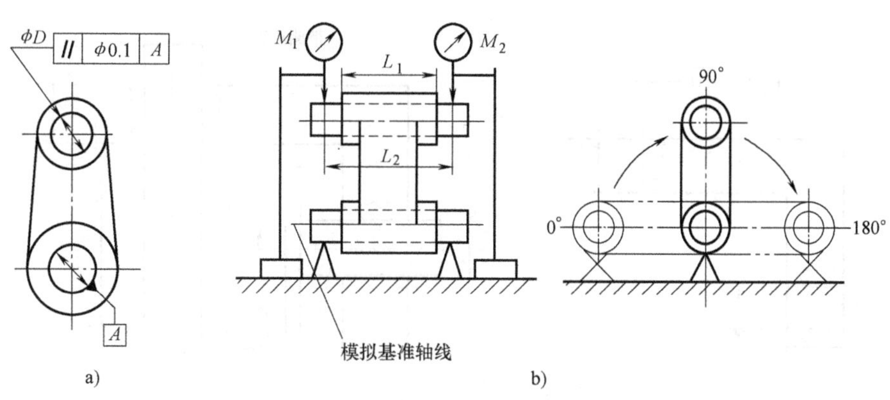

图 3-55　测量线对线的平行度误差

a）被测件　b）测量方法

2. 垂直度误差的检测

垂直度误差是指零件上被测要素（平面或直线）对其理想的基准要素（平面或直线）的方向偏离 90°的程度。

垂直度误差常采用转换平行度误差的方法进行检测。

（1）面对面垂直度误差的测量　如图 3-56 所示，用水平仪调整基准表面至水平，把水平仪分别放在基准表面和被测表面，分段逐步测量，记下读数，换算成线值。用图解法或计算法确定基准方位，再求出相对于基准的垂直度误差。

（2）面对线垂直度误差的测量　如图 3-57 所示，将被测件置于导向块内，基准由导向块模拟。在整个被测面上测量，所得数值中的最大读数差即为垂直度误差。

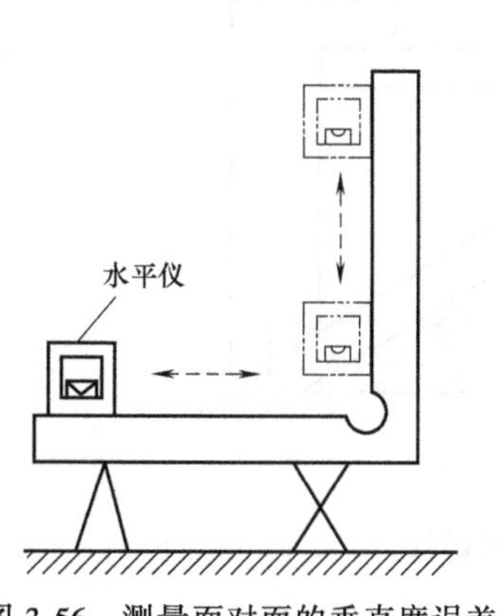

图 3-56　测量面对面的垂直度误差

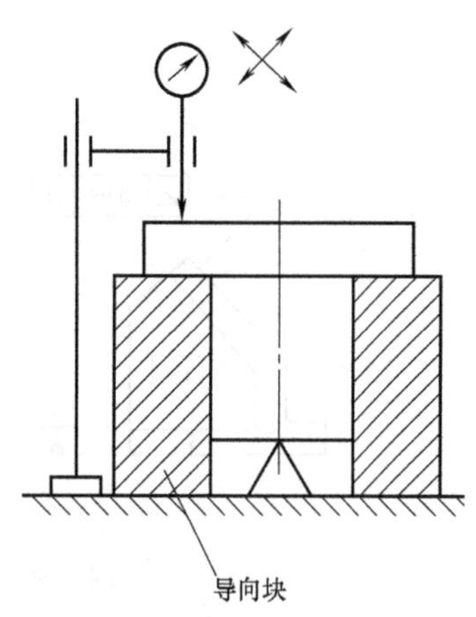

图 3-57　测量面对线的垂直度误差

(3) 线对线垂直度误差的测量　如图 3-58a 所示的零件，可用图 3-58b 所示的方法测量。基准轴线用一根相当标准的直角尺的心轴模拟，被测轴线用心轴模拟。转动基准心轴，在测量距离为 L_2 的两个位置上测得的数值分别为 M_1 和 M_2。则垂直度误差为$\frac{L_1}{L_2}|M_1-M_2|$。测量时被测心轴应选用可胀式（或与孔为无间隙配合的）心轴，而基准心轴应选用可转动但配合间隙小的心轴。

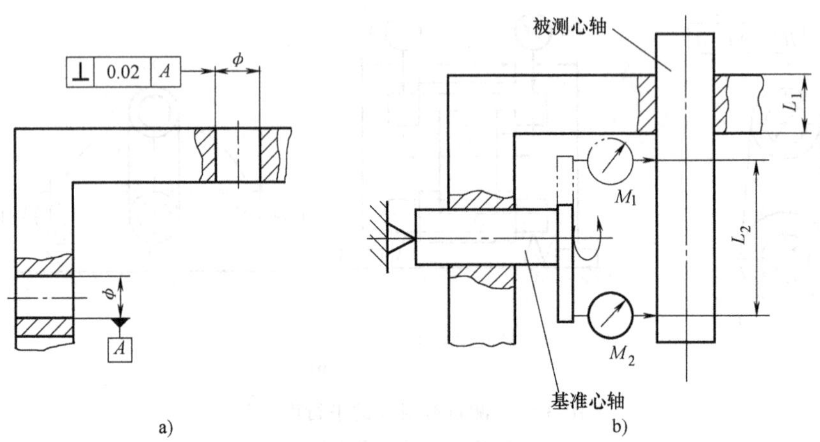

图 3-58　测量线对线的垂直度误差

a) 被测件　b) 测量方法

3. 倾斜度误差的检测

倾斜度误差是指零件上被测要素（平面或直线）对其理想的基准要素（平面或直线）的方向偏离某一给定角度（0°~90°）的程度。

倾斜度误差的检测也可转换成平行度误差的检测，只需要加一个定角座或定角套即可。

(1) 面对面倾斜度误差的测量　如图 3-59a 所示的零件，可用图 3-59b 所示的方法测量。将被测件放置在定角座上，调整被测件，使整个被测件表面的读数差为最小值。取指示表的最大与最小读数之差作为该零件的倾斜度误差。定角座可用精密转台来代替。

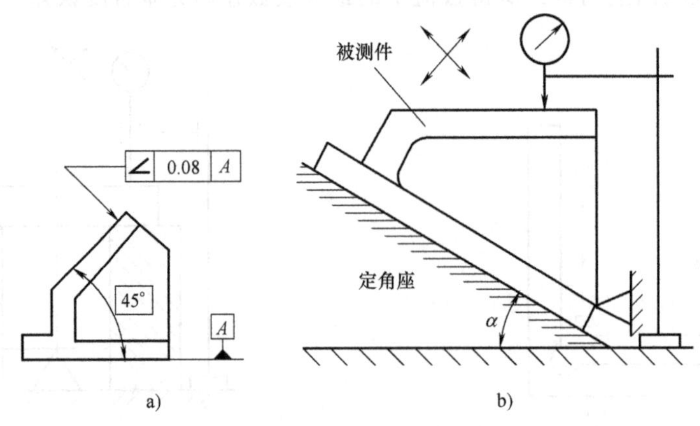

图 3-59　测量面对面的倾斜度误差

a) 被测件　b) 测量方法

（2）线对面倾斜度误差的测量　如图 3-60 所示，被测线由心轴模拟。调整被测件，使指示表的示值 M_1 为最大。在测量距离为 L_2 的两个位置上进行测量，读数值分别为 M_1 和 M_2，倾斜度误差为$\frac{L_1}{L_2}|M_1-M_2|$。

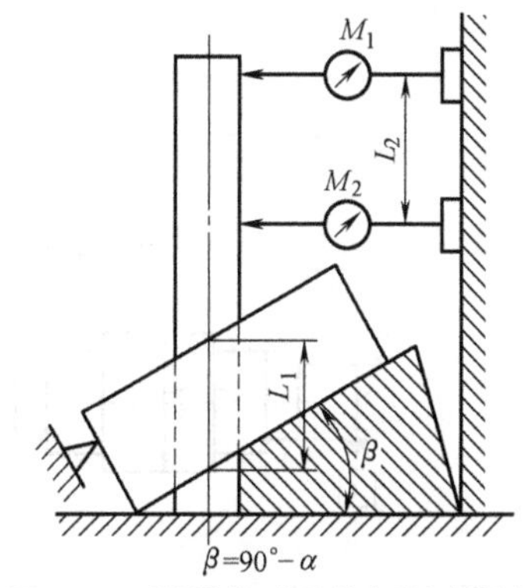

图 3-60　测量线对面的倾斜度误差

（3）线对线倾斜度误差的测量　如图 3-61a 所示的零件，可用图 3-61b 所示的方法测量。调整平板处于水平位置，并用心轴模拟被测轴线，调整被测件，使心轴的右侧处于最高位置，用水平仪在心轴和平板上测得的数值分别为 A_1 和 A_2。则倾斜度误差为 $iL|A_1-A_2|$，其中 i 为水平仪的分值（线值），L 为被测孔的长度。测量时应选用可胀式（或与孔为无间隙配合的）心轴。

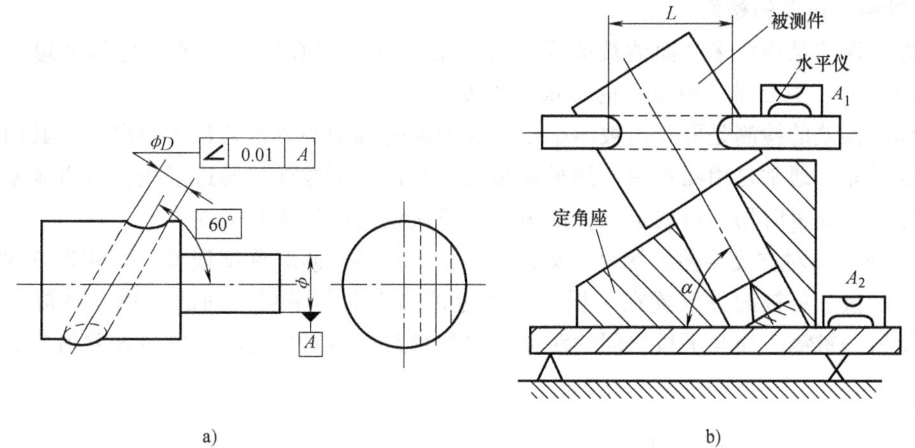

图 3-61　测量线对线的倾斜度误差

a）被测件　b）测量方法

知识要点四　位置误差的检测

1. 同轴度误差的检测

同轴度误差是指在理论上应同轴的被测轴线与理想基准轴线的不同轴程度。

同轴度误差的检测是要找出被测轴线偏离基准轴线的最大距离，以其两倍值定为同轴度误差。如图 3-62a 所示零件的同轴度误差，可用图 3-62b 所示的方法来测量。以两基准圆柱面中部的中心点连线作为公共基准轴线，即将零件放置在两个等高的刃口状的 V 形架上，将两指示表分别在铅垂轴截面调零。

1）在轴向测量。取指示表在垂直基准轴线的正截面上测得各对应点的读数之差的绝对值 $|M_1-M_2|$ 作为在该截面上的同轴度误差。

2）转动被测件，按上述方法测量若干个截面，取各截面测得的读数差中最大值（绝对值）作为该零件的同轴度误差。

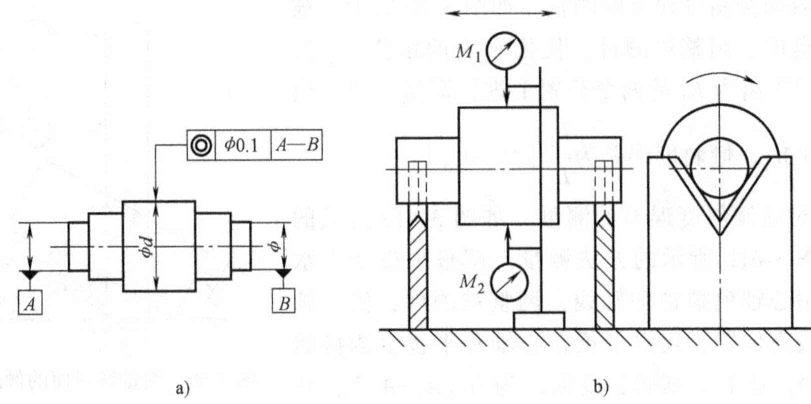

图 3-62 用两指示表测量同轴度误差

a）被测件 b）测量方法

2. 对称度误差的检测

对称度误差是指要求共面的被测要素（中心平面、中心线或轴线）与其理想的基准要素（中心平面、中心线或轴线）的不重合程度。

对称度误差的检测是要找出被测中心要素偏离基准中心要素的最大距离，以其两倍值作为对称度误差。通常是用测长量仪测量对称的两平面或圆柱面的两边素线，各自到基准平面的距离之差。测量时用平板或定位块模拟基准滑块或槽面的中心平面。

（1）面对面对称度误差的测量　如图 3-63a 所示零件的对称度误差，可用图 3-63b 所示的方法来测量。将被测件放置在平板上，测量被测表面与平板之间的距离。将被测件翻转后，测量另一被测表面与平板之间的距离，取测量截面内对应两测点的最大差值作为对称度误差。

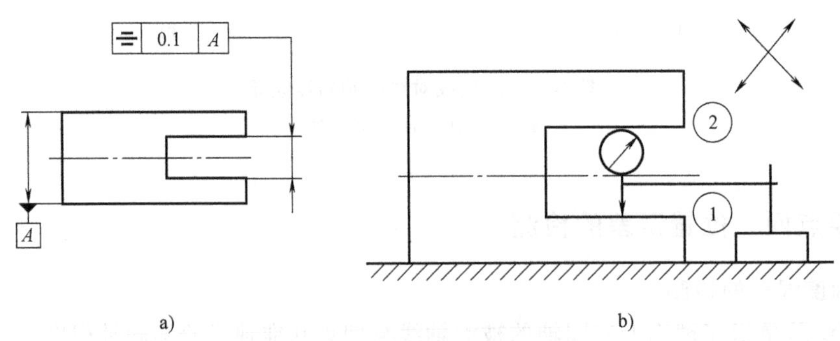

图 3-63 测量面对面的对称度误差

a）被测件 b）测量方法

（2）面对线对称度误差的测量　如图 3-64 所示，基准轴线由 V 形架模拟；被测中心平面由定位块模拟。调整被测件，使定位块沿径向与平板平行。测量定位块与平板之间的距离。再将被测件翻转 180°后，在同一剖面上重复上述测量。该剖面上、下两对应点的读数差的最大值为 a，则该剖面的对称度误差 $\Delta_{剖}=\left(a\dfrac{h}{2}\right)\Big/\left(R-\dfrac{h}{2}\right)=ah/(d-h)$，式中 R 为轴的半径，h 为槽深，d 为轴的直径。沿键槽长度方向测量，取长向两点的最大读数差为长向对称度误差，即 $\Delta_{长}=a_{高}-a_{低}$。取两个方向误差值最大者为该零件对称度误差。

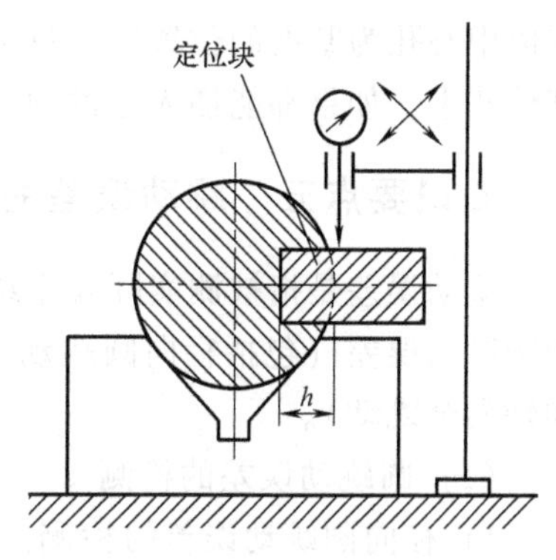

图 3-64　测量面对线的对称度误差

3. 位置度误差的检测

位置度误差是指被测实际要素对其理想位置的变动量，其理想位置是由基准和理论正确尺寸确定的。理论正确尺寸是不附带公差的精确尺寸，用以表示被测理想要素到基准之间的距离，在图样上用加方框的数字表示，以便与未注公差的尺寸相区别。

位置度误差的检测方法通常有以下两种。

1）用测长量仪测量要素的实际位置尺寸，与理论正确尺寸比较，以最大差值的两倍作为位置度误差。如图 3-65a 所示的多孔的板件，放在坐标测量仪上测量孔的坐标。测量前要调整零件，使其基准平面与仪器的坐标方向一致。为给定基准时，可调整最远两孔的实际中心连线与坐标方向一致，如图 3-65b 所示。逐个测量孔边的坐标，定出孔的位置度误差。

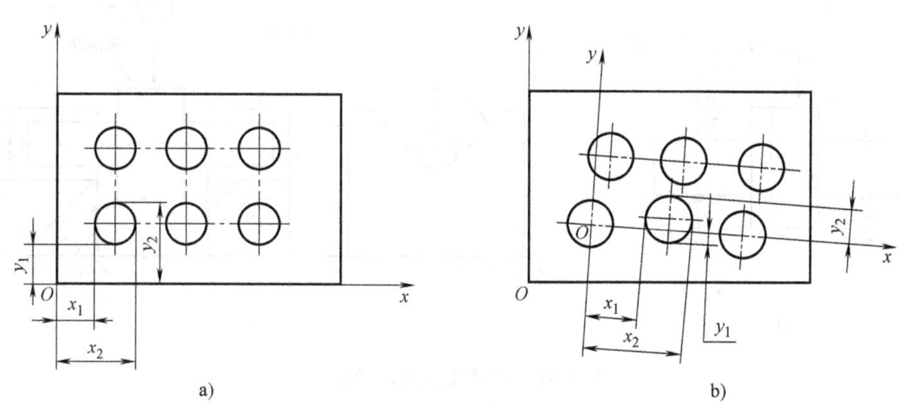

图 3-65　孔的坐标测量

a）以平面为基准　b）以两孔为基准

2）用位置量规测量要素的合格性。如图 3-66 所示，要求在法兰盘上装螺钉用的 4 个孔

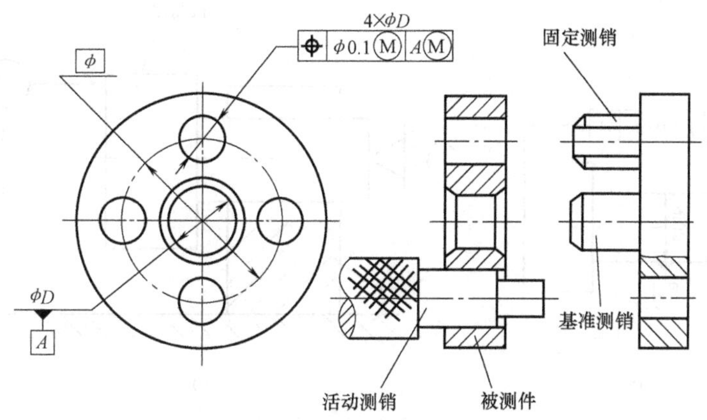

图 3-66　位置量规检测孔的位置度误差

有以中心孔为基准的位置度。将量规的基准测销和固定测销插入零件中，再将活动测销插入其他孔中，如果都能插入零件的对应孔中，即可判断被测件是合格的。

知识要点五　跳动误差的检测

跳动误差是指被测实际要素绕基准轴线回转一周或连续回转时的跳动量。跳动误差又分为圆跳动误差（包括径向圆跳动、轴向圆跳动和斜向圆跳动）和全跳动误差（径向全跳动和轴向全跳动）。

（1）圆跳动误差的检测

1）径向圆跳动误差的检测。图 3-67a 所示的零件，其径向圆跳动误差可用图 3-67b 所示的方法来测量。基准轴线由 V 形架模拟，被测件支承在 V 形架上，并在轴向定位。在被测件回转一周的过程中，指示表上最大与最小读数的差值，即为单个测量平面上的径向圆跳动。按上述方法测量若干个截面，取各个截面上测得的跳动量中的最大值，作为该零件的径向圆跳动误差。该测量方法受 V 形架角度和其基准实际要素形状误差的综合影响。

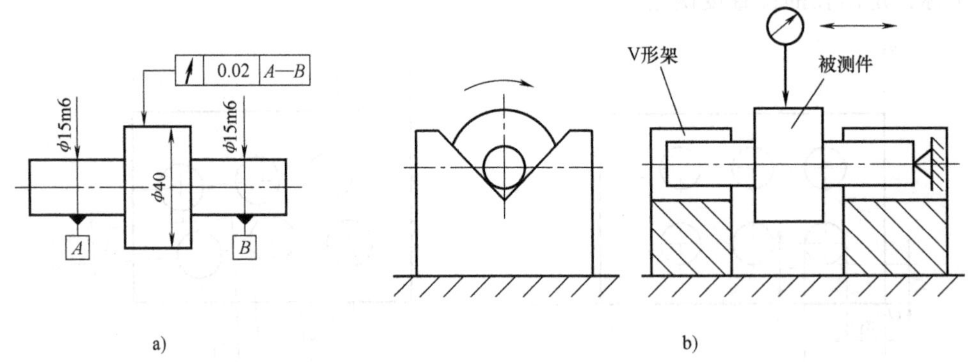

图 3-67　测量径向圆跳动误差

a）被测件　b）测量方法

2）轴向圆跳动误差的检测。图 3-68a 所示的零件，其轴向圆跳动误差可用图 3-68b 所示的方法来测量。将被测件固定在 V 形架上，并轴向定位。在被测件回转一周的过程中，

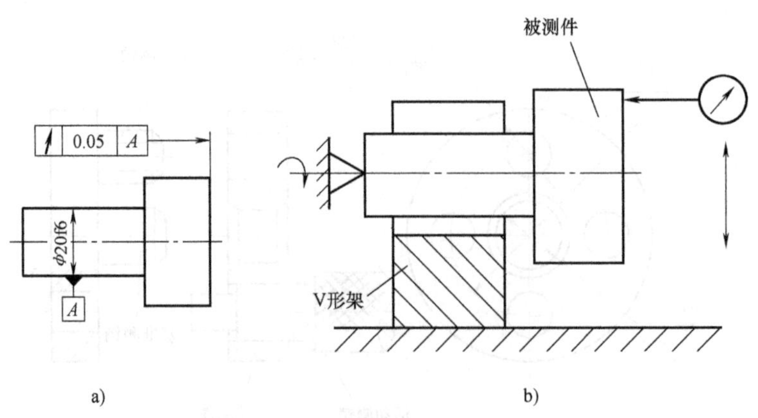

图 3-68　测量轴向圆跳动误差

a）被测件　b）测量方法

指示表上最大与最小读数的差值，即为单个测量圆柱面上的轴向圆跳动。按上述方法测量若干个圆柱面，取各个测量圆柱面上测得的跳动量中的最大值，作为该零件的轴向圆跳动误差。该测量方法受V形架角度和其基准实际要素形状误差的综合影响。

3）斜向圆跳动误差的检测。图3-69a所示的零件，其斜向圆跳动误差可用图3-69b所示的方法来测量。将被测件固定在导向套筒内，并轴向定位。在被测件回转一周的过程中，指示表上最大与最小读数的差值，即为单个测量圆锥面上的斜向圆跳动。按上述方法测量若干个圆锥面，取各个测量圆锥面上测得的跳动量中的最大值，作为该零件的斜向圆跳动误差。当在机床或转动装置上直接进行测量时，具有一定直径的导向套筒不易获得（最小外接圆柱面），可用可调圆柱套（弹簧夹头）来代替导向套筒，但测量结果受夹头误差的影响。

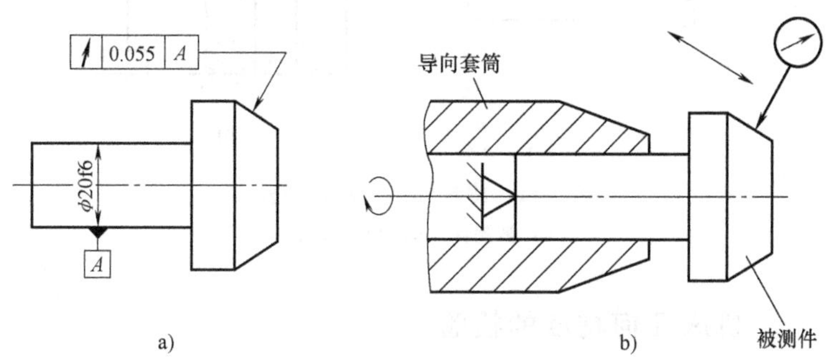

图3-69 测量斜向圆跳动误差

a）被测件 b）测量方法

（2）全跳动误差的检测

1）径向全跳动误差的检测。图3-70a所示的零件，其径向全跳动误差可用图3-70b所示的方法来测量。将被测件固定在两个同轴导向套筒内，同时在轴向固定，并调整该对套筒，使其同轴并与平板平行。在被测件连续回转的过程中，同时让指示表沿基准轴线方向做直线移动。在整个测量过程中，指示表上最大与最小读数的差值，即为该零件的径向全跳动误差。基准轴线也可以用一对V形架或一对顶尖来实现。

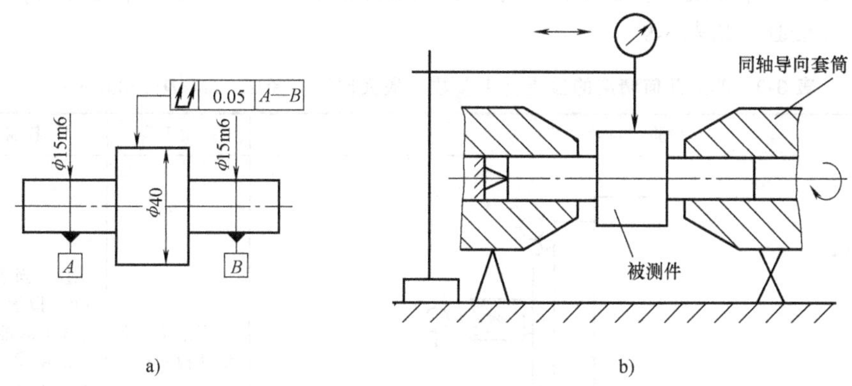

图3-70 测量径向全跳动误差

a）被测件 b）测量方法

2）轴向全跳动误差的检测。图3-71a所示的零件，其轴向全跳动误差可用图3-71b所示的方法来测量。将被测件支承在导向套筒内，并在轴向固定。导向套筒的轴线应与平板垂直。在被测件连续回转的过程中，指示表沿其径向做直线移动。在整个测量过程中，指示表上最大与最小读数的差值，即为该零件的轴向全跳动误差。基准轴线也可以用一对 V 形架来实现。

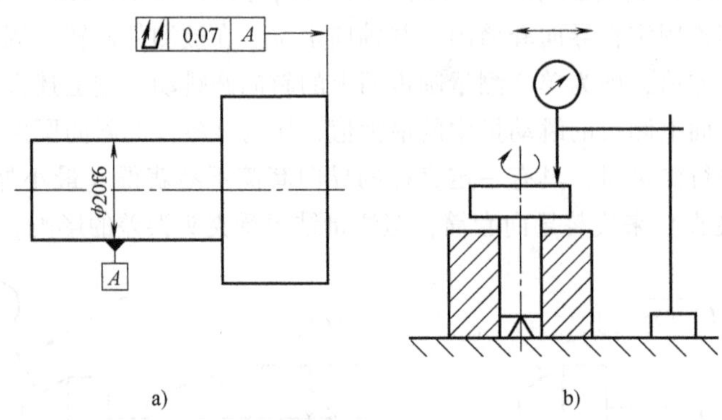

图 3-71　测量轴向全跳动误差

a）被测件　b）测量方法

知识拓展　机床几何精度的检验

（1）机床检验前的准备

1）必须将机床安置在适当的基础上调平，其目的是得到机床的静态稳定性，以方便其后的技术测量工作，特别是方便测量某些基础部件（如床身导轨）的直线度误差。

2）为了尽可能在润滑和温升都正常的工作状态下评定机床精度，在进行几何精度和工作精度检验时，应根据使用条件和制造厂的规定将机床空运转后，使机床零部件达到恰当的温度。对于高精度机床和一些数控机床，温度波动对其精度有显著影响，检验时甚至要求处于特定的（恒温）环境。

（2）几何精度的检验与测量　机床几何精度检验项目主要包括机床的直线度、平面度、垂直度、平行度、等距度、重合度、旋转等。现以卧式数控车床和车削中心为例，对其部分几何精度进行检验，见表 3-9。

表 3-9　部分几何精度的检验（主参数：最大回转直径 250mm<D≤500mm）

检验项目及公差	检验工具	检验方法
主轴箱主轴 ①定心轴径的径向跳动 0.008mm ②周期性轴向窜动 0.005mm ③主轴轴向跳动 0.010mm	指示表、带钢球检验棒	①　当表面为圆锥面时，指示表测量头应垂直于圆锥表面 ②和③　主轴箱主轴应在最大直径上检验

（续）

检验项目及公差	检验工具	检验方法
主轴孔的径向跳动 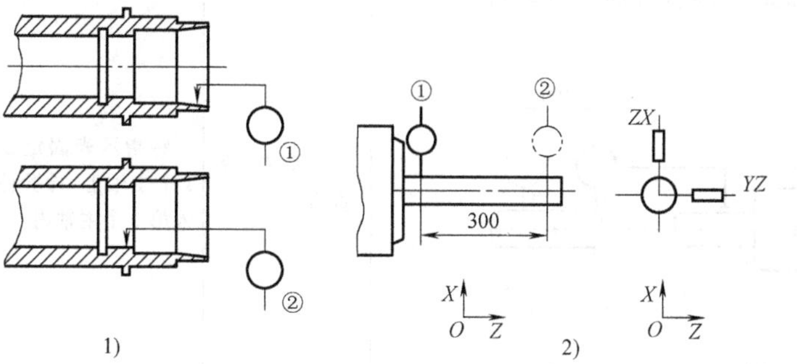 ① ② 1) ①　② ZX　YZ 300 X　O　Z X　O　Z 2) 1)指示表测量头直接触及 ①、②前、后锥孔面 0.008mm 2)用检验棒检验 ①靠近主轴端面 0.015mm ②距主轴端面 300mm 处 0.020mm	指示表、检验棒	检验应在 *OZX* 和 *OYZ* 平面内进行。主轴缓慢旋转，在每个检验位置至少转动两转进行检验 拔出检验棒，相对主轴旋转 90°重新插入，按复检 4 次平均值计
Z 轴(床鞍)运动对主轴轴线的平行度 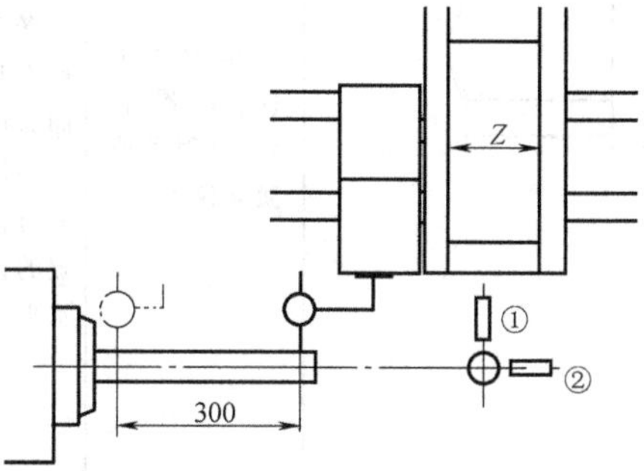 Z ① ② 300 *Z* 轴(床鞍)运动对主轴轴线的平行度(在 300mm 内测量) ①在 *OZX* 平面内 0.015mm ②在 *OYZ* 平面内 0.002mm	指示表、检验棒	旋转主轴至径向跳动的平均位置，然后在 *Z* 轴方向上移动床鞍检验 每个主轴均应检验
主轴(*C′*轴)轴线的垂直度 (在 300mm 长度上或全行程上测量) 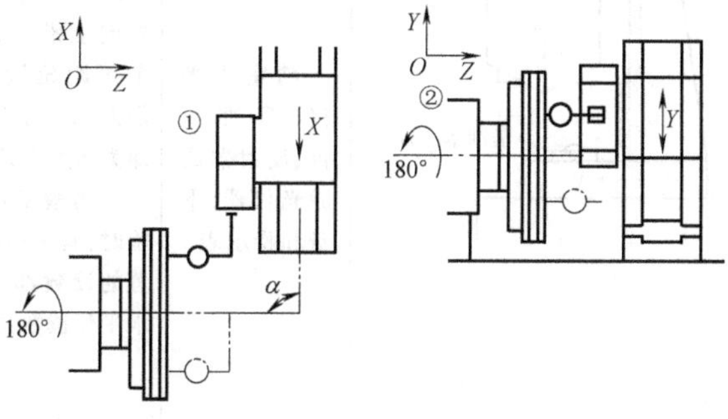 X　O　Z ①　X α 180° Y　O　Z ② Y 180° ①*X* 轴线在 *OZX* 平面内运动的垂直度 0.015mm ②*Y* 轴线在 *OYZ* 平面内运动的垂直度 0.020mm	指示表、花盘及平尺	指示表固定在转塔刀架上 将平尺固定在花盘上，花盘安装在主轴上

（续）

检验项目及公差	检验工具	检验方法
两主轴箱主轴的同轴度（仅用于相对布置的主轴，在 100mm 范围内） 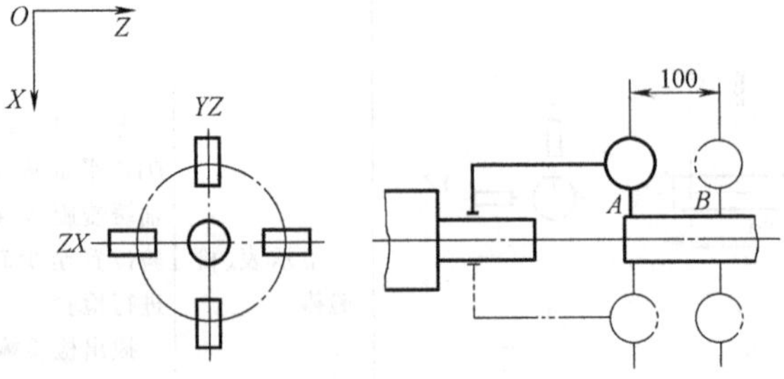 在 *OZX* 平面内及在 *OYZ* 平面内皆为 0.015mm	指示表、检验棒	将指示表固定在第 1 个主轴上，检验棒插入第 2 个主轴内
Z 轴运动（床鞍运动）的角度误差 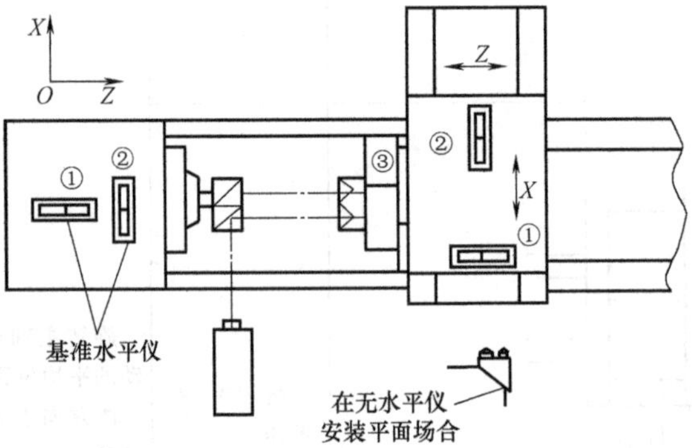 ①在 *OYZ* 平面内（俯仰） ②在 *OXY* 平面内（倾斜） ③在 *OZX* 平面内（偏摆） 当①、②、③在 *Z*≤500mm 时皆为 0.040mm/1000mm（或 8″）	精密水平仪、目准直仪、反射器或激光仪器	应在往复两个运动方向上沿行程至少 5 个等距位置上检验。最大和最小读数之差即为角度误差 当用精密水平仪检验时，其每移动一个位置的读数都应与基准水平仪读数比对
Y 轴运动（刀架运动）的角度误差 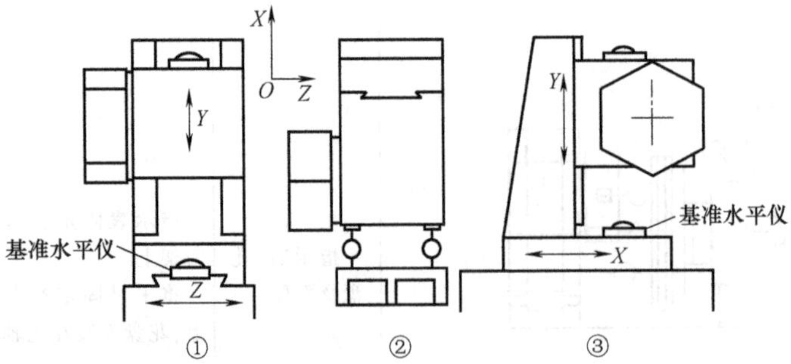 ①在 *OYZ* 平面内（绕 *X* 轴偏摆） ②在 *OZX* 平面内（倾斜） ③在 *OXY* 平面内（绕 *Z* 轴仰俯） 当①、②、③在 *Y*≤500mm 时皆为 0.040mm/1000mm（或 8″）	精密水平仪、目准直仪、反射器或激光仪器、平盘和指示表	应在往复两个运动方向上沿行程至少 5 个等距位置上检验。最大和最小读数之差即为角度误差 当用精密水平仪检验时，其每移动一个位置的读数都应与基准水平仪读数比对

（续）

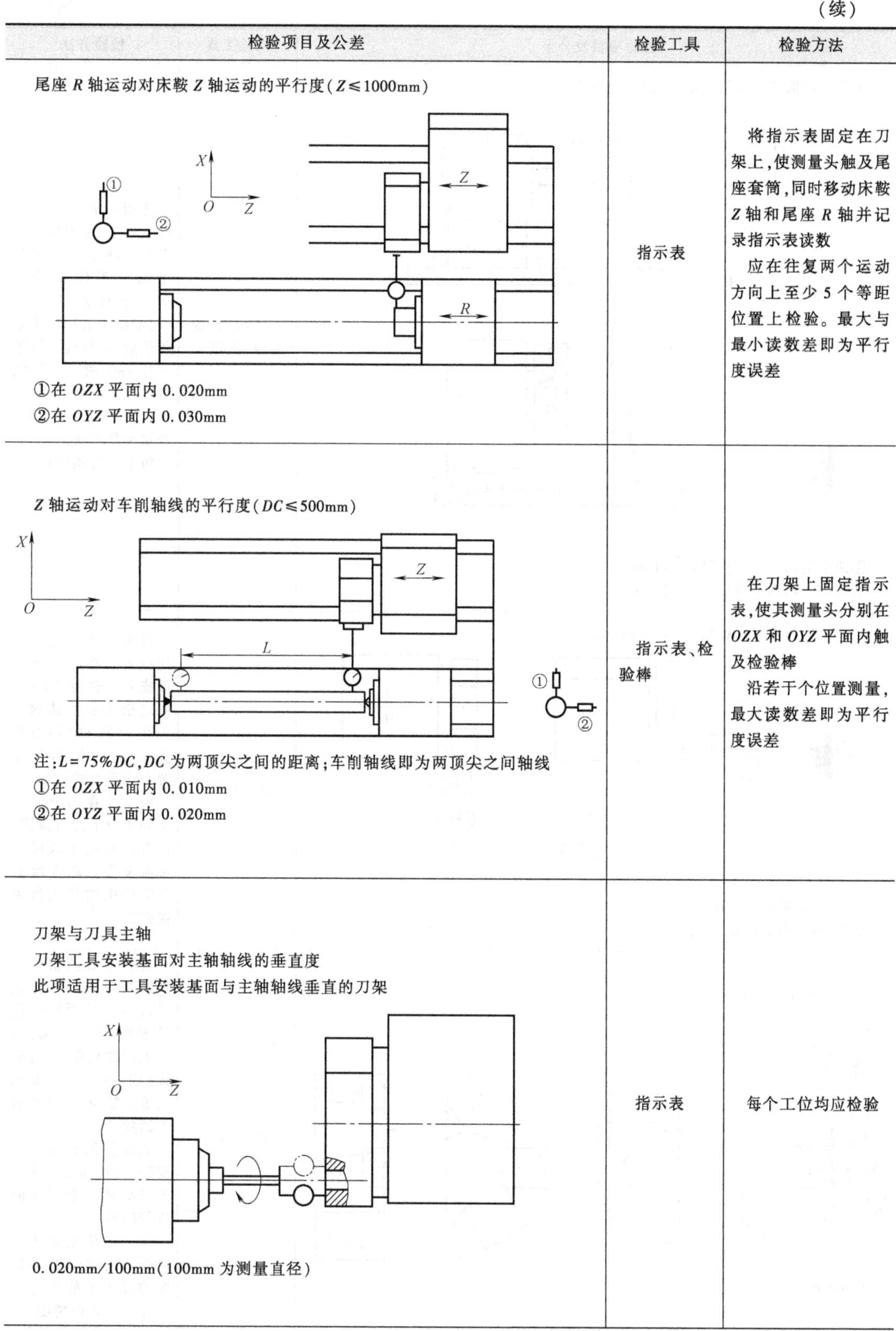

检验项目及公差	检验工具	检验方法
尾座 *R* 轴运动对床鞍 *Z* 轴运动的平行度（$Z \leq 1000$mm） ①在 *OZX* 平面内 0.020mm ②在 *OYZ* 平面内 0.030mm	指示表	将指示表固定在刀架上，使测量头触及尾座套筒，同时移动床鞍 *Z* 轴和尾座 *R* 轴并记录指示表读数 应在往复两个运动方向上至少 5 个等距位置上检验。最大与最小读数差即为平行度误差
Z 轴运动对车削轴线的平行度（$DC \leq 500$mm） 注：$L=75\%DC$，*DC* 为两顶尖之间的距离；车削轴线即为两顶尖之间轴线 ①在 *OZX* 平面内 0.010mm ②在 *OYZ* 平面内 0.020mm	指示表、检验棒	在刀架上固定指示表，使其测量头分别在 *OZX* 和 *OYZ* 平面内触及检验棒 沿若干个位置测量，最大读数差即为平行度误差
刀架与刀具主轴 刀架工具安装基面对主轴轴线的垂直度 此项适用于工具安装基面与主轴轴线垂直的刀架 0.020mm/100mm（100mm 为测量直径）	指示表	每个工位均应检验

（续）

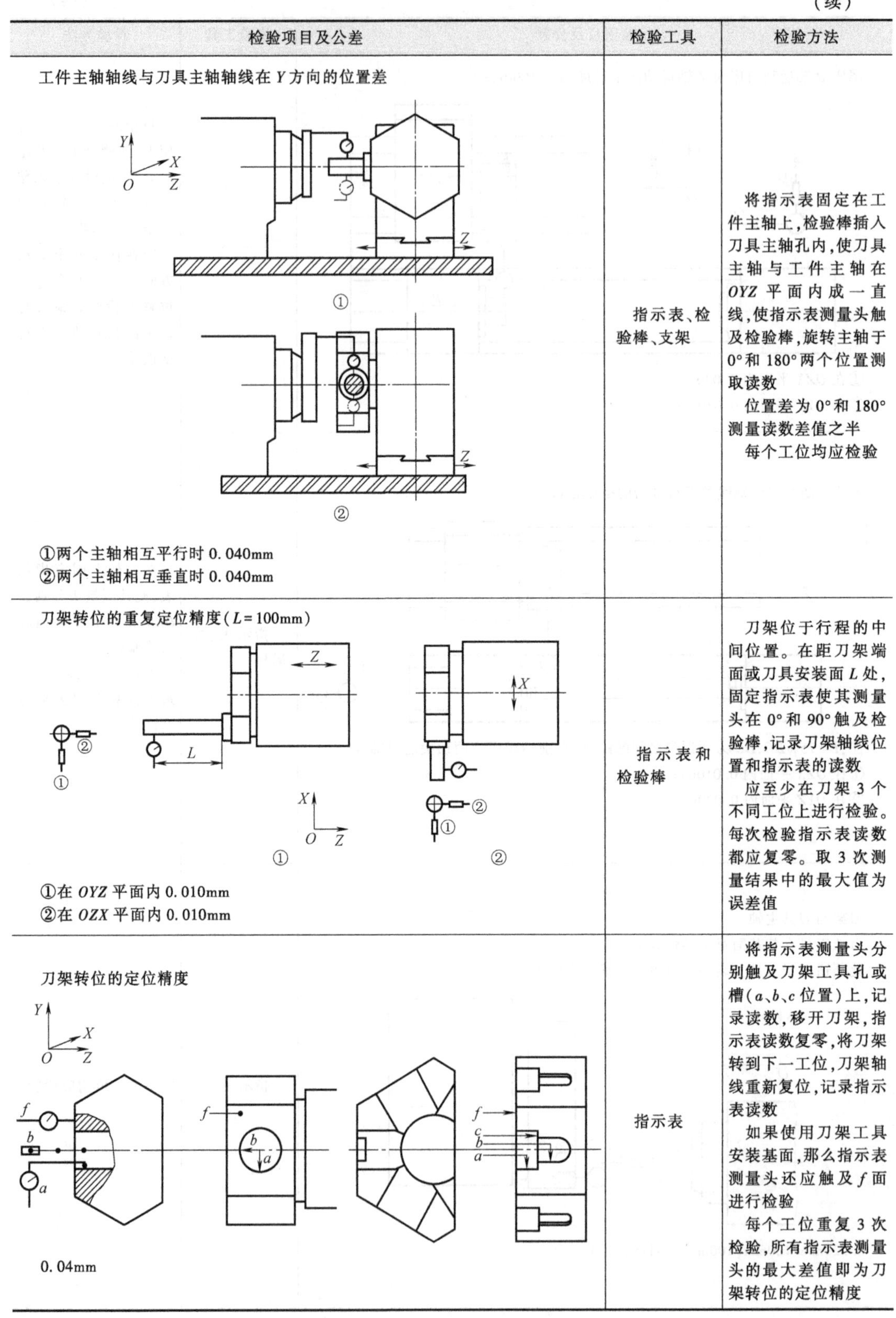

检验项目及公差	检验工具	检验方法
工件主轴轴线与刀具主轴轴线在 Y 方向的位置差 ①两个主轴相互平行时 0.040mm ②两个主轴相互垂直时 0.040mm	指示表、检验棒、支架	将指示表固定在工件主轴上，检验棒插入刀具主轴孔内，使刀具主轴与工件主轴在 OYZ 平面内成一直线，使指示表测量头触及检验棒，旋转主轴于 0°和 180°两个位置测取读数 位置差为 0°和 180°测量读数差值之半 每个工位均应检验
刀架转位的重复定位精度（$L=100$mm） ①在 OYZ 平面内 0.010mm ②在 OZX 平面内 0.010mm	指示表和检验棒	刀架位于行程的中间位置。在距刀架端面或刀具安装面 L 处，固定指示表使其测量头在 0°和 90°触及检验棒，记录刀架轴线位置和指示表的读数 应至少在刀架 3 个不同工位上进行检验。每次检验指示表读数都应复零。取 3 次测量结果中的最大值为误差值
刀架转位的定位精度 0.04mm	指示表	将指示表测量头分别触及刀架工具孔或槽（a、b、c 位置）上，记录读数，移开刀架，指示表读数复零，将刀架转到下一工位，刀架轴线重新复位，记录指示表读数 如果使用刀架工具安装基面，那么指示表测量头还应触及 f 面进行检验 每个工位重复 3 次检验，所有指示表测量头的最大差值即为刀架转位的定位精度

测量几何精度时，应做到：

1）选择高精度测量工具，如平尺、角尺、检验棒、专用锥度检验棒、圆柱角尺等专用的工具。

2）选择高精度的量仪，如高精度的指示表、杠杆千分表、量块、电子水平仪、光学准直仪、激光干涉仪等测量仪器。

（3）机床几何精度测量举例　直线度误差的测量工具及测量方法。

1）用平尺在垂直平面内测量直线度误差。平尺应尽可能放在使其具有最小重力挠度的两个等高的量块上。指示表安装在具有三个接触点的支座上，并沿导向平尺做直线移动进行测量，三个接触点之一应位于垂直触及平尺的指示表表杆的延伸线上，如图 3-72 所示。

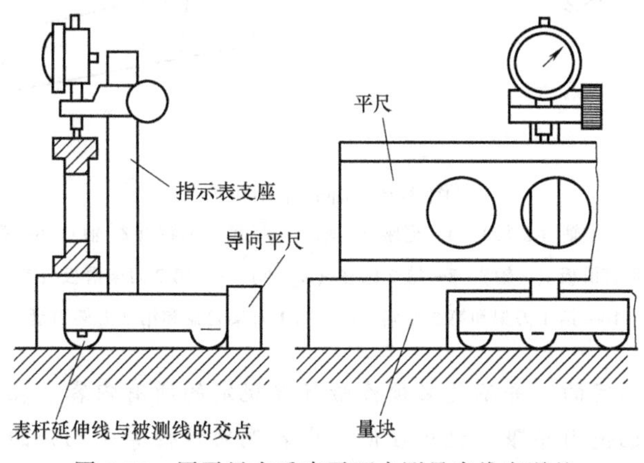

图 3-72　用平尺在垂直平面内测量直线度误差

2）用平尺在水平面内测量直线度误差。用一根水平放置的平尺作为基准面，并放置平尺使其两端读数相等。使指示表在与被检面接触状况下移动，即可测得该线的直线度误差。然后使平尺绕其纵向轴线翻转 180°，所测得的为排除平尺直线度误差后的测量结果，如图 3-73 所示。

3）用准直激光法测量直线度误差。以激光束作为测量基准，光束对准沿光束轴线移动的四象限光电二极管传感器，传感器中心与光束的水平和垂直偏差被测定并传送到记录仪器中，如图 3-74 所示。

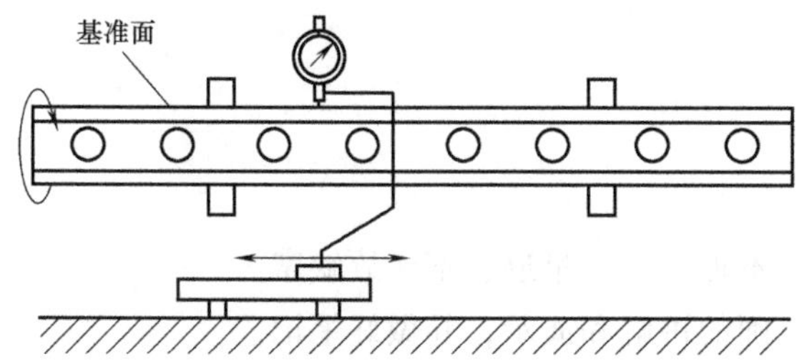

图 3-73　用平尺在水平面内测量直线度误差

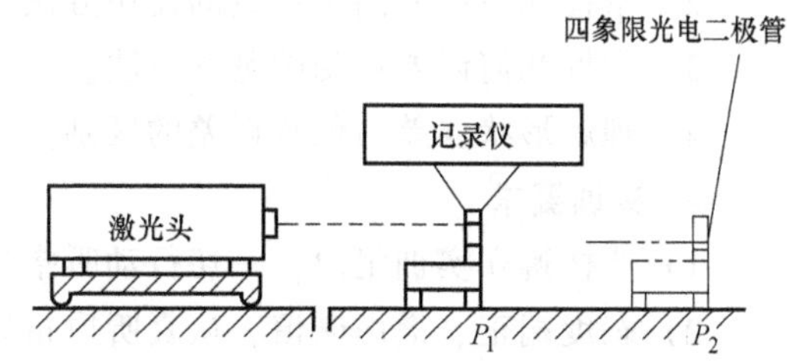

图 3-74　用准直激光法测量直线度误差

（4）数控车床和车削中心的检验

1）卧式车削中心的结构术语（图 3-75）。

2）数控车床和车削中心的几何精度检验项目。机床几何精度检验项目是根据检验的目

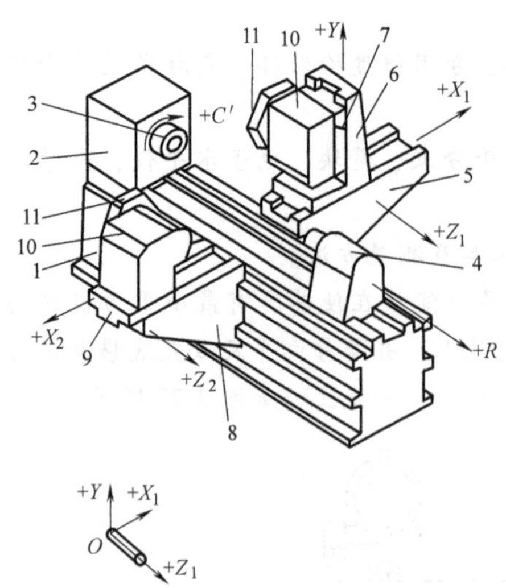

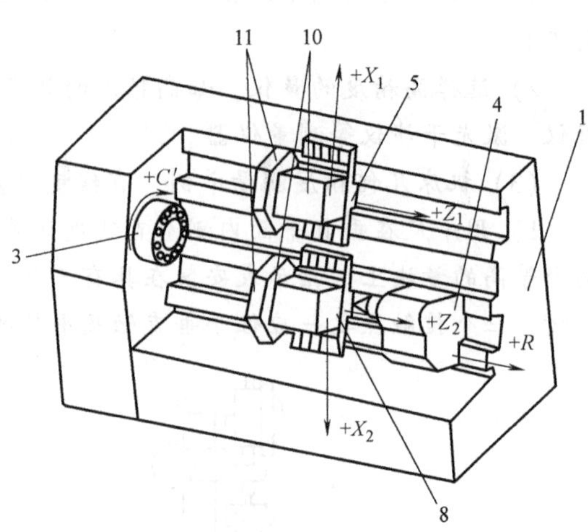

图 3-75　卧式车削中心

1—床身　2—主轴箱　3—主轴（C'轴）　4—尾座（R 轴）　5—第 1 床鞍（Z_1 轴）　6—第 1 刀架滑板（X_1 轴）　7—垂直滑板（Y 轴）　8—第 2 床鞍（Z_2 轴）　9—第 2 刀架滑板（X_2 轴）　10—第 1 刀架和第 2 刀架　11—第 1 刀架刀盘和第 2 刀架刀盘

的、需要和结构特点确定的，并不是必须检验标准规定的所有内容。在实际工作中，被检验机床的类型、参数、已使用年限、机床在使用中表现的特性等是已知的、确定的，从而确定对机床检验的目的和要求。为此，检验项目应从该机床的“产品合格证”中选取。

实训操作

【实训操作三】　平面度、平行度误差的检测计算

1. 实训目的

1）理解几何误差检测的概念，了解产品合格性检验的条件和准则。

2）掌握几何误差测量器具的使用方法。

3）掌握几何误差检测的基本方法。

4）理解形状误差与位置误差的区别。

2. 实训要求

1）严格遵守实训纪律，一切行动听指挥，不迟到、不早退、不无故缺席。

2）态度端正、谦虚谨慎，认真听取指导老师的讲解和演示，并做好笔记。

3）未经培训和许可，不得随意摆弄测量器具。

4）保持工作场地整洁、通畅；严肃认真地进行实训操作，不得嬉戏打闹。

5）实训结束后，按要求清理、保管好操作使用过的工具、测量器具等。

3. 测量器具和器材

检验平台、百分表、表架、固定支承和可调支承。

4. 测量原理

如图 3-76a 所示，将被测平板放在检验平台上，以检验平台为基准，从百分表上读出被测平板上相应各点的读数值，通过计算求出其平面度、平行度误差。

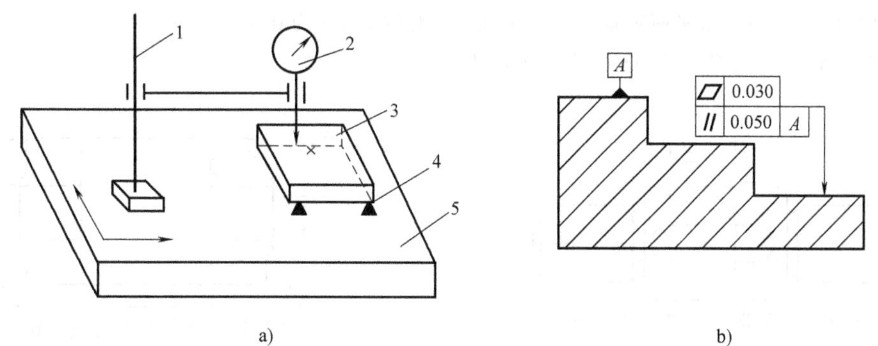

图 3-76　使用平板、百分表测量平面度、平行度误差

a）测量原理　b）被测件

1—表架　2—百分表（测微表）　3—被测平板　4—可调支承　5—检验平台

5. 测量步骤

测量如图 3-76b 所示的阶梯块状零件的平面度和平行度误差。

（1）平面度误差的测量步骤

1）将被测件支承在检验平台上，以检验平台作为测量基准。

2）将被测平面上两对角线的角点分别调整等高或将最远的三点调成距检验平台等高。按一定布点测量被测平面。百分表上最大与最小读数之差，即为该平面的平面度误差的近似值。

3）当要求较高时，可根据记录的各点读数，用基面法按最小条件求得平面度误差。

（2）平行度误差的测量步骤

1）将被测件支承在检验平台上，以检验平台作为测量基准。

2）当采用三点法测量时，通过调整固定和可调支承，使基准平面最远三点等高，以便基准平面与检验平台平行。

3）按一定的布点测量被测平面，其百分表最大与最小读数的差值，即为被测件平行度误差的近似值。

6. 填写测量报告单

按要求将被测件的相关信息、测量结果及测量条件填入测量报告单。

习题与思考题

3-1　什么是几何公差？为什么要对零件的几何要素规定必要的几何公差？

3-2　几何公差的几何特征及符号有哪些？

3-3　什么是要素？要素分为哪些类型？

3-4　几何公差在图样中怎样进行标注？

3-5　将下列几何公差要求分别标注在图 3-77 上。

1）$\phi32_{-0.03}^{\ 0}$mm 圆柱面对两 $\phi20_{-0.021}^{\ 0}$mm 公共轴线的径向圆跳动公差为 0.015mm。

2）两 $\phi20_{-0.021}^{\ 0}$mm 轴颈的圆柱度公差为 0.01mm。

3）$\phi32_{-0.03}^{\ 0}$mm 左、右两端面对两 $\phi20_{-0.021}^{\ 0}$mm 公共轴线的轴向圆跳动公差为 0.02mm。

4）键槽 $10_{-0.036}^{\ 0}$mm 中心平面对 $\phi32_{-0.03}^{\ 0}$mm 轴线的对称度公差为 0.015mm。

3-6　将下列几何公差要求分别标注在图 3-78 上。

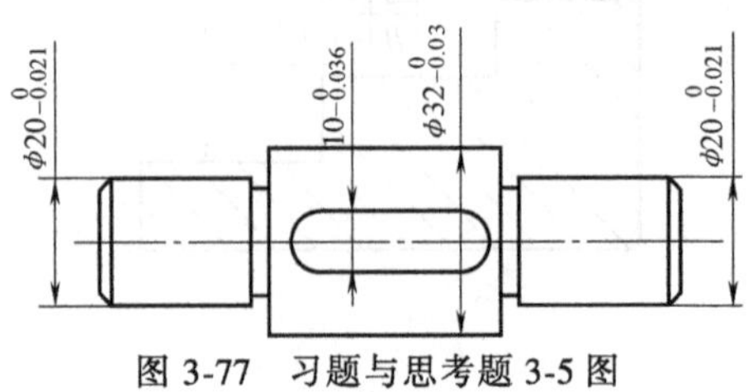

图 3-77　习题与思考题 3-5 图

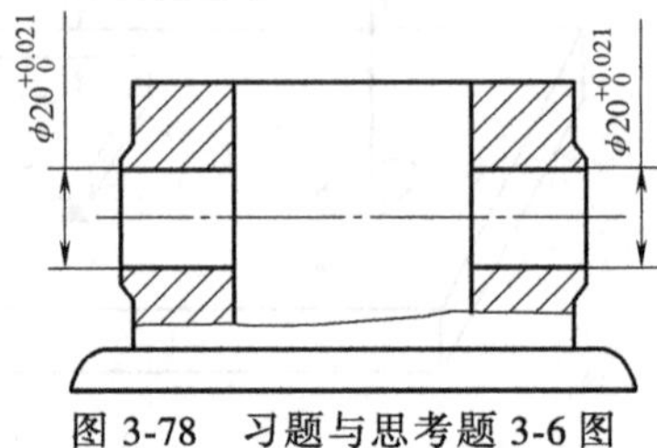

图 3-78　习题与思考题 3-6 图

1）底面的平面度公差为 0.012mm。

2）$\phi20_{\ 0}^{+0.021}$mm 两孔的轴线分别对它们的公共轴线的同轴度公差为 0.015mm。

3）两 $\phi20_{\ 0}^{+0.021}$mm 孔的公共轴线对底面的平行度公差为 0.01mm。

3-7　指出图 3-79 中几何公差标注上的错误，并加以改正（不变更几何公差项目）。

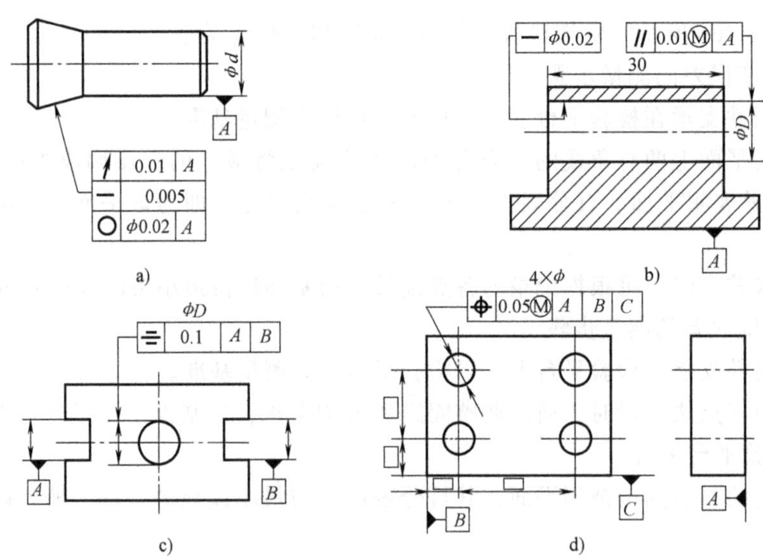

图 3-79　习题与思考题 3-7 图

3-8　说明图 3-80 中各项几何公差的意义，要求包括被测要素、基准要素（如有）以及公差带的特征。

3-9　试说明圆柱度的几何特征符号，并说明圆柱度公差带的定义，举例并进行解释。

3-10　什么是公差原则？公差原则对生产实际有何重要意义？

3-11　什么是最大实体尺寸？什么是最小实体尺寸？什么是作用尺寸？

3-12　几何公差的选择包括哪些内容？

3-13　怎样正确选择几何公差的几何特征？

3-14　怎样选择几何公差值？

3-15　什么是几何误差？几何误差的检测原则有哪些？

3-16　简要说明怎样检测直线度误差。

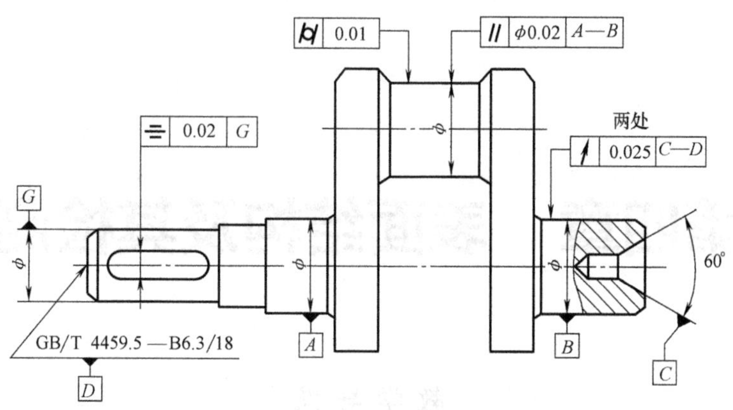

图 3-80　习题与思考题 3-8 图

3-17　简要说明怎样检测圆度误差。

3-18　简要说明怎样检测平面度误差。

3-19　简要说明怎样检测位置度误差。

3-20　根据图 3-81 填写表 3-10。

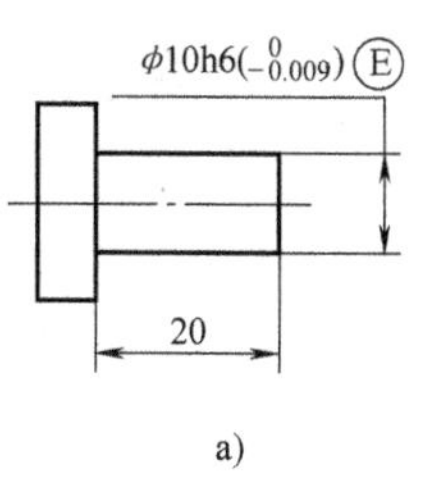

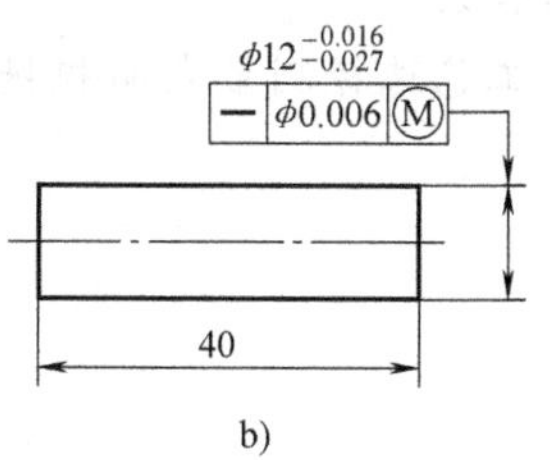

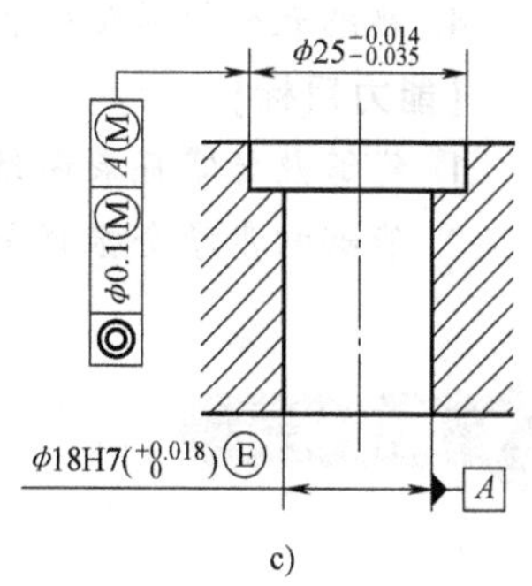

图 3-81　习题与思考题 3-20 图

表 3-10　习题与思考题 3-20 表

分图号	最大实体尺寸 /mm	最小实体尺寸 /mm	最大实体状态时的几何公差值 /μm	可能补偿的最大几何公差值 /μm	理想边界名称及边界尺寸 /mm	实际尺寸合格范围 /mm
a)						
b)						
c)						

4

第四章 表面结构及其检测

教学导航

【知识目标】

1. 熟悉表面结构的概念及其对机械产品性能的影响。
2. 熟悉表面结构的图形符号及标注。
3. 熟悉表面粗糙度的概念及其评定参数；熟悉表面粗糙度参数的选用。
4. 熟悉表面粗糙度的各种测量方法及其应用范围。

【能力目标】

1. 能够熟练掌握表面结构标注的含义。
2. 能够初步学会根据零件的加工工艺选择测量表面粗糙度的方法。

第一节 表面结构概述

知识要点一 表面结构的概念及其对机械产品性能的影响

1. 表面结构的概念

机械零件的表面是按所给定特征和要求加工而形成的，看上去表面似乎十分光滑，但微观上却是凹凸不平的。如图 4-1 所示，零件表面的实际轮廓是由粗糙度轮廓（R 轮廓）、波纹度轮廓（W 轮廓）和原始轮廓（P 轮廓）构成的。各种轮廓所具有的特性都与零件的表面功能密切相关。因此，零件的表面结构是表面粗糙度、表面波纹度和表面原始轮廓的统称。所以，表面结构是通过不同的测量与计算方法得出的一系列参

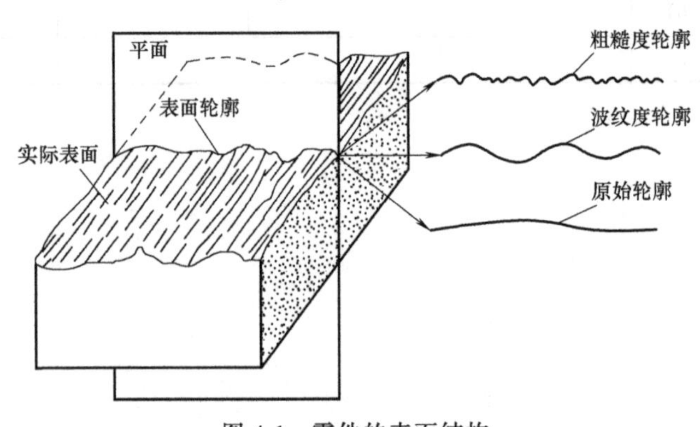

图 4-1 零件的表面结构

数的表征，也是评定零件表面质量和保证表面功能的重要技术指标。

2. 表面结构对机械产品性能的影响

机械零件的表面结构不仅影响美观，而且对运动面的摩擦与磨损、贴合面的密封性、流体流动的阻力等都有影响，而且还会影响到定位与定位精度、配合性质、疲劳强度、接触刚度、耐蚀性等。表面结构会直接影响机械零件的使用性能和寿命，特别是在高温、高压和高速条件下工作的机械零件。表面结构对机械产品性能的影响主要有以下几个方面。

(1) 对摩擦和磨损的影响　当两个零件的表面相接触且具有相对运动时，由于峰顶之间的接触作用会产生摩擦阻力，而使零件磨损。因此，零件的表面越粗糙，摩擦阻力就越大，两个相对运动的表面间有效接触面积就越少，导致单位面积压力增大，零件运动的表面磨损就越快。

(2) 对配合性质的影响　表面结构会影响配合性质的稳定性，进而影响机器或仪器的工作精度和可靠性。对于有相对运动的间隙配合，因表面结构的峰顶在运转时会很快磨损，使得间隙增大；对于过盈配合，表面结构的峰顶在装配时被挤平，使得实际有效过盈量减少，从而降低了连接强度。

(3) 对疲劳强度的影响　零件的表面越粗糙，其表面的凹谷越深，波谷的曲率也就越小，应力集中就会越严重。当零件在承受交变载荷时，由于应力集中的影响，使疲劳强度降低，零件疲劳损坏的可能性就越大，久而久之会导致零件表面产生裂纹而损坏。

(4) 对接触刚度的影响　零件表面越粗糙，两个零件表面间的实际接触面积也就越小，单位面积受力也就越大，这就会使峰顶处的局部塑性变形加剧，接触刚度降低，影响机器的工作精度和抗振性。

(5) 对耐蚀性的影响　零件表面越粗糙，表面积越大，凹谷越深，即粗糙的表面易使腐蚀性物质附着于表面的凹谷处，并渗入到金属内层，造成表面锈蚀加大（腐蚀加剧）。

因此，在零件进行几何精度设计时，提出表面结构要求是非常必要的。

知识要点二　表面结构的国家标准

我国有关表面结构的标准如下。

GB/T 131—2006《产品几何技术规范（GPS）　技术产品文件中表面结构的表示法》。

GB/T 1031—2009《产品几何技术规范（GPS）　表面结构　轮廓法　表面粗糙度参数及其数值》。

GB/T 3505—2009《产品几何技术规范（GPS）　表面结构　轮廓法　术语、定义及表面结构参数》。

GB/T 10610—2009《产品几何技术规范（GPS）　表面结构　轮廓法　评定表面结构的规则和方法》。

GB/Z 20308—2006《产品几何技术规范（GPS）　总体规划》。

GB/T 16747—2009《产品几何技术规范（GPS）　表面结构　轮廓法　表面波纹度词汇》。

GB/T 18618—2009《产品几何技术规范（GPS）　表面结构　轮廓法　图形参数》。

GB/T 7220—2004《产品几何量技术规范（GPS）　表面结构　轮廓法　表面粗糙度　术语　参数测量》。

GB/T 18778.3—2006《产品几何技术规范（GPS）　表面结构　轮廓法　具有复合加工

特征的表面　第 3 部分：用概率支承率曲线表征高度特性》。

GB/Z 18620.4—2008《圆柱齿轮检验实施规范　第 4 部分：表面结构和轮齿接触斑点的检验》。

GB/T 18618—2009《产品几何技术规范（GPS）　表面结构　轮廓法　图形参数》。

GB/T 18778.2—2003《产品几何量技术规范（GPS）　表面结构　轮廓法　具有复合加工特征的表面　第 2 部分：用线性化的支承率曲线表征高度特性》。

第二节　表面粗糙度及其评定参数

知识要点一　表面粗糙度的概念

表面粗糙度是一种零件表面的缺陷。

经机械加工的零件表面，总是存在着宏观和微观的几何形状误差。表面粗糙度是指零件在加工过程中，因不同的加工方法、机床与工具的精度、振动及磨损等因素在加工表面上所形成的具有较小间隔和较小峰谷的微观状况。它属于微观几何误差。

知识要点二　表面粗糙度的评定参数

1. 主要术语及定义

国家标准 GB/T 3505—2009 规定了用轮廓法确定表面结构（粗糙度、波纹度和原始轮廓）的术语、定义和参数。

（1）表面轮廓　它是由一个指定平面与实际表面相交所得的轮廓，如图 4-2 所示。

（2）轮廓滤波器　它们是把表面轮廓分成长波和短波的滤波器。它们的传输特性相同，截止波长不同。

1）λs 轮廓滤波器，即确定存在于表面上的粗糙度与比它更短的波的成分之间相交界限的滤波器，如图 4-3 所示。

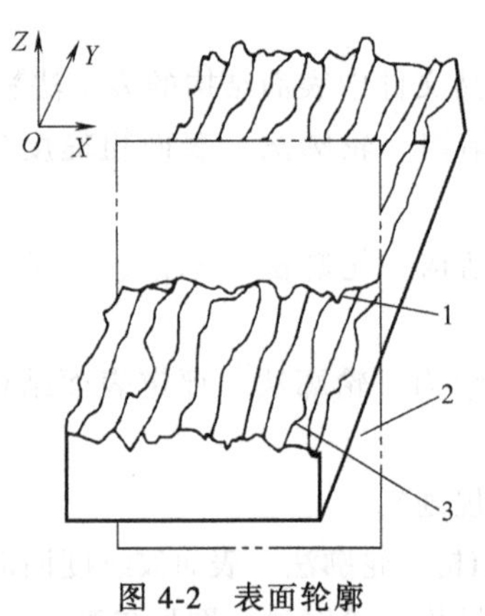

图 4-2　表面轮廓

1—表面轮廓　2—平面　3—加工纹理方向

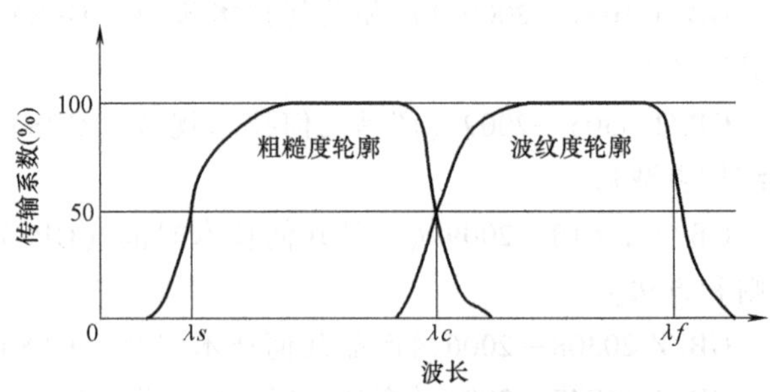

图 4-3　粗糙度和波纹度轮廓的传输特性

2）λc 轮廓滤波器，即确定粗糙度与波纹度成分之间相交界限的滤波器，如图 4-3 所示。

3）λf 轮廓滤波器，即确定存在于表面上的波纹度与比它更长的波的成分之间相交界限的滤波器，如图 4-3 所示。

（3）原始轮廓　在应用短波滤波器 λs 之后的总轮廓。它是评定原始轮廓参数的基础。

（4）粗糙度轮廓　它是对原始轮廓采用 λc 滤波器抑制长波成分以后形成的轮廓。它是评定粗糙度轮廓参数的基础，如图 4-3 所示。

（5）波纹度轮廓　它是对原始轮廓连续应用 λf 和 λc 两个滤波器后形成的轮廓。它是评定波纹度轮廓参数的基础，如图 4-3 所示。

（6）取样长度 lr　用于判别具有表面粗糙度特征的 x 轴方向上的一段基准线长度，称为取样长度，代号为 lr。规定取样长度是为了限制和减弱宏观几何形状误差，特别是波纹度对表面粗糙度测量结果的影响。为了得到较好的测量结果，取样长度应与表面粗糙度的要求相适应，若过短则不能反映粗糙度实际情况；若过长则会把波纹度的成分也包括进去。长波滤波器上的截止波长值，就是取样长度 lr。

另外，取样长度在轮廓总的走向上量取。表面越粗糙，取样长度应越大，这是因为表面越粗糙，波距越大。

（7）评定长度 ln　评定表面粗糙度所需的 x 轴方向上的一段长度称为评定长度，代号为 ln。规定评定长度是为了克服加工表面的不均匀性，较客观地反映表面粗糙度的真实情况，如图 4-4 所示。评定长度可包含一个或几个取样长度，一般取评定长度 $ln=5lr$。

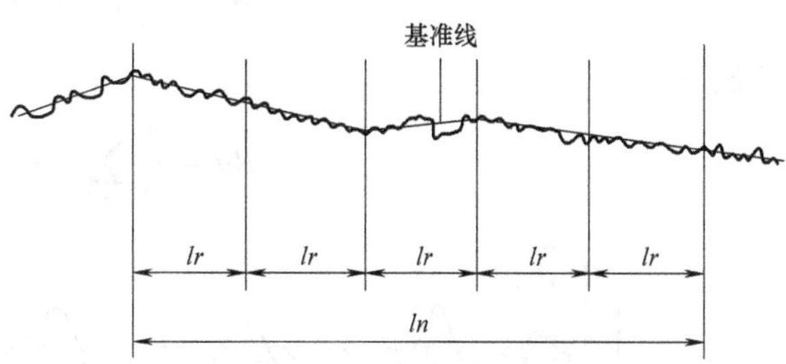

图 4-4　取样长度和评定长度

（8）中线 m　中线是具有几何轮廓形状并划分轮廓的基准线，如图 4-5 所示。

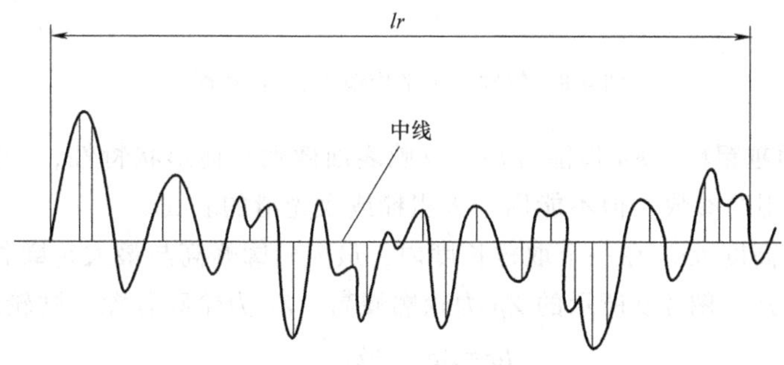

图 4-5　粗糙度轮廓中线

中线有下列两种确定方法。

1）最小二乘法。在取样长度内使轮廓线上各点至该线的距离的二次方和最小，如图 4-6 所示，即 $\sum_{i=1}^{n} Z_i^2$ 最小。

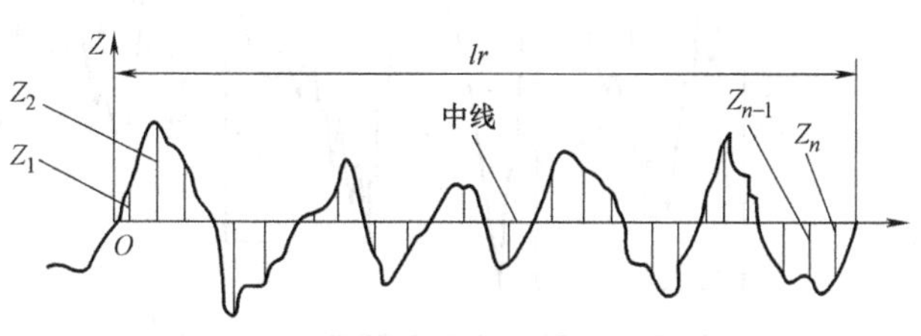

图 4-6　轮廓的最小二乘中线示意图

2）算术平均法。用该方法确定的中线具有几何轮廓形状，在取样长度内与轮廓走向一致。该线划分轮廓并使上、下两部分的面积相等。如图 4-7 所示，中线是算术平均中线，F_1、F_3、…、F_{2n-1} 代表中线上面部分的面积，F_2、F_4、…、F_{2n} 代表中线下面部分的面积，即

$$F_1+F_3+\cdots+F_{2n-1}=F_2+F_4+\cdots+F_{2n}$$

用最小二乘法确定的中线是唯一的，但比较费事。用算术平均法确定中线是一种近似的图解法，较为简便，因而得到广泛的应用。

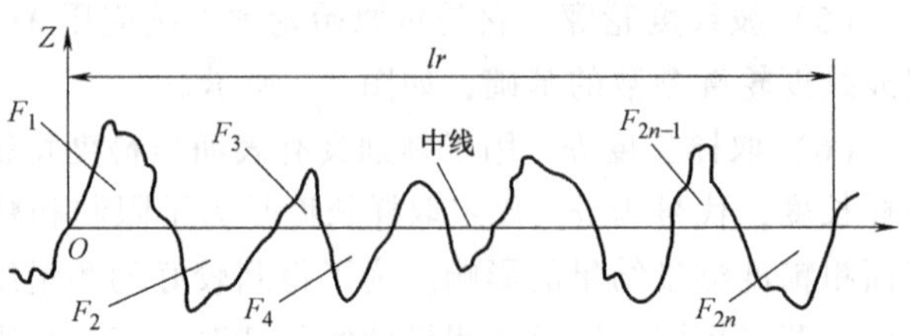

图 4-7　轮廓的算术平均中线示意图

2. 表面粗糙度的主要评定参数

国家标准 GB/T 3505—2009 规定表面粗糙度主要评定参数如下。

（1）轮廓算术平均偏差 *Ra*　在一个取样长度 *lr* 范围内，纵坐标值 $Z(x)$ 绝对值的算术平均值，如图 4-8 所示，其数学表达式为

$$Ra=\frac{1}{lr}\int_0^{lr}|Z(x)|\mathrm{d}x$$

或近似为

$$Ra=\frac{1}{n}\sum_{i=1}^{n}|Z(x_i)|$$

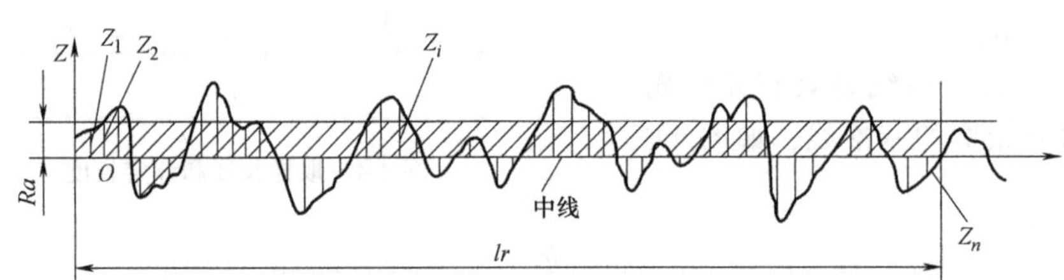

图 4-8　轮廓算术平均偏差 *Ra* 示意图

Ra 越大，表面越粗糙。*Ra* 值能客观地反映表面微观几何形状特性，一般用触针式轮廓仪测得，是普遍采用的参数，但不能用于太粗糙或太光滑的表面。

（2）轮廓最大高度 *Rz*。在一个取样长度内，最大轮廓峰高与最大轮廓谷深之间的距离，称为轮廓最大高度 *Rz*。图 4-9 所示的 *Zp* 为轮廓峰高，*Zv* 为轮廓谷深，则轮廓最大高度为

$$Rz=Zp_{\max}+Zv_{\max}$$

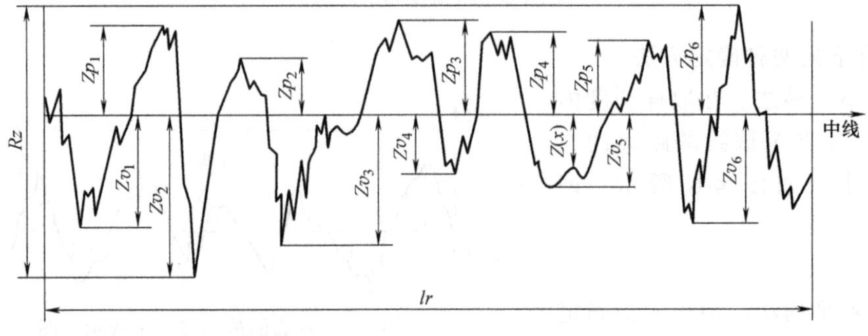

图 4-9　轮廓最大高度 *Rz* 示意图

Rz 常用于不允许有较深加工痕迹如受交变应力的表面，或因表面很小不宜采用 *Ra* 时用 *Rz* 评定的表面。*Rz* 只能反映表面轮廓的最大高度，不能反映微观几何形状特征。*Rz* 常与 *Ra* 联用。

3. 一般规定

国家标准规定采用中线制轮廓法来评定表面粗糙度，表面粗糙度的评定参数一般从 *Ra*、*Rz* 中选取，见表 4-1 和表 4-2。表中的“系列值”应得到优先选用。

表 4-1　轮廓算术平均偏差（*Ra*）的数值（GB/T 1031—2009）　　（单位：μm）

系列值	补充系列	系列值	补充系列	系列值	补充系列	系列值	补充系列
	0.008						
	0.010						
0.012			0.125		1.25	12.5	
	0.016		0.160	1.6			16.0
	0.020	0.20			2.0		20
0.025			0.25		2.5	25	
	0.032		0.32	3.2			32
	0.040	0.40			4.0		40
0.050			0.50		5.0	50	
	0.063		0.63	6.3			63
	0.080	0.80			8.0		80
0.100			1.00		10.0	100	

表 4-2　轮廓最大高度（*Rz*）的数值（GB/T 1031—2009）　　（单位：μm）

系列值	补充系列	系列值	补充系列	系列值	补充系列	系列值	补充系列	系列值	补充系列	系列值	补充系列
			0.125		1.25	12.5			125		1250
			0.160	1.60			16.0		160	1600	
		0.20			2.0		20	200			
0.025			0.25		2.5	25			250		
	0.032		0.32	3.2			32		320		
	0.040	0.40			4.0		40	400			
0.050			0.50		5.0	50			500		
	0.063		0.63	6.3			63		630		
	0.080	0.80			8.0		80	800			
0.100			1.00		10.0	100			1000		

在常用的参数值范围内（*Ra* 为 0.025~6.3μm，*Rz* 为 0.10~25μm），推荐优先选用 *Ra*。

国家标准 GB/T 3505—2009 虽然定义了 *R*、*W*、*P* 三种高度轮廓，但常用的是 *R* 轮廓。

当零件表面有功能要求时，除选用高度参数 *Ra*、*Rz* 之外，还可选用附加的评定参数。如当要求表面具有良好的耐磨性时，可增加轮廓单元的平均宽度 *Rsm*，轮廓支承长度率 *Rmr*(*c*)。因篇幅所限，不做介绍。

国家标准 GB/T 1031—2009 给出了 *Ra*、*Rz* 的取样长度 *lr* 与评定长度 *ln* 的选用值，见表 4-3。

表 4-3　*Ra*、*Rz* 的取样长度 *lr* 与评定长度 *ln* 的选用值（GB/T 1031—2009）

Ra/μm	*Rz*/μm	*lr*/mm	*ln*(*ln*=5*lr*)/mm
≥0.008~0.02	≥0.025~0.10	0.08	0.4
>0.02~0.1	>0.10~0.50	0.25	1.25
>0.1~2.0	>0.50~10.0	0.8	4.0
>2.0~10.0	>10.0~50.0	2.5	12.5
>10.0~80.0	>50.0~320	8.0	40.0

第三节　表面结构的图形符号及标注

国家标准 GB/T 131—2006 对表面结构的图形符号、代号及标注都做了规定。表面结构的基本符号如图 4-10 所示，在图样上用实线画出。

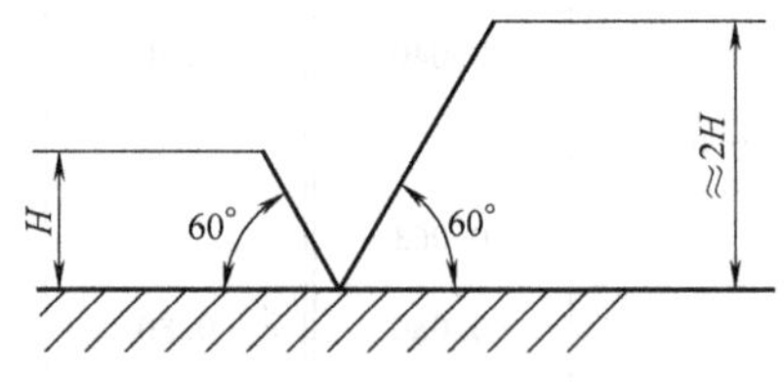

图 4-10　表面结构的基本符号

为了明确表面结构要求，除了标注表面结构参数和数值外，必要时应标注补充要求，补充要求包括传输带、取样长度、加工工艺、表面纹理及方向、加工余量等。

知识要点一　表面结构的图形符号及补充注释符号

1. 表面结构的图形符号

表面结构的图形符号如图 4-11 所示。

1）基本图形符号。表示表面可用任何工艺方法获得，如图 4-11a 所示。

2）去除材料的扩展图形符号。在基本图形符号上加一短横，表示表面是用去除材料的方法获得，如图 4-11b 所示，如车、铣、钻、磨、剪切、抛光、腐蚀、电火花加工、气割等。

3）不去除材料的扩展图形符号。在基本图形符号上加一个圆圈，表示表面是用不去除材料的方法获得，如图 4-11c 所示，如铸、锻、冲压变形、热轧、冷轧、粉末冶金等，也可用于保持上道工序形成的表面，不管这种状况是通过去除材料还是通过不去除材料形成的。

4）完整图形符号。在上述三个符号的长边上均可加一横线，用于标注有关参数和说明，如图 4-11d 所示。

2. 带有补充注释的符号

1）封闭轮廓各表面要求相同的图形符号。在完整图形符号上均可加一小圆圈，如图 4-11e 所示。当在图样的某个视图上构成封闭轮廓的各表面有相同的表面结构要求时，其标注在图样中零件的封闭轮廓线上。但如果标注会引起歧义，各表面还是应分别标注。

2）在完整图形符号的横向上方注写出加工方法。图 4-11f 所示的“铣”表示加工方法为铣削。

3）在完整图形符号的右下方注写出表面纹理。图 4-11g 所示的“M”表示纹理呈多方向。

4）在完整图形符号的左下方注写出加工余量。图 4-11h 所示的“3”表示加工余量为 3mm。

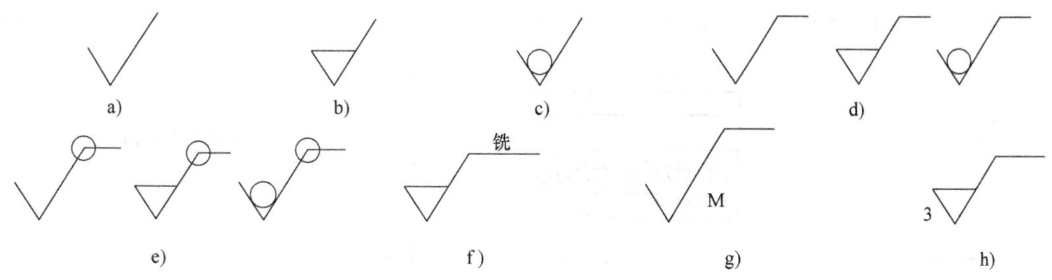

图 4-11　表面结构的图形符号

a）基本图形符号　b）扩展图形符号（去除材料）　c）扩展图形符号（不去除材料）　d）完整图形符号
e）表面结构要求相同的图形符号　f）补充加工方法的图形符号　g）补充表面纹理的图形符号
h）补充加工余量的图形符号

注：当要求标注结构特征的补充信息时，应在图形符号的长边上加一横线，如“√‾”用于标注有关参数和说明。

知识要点二　表面纹理方向符号

表面纹理及其方向（纹理方向是指表面纹理的主要方向，通常由加工工艺决定）用表 4-4 中规定的符号并按照图 4-12 所示标注在完整图形符号中。

表 4-4　表面纹理的标注

符号	示　例	解　释
=	纹理方向	纹理平行于视图所在的投影面
⊥	纹理方向	纹理垂直于视图所在的投影面

（续）

符号	示例	解释
X	X 纹理方向	纹理呈两斜向交叉且与视图所在的投影面相交
M	M	纹理呈多方向
C	C	纹理呈近似同心圆且圆心与表面中心相关
R	R	纹理呈近似放射状且与表面圆心相关
P	P	纹理呈微粒、凸起，无方向

必须指出，采用定义的符号标注表面纹理（如图 4-12 所示的垂直符号）不适用于文本标注。表 4-4 中的符号包括了表面结构所要求的与图样平面相应的纹理及其方向。

若表 4-4 中所列符号不能清楚地表明所要求的纹理方向，应在图样上用文字说明。

当没有指定测量方向时，该方向垂直于被测表面加工纹理，即与 Ra、Rz 最大值的测量方向相一致。

对无方向的表面，测量截面的方向可以是任意的。

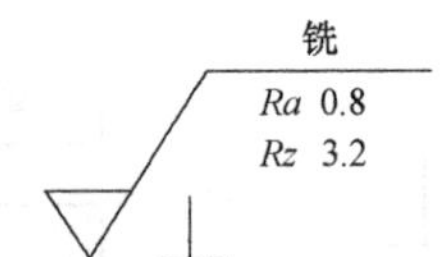

图 4-12　垂直于视图所在投影面的表面纹理方向的标注

知识要点三　表面结构要求的标注

1. 表面结构补充要求的注写位置

表面结构补充要求的注写位置见表 4-5。

表 4-5　表面结构补充要求的注写位置

符号	位置	注 写 内 容
c a e　d　b 表面结构完整图形符号	a	注写表面结构的单一要求，如 0.0025-0.8/*Rz*　6.3(传输带标注)；-0.8/*Rz*　6.3(取样长度标注)；0.008-0.5/16/*R*　10
	a 和 b	注写两个或多个表面结构要求
	c	注写加工方法，如车、磨、镀等加工表面
	d	注写表面纹理和方向，如“=”“×”和“M”
	e	注写加工余量数值，单位为 mm

2. 控制表面功能的最少标注

控制表面功能的最少标注如图 4-13 所示。

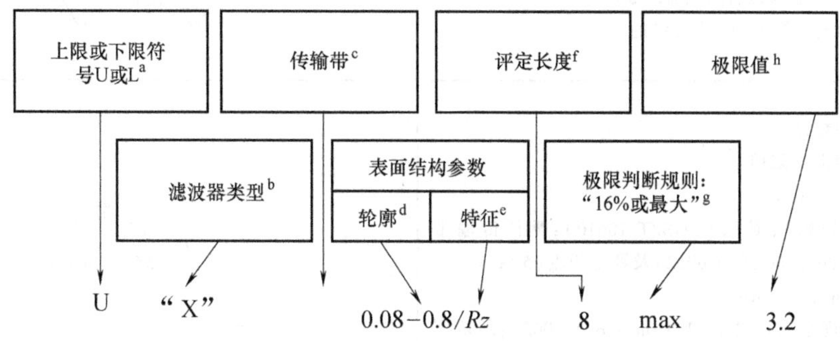

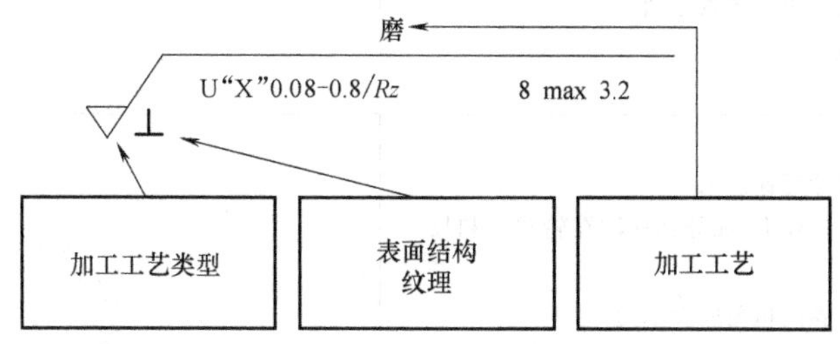

图 4-13　控制表面功能的最少标注

a—上限或下限符号 U 或 L　b—滤波器类型“X”，标准滤波器是高斯滤波器，代替了 2RC 滤波器

c—传输带标注为短波或长波滤波器　d—轮廓（*R*、*W* 或 *P*）

e—特征/参数　f—评定长度包含若干个取样长度；默认评定长度 $ln=5lr$

g—极限判断规则（“16%规则”或“最大规则”）　h—以 μm 为单位的极限值

3. 表面结构要求的标注示例

表面结构要求的标注示例见表 4-6。

表 4-6　表面结构要求的标注示例

序号	要求	示例
1	表面粗糙度 双向极限值：上限值 $Ra=50\mu m$；下限值 $Ra=6.3\mu m$ 均为“16%规则”（默认） 两个传输带均为 0.008-4mm（滤波器标注，短波在前，长波在后） 默认的评定长度 5×4mm＝20mm 表面纹理呈近似同心圆且圆心与表面中心相关 加工方法：铣 注：因不会引起争议，不必加 U 和 L	铣 0.008-4/Ra 50 0.008-4/Ra 6.3 C
2	除一个表面外，所有表面的表面粗糙度为 单向上限值 $Rz=6.3\mu m$；“16%规则”（默认） 默认传输带；默认评定长度（$5\times\lambda c$） 表面纹理无要求；去除材料的工艺 不同要求的表面，表面粗糙度为 单向上限值：$Ra=0.8\mu m$；“16%规则”（默认） 默认传输带；默认评定长度（$5\times\lambda c$） 表面纹理无要求；去除材料的工艺	Ra 0.8 Rz 6.3 (√)
3	表面粗糙度 两个单向上限值 1）$Ra=1.6\mu m$ “16%规则”（默认）（GB/T 10610）；默认传输带（GB/T 10610 和 GB/T 6062）及评定长度（$5\times\lambda c$） 2）$Rz\ max=6.3\mu m$ “最大规则”；传输带 $-2.5\mu m$（GB/T 6062）；默认评定长度（$5\times2.5mm$） 表面纹理垂直于视图的投影面 加工方法：磨削	磨 Ra 1.6 −2.5/Rz max 6.3 ⊥
4	表面结构和尺寸可标注为 一起标注在延长线上，或分别标注在轮廓线和尺寸界线上 示例中的三个表面粗糙度要求为 单向上限值，分别为：$Ra=1.6\mu m$，$Ra=6.3\mu m$，$Rz=12.5\mu m$ “16%”规则（默认）（GB/T 10610）；默认传输带（GB/T 10610 和 GB/T 6062）；默认评定长度 $5\times\lambda c$（GB/T 6062） 表面纹理无要求 去除材料的工艺	Ra 1.6 R3 Ra 6.3 Rz 12.5 φ40

（续）

序号	要求	示例
5	表面粗糙度 单向上限值 Rz=0.8μm “16%规则”（默认）（GB/T 10610） 默认传输带（GB/T 10610 和 GB/T 6062） 默认评定长度（5×λc）（GB/T 10610） 表面纹理没有要求 表面处理：铜件，镀镍/铬（铜材、电镀光亮镍 5μm 以上；普通装饰铬 0.3μm 以上） 表面要求对封闭轮廓的所有表面有效	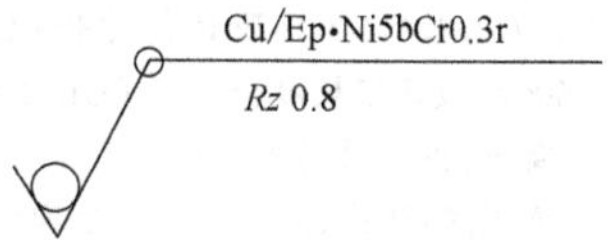 Cu/Ep·Ni5bCr0.3r Rz 0.8
6	表面粗糙度 一单向上限值和一个双向极限值 1）单向 Ra=1.6μm “16%规则”（默认）（GB/T 10610） 传输带-0.8mm（λs 根据 GB/T 6062 确定） 评定长度 5×0.8mm=4mm（GB/T 10610） 2）双向 Rz 上限值 Rz=12.5μm 下限值 Rz=3.2μm “16%规则”（默认） 上下极限传输带均为-2.5mm（λs 根据 GB/T 6062 确定） 上下极限评定长度均为 5×2.5mm=12.5mm （即使不会引起争议，也可以标注 U 和 L 符号） 表面处理：钢件，镀镍/铬（钢材，电镀光亮镍 10μm 以上；普通装饰铬 0.3μm 以上）	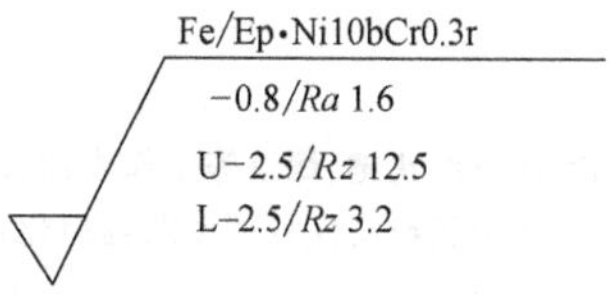 Fe/Ep·Ni10bCr0.3r -0.8/Ra 1.6 U-2.5/Rz 12.5 L-2.5/Rz 3.2
7	表面结构和尺寸可以标注在同一尺寸线上 键槽侧壁的表面粗糙度 一个单向上限值 Ra=6.3μm “16%规则”（默认）（GB/T 10610） 默认评定长度（5×λc）（GB/T 6062） 默认传输带（GB/T 10610 和 GB/T 6062） 表面纹理没有要求 去除材料的工艺 倒角的表面粗糙度 一个单向上限值 Ra=3.2μm “16%规则”（默认）（GB/T 10610） 默认评定长度（5×λc）（GB/T 6062） 默认传输带（GB/T 10610 和 GB/T 6062） 表面纹理没有要求 去除材料的工艺	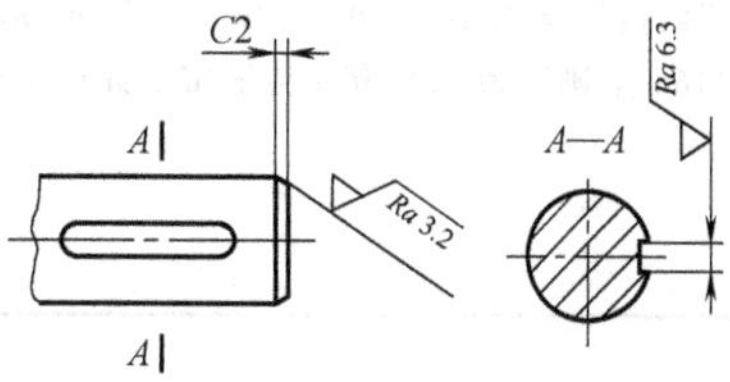 C2 A A Ra 3.2 A—A Ra 6.3

（续）

序号	要求	示例
8	表面结构、尺寸和表面处理的标注 示例是三个连续的加工工序 第一道工序：单向上限值，Rz = 1.6μm；“16%规则”（默认）（GB/T 10610）；默认传输带（GB/T 10610 和 GB/T 6062）及评定长度（5×λc）（GB/T 6062）；表面纹理没有要求；去除材料的工艺 第二道工序：镀铬，无其他表面结构要求 第三道工序：一个单向上限值，仅对长为 50mm 的圆柱表面有效；Rz = 6.3μm；“16%规则”（默认）（GB/T 10610）；默认传输带（GB/T 10610 和 GB/T 6062）及评定长度（5×λc）（GB/T 6062）；表面纹理没有要求；磨削加工工艺	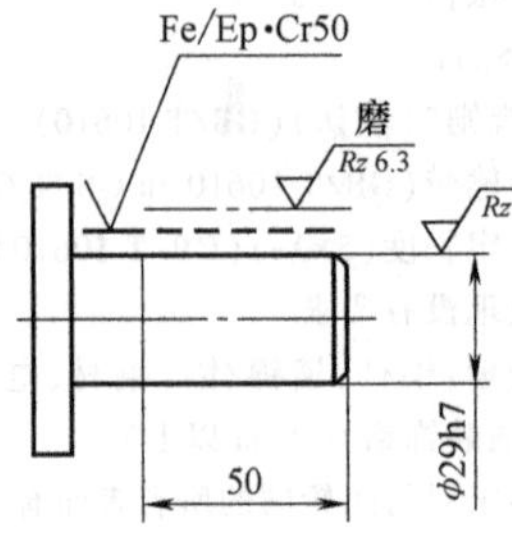 Fe/Ep·Cr50 磨 Rz 6.3 Rz 1.6 50 φ29h7
9	齿轮、渐开线花键、螺纹等工作表面没有画出齿形、牙型时，表面粗糙度代号可按图例简化标注在节圆线上或螺纹大径上 中心孔工作表面的粗糙度代号应在指引线上标出	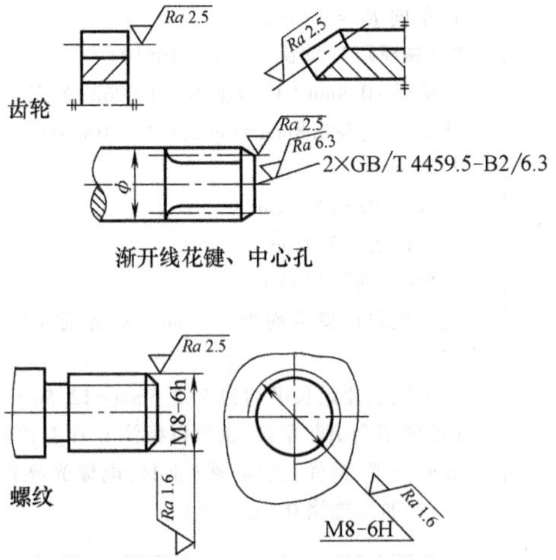 Ra 2.5 齿轮 Ra 2.5 Ra 6.3 2×GB/T 4459.5-B2/6.3 渐开线花键、中心孔 Ra 2.5 M8-6h Ra 1.6 螺纹 Ra 1.6 M8-6H
10	表面结构要求标注在几何公差框格的上方 图例表示导轨工作面经刮削后，在 25mm×25mm 面积内接触点不小于 10 点，单一上限值 Ra = 1.6μm；“16%规则”（默认）；默认传输带及评定长度（5×λc）	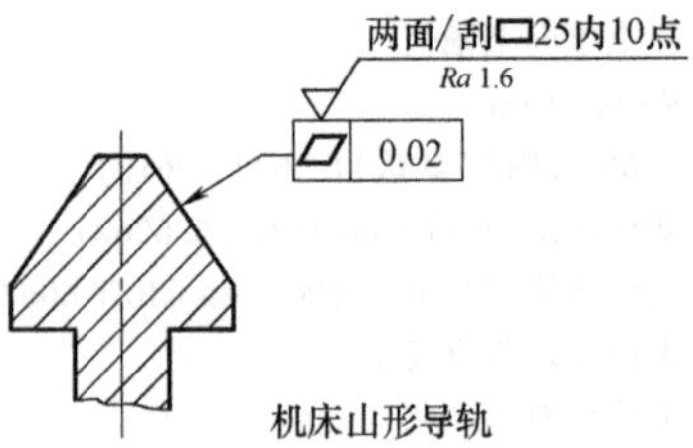 两面/刮□25内10点 Ra 1.6 ▱ 0.02 机床山形导轨

研读范例

【例 4-1】 阶梯轴（图 4-14）的中心孔工作表面、键槽工作表面、圆角、倒角的表面粗糙度代号标注。

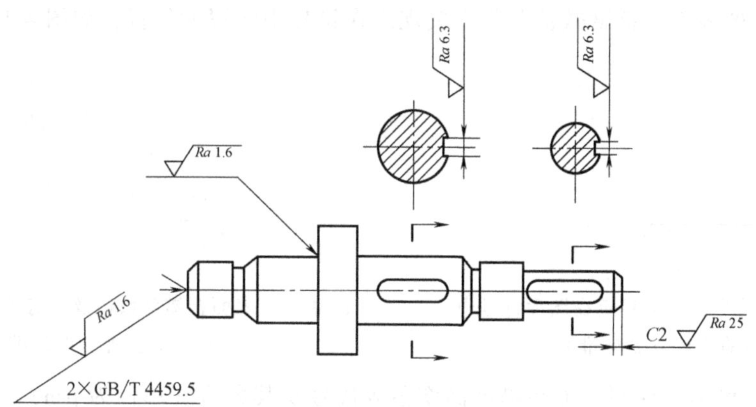

图 4-14　阶梯轴

4. 应用 GB/T 131—2006 标准的重要性及特点

国家标准 GB/T 131—2006《产品几何技术规范（GPS）　技术产品文件中表面结构的表示法》（以下称为新标准），代替了 GB/T 131—1993《机械制图　表面粗糙度符号、代号及其注法》（以下称为旧标准）。但由于生产实际中很多技术文件还是采用 1993 年颁布的国家标准，因此，有必要将两者有关表面结构参数代号在图样上标注主要的不同点做一个介绍。

GB/T 131—2006 标准的变化如下。

（1）使用名称有变化

1）新标准中零件的表面光滑程度用表面结构来表示，而旧标准中用表面粗糙度来衡量零件表面的光滑程度。

2）符号的名称不同。新标准中称：基本图形符号，扩展图形符号，完整图形符号；而旧标准中称：基本符号，加工符号，非加工符号。

（2）元件和标注有变化

1）新标准中使用数字高斯滤波器，取代了模数 2RC 滤波器。

2）新标准中除 R（粗糙度轮廓）外，还定义了 W（波纹度轮廓）和 P（原始轮廓）。

3）新标准中参数标注为大小写斜体，如 Ra 和 Rz，旧标准中的标注如 R_a 和 R_z 不再使用。新标准中 Rz 为原 R_y 的定义，原 R_y 不再使用。

（3）新、旧标准中参数代号等内容的注写形式及位置有变化

1）新标准的表面结构图形符号中，其参数代号、有关规定在图形符号中注写的位置，如图 4-15 所示。

① 位置 a。注写表面结构的单一要求，其形式是传输带或取样长度值/表面结构参数代号及其数值。

② 位置 a 和 b。注写两个或多个表面结构要求，当注写多个表面结构要求时，图形符号应在垂直方向上扩大，以空出足够的空间进行标注。

③ 位置 c。注写加工方法、表面处理、涂层或其他加工工艺要求等，如车、磨、镀等加工表面。

④ 位置 d。注写表面加工纹理和方向的符号。表面纹理的标注见表 4-4。

⑤ 位置 e。注写加工余量（单位为 mm）。

2）旧标准的表面粗糙度数值及其有关规定在符号中注写的位置，如图 4-16 所示。

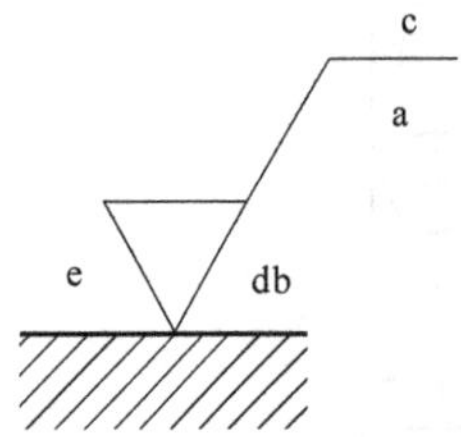

图 4-15　参数代号、有关规定在图形符号中注写的位置（新标准）

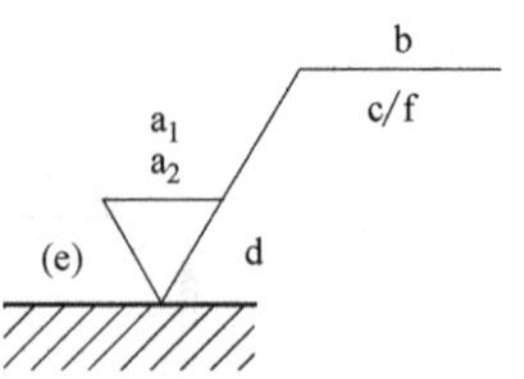

图 4-16　表面粗糙度数值及其有关规定在符号中注写的位置（旧标准）

① 位置 a_1 和 a_2。注写表面粗糙度高度参数代号及其数值（单位为 μm）。

② 位置 b。注写加工要求、镀覆、涂覆、表面处理或其他说明等。

③ 位置 c。注写取样长度（单位为 mm）或波纹度（单位为 μm）。

④ 位置 d。注写加工纹理和方向的符号。

⑤ 位置 e。注写加工余量（单位为 mm）。

⑥ 位置 f。注写表面粗糙度间距参数值（即 2006 年国家标准中的轮廓单元的平均宽度，其单位为 mm）或轮廓支承长度率。

（4）新、旧标准有关表面参数代号在图样上标注的不同点

1）参数代号及数值的注写方式和位置不同。新标准中参数代号及数值注写在完整图形符号横线的下方或右方；而旧标准则是注写在符号横线的外侧。旧标准中，参数代号和数值之间无空格，轮廓算术平均偏差 *Ra* 用数值表示（即参数值前不注写参数代号 *Ra*）；但轮廓最大高度 *Rz* 值，参数值前需注出参数代号，如图 4-17 所示。

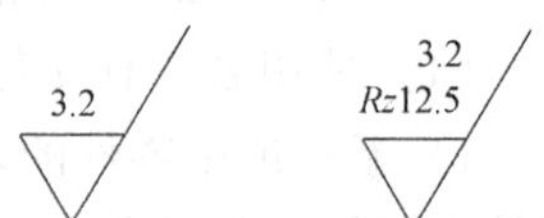

图 4-17　表面粗糙度代号的注写方法（旧标准）

2）表面参数代号中符号的注写方向不同。旧标准中规定了表面粗糙度代号中数值及符号的方向，如图 4-18 所示。

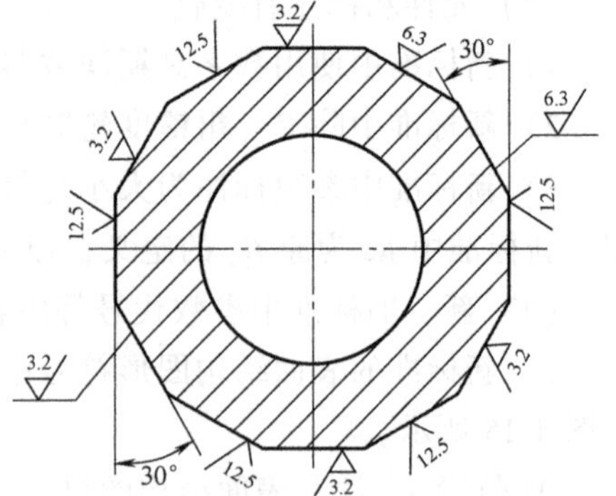

图 4-18　表面粗糙度代号中数值及符号的方向（旧标准）

比较图 4-18 与图 4-19，不难看出新标准中规定符号的注写方向有两种，即水平注写和垂直注写。垂直注写是在水平注写的基础上逆时针方向旋转 90°；零件的右侧面、下底面、倾斜表面，必须采用带箭头的指引线水平注写。而旧标准中符号的注写方向是以零件表面为准，即符号的长画以零件表面为准右倾 60°画出，注写方向是在水平注写的基础上逆时针方向旋转至 360°，且 30°禁区必须采用不带箭头（或黑点）的指引线水平注写。新标准中规定当零件的上表面不方便注写符号时，也可采用带箭头（或黑点）的指引线水平注写（图 4-19b、c）。

3）表面参数代号应用情况不同。新标准对于棱柱的棱面表面粗糙度要求同样时只标注一个代号，如图 4-20 所示；而旧标准是只有连续的、重复的表面（如齿轮的齿面、手轮上连续的曲面等）才允许只标注一次，棱柱表面是不允许这样标注的。

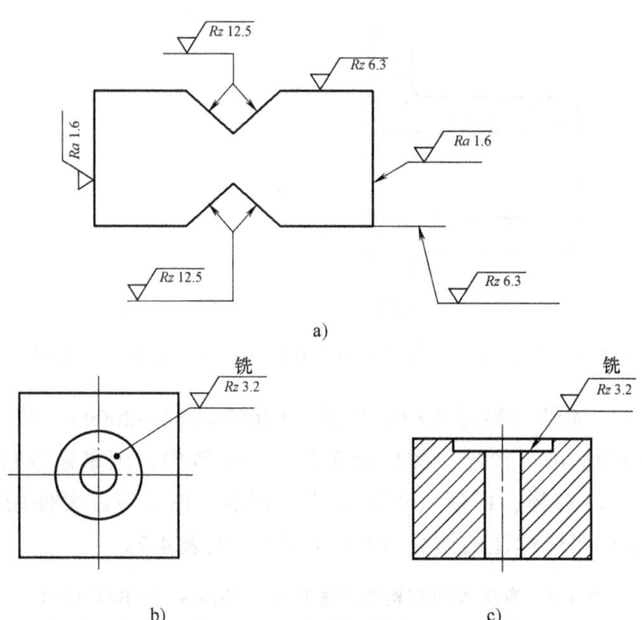

图 4-19 在轮廓线和指引线上标注的表面结构要求（新标准）

4）多数（或全部）表面有相同要求标注的不同。当零件多数表面具有相同的表面粗糙度要求时，旧标准中规定，把多数一样的表面粗糙度代号统一注在图样的右上角，并加注“其余”两字，如图 4-21 所示；当零件所有表面具有相同的表面粗糙度要求时，其代号可在图样的右上角统一标注，如图 4-22 所示。上述统一标注的代号和文字说明的高度均应是图样上其他表面所注写代号和文字说明的 1.4 倍。而新标准是将多数（或全部）表面一样的表面结构要求注写在标题栏附近（图 4-23），且统一标注的代号与图样上其他代号一样大小。

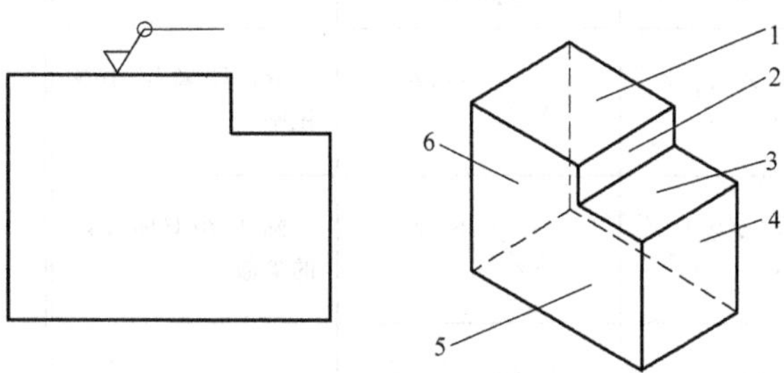

图 4-20 完整图形的应用（新标准）

注：图中的表面参数代号是指对图形中封闭轮廓的 1~6 个面有共同要求（不包括前后面）。

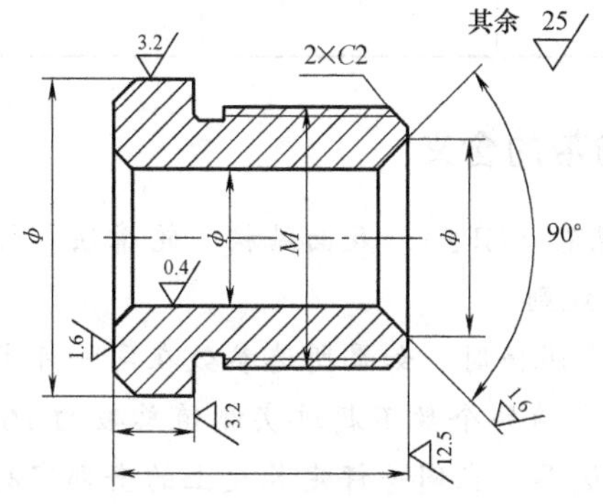

图 4-21 旧标准中多数表面要求一样时表面粗糙度代号的标注

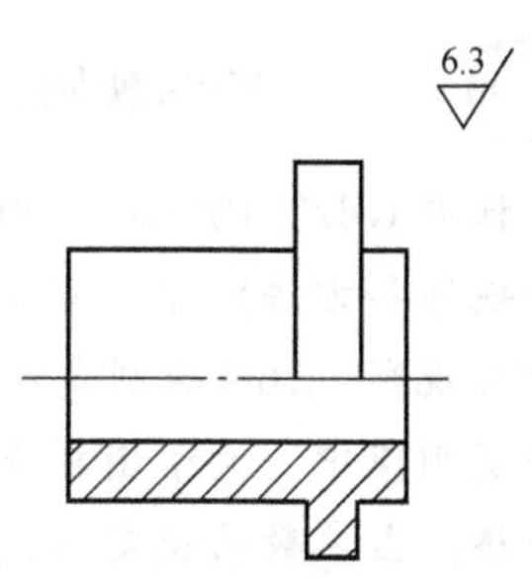

图 4-22 旧标准中所有表面要求一样时表面粗糙度代号的标注

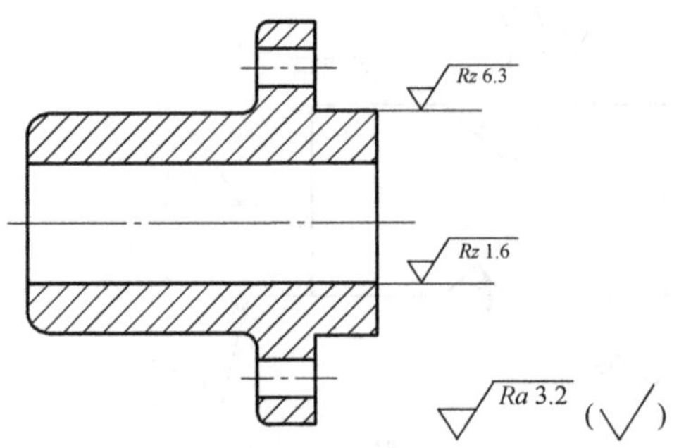

图 4-23　新标准中多数表面具有相同表面结构要求的简化标注

（5）重新定义了表面结构触针式测量仪器（GB/T 6062—2009），用于实际轮廓的评定

鉴于当前企业旧的标准、仪器、图样处于替代与过渡中，国家标准指出旧图样仍可以按旧版本 GB/T 131—1993 解释，即新（旧）标准、仪器、图样应配套使用。

有关表面结构要求图样标注的演变（GB/T 131）见表 4-7。

表 4-7　有关表面结构要求图样标注的演变（GB/T 131）

GB/T 131		说明问题的示例	GB/T 131		说明问题的示例
1993 版	2006 版		1993 版	2006 版	
1.6　1.6	Ra 1.6	**Ra** 只采用 16%规则	R_y6.3　0.8	−0.8/Rz 6.3	除 **Ra** 外，其他参数及取样长度
R_y3.2　R_y3.2	Rz 3.2	除了 **Ra**16%规则的参数	1.6 R_y6.3	Ra 1.6 Rz 6.3	**Ra** 及其他参数
1.6max	Ra max 1.6	最大规则	R_y6.3	Rz 3 6.3	评定长度中的取样长度个数如果不是 5
1.6　0.8	−0.8/Ra 1.6	**Ra** 加取样长度（0.8×5mm＝4mm）	—	L Ra 1.6	下限值
—	0.025−0.8/Ra 1.6	传输带	3.2 1.6	U Ra 3.2 L Ra 1.6	上、下限值

知识拓展　16%规则、最大规则和传输带的含义

在国家标准 GB/T 10610—2009《产品几何技术规范（GPS）　表面结构　轮廓法　评定表面结构的规则和方法》中，规定了 16%规则和最大规则。

（1）16%规则　16%规则是指当参数的规定值为上限值时，如果所选参数在同一评定长度上的全部实测值中，大于图样或技术产品文件中规定值的个数不超过实测值总数的 16%，则该表面合格。当参数的规定值为下限值时，如果所选参数在同一评定长度上的全部实测值中，小于图样或技术产品文件中规定值的个数不超过实测值总数的 16%，则该表面合格。

若被检表面粗糙度轮廓参数值遵循正态分布，将粗糙度轮廓参数 16%的测得值超过规

定值作为极限条件，这个判定规则与由$\mu+\sigma$值确定的极限条件一致。其中，μ为粗糙度轮廓参数的算术平均值，σ为这些数值的标准偏差。σ值越大，粗糙度轮廓参数的平均值就偏离规定的上限值越远。

16%规则是所有表面结构要求标注的默认规则，当指明参数的上、下限值时，所用参数符号没有“max”标记。16%规则适用于轮廓参数和图形参数。

（2）最大规则　最大规则是指在被检的整个表面上，参数值一个也不能超过规定值。最大规则是指检验时，若参数的规定值为最大值，则在被检表面的全部区域内测得的数值一个也不应超过图样或技术产品文件中的规定值。如果最大规则应用于表面结构要求，则参数代号后面应加上“max”。最大规则只适用于轮廓参数而不适用于图形参数。

（3）传输带　传输带是指两个定义的滤波器之间的波长范围，即被一个短波滤波器和另一个长波滤波器所限制。长波滤波器的截止波长值就是取样长度。传输带即是评定时的波长范围。使用传输带的优点是测量的不确定度大为减少。

第四节　表面粗糙度参数值及其选用

知识要点一　表面粗糙度的数值

表面粗糙度的数值见前文中的表4-1、表4-2，轮廓单元的平均宽度（*RSm*）的数值见表4-8。

表4-8　轮廓单元的平均宽度（*RSm*）的数值　（单位：mm）

系列值	补充系列	系列值	补充系列	系列值	补充系列	系列值	补充系列
	0.002	0.025			0.25		2.5
	0.003		0.032		0.32	3.2	
	0.004		0.040	0.40			4.0
	0.005	0.050			0.50		5.0
0.006			0.063		0.63	6.3	
	0.008		0.008	0.80			8.0
	0.010	0.100			1.00		10.0
0.0125			0.125		1.25	12.5	
	0.016		0.160	1.60			
	0.020	0.20			2.0		

知识要点二　表面粗糙度值的选用

1. 表面粗糙度值选择的原则

表面粗糙度是一项重要的技术经济指标，表面粗糙度的评定参数值国家标准都已标准化。选择表面粗糙度值的原则是：应在满足零件功能要求的前提下，同时考虑工艺的可行性和经济性。一般来说，选择的表面粗糙度值越小，零件的使用性能越好。但选择的数值小，其加工工序就多，加工成本就高，经济性能不好。因此，只要能满足使用性能，应尽可能地选用较大的参数值［轮廓支承长度率*Rmr*（*c*）除外］。确定零件表面粗糙度时，除有特殊要求的表面外，一般可参照一些已验证的实例，采用类比法选择。

表面粗糙度值的选择，一般应做以下考虑。

1）同一零件上，工作表面应比非工作表面的表面粗糙度值小。

2）摩擦表面应比非摩擦表面的表面粗糙度值小；滚动摩擦表面应比滑动摩擦表面的表面粗糙度值小；运动速度高、单位面积压力大的表面以及受交变载荷作用零件的圆角、沟槽的表面粗糙度值要小。

3）配合性质要求越稳定（要求高的结合面、配合间隙小的配合表面以及过盈配合的表面），其配合表面的表面粗糙度值应越小；配合性质相同的零件尺寸越小，其表面粗糙度值应越小；同一公差等级的小尺寸比大尺寸、轴比孔的表面粗糙度值要小。

4）表面粗糙度值应与尺寸公差及几何公差协调一致。尺寸精度和几何精度高的表面，其表面粗糙度值也应小。

5）对密封性、耐蚀性要求高以及外表要求美观的表面，其表面粗糙度值应小。

6）表面粗糙度与加工方法有密切关系，在确定表面粗糙度时，应考虑可能的加工方法。一般加工条件下的工艺水平能达到的，可以考虑选择适当大一点的表面粗糙度值。

7）有关标准已对表面粗糙度要求做出规定的，应按相应标准确定表面粗糙度值。

2. 表面粗糙度值的选用

常用零件表面的表面粗糙度推荐值见表4-9。

表4-9 常用零件表面的表面粗糙度推荐值

<table>
<tr><th colspan="4">表面特征</th><th colspan="2">$Ra/\mu m$</th><th>不大于</th></tr>
<tr><td colspan="2" rowspan="10">经常装拆零件的配合表面（如交换齿轮、滚刀等）</td><td rowspan="2">公差等级</td><td rowspan="2">表面</td><td colspan="3">公称尺寸/mm</td></tr>
<tr><td colspan="2">≤50</td><td>50~500</td></tr>
<tr><td rowspan="2">IT5</td><td>轴</td><td colspan="2">0.2</td><td>0.4</td></tr>
<tr><td>孔</td><td colspan="2">0.4</td><td>0.8</td></tr>
<tr><td rowspan="2">IT6</td><td>轴</td><td colspan="2">0.4</td><td>0.8</td></tr>
<tr><td>孔</td><td colspan="2">0.4~0.8</td><td>0.8~1.6</td></tr>
<tr><td rowspan="2">IT7</td><td>轴</td><td colspan="2">0.4~0.8</td><td>0.8~1.6</td></tr>
<tr><td>孔</td><td colspan="2">0.8</td><td>1.6</td></tr>
<tr><td rowspan="2">IT8</td><td>轴</td><td colspan="2">0.8</td><td>1.6</td></tr>
<tr><td>孔</td><td colspan="2">0.8~1.6</td><td>1.6~3.2</td></tr>
<tr><td rowspan="10">过盈配合的配合表面</td><td rowspan="8">装配按机械压入法</td><td rowspan="2">公差等级</td><td rowspan="2">表面</td><td colspan="3">公称尺寸/mm</td></tr>
<tr><td>≤50</td><td>50~120</td><td>120~500</td></tr>
<tr><td rowspan="2">IT5</td><td>轴</td><td>0.1~0.2</td><td>0.4</td><td>0.4</td></tr>
<tr><td>孔</td><td>0.2~0.4</td><td>0.8</td><td>0.8</td></tr>
<tr><td rowspan="2">IT6~IT7</td><td>轴</td><td>0.4</td><td>0.8</td><td>1.6</td></tr>
<tr><td>孔</td><td>0.8</td><td>1.6</td><td>1.6</td></tr>
<tr><td rowspan="2">IT8</td><td>轴</td><td>0.8</td><td>0.8~1.6</td><td>1.6~3.2</td></tr>
<tr><td>孔</td><td>1.6</td><td>1.6~3.2</td><td>1.6~3.2</td></tr>
<tr><td rowspan="2">装配按热装法</td><td rowspan="2">—</td><td>轴</td><td colspan="3">1.6</td></tr>
<tr><td>孔</td><td colspan="3">1.6~3.2</td></tr>
</table>

（续）

<table>
<tr><th colspan="3">表面特征</th><th colspan="4">Ra/μm</th><th colspan="4">不大于</th></tr>
<tr><td colspan="2" rowspan="5">精密定心用配合的零件表面</td><td rowspan="3">表面</td><td colspan="8">径向跳动公差/μm</td></tr>
<tr><td colspan="2">2.5</td><td>4</td><td>6</td><td>10</td><td>16</td><td colspan="2">25</td></tr>
<tr><td colspan="8">Ra/μm　不大于</td></tr>
<tr><td>轴</td><td colspan="2">0.05</td><td>0.1</td><td>0.1</td><td>0.2</td><td>0.4</td><td colspan="2">0.8</td></tr>
<tr><td>孔</td><td colspan="2">0.1</td><td>0.2</td><td>0.2</td><td>0.4</td><td>0.8</td><td colspan="2">1.6</td></tr>
<tr><td colspan="2" rowspan="5">滑动轴承的配合表面</td><td rowspan="3">表面</td><td colspan="6">标准公差等级</td><td colspan="2" rowspan="2">液体湿摩擦条件</td></tr>
<tr><td colspan="3">IT6～IT9</td><td colspan="3">IT10～IT12</td></tr>
<tr><td colspan="8">Ra/μm　不大于</td></tr>
<tr><td>轴</td><td colspan="3">0.4～0.8</td><td colspan="3">0.8～3.2</td><td colspan="2">0.1～0.4</td></tr>
<tr><td>孔</td><td colspan="3">0.8～1.6</td><td colspan="3">1.6～3.2</td><td colspan="2">0.2～0.8</td></tr>
<tr><td rowspan="2">齿轮传动</td><td rowspan="2">直齿、斜齿、人字齿轮</td><td>齿轮精度等级</td><td>4</td><td>5</td><td>6</td><td>7</td><td>8</td><td>9</td><td>10</td><td>11</td></tr>
<tr><td>Ra/μm　不大于</td><td colspan="2">0.2～0.4</td><td colspan="2">0.4～0.8</td><td>1.6</td><td>3.2</td><td colspan="2">6.3</td></tr>
</table>

表面微观特征、经济加工方法及应用举例见表 4-10。

表 4-10　表面微观特征、经济加工方法及应用举例

	表面微观特征	Ra/μm	Rz/μm	经济加工方法	应用举例
粗糙表面	微见刀痕	≤20	≤80	粗车、粗刨、粗铣、钻、毛锉、锯断	半成品粗加工过的表面，非配合的加工表面，如轴端面、倒角、钻孔、齿轮及带轮侧面、键槽底面、垫圈接触面等
半光表面	微见加工痕迹	≤10	≤40	车、刨、铣、镗、钻、粗铰	轴上不安装轴承、齿轮处的非配合表面，紧固件的自由装配表面，轴和孔的退刀槽等
	微见加工痕迹	≤5	≤20	车、刨、铣、镗、磨、拉、粗刮、滚压	半精加工表面，箱体、支架、盖面、套筒
	看不清加工痕迹	≤2.5	≤10	车、刨、铣、镗、磨、拉、刮、滚压、铣齿	接近于精加工表面，箱体上安装轴承的镗孔表面，齿轮的工作面
光表面	可辨加工痕迹方向	≤1.25	≤6.3	车、镗、磨、拉、刮、精铰、磨齿、滚压	圆柱销、圆锥销，与滚动轴承配合的表面，普通车床导轨面，内、外花键定心表面等
	微辨加工痕迹方向	≤0.63	≤3.2	精铰、精镗、磨、刮、滚压	要求配合性质稳定的配合表面，工作时受交变应力的重要零件，较高精度车床的导轨面
	不可辨加工痕迹方向	≤0.32	≤1.6	精磨、珩磨、研磨、超精加工	精密机床主轴锥孔、顶尖圆锥面，发动机曲轴、凸轮轴工作表面，高精度齿轮齿面

（续）

	表面微观特征	$Ra/\mu m$	$Rz/\mu m$	经济加工方法	应用举例
极光表面	暗光泽面	≤0.16	≤0.8	精磨、研磨、普通抛光	精密机床主轴颈表面，一般量规工作表面，气缸套内表面，活塞表面等
	亮光泽面 镜状光泽面	≤0.08 ≤0.04	≤0.4 ≤0.2	超精磨、精抛光、镜面磨削	精密机床主轴颈表面，滚动轴承的滚珠，高压油泵中柱塞和柱塞套配合的表面
	镜面	≤0.01	≤0.05	镜面磨削、超精研	高精度量仪、量块的工作表面，光学仪器中的金属镜面

第五节 表面粗糙度的检测

知识要点一 表面粗糙度检测的简化程序

国家标准 GB/T 10610—2009 指出，表面粗糙度检测可按表 4-11 所列的简化程序进行。

表 4-11 表面粗糙度检测的简化程序

序号	方法	概述
1	目视法检查	对于那些明显没必要用更精确的方法来检测的工件表面，选择目视法检查。例如：因为实际表面粗糙度比规定的表面粗糙度明显好或明显不好，或者因为存在明显影响表面功能的表面缺陷
2	比较法检查	如果目视检查不能做出判定，可采用与表面粗糙度标准块进行触觉和视觉比较的方法
3	测量法检查	如果用比较法检查不能做出判定，应根据目视法检查结果，在表面上那个最有可能出现极值的部位进行测量 1）在所标出参数符号后面没有注明“max”（最大值）的要求时，若出现下述情况，工件是合格的，并停止检测。否则，工件应判废 第 1 个测得值不超过图样上规定值的 70% 最初的 3 个测得值不超过规定值 最初的 6 个测得值中共有 1 个值超过规定值 最初的 12 个测得值中只有 2 个值超过规定值 2）在所标出参数符号后面标有“max”时，一般在表面可能出现最大值处（如有明显可见的深槽处）至少应进行三次测量；如果表面呈均匀痕迹，则可在均匀分布的三个部位测量 3）利用测量器具能获得可靠的表面粗糙度检测结果。因此，对于要求严格的零件，一开始就应直接使用测量器具进行检验

知识要点二 表面粗糙度的检测方法

目前，表面粗糙度常用的检测方法有比较法、光切法、干涉法、针描法和印模法。

1. 比较法

比较法就是将被测件表面与已知参数值的表面粗糙度标准块（图 4-24），通过人的视觉、触觉等方式或其他方法（如借助放大镜）进行比较后，对被测表面的表面粗糙度做出评定的方法。比较时，所用表面粗糙度标准块的材料、形状和加工方法应尽可能与被测表面相同，这样可以减少检测误差，提高判断的准确性。

用比较法评定表面粗糙度虽然不能精确地得出被测表面的表面粗糙度值，但由于器具简单，使用方便，且能满足一般的生产要求，故常用于生产现场。它包括车、磨、镗、铣、刨等机械加工用的表面粗糙度标准块。

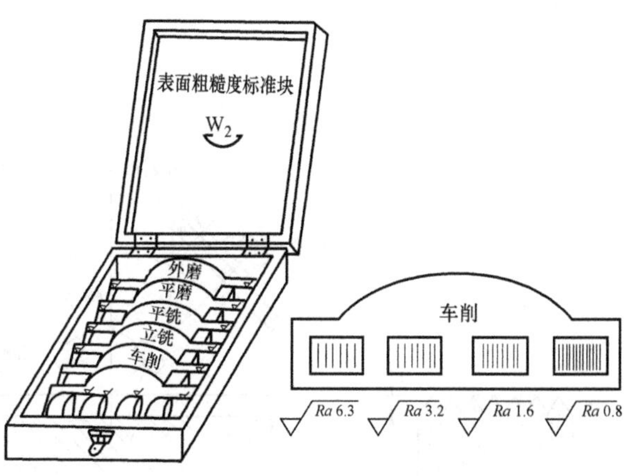

图 4-24　表面粗糙度标准块

2. 光切法

光切法是利用光切原理来测量零件表面粗糙度的方法。

光切显微镜的外形结构如图 4-25 所示。整个光学系统装在一个封闭的壳体 9 内，其上装有目镜 7 和可换物镜组 11。可换物镜组有四组，可按被测表面粗糙度值的大小选用。被测件安放到工作台 12 上，要使其加工纹理方向与扁平光束垂直。松开锁紧旋手 6，转动粗调螺母 3，可使横臂 5 连同壳体 9 沿立柱 2 上下移动，进行显微镜的粗调焦。旋转微调手轮 4，进行显微镜的精细调焦。随后，在目镜视场中可看到清晰的狭亮波状光带。转动目镜千分尺 8，分划板上的十字线就会移动，即可测量影像高度 h'。

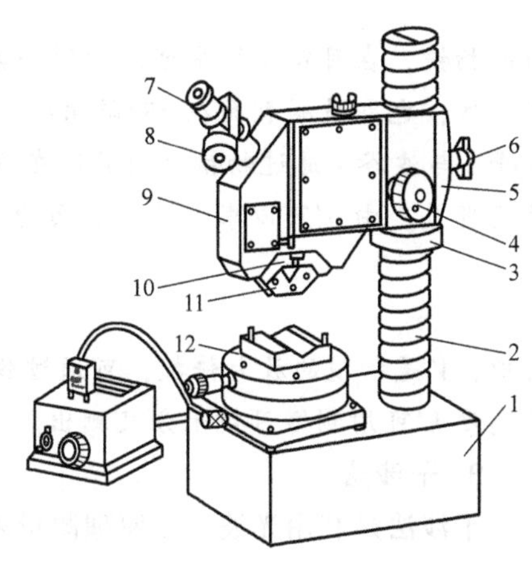

图 4-25　光切显微镜的外形结构
1—底座　2—立柱　3—粗调螺母　4—微调手轮　5—横臂　6—锁紧旋手　7—目镜　8—目镜千分尺　9—壳体　10—燕尾　11—可换物镜组　12—工作台

测量时，先调节目镜千分尺，使目镜中十字线的水平线与光带平行，然后旋转目镜千分尺，使水平线与光带的最高点和最低点先后相切，记下两次读数差 a。由于读数是在测微目镜千分尺轴线（与十字线的水平线成 45°）方向测得的，因此两次读数差 a 与目镜中影像高度 h'的关系为

$$h' = a\cos 45°$$

注意测量 a 值时，应选择两条光带边缘中比较清晰的一条进行测量，不要把光带宽度测量进去。

光切显微镜适于测量 Rz 值，测量范围一般为 0.5～60μm。

知识拓展　光切法测量原理

光切法测量原理如图 4-26 所示。

从光源发出的光，穿过照明光管内的聚光镜、狭缝和物镜后，变成扁平的带状光束，以 45°倾角的方向投射到被测表面上，再经被测表面反射，通过与照明光管成 90°的观察光管

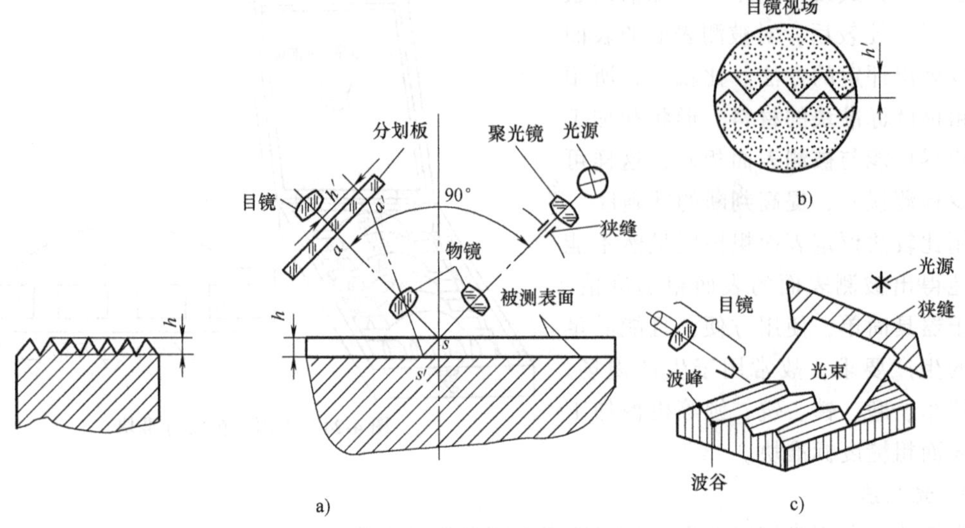

图 4-26　光切法测量原理

内的物镜，在目镜视场中可以看到一条狭亮的光带，这条光带就是扁平光束与被测表面相交的交线，也即被测表面在45°斜向截面上的实际轮廓线的影像（已经过放大）。此轮廓线的波峰 s 与波谷 s' 通过物镜分别成像在分划板上的 a 和 a' 点，两点之间的距离 h' 即是峰谷影像的高度差。由 h' 可以求出被测表面的峰谷高度 h。即

$$h=\frac{h'}{V}\cos 45°$$

式中，V 是物镜的放大倍数，可通过仪器所附的一块“标准玻璃刻度尺”来确定。目镜中影像高度 h' 可用测微目镜千分尺测出。

3. 干涉法

干涉法是利用光波干涉原理测量表面粗糙度的一种方法。采用光波干涉原理制成的量仪为干涉显微镜，其外形结构如图 4-27 所示，其外壳是方箱，箱内安装光学系统；箱后下部伸出光源部件；箱后上部伸出参考平镜及其调节的部件等；箱前上部伸出观察管，其上装测微器 2；箱前下部窗口装照相机 3；箱的两边有各种调整用的手轮；箱的上部是圆工作台 15，它可水平移动、转动和上下移动。干涉显微镜通常用于测量极光滑表面的 Rz 值，其测量范围为 0.025～0.8μm。

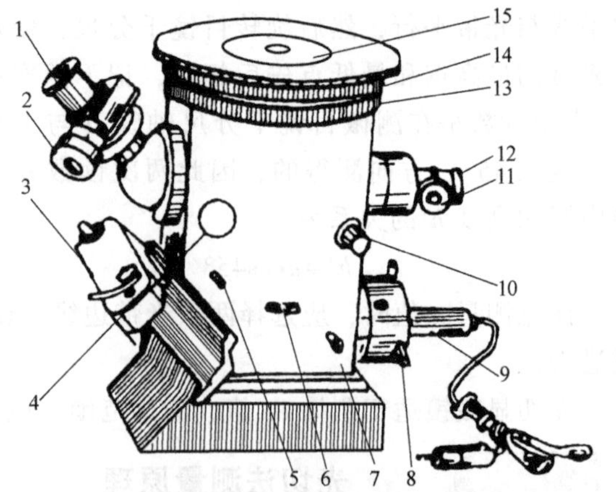

图 4-27　干涉显微镜的外形结构

1—目镜　2—测微器　3—照相机　4、6、10～12—手轮　5、7—手柄　8—螺钉　9—光源　13、14—滚花轮　15—圆工作台

对小尺寸工件，可将被测表面向下放在圆工作台上测量；对大尺寸工件，可将仪器倒立放在工件的被测表面上进行测量。仪器备有反射率为 0.6 和 0.04 的两个

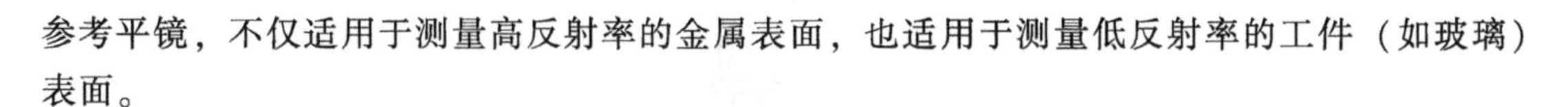

参考平镜，不仅适用于测量高反射率的金属表面，也适用于测量低反射率的工件（如玻璃）表面。

知识拓展　干涉法测量原理

干涉显微镜的光学系统原理如图4-28a所示。由光源1发出的光线，经聚光镜2、3组成的聚光滤色组聚光滤色，再经光栏4和透镜5至分光镜7分为两束光：一束光经补偿镜8、物镜9到平面反射镜10，被平面反射镜10反射又回到分光镜7，再由分光镜7经聚光镜11到反射镜16，由反射镜16进入目镜12；另一束光向上经物镜6射向被测件表面，由被测件表面反射回来，通过分光镜7、聚光镜11到反射镜16，由反射镜16反射也进入目镜12。在目镜12的视场内可以看到这两束光线因光程差而形成的干涉条纹。若被测件表面为理想平面，则干涉条纹为一组等距平直的平行光带；若被测件表面粗糙不平，则干涉条纹就会弯曲，如图4-28b所示。根据光波干涉原理，光程差每增加半个波长，就形成一条干涉带，故被测件表面的不平高度（峰、谷高度差）h 为

$$h = \frac{a\lambda}{2b}$$

式中，a 是干涉条纹的弯曲量；b 是相邻干涉条纹的间距；λ 是光波波长（绿色光 $\lambda = 0.53\mu m$）。

a、b 值可利用测微目镜测出。

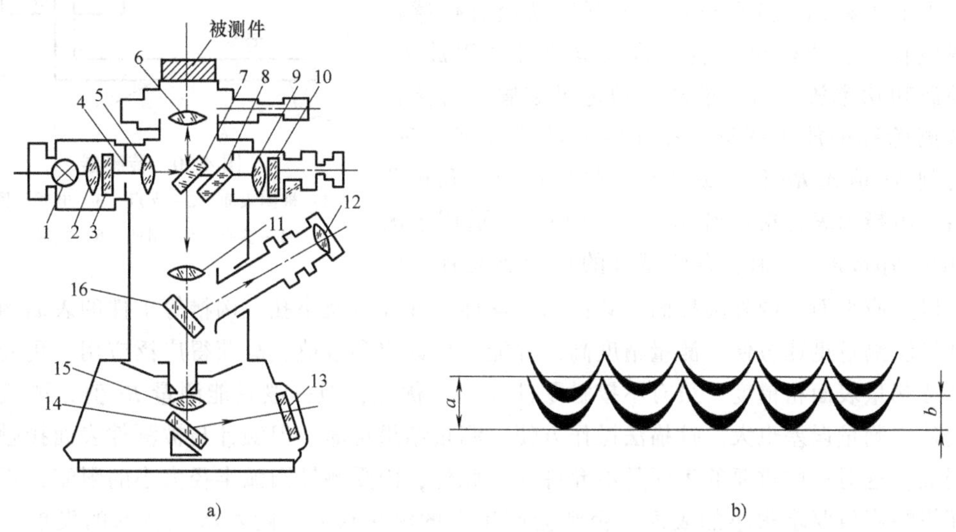

图4-28　干涉法测量原理

1—光源　2、3、11—聚光镜　4—光栏　5—透镜　6、9、15—物镜　7、14—分光镜　8—补偿镜　10—平面反射镜　12、13—目镜　16—反射镜

4. 针描法

针描法又称为触针法，是一种接触测量表面粗糙度的方法。电动轮廓仪（又称为表面粗糙度检查仪）就是利用针描法来测量表面粗糙度的。该仪器由传感器、驱动器、指示表、记录器和工作台等主要部件组成，如图4-29所示。传感器端部装有金刚石触针，如图4-30所示。

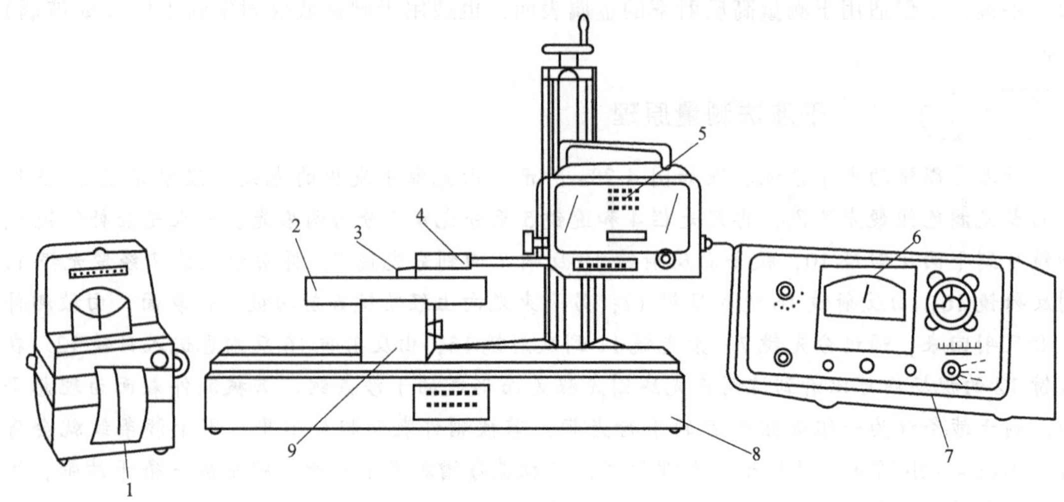

图 4-29　电动轮廓仪

1—记录器　2—工件　3—触针　4—传感器　5—驱动器　6—指示表　7—电气箱　8—工作台　9—V 形架

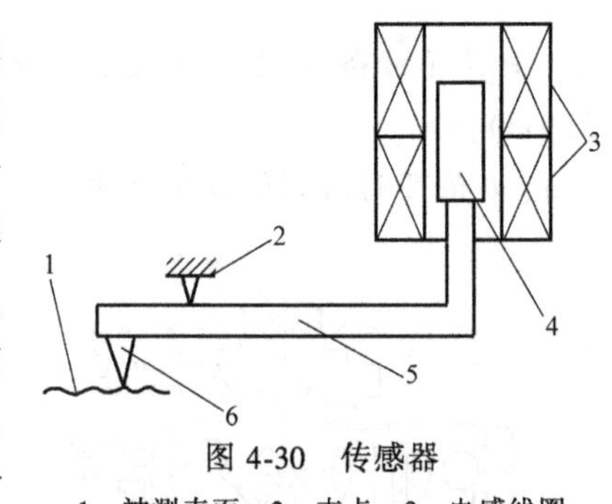

图 4-30　传感器

1—被测表面　2—支点　3—电感线圈　4—铁心　5—测杆　6—触针

测量时，将触针搭在工件上，与被测表面垂直接触，利用驱动器以一定的速度拖动传感器。由于被测表面粗糙不平，因此迫使触针在垂直于被测表面的方向上产生上下移动。这种机械的上下移动通过传感器转换成电信号，再经电子装置将该电信号加以放大、相敏检波和功率放大后，推动自动记录装置，直接描绘出被测轮廓的放大图形，按此图形进行数据处理，即可得到 Rz 值或 Ra 值；或者把信号进行滤波和积分计算后，由指示表直接读出 Ra 值。这种仪器适用于测量 0.025~5μm 的 Ra 值。有些型号的仪器还配有各种附件，以适应平面、内外圆柱面、圆锥面、球面、曲面以及小孔、沟槽等工件的表面测量。

针描法测量迅速方便，测量精度高，并能直接读出参数值，故获得广泛应用。用光切法与干涉法测量表面粗糙度，虽有不接触零件表面的优点，但一般只能测量 Rz 值，测量过程比较烦琐，测量误差也大。针描法操作方便，测量结果可靠，但触针与被测件表面接触时会留下划痕，这对一些重要的表面是不允许的。此外，因受触针圆弧半径大小的限制，不能测量表面粗糙度值要求很小的表面，否则会产生大的测量误差。随着激光技术的发展，近年来，很多国家都在研究利用激光测量表面粗糙度的方法，如激光光斑法等。

5. 印模法

印模法是一种非接触式间接测量表面粗糙度的方法，其原理是利用某些塑性材料做成块状印模贴在零件表面上，将零件表面轮廓印制在印模上，然后对印模进行测量，得出表面粗糙度值。

印模法适用于大型笨重零件和难以用仪器直接测量或样板比较的表面（如深孔、不通孔、凹槽、内螺纹等）的表面粗糙度测量。由于印模材料不能完全充满被测表面的谷底，所以测得印模的表面粗糙度值比零件实际值要小。因此，对印模所得出的表面粗糙度测量结果需要进行修正，修正时也只能凭经验。

实训操作

【实训操作四】　用针描法检测表面粗糙度

（1）实训目的

1）学会使用电动轮廓仪测量表面粗糙度。

2）掌握针描法测量表面粗糙度的原理（图 4-31）。

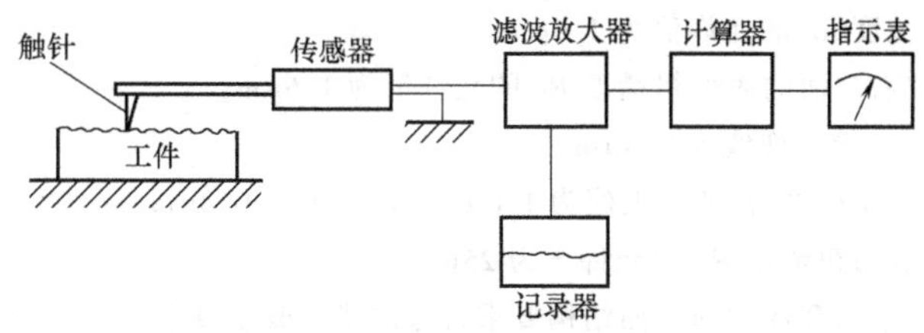

图 4-31　针描法原理

（2）实训要求

1）严格遵守实训纪律，一切行动听指挥，不迟到、不早退、不无故缺席。

2）态度端正、谦虚谨慎，认真听取指导老师的讲解和演示，并做好笔记。

3）未经培训和许可，不得随意摆弄测量器具。

4）保持工作场地整洁、通畅；严肃认真地进行实训操作，不得嬉戏打闹。

（3）测量器具和器材　TR101、SJ301/RJ201 等便携式表面粗糙度测量仪。

（4）实训步骤

1）检查、清理被测件表面。

2）检查、调试测量器具。

3）对被测表面设置取样长度。

4）使用测量器具对各取样长度进行测量，并做好测量记录。

（5）填写测量报告单　按要求将测量内容、测量过程、测量结果、测量收获与体会填入测量报告单。

习题与思考题

4-1　什么是表面结构？它对机械产品性能有何影响？

4-2　我国现行的有关表面结构的标准有哪些？

4-3　为什么要规定取样长度和评定长度？

4-4　怎样获取粗糙度轮廓中线？

4-5　表面结构完整图形符号包括哪些内容？分别应用于什么场合？

4-6　简要说明怎样标注表面结构参数。

4-7　表示表面纹理的符号有哪些？各表示何种含义？

4-8　什么是 16%规则？什么是最大规则？

4-9　试说明以下代号的含义：Rz max 0.2、0.008-0.8 Ra 6.3、-0.8 Ra3 6.3、U Ra max 3.2 L Ra 0.8、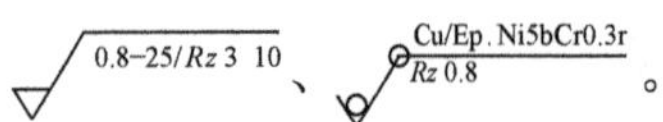
。

4-10　简要说明表面结构在图样中怎样标注。

4-11　GB/T 131—2006 与 GB/T 131—1993 主要有哪些不同？

4-12　怎样选取合适的表面粗糙度值？

4-13　表面粗糙度的检测方法有哪些？各选用何种测量器具？

4-14　将下列表面结构要求标注在图 4-32 上，零件的加工均采用去除材料法。

1）直径 ϕ50mm 圆柱外表面的表面粗糙度 *Ra* 的允许值为 3.2μm。

2）左端面的表面粗糙度 *Ra* 的允许值为 1.6μm。

3）直径 ϕ50mm 圆柱右端面的表面粗糙度 *Ra* 的允许值为 1.6μm。

4）内孔表面粗糙度 *Ra* 的允许值为 0.4μm。

5）螺纹工作面的表面粗糙度 *Rz* 的最大值为 1.6μm，最小值为 0.8μm。

6）其余各加工面的表面粗糙度 *Ra* 的允许值为 25μm。

4-15　将图 4-33 所示轴承套标注的表面结构要求符号的错误改正过来。

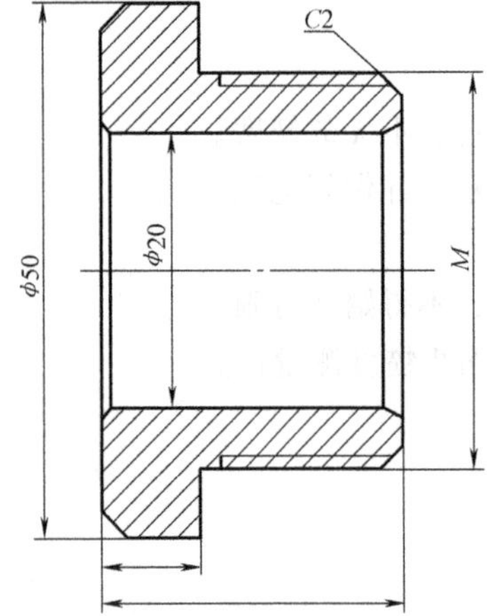

图 4-32　习题与思考题 4-14 图

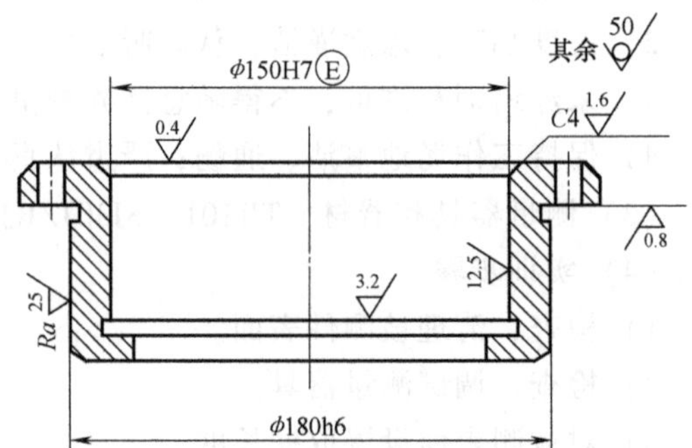

图 4-33　习题与思考题 4-15 图

5

第五章　光滑极限量规

教学导航

【知识目标】

1. 了解光滑极限量规的用途、种类。
2. 熟悉工作量规的设计原则（泰勒原则）。
3. 熟悉量规公差带的特点。
4. 掌握工作量规的设计方法。

【能力目标】

1. 能够较为熟练地使用量规检验工件。
2. 能够设计工作量规，绘制量规结构图。

第一节　概　　述

知识要点一　量规的作用及其分类

1. 量规的作用

光滑零件尺寸通常使用通用测量器具测量或使用光滑极限量规检验。通用测量器具可以有具体的指示值，能直接测量出零件的尺寸，而光滑极限量规是一种没有刻度的专用量具，它不能确定工件的实际尺寸，只能判断工件合格与否。

光滑极限量规是指被检验工件为光滑孔或光滑轴所用的极限量规的总称，简称为量规。因量规结构简单，制造容易，使用方便，并且可以保证工件在生产中的互换性，因此广泛应用于成批大量生产中。

国家标准 GB/T 1957—2006《光滑极限量规　技术条件》适用于孔与轴公称尺寸至500mm、公差等级 IT6～IT16 的光滑极限量规。当单一要素的尺寸公差和几何公差采用包容要求标注时，则应使用量规来检验。

光滑极限量规有塞规和环规（卡规）之分，无论塞规和环规都有通规（通端）和止规（止端），且它们成对使用，如图 5-1 所示。通规用来模拟最大实体边界，检验孔或轴的实体是否超越该理想边界。止规用来检验孔或轴的提取组成要素的局部尺寸是否超越最小实体尺寸。

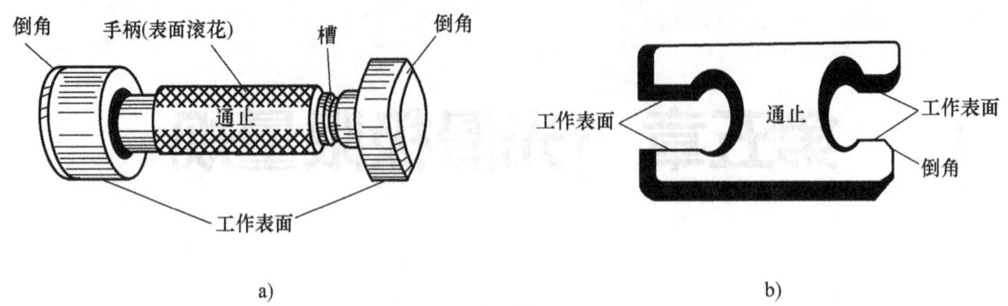

图 5-1 量规的外形结构

a）塞规 b）环规

塞规用于孔径检验，其测量面为外圆柱面。塞规的通规按被测孔径的下极限尺寸 D_{min} 制造，止规按被测孔径的上极限尺寸 D_{max} 制造。使用时，通规若能通过被测孔，表示被测孔径大于其下极限尺寸，止规若塞不进被测孔，表示孔径小于其上极限尺寸，说明被测孔的实际尺寸在规定的极限尺寸范围内，是合格的，否则，若通规塞不进被测孔或者止规能通过被测孔，则此孔为不合格，如图 5-2 所示。

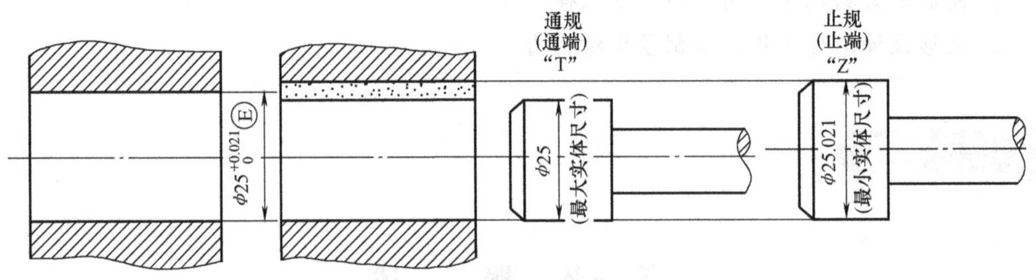

图 5-2 塞规检验孔

环规用于轴径检验，其测量面为内圆环面。环规（卡规）的通规按被测轴的上极限尺寸 d_{max} 制造，止规按被测轴的下极限尺寸 d_{min} 制造。使用时，通规若能通过被测轴，而止规不能通过，则表示被测轴的实际尺寸在规定的极限尺寸范围内，是合格的，否则就是不合格的，如图 5-3 所示。

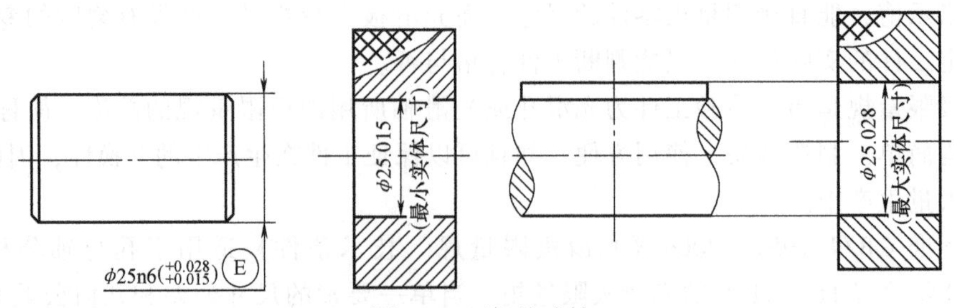

图 5-3 环规检验轴

2. 量规的分类

量规按用途可分为工作量规、验收量规和校对量规三类。

(1) 工作量规　工作量规是工件制造过程中操作者检验工件用的量规，它的通规和止规分别用代号“T”和“Z”表示。

(2) 验收量规　验收量规是检验部门或用户验收工件时使用的量规。标准对工作量规的公差做了规定，但没有规定验收量规的公差，而是规定了工作量规与验收量规的使用顺序。制造厂对零件进行检验时，操作者应该使用新的或者磨损较少的通规；检验部门应该使用与操作者相同形式的且已磨损较多的通规。用户在用量规验收工件时，通规应接近工件的最大实体尺寸，止规应接近工件的最小实体尺寸。

(3) 校对量规　校对量规是校对轴用工作量规（环规或卡规）的量规，以检验其是否符合制造公差和在使用中是否达到磨损极限。

轴用工作量规在制造或使用过程中常会发生碰撞变形，且通规经常通过零件，易磨损，所以要定期校对。

孔用工作量规虽也需定期校对，但它便于用量仪检测，故不规定专用的校对量规。

校对量规可分为以下三大类。

1) “校通-通”塞规 TT 是检验轴用工作量规通端的校对量规。校对时应通过，否则所校对通端不合格。

2) “校止-通”塞规 ZT 是检验轴用工作量规止端的校对量规。校对时应通过，否则所校对止端不合格。

3) “校通-损”塞规 TS 是检验轴用工作量规的通规是否达到磨损极限的校对量规。校对时不应通过轴，否则说明该轴用通规已达到或超过磨损极限，不应再使用。

知识要点二　量规的使用规则及注意事项

1. 量规的使用规则

国家标准规定量规的代号和使用规则见表 5-1。

表 5-1　量规的代号和使用规则

名称	代号	使用规则
通端工作环规	T	通端工作环规应通过轴的全长
“校通-通”塞规	TT	“校通-通”塞规的整个长度都应进入制造的通端工作环规孔内，而且应在孔的全长上进行检验
“校通-损”塞规	TS	“校通-损”塞规不应进入完全磨损的校对工作环规孔内，如有可能，应在孔的两端进行检验
止端工作环规	Z	沿着和环绕不少于四个位置进行检验
“校止-通”塞规	ZT	“校止-通”塞规的整个长度都应进入制造的通端工作环规孔内，而且应在孔的全长上进行检验
通端工作塞规	T	通端工作塞规的整个长度都应进入孔内，而且应在孔的全长上进行检验
止端工作塞规	Z	止端工作塞规不能通过孔内，如有可能，应在孔的两端进行检验

2. 使用量规的注意事项

量规是专用的没有示值的量具，使用量规进行检验要特别注意按下列规定的程序进行。

(1) 使用前要注意的事项

1）检查量规上的标记是否与被检验工件图样上标注的尺寸相符。如果两者不相符，则不要用该量规。

2）量规是实行定期检定的量具，经检定合格发给检定合格证书，或在量规上做标志。因此在使用量规前，应该检查是否有检定合格证书或标志等证明文件，并且能证明该量规是在检定期内，才可使用，否则不能使用该量规检验工件。

3）量规是成对使用的，即通规和止规配对使用。有的量规把通端（T）与止端（Z）制成一体，有的是制成单头的。对于单头量规，使用前要检查所选取的量规是否是一对，是一对才能使用。从外观看，通端的长度一般比止端长1/3~1/2。

4）检查外观质量。量规的工作面不得有锈迹、毛刺和划痕等缺陷。

（2）使用中要注意的事项

1）量规的使用条件。温度为20℃，测量力为0。在生产现场中使用量规很难符合这些要求，因此，为减少由于使用条件不符合规定要求而引起的测量误差，必须注意使量规与被测量的零件放在一起平衡温度，使两者的温度相同后再进行测量。这样可减少温差造成的测量误差。

2）注意操作方法，减少测量力的影响。对于环规来说，当被测件的轴线是水平状态时，公称尺寸小于100mm的环规，其测量力等于环规的自重（当环规从上垂直向下卡时）；公称尺寸大于100mm的环规，其测量力是环规自重的一部分，所以在使用公称尺寸大于100mm的环规时，应想办法减少环规本身的一部分重量。为减少这部分重量所需施加的力应标注在环规上。但是在实际生产中很少这样做，一般要凭经验操作。图5-4所示为正确或错误使用环规的示意图。

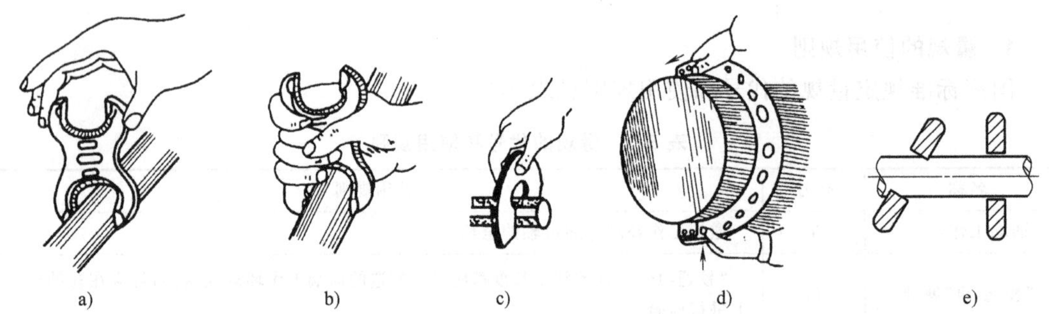

图5-4　正确或错误使用环规的示意图

a）凭环规自重测量：正确　b）使劲卡环规：错误　c）单手操作小环规：正确

d）双手操作大环规：正确　e）环规正着卡：正确；环规歪着卡：错误

3）检验孔时，如果孔的轴线是水平的，将塞规对准孔后，用手稍推塞规即可，不得用大力推塞规。如果孔的轴线是垂直于水平面的，对通规而言，当塞规对准孔后，用手轻轻扶住塞规，凭塞规的自重进行检验，不得用手使劲推塞规，对止规而言，当塞规对准孔后，松开手，凭塞规的自重进行检验。图5-5所示为正确或错误使用塞规的示意图。

正确操作量规不仅能获得正确的检验结果，而且能保证量规不受损伤。塞规的通端要在孔的整个长度上检验，而且应在2~3个轴向截面检验；止端要尽可能在孔的两头（对通孔而言）进行检验。环规的通端和止端，都要围绕轴线的3~4个横截面进行测量。量规要成对使用，不能只用一端检验就匆忙下结论。使用前，将量规的工作表面擦净后，可以在工作

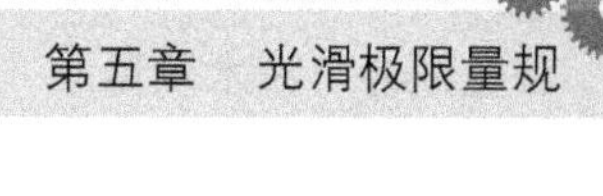

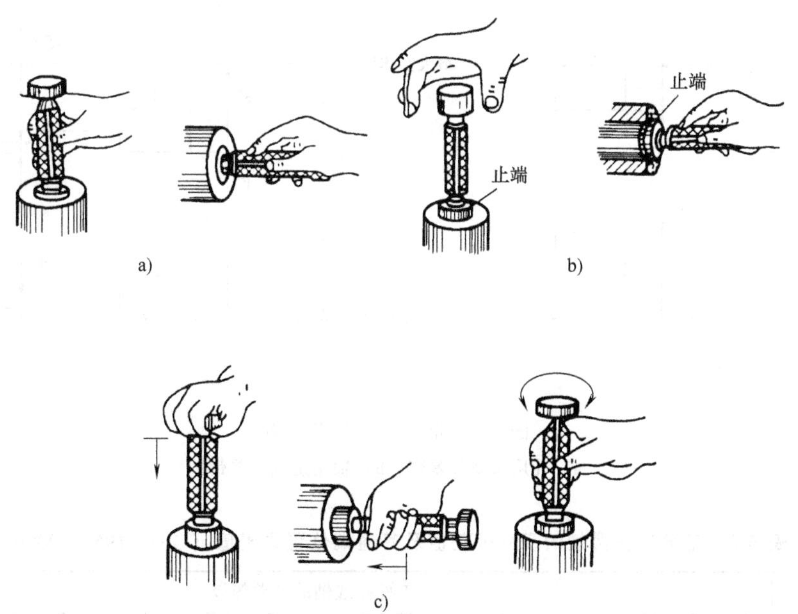

图 5-5　正确或错误使用塞规的示意图

a）正确使用塞规通端的方法　b）正确使用塞规止端的方法　c）错误使用塞规通端的方法

表面上涂一层薄薄的润滑油。

第二节　光滑极限量规的尺寸公差带

知识要点一　极限量规公差带的布置

（1）量规的制造公差　量规的制造精度比被检验零件的精度要求更高，但在制造过程中也不可避免地会产生误差，因此对量规规定了制造公差。通规在检验零件时要经常通过零件，会逐渐磨损以至报废。为了使通规具有一个合理的使用寿命，应当留出适当的磨损量。

止规由于不经常通过零件，磨损极少，所以只规定了制造公差。

（2）工作量规的公差带　GB/T 1957—2006 规定量规的公差带不得超越工件的公差带。

工作量规的制造公差 T_1 与被检验零件的公差等级和公称尺寸有关，其公差带分布如图 5-6 所示。通规的制造公差带的中心到零件最大实体尺寸之间的距离 Z_1（位置要素）体现了通规的平均使用寿命。通规在使用过程中会逐渐磨损，所以在设计时应留出适当的磨损量，其允许磨损量以工件的最大实体尺寸为极限；止规的制造公差带是从工件的最小实体尺寸算起，分布在尺寸公差带之内。

制造公差 T_1 和通端位置要素 Z_1 是综合考虑了量规的制造工艺水平和一定的使用寿命，按工件的公称尺寸、公差等级给出的。由图 5-6 可知，量规公差 T_1 和位置要素 Z_1 的数值大，对工件的验收不利；T_1 值小则量规制造困难，Z_1 值小则量规使用寿命短。因此应根据我国目前量规制造的工艺水平，合理规定量规公差。部分工作量规的尺寸公差值及其通端位置要素值见表 5-2。

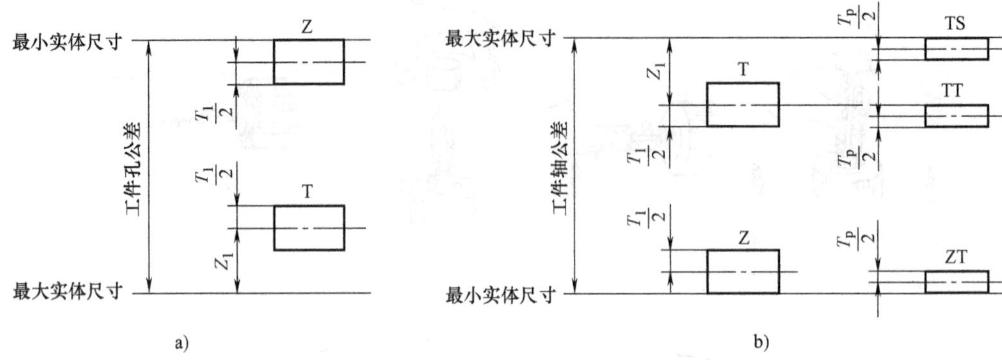

图 5-6 量规公差带及位置

a）孔用量规公差带 b）轴用量规公差带

表 5-2 部分工作量规的尺寸公差值及其通端位置要素值（GB/T 1957—2006）

工件孔或轴的公称尺寸/mm		工件孔或轴的公差等级								
		IT6			IT7			IT8		
		孔或轴的公差值	T_1	Z_1	孔或轴的公差值	T_1	Z_1	孔或轴的公差值	T_1	Z_1
大于	至	μm								
—	3	6	1.0	1.0	10	1.2	1.6	14	1.6	2.0
3	6	8	1.2	1.4	12	1.4	2.0	18	2.0	2.6
6	10	9	1.4	1.6	15	1.8	2.4	22	2.4	3.2
10	18	11	1.6	2.0	18	2.0	2.8	27	2.8	4.0
18	30	13	2.0	2.4	21	2.4	3.4	33	3.4	5.0
30	50	16	2.4	2.8	25	3.0	4.0	39	4.0	6.0
50	80	19	2.8	3.4	30	3.6	4.6	46	4.6	7.0
80	120	22	3.2	3.8	35	4.2	5.4	54	5.4	8.0
120	180	25	3.8	4.4	40	4.8	6.0	63	6.0	9.0
180	250	29	4.4	5.0	46	5.4	7.0	72	7.0	10.0
250	315	32	4.8	5.6	52	6.0	8.0	81	8.0	11.0
315	400	36	5.4	6.2	57	7.0	9.0	89	9.0	12.0
400	500	40	6.0	7.0	63	8.0	10.0	97	10.0	14.0

量规的几何误差应在其尺寸公差带内，其公差为量规尺寸公差的 50%。当量规尺寸公差小于或等于 0.002mm 时，其几何公差为 0.001mm。

知识要点二 校对量规公差带的布置

如前所述，只有轴用量规才有校对量规。校对塞规尺寸公差为被校对轴用工作量规尺寸公差的 1/2，校对塞规的尺寸公差中包含形状公差，如图 5-6b 所示。

“校通-通”塞规（TT），其公差带从通规的下极限偏差起，向轴用通规公差带内分布。

“校止-通”塞规（ZT），其公差带从止规的下极限偏差起，向轴用止规公差带内分布。

“校通-损”塞规（TS），其公差带从通规的磨损极限起，向被检验工件公差带内分布。

第三节 光滑极限量规的设计

知识要点一 量规设计的原则及结构

1. 量规设计的原则

从检验角度出发，光滑极限量规设计应遵守极限尺寸判断原则（泰勒原则）。

泰勒原则是指：单一尺寸要素的孔和轴遵守包容要求时，要求被测要素的实体处处不得超越最大实体边界，而提取组成要素的局部尺寸不得超越最小实体尺寸。

孔或轴的体外作用尺寸不允许超出最大实体尺寸，即对于孔，其体外作用尺寸不小于下极限尺寸；对于轴，其体外作用尺寸不大于上极限尺寸。任何位置上的提取组成要素的局部尺寸不允许超出最小实体尺寸，即对于孔，其提取组成要素的局部尺寸不大于上极限尺寸；对于轴，其提取组成要素的局部尺寸不小于下极限尺寸。

显而易见，作用尺寸由最大实体尺寸控制，而提取组成要素的局部尺寸由最小实体尺寸控制，光滑极限量规的设计应遵循这一原则。

2. 量规的结构

进行量规设计时，应明确量规设计原则，合理选择量规的结构，然后根据被测件的尺寸公差带计算出量规的极限偏差，并绘制量规的公差带图及量规的零件图。

根据泰勒原则设计的量规如下。

1）通规应设计成全形的，即其测量面应具有与被测孔或轴相对应的完整表面，其尺寸应等于被测孔或轴的最大实体尺寸，长度应与被测孔或轴的配合长度一致。

2）止规应设计成两点式的，且测量长度可以短些，止规表面与被测孔或轴是点接触，其尺寸应等于被测孔或轴的最小实体尺寸。

如图 5-7 所示，当被检验的孔存在形状误差时，若将止规制成全形止规，就不能发现孔的这种形状误差，而会将形状误差超出尺寸公差带的零件误判为合格品。若将止规制成非全形止规，检验时，它与被测孔是两点接触，只需稍微转动，就可以发现这种过大的形状误

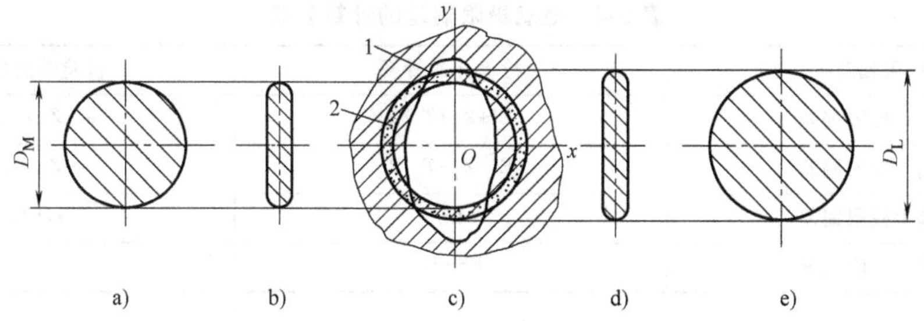

图 5-7 量规的形状对检验结果的影响

a）全形通规 b）两点式通规 c）工件 d）两点式止规 e）全形止规

1—内孔实际轮廓 2—内孔公差带

差，将其判定为不合格品。

但在实际应用中，极限量规常偏离上述原则。例如，为了用已标准化的量规，允许通规的长度小于结合面的全长；对于直径大于100mm的孔，用全形塞规的通规很笨重，不便使用，允许用不全形塞规；环规的通规不能检验正在顶尖上加工的零件及曲轴，允许用卡规代替；检验小孔的塞规的止规，为了便于制造常用全形塞规。量规的形状对检验结果的影响如图5-7所示。

必须指出，只有在保证被检验零件的形状误差不致影响配合性质的前提下，才允许使用偏离极限尺寸判断原则的量规。

检验光滑零件的光滑极限量规型式很多，表5-3中推荐了不同尺寸范围的不同量规型式，表中“1”和“2”表示推荐顺序，推荐优先用“1”行。

表5-3　量规型式应用尺寸范围（GB/T 1957—2006）

<table>
<tr><th rowspan="2">用途</th><th rowspan="2">推荐顺序</th><th colspan="4">量规的工作尺寸/mm</th></tr>
<tr><th>≤18</th><th>>18~100</th><th>>100~315</th><th>>315~500</th></tr>
<tr><td rowspan="2">工件孔用的通端量规型式</td><td>1</td><td colspan="2">全形塞规</td><td>不全形塞规</td><td>球端杆规</td></tr>
<tr><td>2</td><td>—</td><td>不全形塞规或片形塞规</td><td>片形塞规</td><td>—</td></tr>
<tr><td rowspan="2">工件孔用的止端量规型式</td><td>1</td><td>全形塞规</td><td colspan="2">全形或片形塞规</td><td>球端杆规</td></tr>
<tr><td>2</td><td>—</td><td colspan="2">不全形塞规</td><td>—</td></tr>
<tr><td rowspan="2">工件轴用的通端量规型式</td><td>1</td><td colspan="2">环规</td><td colspan="2">卡规</td></tr>
<tr><td>2</td><td colspan="2">卡规</td><td colspan="2">—</td></tr>
<tr><td rowspan="2">工件轴用的止端量规型式</td><td>1</td><td colspan="4">卡规</td></tr>
<tr><td>2</td><td>环规</td><td colspan="3">—</td></tr>
</table>

在国家标准GB/T 10920—2008《螺纹量规和光滑极限量规　型式与尺寸》中，对于孔、轴的光滑极限量规的结构、通用尺寸、适用范围、使用顺序都做了详细的规定和阐述，设计可参考有关手册，选用量规结构型式时，同时必须考虑工件结构、大小、产量和检验效率等。

知识要点二　量规极限偏差的计算

量规极限偏差的计算公式见表5-4。

表5-4　量规极限偏差的计算公式

极限偏差	检验孔的量规	检验轴的量规
通端上极限偏差	$EI+Z_1+T_1/2$	$es-Z_1+T_1/2$
通端下极限偏差	$EI+Z_1-T_1/2$	$es-Z_1-T_1/2$
止端上极限偏差	ES	$ei+T_1$
止端下极限偏差	$ES-T_1$	ei

知识要点三　量规的其他技术要求

量规的结构和使用都比较简单，但是必须注意正确使用，否则会出差错。

1）量规的测量面不应有锈蚀、毛刺、黑斑、划痕等明显影响外观、使用质量的缺陷，其他表面不应有锈蚀和裂纹。

2）塞规的测量头与手柄的连接应牢固可靠，在使用过程中不应松动。

3）量规宜采用合金工具钢、碳素工具钢、渗碳钢及其他耐磨材料制造。

4）钢制量规测量面的硬度不应小于 700HV（或 60HRC）。

5）量规测量面的表面粗糙度 *Ra* 值不应大于表 5-5 中的规定值。

表 5-5　量规测量面的表面粗糙度（GB/T 1957—2006）

工作量规	工作量规的公称尺寸/mm		
	≤120	>120~315	>315~500
	工作量规测量面的表面粗糙度 *Ra* 值/μm		
IT6 级孔用工作塞规	0.05	0.10	0.20
IT7~IT9 级孔用工作塞规	0.10	0.20	0.40
IT10~IT12 级孔用工作塞规	0.20	0.40	0.80
IT13~IT16 级孔用工作塞规	0.40	0.80	
IT6~IT9 级轴用工作环规	0.10	0.20	0.40
IT10~IT12 级轴用工作环规	0.20	0.40	0.80
IT13~IT16 级轴用工作环规	0.40	0.80	

6）量规应经过稳定性处理。

研读范例　工作量规设计举例

【例 5-1】　设计检验 ϕ30H8Ⓔ和 ϕ30f7Ⓔ的工作量规。

解：1）选择量规的结构型式分别为锥柄双头圆柱塞规和单头双极限圆形片状卡规，如图 5-8 所示。

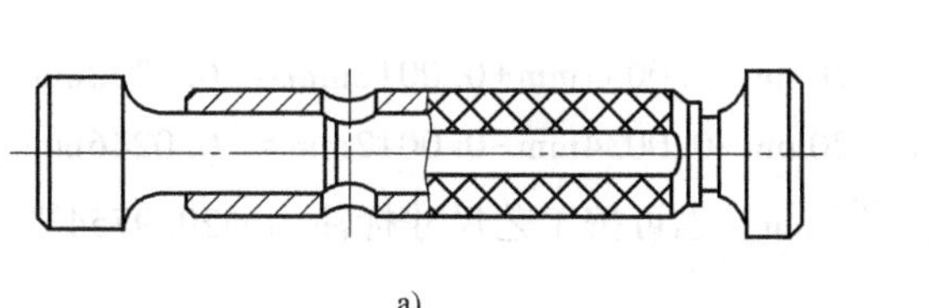

a)　　b)

图 5-8　量规结构形式

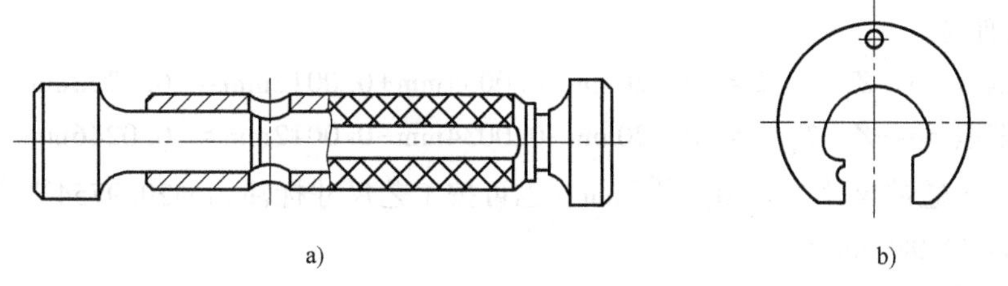

a）锥柄双头圆柱塞规　b）单头双极限圆形片状卡规

2）确定被测孔、轴的极限偏差。查极限与配合标准：

ϕ30H8 的上极限偏差 ES=+0.033mm，下极限偏差 EI=0mm。

ϕ30f7 的上极限偏差 es=−0.020mm，下极限偏差 ei=−0.041mm。

3）确定工作量规制造公差 T_1 和位置要素 Z_1，塞规公差等级为 IT8，卡规公差等级为 IT7，可由表 5-2 查得：

塞规：$T_1=0.0034\text{mm}$，$Z_1=0.005\text{mm}$。

卡规：$T_1=0.0024\text{mm}$，$Z_1=0.0034\text{mm}$。

4）画出工作量规的公差带图，如图 5-9 所示。

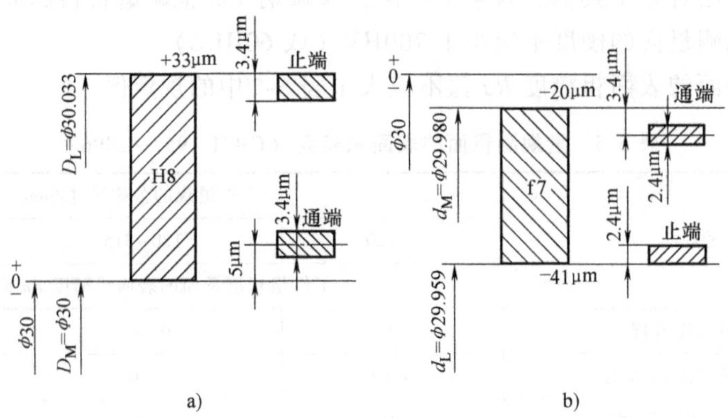

图 5-9　工作量规的公差带图

a）塞规公差带图　b）卡规公差带图

5）计算量规的极限偏差。

① 塞规通端。

上极限偏差$=EI+Z_1+T_1/2=0\text{mm}+0.005\text{mm}+0.0017\text{mm}=+0.0067\text{mm}$

下极限偏差$=EI+Z_1-T_1/2=0\text{mm}+0.005\text{mm}-0.0017\text{mm}=+0.0033\text{mm}$

所以，塞规通端尺寸为 $\phi30^{+0.0067}_{+0.0033}\text{mm}$，也可按工艺尺寸标注为 $\phi30.0067^{\ 0}_{-0.0034}\text{mm}$，通规的磨损极限尺寸为 $\phi30\text{mm}$。

② 塞规止端。

上极限偏差$=ES=+\ 0.033\text{mm}$

下极限偏差$=ES-T_1=0.033\text{mm}-0.0034\text{mm}=+\ 0.0296\text{mm}$

所以，塞规止端尺寸为 $\phi30^{+0.0330}_{+0.0296}\text{mm}$，也可按工艺尺寸标注为 $\phi30.033^{\ 0}_{-0.0034}\text{mm}$。

③ 卡规通端。

上极限偏差$=es-Z_1+T_1/2=-0.020\text{mm}-0.0034\text{mm}+0.0012\text{mm}=-0.0222\text{mm}$

下极限偏差$=es-Z_1-T_1/2=-0.020\text{mm}-0.0034\text{mm}-0.0012\text{mm}=-0.0246\text{mm}$

所以，卡规通端尺寸为 $\phi30^{-0.0222}_{-0.0246}\text{mm}$，也可按工艺尺寸标注为 $\phi29.9754^{+0.0024}_{\ 0}\text{mm}$，其磨损极限尺寸为 29.980mm。

④ 卡规止端。

上极限偏差$=ei+T_1=-0.041\text{mm}+0.0024\text{mm}=-0.0386\text{mm}$

下极限偏差$=ei=-0.041\text{mm}$

所以，卡规止端尺寸为 $\phi30^{-0.0386}_{-0.0410}\text{mm}$，也可按工艺尺寸标注为 $\phi29.959^{+0.0024}_{\ 0}\text{mm}$。

6）量规的技术要求。量规测量部位的材料要求尺寸稳定，耐磨损，塞规常用材料为 T10A、T12A，卡规常用材料为 15 或 20 渗碳钢以及硬质合金等，可在测量面上镀以厚度大于磨损量的镀铬层、渗氮化层等。

量规测量面的硬度对量规的使用寿命有很大影响，因此要求其耐磨性强。塞规的测量圆柱面硬度不低于 60HRC，卡规测量面硬度大于 58HRC。

量规表面粗糙度值的大小，查表 5-5 可得，塞规公差等级是 IT8 时取 *Ra* 为 0. 10μm，卡规公差等级是 IT7 时取 *Ra* 为 0. 10μm。

量规的几何公差应在其尺寸公差带内，其公差为量规尺寸公差的 50%。

量规的测量面不应有锈蚀、毛刺、黑斑、划痕等明显影响外观和使用质量的缺陷，其他表面不应有锈蚀和裂纹。

7）绘制量规结构图，如图 5-10 所示。

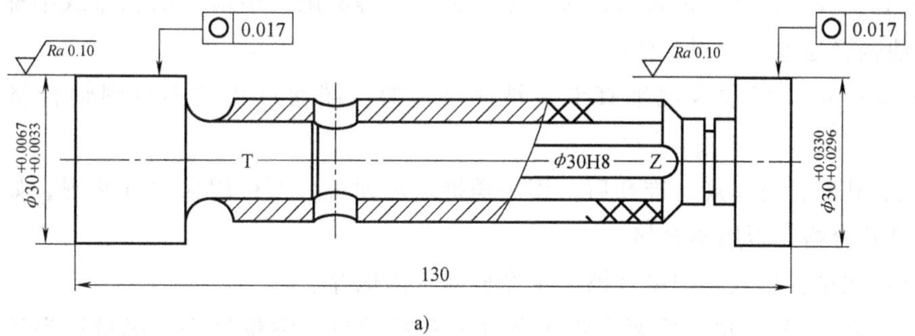

a)

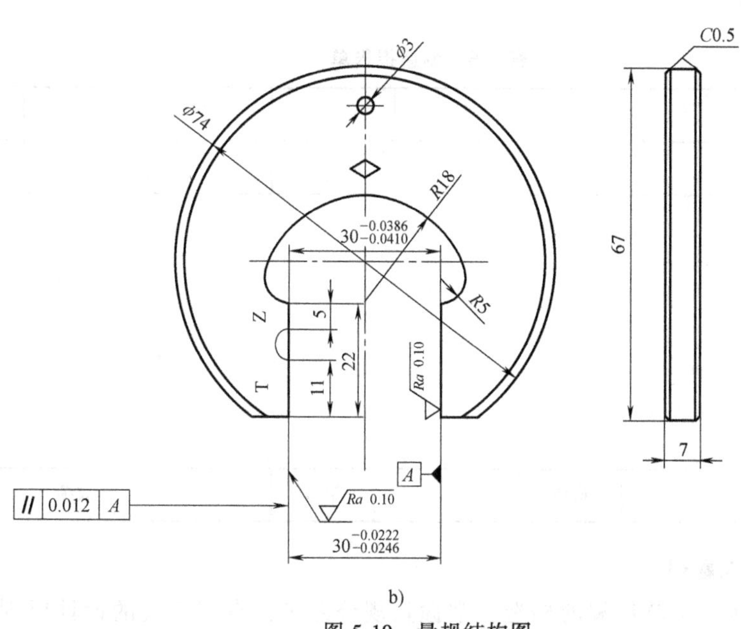

b)

图 5-10　量规结构图

a）塞规　b）卡规

【实训操作五】　用卡规和塞规检测孔和轴；设计一卡规或塞规

1. 用卡规和塞规检测孔和轴

（1）目的和要求　了解量规的类型，掌握利用量规检测孔和轴的方法，并利用卡规和塞规检测孔和轴。

（2）测量器具和器材　卡规和塞规；同批加工的孔、轴零件。

（3）复习量规的测量原理及使用量规的注意事项

（4）测量步骤

1）将被测件擦拭干净（有锈蚀还需除锈）。

2）检查量规上的标记是否与被测件的尺寸相符，量规的通端和止端是否配对。

3）检查量规的工作面是否有锈迹、毛刺和划痕等缺陷。用清洁的软布或细棉丝沾一点干净润滑油轻轻地擦拭量规工作面。

4）检验轴时，轻拿卡规垂直卡入被测轴，如通端通过止端不过则轴合格，否则不合格。

5）检验孔时，将塞规对准孔后，用手稍推塞规即可，不得用大力推塞规，如通端通过止端不过则孔合格，否则不合格。

6）使用完毕，用软布把量规擦拭干净放入盒内保存。

（5）填写测量报告单　按要求将被测件的相关信息、测量过程、测量结果等填入测量报告单（表 5-6）中。

表 5-6　测量报告单

<table>
<tr><td>零件编号</td><td colspan="2"></td><td colspan="2"></td><td></td><td colspan="2"></td><td></td><td></td></tr>
<tr><td>合格判断</td><td colspan="2"></td><td colspan="2"></td><td></td><td colspan="2"></td><td></td><td></td></tr>
<tr><td>测量过程</td><td colspan="9"></td></tr>
<tr><td>姓名</td><td></td><td>班级</td><td></td><td colspan="2">学号</td><td></td><td colspan="2">成绩</td><td></td></tr>
</table>

2. 设计一卡规或塞规

（1）目的和要求　了解量规的构造，掌握量规公差带，掌握量规的设计原则，并设计一卡规或塞规。

（2）器材　被测件的零件图。

（3）复习量规的设计原则、极限偏差计算和量规的结构选择

（4）设计步骤

1）根据被测件的尺寸大小和结构特点等因素选择量规结构型式（孔用或轴用）。

2）根据被测件的公称尺寸和公差等级查出量规的制造公差 T_1 和位置要素 Z_1 值，画量规公差带图，计算量规工作尺寸的上、下极限偏差。

3）确定量规结构尺寸，计算量规工作尺寸，绘制量规结构图，标注尺寸及技术要求。

习题与思考题

5-1　简述光滑极限量规的作用和分类。

5-2　孔用、轴用工作量规的公差带是如何布置的？其特点是什么？

5-3　光滑极限量规设计的原则是什么？说明其含义。

5-4　试计算遵守包容要求的 ϕ50H7/n6 配合的孔、轴工作量规的上、下极限偏差以及工作尺寸，并画出量规公差带图。

6

第六章　常见零部件的极限配合与测量

教学导航

【知识目标】

1. 了解圆锥极限配合的术语、定义及配合特点，熟悉圆锥几何参数对互换性的影响，掌握圆锥公差及其给定方法，掌握圆锥配合的检测。

2. 熟悉平键及花键连接的特点和结构参数，掌握平键及花键连接公差原则和正确标注，掌握矩形花键小径定心的优点，掌握键和花键的标记含义、检测方法。

3. 了解滚动轴承的公差等级及其应用，了解轴承公差及其特点，熟悉滚动轴承的轴、孔配合的公差带特点。

4. 了解普通螺纹的几何参数及其对螺纹互换性的影响，熟悉螺纹的极限与配合，掌握梯形丝杠和滚动螺旋副的技术要求、选用和标注方法，掌握螺纹的检测方法。

5. 了解齿轮传动的四项基本要求，熟悉偏差及公差项目，熟悉齿轮的精度标准，掌握齿轮和齿轮副的检测方法。

【能力目标】

1. 能够较为熟练地确定常用零部件的公差值。

2. 能够较为熟练地应用测量器具检测常用零部件。

理论学习

第一节　圆锥的极限配合及测量

知识要点一　基本术语及定义

圆锥配合是各类机械设备广泛采用的典型结构，其配合要素为内、外圆锥表面。由于圆锥是由直径、长度、锥度（或圆锥角）多尺寸要素构成的结构，影响互换性的因素比较多，在配合性质的确定和配合精度设计方面，比圆柱配合要复杂得多。

1. 圆锥配合的基本参数

在圆锥配合中，影响互换性的因素较多，为了分析其互换性，必须熟悉圆锥配合的基本参数。

（1）圆锥角 α　通过圆锥轴线的截面内，两条素线之间的夹角称为圆锥角，如图 6-1 所示。

（2）斜角 $\alpha/2$　圆锥的素线与其轴线的夹角，等于圆锥角的一半。

（3）圆锥直径　圆锥在垂直于轴线截面上的直径，如图 6-1 所示。常用的圆锥直径有：最大圆锥直径 D，内、外圆锥的最大直径 D_i、D_e；最小圆锥直径 d，内、外圆锥的最小直径 d_i、d_e 和给定截面上的圆锥直径 D_x（d_x）。

（4）圆锥长度 L　最大圆锥直径与最小圆锥直径之间的轴向距离。内、外圆锥的长度分别用 L_i、L_e 表示。

（5）圆锥配合长度 H　内、外圆锥的配合面之间的轴向距离。

（6）锥度 C　两个垂直于圆锥轴线截面的圆锥直径差与该两截面间的轴向距离之比，即

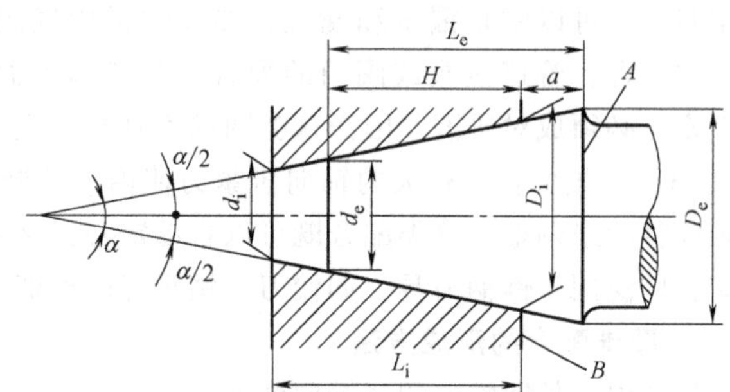

图 6-1　圆锥配合的基本参数

A—外圆锥基准面　B—内圆锥基准面

$$C=\frac{D-d}{L}=2\tan\frac{\alpha}{2} \tag{6-1}$$

锥度关系式反映了圆锥直径、圆锥长度、圆锥角和锥度之间的相互关系，是圆锥的基本关系式。为了减少加工圆锥零件所用的专用刀具、量具种类和数量，国家标准 GB/T 157—2001 规定了锥度与圆锥角系列，设计时应从标准系列中选用标准圆锥角 α 或标准锥度 C。锥度常用比例或分数表示，如 $C=1:20$ 或 $C=1/20$。大于 120°圆锥角和 1：500 以下的锥度未列入标准。

公称圆锥可用两种形式确定。

1）一个公称圆锥直径、公称圆锥长度和公称锥度或公称圆锥角。

2）两个公称圆锥直径和公称圆锥长度。

（7）基面距 a　基面距决定两个配合圆锥的轴向相对位置，为相互配合的外圆锥基准面（轴肩或轴端面）与内圆锥基准面（端面）之间的距离，如图 6-2 所示。

圆锥配合的公称直径是指两锥体端缘截面上的公共直径。根据所选公称直径来决定基面距的位置，如以内圆锥的大端直径为公称直径，则基面距的位置在大端，如图 6-2a 所示；如以外圆锥的小端直径为公称直径，则基面距的位置在小端，如图 6-2b 所示。

（8）轴向位移 E_a　轴向位移 E_a 是指相互配合的内、外圆锥从实际初始位置到终止位置移动的距离，如图 6-3 所示。用轴向位移可实现圆锥的不同配合。

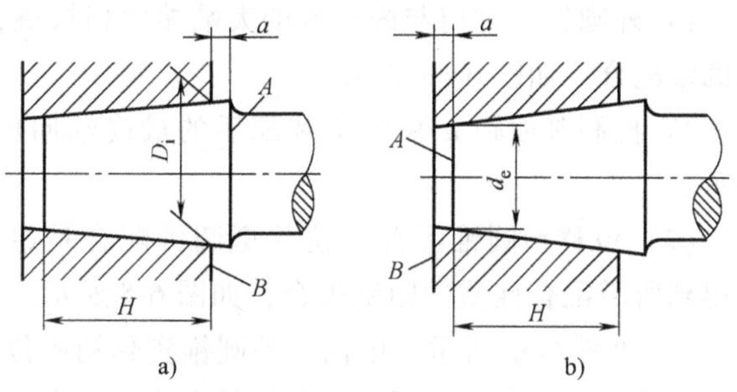

图 6-2　圆锥配合的基面距

a）基面距的位置在大端　b）基面距的位置在小端

2. 圆锥配合的种类

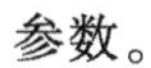

圆锥配合与圆柱配合的主要区别

是：根据内、外圆锥相对轴向位置不同，可以获得间隙配合、过渡配合或过盈配合。

（1）间隙配合　内、外圆锥之间有间隙，在装配和使用过程中，间隙量的大小可以调整，零件易于拆卸，如车床主轴圆锥轴颈与圆锥滑动轴承的配合。

（2）过渡配合　内、外圆锥之间贴紧，具有很好的密封性，可以防止漏水和漏气，如发动机中气阀与阀座的配合，管道接头或阀门的配合。为使圆锥面接触严密，必须成对研磨，因而这类圆锥不具有互换性。

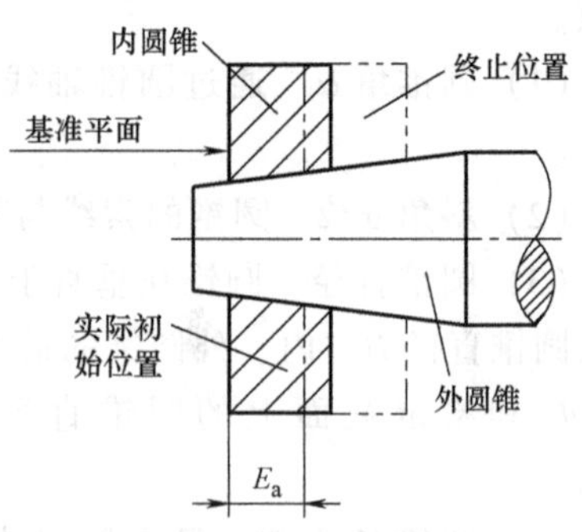

图 6-3　轴向位移 E_a

（3）过盈配合　较大的轴向压紧力使内、外圆锥配合过盈，过盈量的大小可通过圆锥的轴向移动来调整。这类配合既可以自动定心，又具有自锁性，产生较大的摩擦力用以传递转矩，广泛用于锥柄刀具，如铰刀、钻头等的锥柄与机床主轴圆锥孔的配合。

3. 圆锥配合的形成方法

调整内、外圆锥的相对轴向位置，可得到结构型圆锥配合和位移型圆锥配合两种不同的配合性质。

（1）结构型圆锥配合　结构型圆锥配合是指由内、外圆锥本身的结构或基面距，来确定装配后的最终轴向位置，以得到所需配合性质的圆锥配合，如图 6-4 所示。这种配合方式可以得到间隙配合、过渡配合和过盈配合，配合性质完全取决于内、外圆锥直径公差带的相对位置。

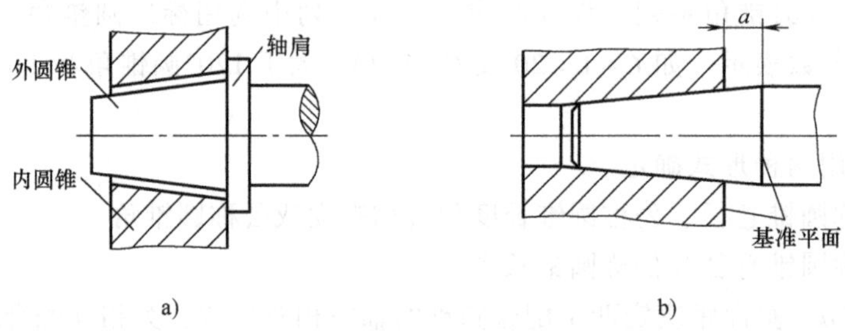

图 6-4　结构型圆锥配合

a）由结构形成的圆锥间隙配合　b）由基面距形成的圆锥过盈配合

1）外圆锥的轴肩与内圆锥的大端端面相接触，使两者相对轴向位置确定，形成所需要的圆锥配合，如图 6-4a 所示。

2）控制基面距 a 来确定装配后的最终轴向位置，形成所需要的圆锥配合，如图 6-4b 所示。

（2）位移型圆锥配合　位移型圆锥配合是通过调整内、外圆锥相对轴向位置的方法，以得到所需配合性质的圆锥配合，如图 6-5 所示。

1）如图 6-5a 所示，由内、外圆锥实际初始位置开始，对内圆锥做一定的轴向位移 E_a，直至终止位置，即可获得要求的圆锥配合。实际初始位置是指在不施加装配力的情况下相互结合的内、外圆锥表面接触时的位置。这种方式可以得到间隙配合或过盈配合。

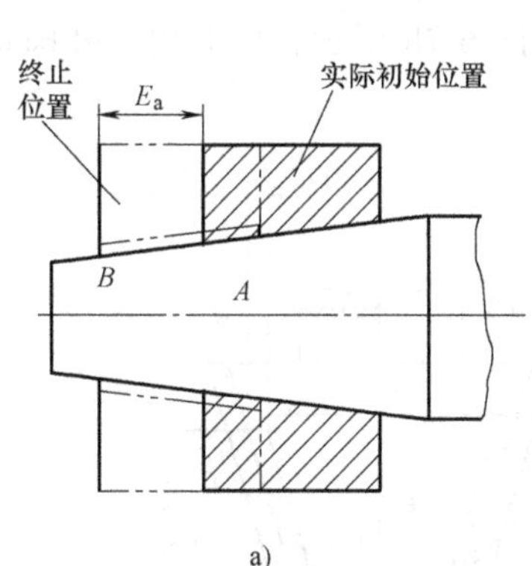

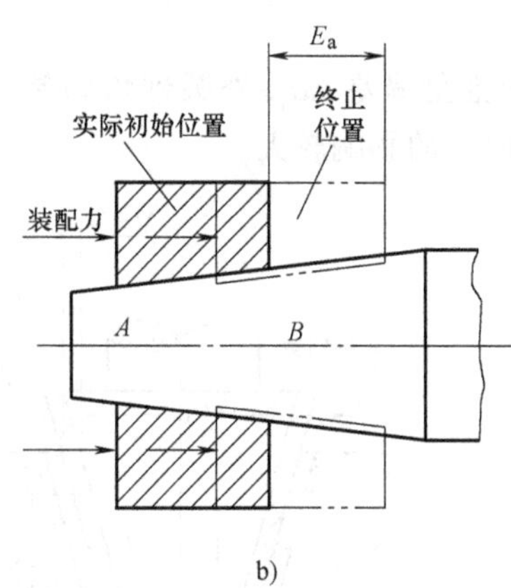

图 6-5　位移型圆锥配合

a）由轴向位移形成圆锥间隙配合　b）由施加装配力形成圆锥过盈配合

2）如图 6-5b 所示，由内、外圆锥实际初始位置开始，对内圆锥施加一定的轴向装配力产生轴向位移而形成配合，这种方式只能获得过盈配合。

位移型圆锥配合一般不用于形成过渡配合。

知识要点二　圆锥直径偏差与圆锥角偏差对基面距的影响

制造时，圆锥的直径、长度和圆锥角均会产生偏差。因此，在装配时，将会引起基面距的变化和影响表面接触状况。基面距过大，会减小配合长度；基面距过小，又会使补偿磨损的轴向调节范围减小，从而影响圆锥配合的使用性能。影响基面距的主要因素是内、外圆锥的直径偏差和圆锥角偏差。

1. 圆锥直径偏差对基面距的影响

假设内、外圆锥的圆锥角无偏差，只有圆锥直径偏差，则内、外圆锥的大端直径和小端直径的偏差各自相等且分别为 ΔD_i、ΔD_e。若以内圆锥的最大圆锥直径 D_i 为配合直径，基面距 a 在大端，如图 6-6a 所示，则基面距误差 $\Delta a'$为：

$$\Delta a' = -\frac{\Delta D_i - \Delta D_e}{2\tan\dfrac{\alpha}{2}} = -\frac{\Delta D_i - \Delta D_e}{C} \tag{6-2}$$

式中，α 为圆锥角；C 为锥度。

由图 6-6a 可知，当 $\Delta D_i > \Delta D_e$ 时，即内圆锥的实际直径比外圆锥的实际直径大，$\Delta D_i - \Delta D_e$ 的值为正，$\Delta a'$为负值，则基面距 a 减小；同理，由图 6-6b 可知，当 $\Delta D_i < \Delta D_e$ 时，即内圆锥的实际直径比外圆锥的实际直径小，$\Delta D_i - \Delta D_e$ 的值为负，$\Delta a'$为正值，则基面距 a 增大。

2. 圆锥角偏差对基面距的影响

假设基面距在大端，并且内、外圆锥直径均无偏差，仅圆锥角有偏差，有以下两种可能的情况。

1）外圆锥角偏差 $\Delta\alpha_e >$ 内圆锥角偏差 $\Delta\alpha_i$，如图 6-7a 所示，此时内、外圆锥在大端处接触，对基面距的影响较小，可以略去不计。因接触面积小，易磨损，可能使内、外圆锥相对倾斜。

2）内圆锥角偏差 $\Delta\alpha_i$>外圆锥角偏差 $\Delta\alpha_e$，如图 6-7b 所示，此时内、外圆锥在小端处接触，对基面距的影响较大。

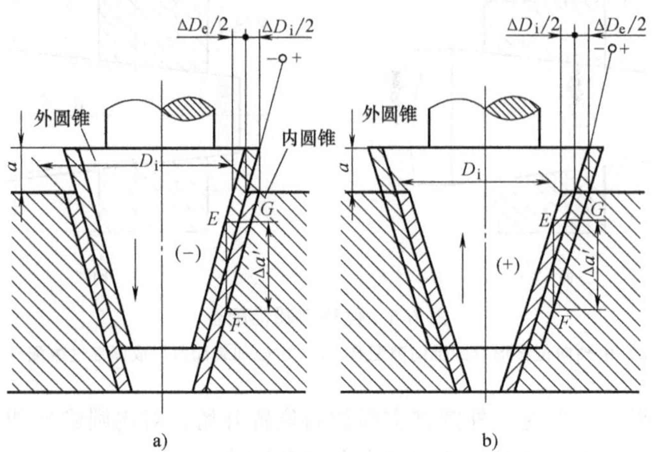

图 6-6　圆锥直径偏差对基面距的影响

a）$\Delta D_i > \Delta D_e$　b）$\Delta D_i < \Delta D_e$

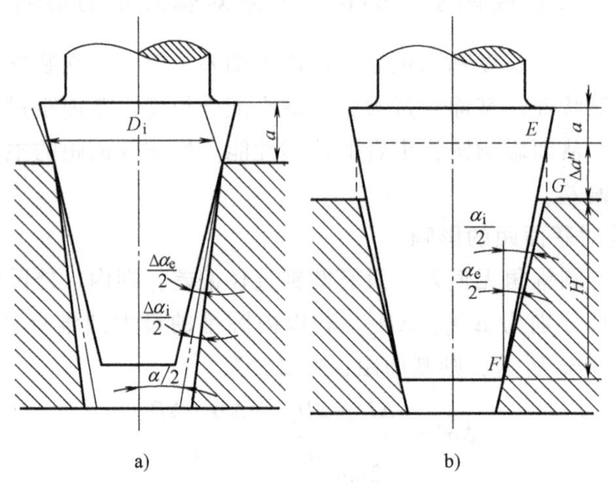

图 6-7　圆锥角偏差对基面距的影响

a）$\Delta\alpha_e > \Delta\alpha_i$　b）$\Delta\alpha_e < \Delta\alpha_i$

计算时，应考虑影响较大的情况，由图 6-7b 可见，由于圆锥角偏差的影响，使基面距 a 增大了 $\Delta a''$，从△EFG 可得

$$\Delta a'' = \frac{H\sin[(\alpha_i/2)-(\alpha_e/2)]}{\cos(\alpha_i/2)\sin(\alpha_e/2)} \tag{6-3}$$

对于常用工具锥，圆锥角很小，$\sin\left(\frac{\alpha_i}{2}-\frac{\alpha_e}{2}\right) \approx \frac{\alpha_i}{2}-\frac{\alpha_e}{2}$，$\sin\alpha \approx 2\tan\frac{\alpha}{2} = C$，将角度单位化成“′”（$1' = 0.0003\text{rad}$），则有

$$\Delta a'' = 0.0006H(\alpha_i/2-\alpha_e/2)/C \tag{6-4}$$

式中，H 为锥体的配合长度，单位为 mm。

实际上，圆锥直径偏差与圆锥角偏差同时存在，所以对基面距的综合影响是两者的代数和，即

$$\Delta a=\Delta a'+\Delta a''=[(\Delta D_e-\Delta D_i)+0.0006H(\alpha_i/2-\alpha_e/2)]/C \tag{6-5}$$

式（6-5）是圆锥配合中圆锥直径、圆锥角之间的一般关系式。基面距公差是根据圆锥配合的具体功能确定的，根据基面距公差的要求在确定圆锥直径和角度公差时，通常按工艺条件先选定一个参数的公差，再由式（6-5）计算另一个参数的公差，其中 α_i、α_e 均以“′”为单位。

知识要点三　圆锥公差

1. 圆锥公差项目

国家标准 GB/T 11334—2005《产品几何量技术规范（GPS）　圆锥公差》规定了圆锥公差的项目、圆锥公差的给定方法及公差值，适用于锥度 C 从 1∶3～1∶500、长度 L 从 6～630mm 的光滑圆锥。为满足圆锥连接和使用的功能要求，标准给出了圆锥直径公差、圆锥角公差、圆锥的形状公差和给定截面圆锥直径公差四个公差项目。

（1）圆锥直径公差 T_D　圆锥直径的允许变动量，适用于圆锥全长。圆锥直径公差带（GB/T 11334—2005 修订为圆锥直径公差区）为两个极限圆锥（上、下极限圆锥）所限定区域，如图 6-8 所示，一般以最大圆锥直径为基础。

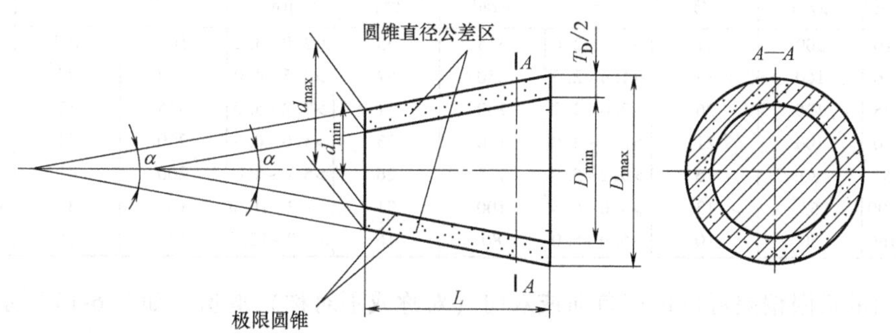

图 6-8　圆锥直径公差区

（2）圆锥角公差 AT（AT_α 或 AT_D）　圆锥角的允许变动量。圆锥角公差带（GB/T 11334—2005 修订为圆锥角公差区）是两个极限圆锥角所限定的区域，如图 6-9 所示。

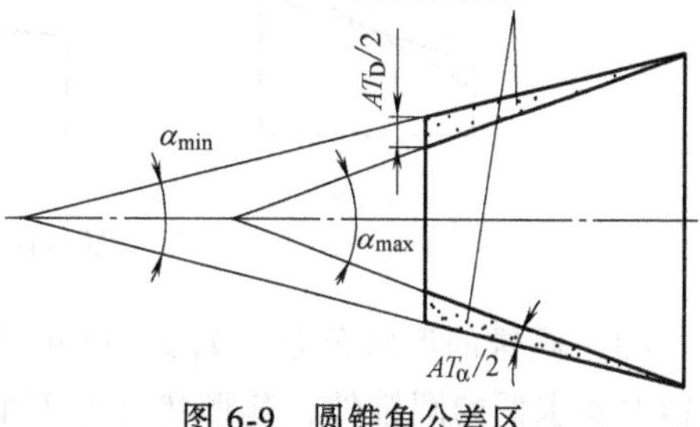

图 6-9　圆锥角公差区

圆锥角公差共分 12 个等级，用 $AT1$、$AT2$、…、$AT12$ 表示。其中 $AT1$ 精度最高，其余依次降低。为加工和检验方便，圆锥角公差有两种表示形式。

1）AT_α 以角度单位微弧度（μrad）或以度、分、秒（°、′、″）表示圆锥角公差值；1μrad 等于半径为 1m、弧长为 1μm 时所产生的角度。

2）AT_D 以长度单位微米（μm）表示公差值，它是用与圆锥轴线垂直且距离为 L 的两端直径变动量之差所表示的圆锥角公差。

AT_D 与 AT_α 的换算关系如下：

$$AT_D = AT_\alpha L \times 10^{-3} \quad (6\text{-}6)$$

式中，AT_D、AT_α 和 L 的单位分别是 μm、μrad 和 mm。

表 6-1 列出了 AT1～AT6 级圆锥角公差值。

表 6-1　AT1～AT6 级圆锥角公差值

公称圆锥长度 L/mm		圆锥角公差等级								
		AT1			AT2			AT3		
		AT_α		AT_D	AT_α		AT_D	AT_α		AT_D
大于	至	μrad	(″)	μm	μrad	(″)	μm	μrad	(″)	μm
自 6	10	50	10	>0.3～0.5	80	16	>0.5～0.8	125	26	>0.8～1.3
10	16	40	8	>0.4～0.6	63	13	>0.6～1.0	100	21	>1.0～1.6
16	25	31.5	6	>0.5～0.8	50	10	>0.8～1.3	80	16	>1.3～2.0
25	40	25	5	>0.6～1.0	40	8	>1.0～1.6	63	13	>1.6～2.5
40	63	20	4	>0.8～1.3	31.5	6	>1.3～2.0	50	10	>2.0～3.2
63	100	16	3	>1.0～1.6	25	5	>1.6～2.5	40	8	>2.5～4.0
100	160	12.5	2.5	>1.3～2.0	20	4	>2.0～3.2	31.5	6	>3.2～5.0
公称圆锥长度 L/mm		圆锥角公差等级								
		AT4			AT5			AT6		
		AT_α		AT_D	AT_α		AT_D	AT_α		AT_D
大于	至	μrad	(″)	μm	μrad	(″)	μm	μrad	(″)	μm
自 6	10	200	41	>1.3～2.0	315	65	>2.0～3.2	500	103	>3.2～5.0
10	16	160	33	>1.6～2.5	250	52	>2.5～4.0	400	88	>4.0～6.3
16	25	125	26	>2.0～3.2	200	41	>3.2～5.0	315	65	>5.0～8.0
25	40	100	21	>2.5～4.0	160	33	>4.0～6.3	250	52	>6.3～10.0
40	63	80	16	>3.2～5.0	125	26	>5.0～8.0	200	41	>8.0～12.5
63	100	63	13	>4.0～6.3	100	21	>6.3～10.0	160	33	>10.0～16.0
100	160	50	10	>5.0～8.0	80	16	>8.0～12.5	125	26	>12.5～20.0

圆锥角的极限偏差可以按照单向或双向（对称或不对称）取值，如图 6-10 所示。

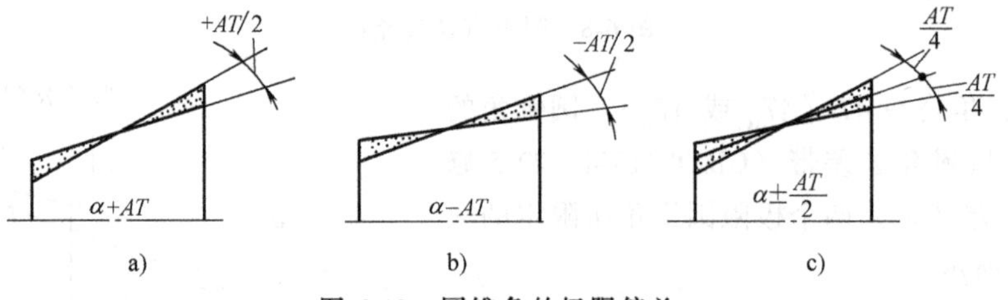

图 6-10　圆锥角的极限偏差

（3）圆锥的形状公差（T_F）　圆锥的形状公差包括圆锥素线直线度公差和圆度公差。对于精度要求低的圆锥件，其形状公差不单独给出，而是由圆锥直径公差控制。当形状精度要求较高时，应单独给出相应的形状公差，其数值推荐从 GB/T 1184—1996 中选取，但应不大于圆锥直径公差的一半。

（4）给定截面圆锥直径公差（T_{DS}）　给定截面圆锥直径公差 T_{DS} 是指在垂直于圆锥轴线的给定截面内圆锥直径的允许变动量，其仅适用于该给定截面的圆锥直径。以给定截面圆

锥直径 d_x 为公称尺寸，按国家标准规定的标准公差选取。给定截面圆锥直径公差带（GB/T 11334—2005 修订为给定截面圆锥直径公差区）是在给定的截面内两同心圆所限定的区域，如图 6-11 所示。

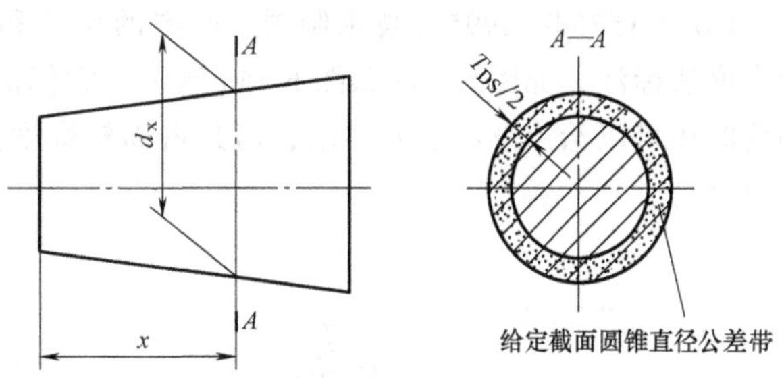

图 6-11　给定截面圆锥直径公差区

T_{DS} 公差带所限定的是平面区域，而 T_D 公差带所限定的是空间区域，两者是不同的。

2. 圆锥公差的给定方法

对于一个具体的圆锥，并不需要给定上述四项公差，而应根据圆锥零件的功能要求和工艺特点给出所需的公差项目。国家标准 GB/T 11334—2005 规定了两种圆锥公差的给定方法。

1）给出圆锥的公称圆锥角 α（或锥度 C）和圆锥直径公差 T_D。由 T_D 确定了两个极限圆锥，此时圆锥角误差和圆锥的形状误差均应在极限圆锥所限定的区域内。此种给定方法的标注示例如图 6-12a 所示，图 6-12b 所示为其公差带。

当对圆锥角公差、圆锥的形状公差有更高的要求时，可再给出圆锥角公差 AT、圆锥的形状公差 T_F，此时 AT 和 T_F 仅占 T_D 的一部分。这种给定方法是设计中常用的一种方法，适用于有配合要求的内、外圆锥体。例如：圆锥滑动轴承、钻头的锥柄等。

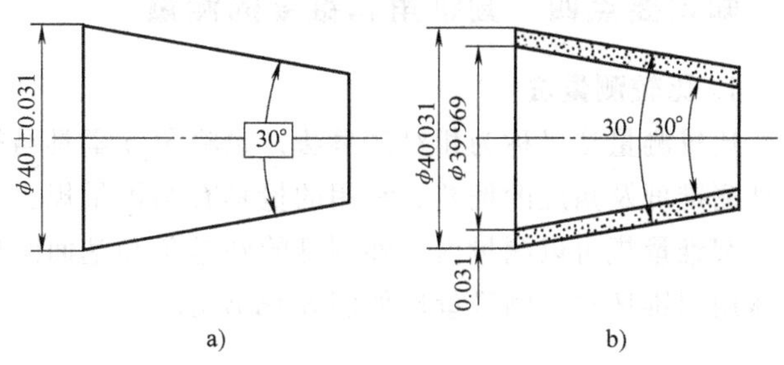

图 6-12　第一种圆锥公差的给定标注

2）给出给定截面圆锥直径公差 T_{DS} 和圆锥角公差 AT。此时，给定截面圆锥直径和圆锥角应分别满足这两项公差的要求，如图 6-13 所示。当对圆锥形状精度有更高的要求时，可再给出圆锥的形状公差 T_F。

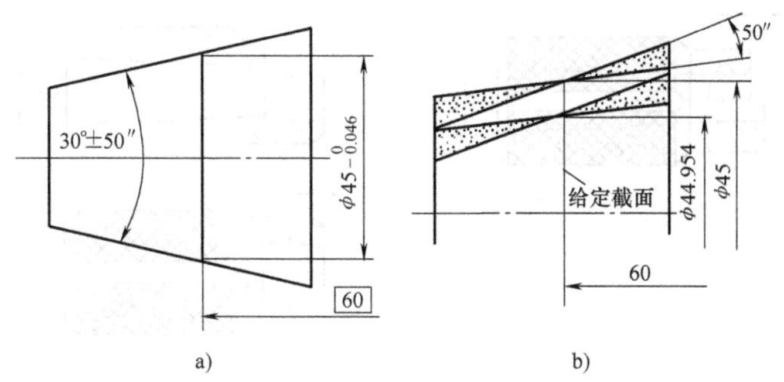

图 6-13　第二种圆锥公差的给定标注

该方法是在假定圆锥素线为理想直线的情况下给出的。它适用于对圆锥的某一给定截面有较高精度要求的情况。例如：阀类零件常常采用这种公差来保证两个相互配合的圆锥在给定截面上接触良好，具有良好的密封性。

GB/T 15754—1995《技术制图　圆锥的尺寸和公差标注》规定，通常圆锥公差应按面轮廓度法标注，如图 6-14a 和图 6-15a 所示，它们的公差带分别如图 6-14b 和图 6-15b 所示。必要时还可以给出形状公差要求，但只占面轮廓度公差的一部分，形状公差在面轮廓度公差带内浮动。

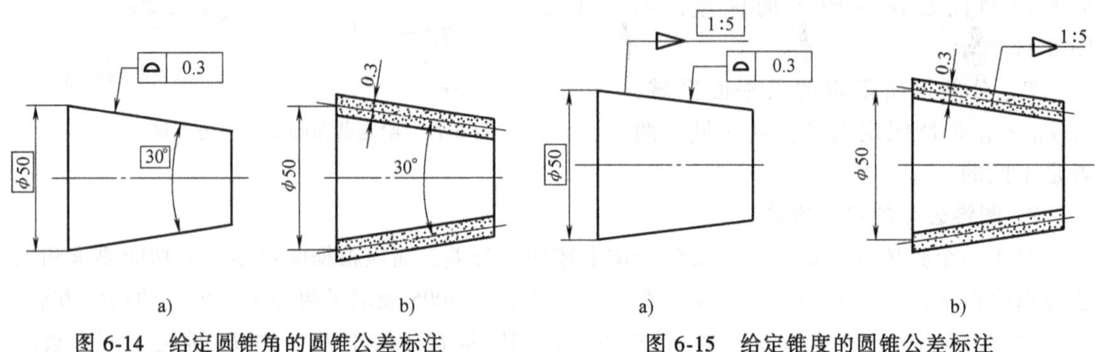

图 6-14　给定圆锥角的圆锥公差标注　　　图 6-15　给定锥度的圆锥公差标注

知识要点四　圆锥角和锥度的测量

1. 比较测量法

比较测量法又称为相对测量法，是将角度量具与被测圆锥角比较，用光隙法或涂色法估计被测锥度及角度的偏差。常用的量具有圆锥量规、锥度样板、直角尺和角度量块等。

圆锥量规可以测量内、外圆锥的圆锥角和基面距偏差。测量内锥体用圆锥塞规，测量外锥体用圆锥环规，圆锥量规如图 6-16 所示。

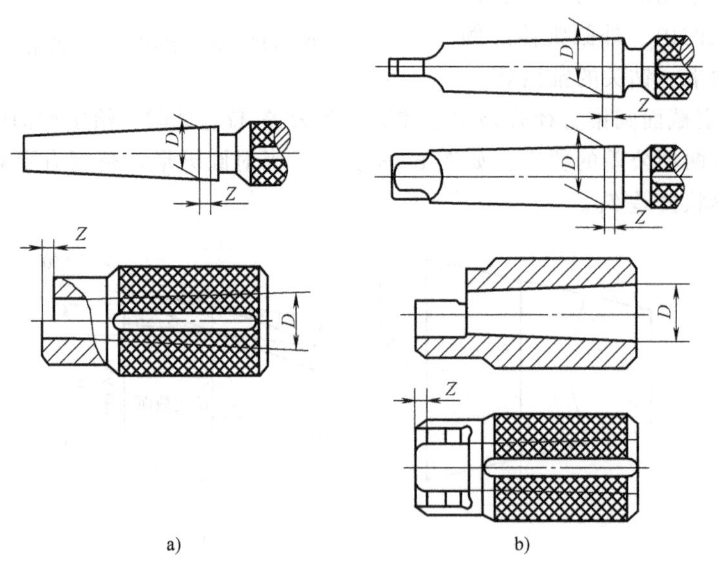

图 6-16　圆锥量规

a) A 型圆锥量规　b) B 型圆锥量规

由于圆锥结合时一般的圆锥角公差比圆锥直径公差要求高，用圆锥量规测量首先测量圆锥角。测量圆锥角常用涂色法，在圆锥量规表面沿着素线方向薄薄地涂上 3~4 条均布的显示剂，然后把圆锥量规与被测圆锥对研轻转，取出圆锥量规，根据被测圆锥接触面的着色接触情况判断圆锥角偏差。对于圆锥塞规，若均匀地被擦去，说明圆锥角合格。

在圆锥量规的基准部处有距离为 Z 的两条刻线（塞规）或台阶（环规），Z 为零件圆锥的基面距公差。测量时，被测圆锥的端面只要介于两条刻线之间，即为合格。

在成批和大量生产时，为了减少辅助时间，可用专用的锥度样板测量圆锥角，如图 6-17 所示。锥度样板根据被测圆锥的角度要求制出，观察锥度样板工作面与被测圆锥表面间的透光情况，判断其角度偏差。

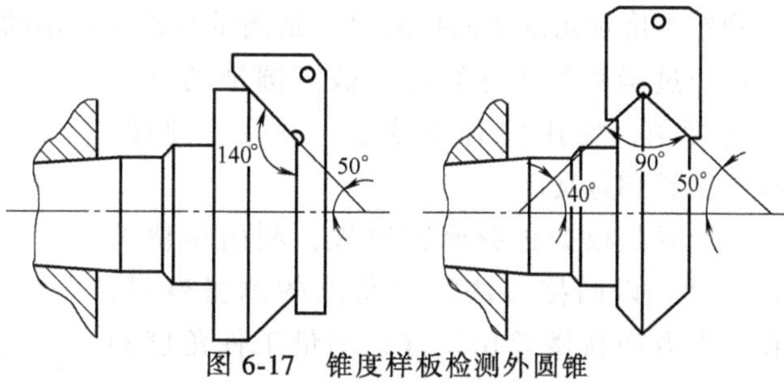

图 6-17　锥度样板检测外圆锥

角度量块是基准量具，角度量块测量范围为 10°~350°，测量圆锥角时与被测圆锥比较，用光隙法估计角度偏差。

2. 直接测量法

直接测量法是用测量角度的量具和量仪直接测量，被测的锥度或角度的数值可在量具和量仪上直接读出。对于精度不高的圆锥，常用游标万能角度尺进行测量；对于精度高的圆锥，则需用光学分度头和测角仪进行测量。

游标万能角度尺的结构和读数方法见本书第二章。用游标万能角度尺检测外圆锥角度时，应根据被测角度的大小，选择不同的测量方法，如图 6-18 所示。图 6-18a 所示方法用于测量 0°~50°的角度；图 6-18b 所示方法用于测量 50°~140°的角度；测量 140°~230°的角度可选用如图 6-18c 所示的方法；将游标万能角度尺的直尺与角尺卸下，用基尺与尺身的测量面可测量 230°~330°之间的角度，如图 6-18d 所示。

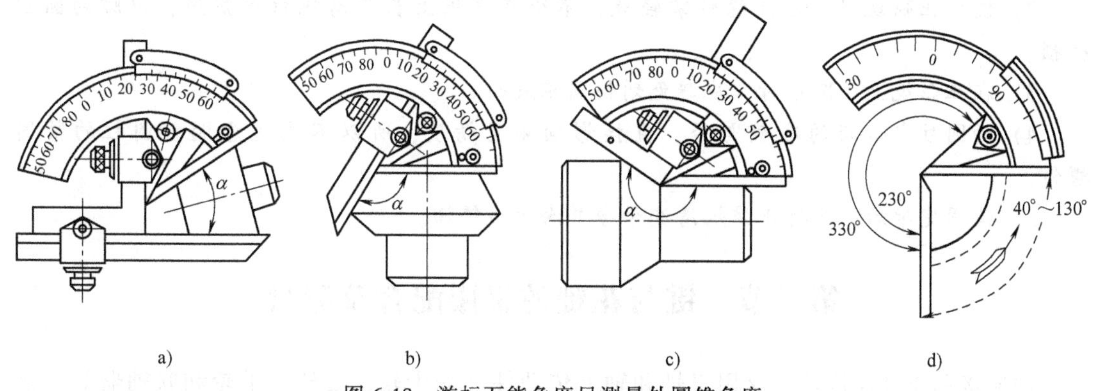

图 6-18　游标万能角度尺测量外圆锥角度

知识拓展　使用游标万能角度尺的注意事项

1）使用前，先将游标万能角度尺擦拭干净，再检查各部件是否移动平稳可靠、止动后的读数是否不动。

2）测量时，放松制动器上的螺母，移动主尺座做粗调整，再转动游标背面的手把做精细调整，直到使角度尺的两测量面与被测件的工作面密切接触为止，然后拧紧制动器上的螺母加以固定，即可进行读数。

3）测量完毕后，应用汽油或酒精把游标万能角度尺洗净，用干净纱布仔细擦干，涂以防锈油，然后装入匣内。

3. 间接测量法

圆锥锥度和角度的间接测量法是测量与被测圆锥的锥度或角度有一定函数关系的线性尺寸，再经过函数关系计算得到被测圆锥的锥度值或角度值。常用的有正弦规、圆柱、圆球、平板等工具和量具。

正弦规是根据正弦函数原理，利用量块的组合尺寸，以间接方法测量角度的测量器具，是在水平方向按微差比较方式测量工件角度和内、外锥体的一种精密量具，精度有0级、1级两种。图6-19所示为正弦规的结构，正弦规主要由带有精密工作平面的主体和两个精密圆柱组成，四周可以装有挡板（使用时只装互相垂直的两块），测量时作为放置零件的定位板。

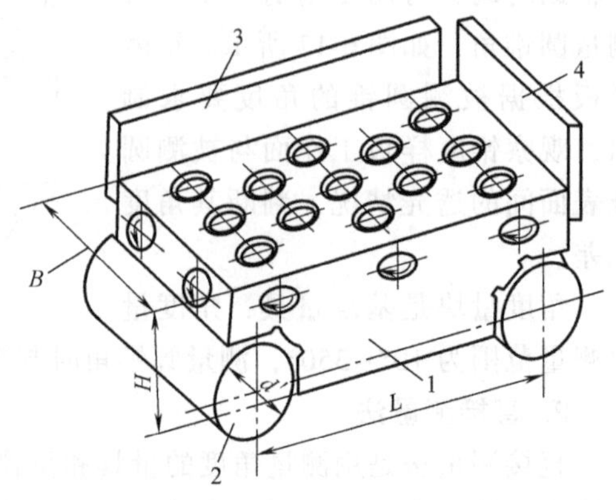

图6-19　正弦规的结构

1—主体工作平面　2—圆柱　3—后挡板　4—侧挡板

正弦规的工作原理和使用方法见本书第二章。

知识拓展　使用正弦规的注意事项

1）不能使用正弦规测量粗糙圆锥，被测圆锥表面不应有毛刺、灰尘，也不应带有磁性。

2）使用正弦规时，应注意轻拿轻放，不得在平板上长距离拖拉正弦规，以防两圆柱磨损。

3）在正弦规上装圆锥时，应避免划伤圆锥表面。

4）两圆柱中心距的准确与否，直接影响测量精度，所以不能随意调整圆柱的紧固螺钉。

5）使用完毕后，应将正弦规清洗干净并涂上防锈油。

第二节　键与花键的极限配合及测量

键连接和花键连接是广泛用于轴和轴上传动件（如齿轮、带轮、手轮和联轴器等）之间的可拆卸连接，用以传递转矩和运动，有时也做轴向滑动的导向，特殊场合还能起到定位和保证安全的作用。

知识要点一　单键连接

键又称为单键，按其结构形式不同，分为平键、半圆键、切向键和楔键四种。本节主要讨论平键连接。

平键分为普通平键和导向平键两种，前者用于固定连接，后者用于导向连接。

1. 平键连接的互换性

平键连接由键、轴、轮毂三部分组成，通过键的侧面分别与轴槽及轮毂槽的侧面相互接触来传递运动和转矩，键的上表面和轮毂槽底面留有一定的间隙。因此，键和轴槽的侧面应有足够大的实际有效面积来承受载荷，并且键要牢固可靠地嵌入轴槽，防止松动脱落。所以，键和键槽、轮毂槽的宽是配合尺寸，应规定较严的公差；而键长 L、键高 h、轴槽深 t_1 和轮毂槽深 t_2 为非配合尺寸，应给予较松的公差。国家标准 GB/T 1095—2003 规定了平键键槽的尺寸与公差。普通平键键槽的剖面尺寸如图 6-20 所示。表 6-2 列出了部分普通平键键槽的尺寸与公差。

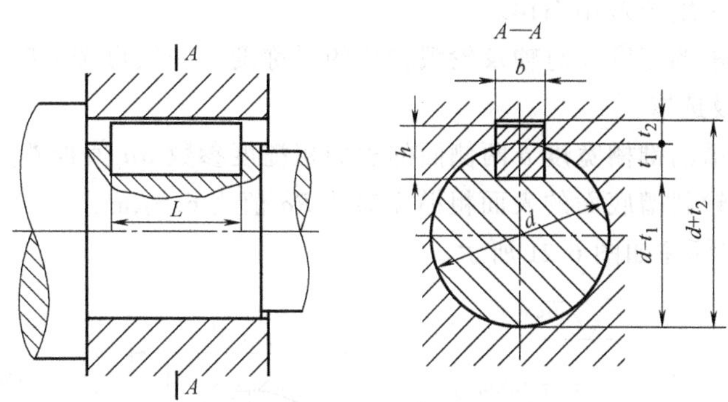

图 6-20　普通平键键槽的剖面尺寸

表 6-2　部分普通平键键槽的尺寸与公差（GB/T 1095—2003）　　（单位：mm）

键尺寸 b×h	键槽											
	宽度 b						深度				半径 r	
	公称尺寸	极限偏差					轴 t_1		毂 t_2			
		正常连接		紧密连接	松连接		公称尺寸	极限偏差	公称尺寸	极限偏差		
		轴 N9	毂 JS9	轴和毂 P9	轴 H9	毂 D10					min	max
2×2	2	-0.004 -0.029	±0.0125	-0.006 -0.031	+0.025 0	+0.060 +0.020	1.2	+0.1 0	1.0	+0.1 0	0.08	0.16
3×3	3						1.8		1.4			
4×4	4	0 -0.030	±0.015	-0.012 -0.042	+0.030 0	+0.078 +0.030	2.5		1.8			
5×5	5						3.0		2.3		0.16	0.25
6×6	6						3.5		2.8			
8×7	8	0 -0.036	±0.018	-0.015 -0.051	+0.036 0	+0.098 +0.040	4.0	+0.2 0	3.3	+0.2 0		
10×8	10						5.0		3.3		0.25	0.40
12×8	12	0 -0.043	±0.0215	-0.018 -0.061	+0.043 0	+0.120 +0.050	5.0		3.3			
14×9	14						5.5		3.8			
16×10	16						6.0		4.3			
18×11	18						7.0		4.4			

平键是标准件，平键连接是键与轴及轮毂三部分的配合，考虑工艺上的特点，为使不同

的配合所用键的规格统一，便于采用精拔型钢来制作，国家标准规定键连接采用基轴制配合。为保证键在轴槽上紧固，同时又便于拆装，轴槽和轮毂槽可以采用不同的公差带，使其配合的松紧不同，国家标准 GB/T 1095—2003《平键 键槽的剖面尺寸》对平键与键槽和轮毂槽的键槽宽度极限偏差规定了正常连接、紧密连接和松连接三种连接类型。

标准同时规定了键的技术条件和键槽表面的表面粗糙度。

1）普通平键的尺寸应符合 GB/T 1096 的规定。

2）导向平键的尺寸应符合 GB/T 1097 的规定。

3）导向平键的轴槽与轮毂槽用较松键连接的公差。

4）平键轴槽的长度公差用 H14。

5）轴槽及轮毂槽的宽度 b 对轴及轮毂轴线的对称度，一般可按 GB/T 1184—1996 表 B4 中对称度公差 7~9 级选取。

6）轴槽、轮毂槽的键槽宽度 b 两侧面的表面粗糙度参数 Ra 值推荐为 1.6~3.2μm。

7）轴槽底面、轮毂槽底面的表面粗糙度参数 Ra 值为 6.3μm。

键槽尺寸及公差标注如图 6-21 所示。

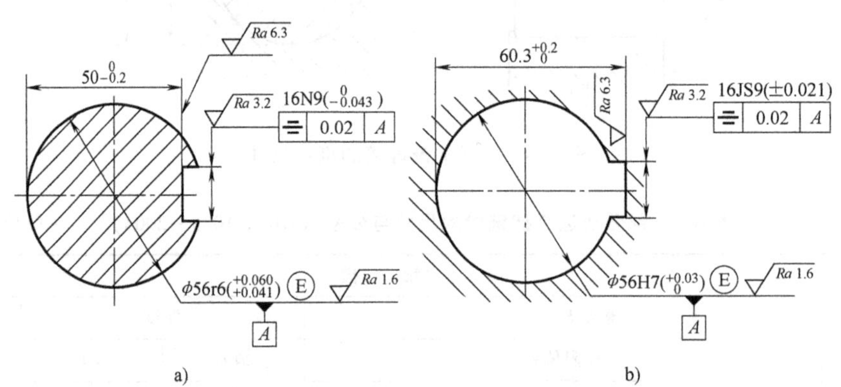

图 6-21 键槽尺寸及公差标注

a）轴槽 b）轮毂槽

2. 平键的检测

对于平键连接，需要检测的项目有键宽、轴槽和轮毂槽的宽度、深度及槽的对称度。

（1）键和槽宽 单件小批量生产时，一般采用通用测量器具（如千分尺、游标卡尺等）测量。大批量生产时，用极限量规控制，如图 6-22a 所示。

（2）轴槽和轮毂槽深 单件小批量生产时，一般用游标卡尺或外径千分尺测量轴尺寸 $d-t_1$，用游标卡尺或内径千分尺测量轮毂尺寸 $d+t_2$。大批量生产时，用专用量规如轮毂槽深极限量规和轴槽深极限量规，如图 6-22b、c 所示。

（3）键槽对称度 单件小批量生产时，可用分度头、V 形架和百分表测量。轴槽对基准轴线的对称度公差采用独立原则，这时轴槽对称度误差可按图 6-23 所示的方法来测量。被测轴以其基准部位放置在 V 形架上，以平板作为测量基准，用 V 形架模拟体现轴的基准轴线，用定位块（或量块）模拟体现轴槽中心平面。将置于平板上的百分表的测量头与定位块的顶面接触，沿定位块的一个横截面移动，并稍微转动被测轴来调整定位块的位置，使百分表沿定位块的横截面移动的过程中示值始终稳定为止，从而确定定位块的这个横截面内

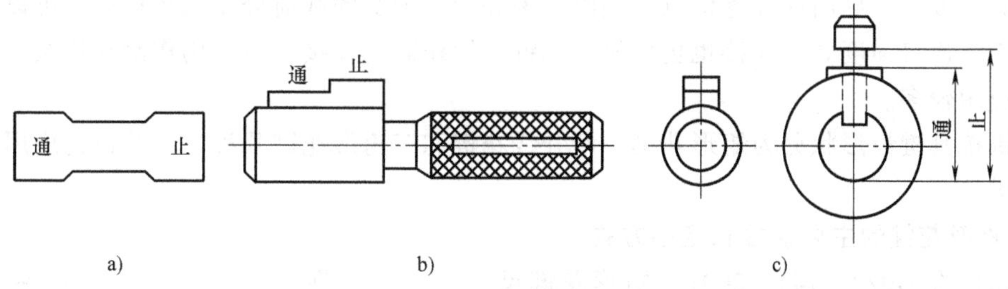

图 6-22　键槽尺寸量规

a）槽宽极限量规　b）轮毂槽深极限量规　c）轴槽深极限量规

的素线平行于平板。然后，测量定位块至测量基准的距离，再将被测件旋转 180°后重复上述测量，得到该截面上、下两对应点的读数差 a，计算获得该截面的对称度误差。

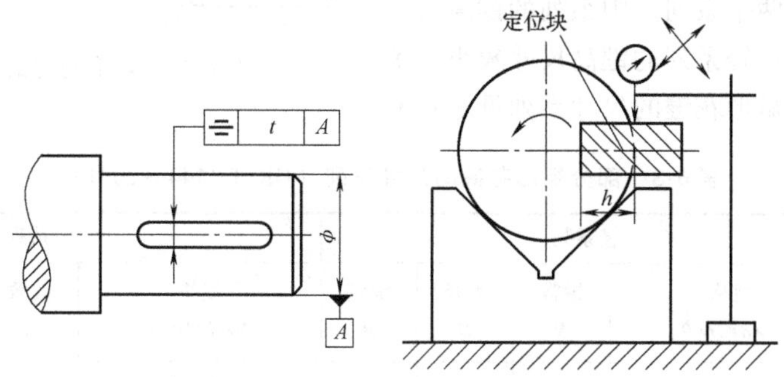

图 6-23　轴槽对称度误差的测量

大批量生产时，一般用综合量规检测，如对称度极限量规，只要量规通过即为合格。图 6-24a 所示为轮毂槽对称度量规，该量规以圆柱面作为定位表面模拟体现基准轴线，来检验键槽对称度误差，若它能够同时自由通过轮毂的基准孔和被测键槽，则表示合格。图 6-24b 所示为轴槽对称度量规，该量规以其 V 形表面作为定心表面模拟体现基准轴线，来检验键槽对称度误差。若 V 形表面与轴表面接触且量规能够通过被测键槽，则表示合格。

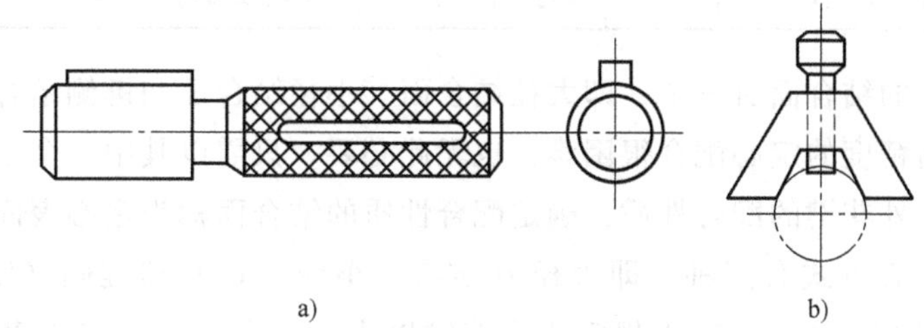

图 6-24　对称度量规

a）轮毂槽对称度量规　b）轴槽对称度量规

知识要点二　花键连接

1. 花键连接的特点

花键连接是用内花键和外花键作为连接件以传递转矩和轴向移动的，与平键连接相比，具有定心精度高、导向性好等优点。同时，轴和轮毂承受的载荷分布比较均匀，可以传递较大的转矩，连接强度高，连接也更可靠。花键可用作固定连接，也可用作滑动连接，在机械结构中应用较多。

花键按其键齿形状分为矩形花键、渐开线花键和三角形花键几种，本节讨论应用最广的矩形花键。

2. 矩形花键的主要参数和定心方式

国家标准 GB/T 1144—2001《矩形花键尺寸、公差和检验》规定矩形花键的主要参数为大径 D、小径 d、键（键槽）宽 B，如图 6-25 所示。为了便于加工和测量，键数 N 规定为偶数，有 6、8、10 三种。按承载能力不同，矩形花键可分为中、轻两个系列。中系列的键高尺寸较大，承载能力强；轻系列的键高尺寸较小，承载能力较低。部分矩形花键的尺寸系列见表 6-3。

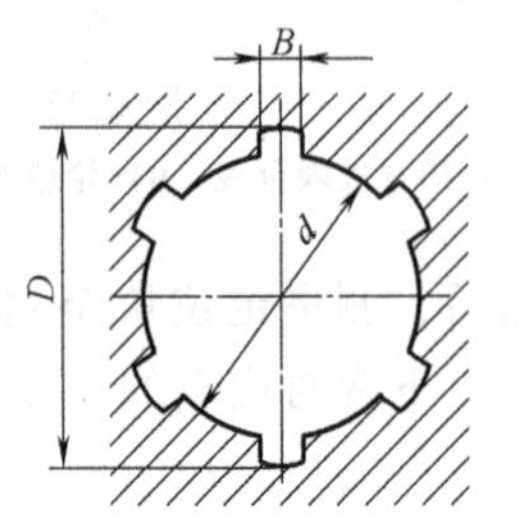

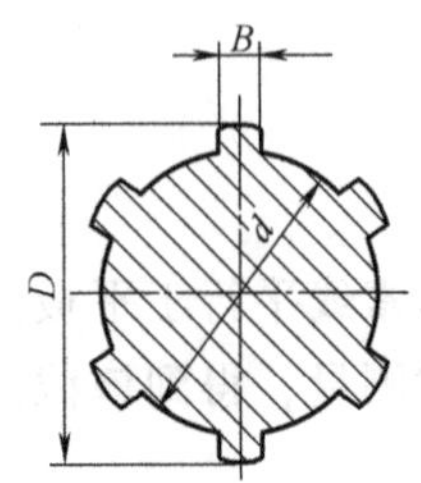

图 6-25 矩形花键的主要参数

表 6-3 部分矩形花键的尺寸系列（GB/T 1144—2001） （单位：mm）

<table>
<tr><th rowspan="2">小径
d</th><th colspan="4">轻系列</th><th colspan="4">中系列</th></tr>
<tr><th>规格
$N×d×D×B$</th><th>键数
N</th><th>大径
D</th><th>键宽
B</th><th>规格
$N×d×D×B$</th><th>键数
N</th><th>大径
D</th><th>键宽
B</th></tr>
<tr><td>11</td><td rowspan="5">—</td><td rowspan="5">—</td><td rowspan="5">—</td><td rowspan="5">—</td><td>6×11×14×3</td><td rowspan="8">6</td><td>14</td><td>3</td></tr>
<tr><td>13</td><td>6×13×16×3.5</td><td>16</td><td>3.5</td></tr>
<tr><td>16</td><td>6×16×20×4</td><td>20</td><td>4</td></tr>
<tr><td>18</td><td>6×18×22×5</td><td>22</td><td rowspan="2">5</td></tr>
<tr><td>21</td><td>6×21×25×5</td><td>25</td></tr>
<tr><td>23</td><td>6×23×26×6</td><td rowspan="3">6</td><td>26</td><td rowspan="2">6</td><td>6×23×28×6</td><td>28</td><td rowspan="2">6</td></tr>
<tr><td>26</td><td>6×26×30×6</td><td>30</td><td>6×26×32×6</td><td>32</td></tr>
<tr><td>28</td><td>6×28×32×7</td><td>32</td><td>7</td><td>6×28×34×7</td><td>34</td><td>7</td></tr>
</table>

矩形花键连接的结合面有三个，即大径结合面、小径结合面和键侧结合面。要保证三个结合面同时达到高精度的定心配合很困难，也无此必要。只需以其中一个结合面作为主要配合面，以确定内、外花键的配合性质，确定配合性质的结合面称为定心表面。

矩形花键的定心方式有三种，即大径 D 定心、小径 d 定心和键侧（键槽侧）B 定心，如图 6-26 所示。GB/T 1144—2001 规定矩形花键以小径结合面作为定心表面，即采用小径定心。定心直径 d 的公差等级较高，非定心直径 D 的公差等级较低，并且非定心直径 D 表面之间有相当大的间隙，以保证它们不接触。键齿侧面是传递转矩及导向的主要表面，故键（键槽）宽 B 应具有足够的精度，一般要求比非定心直径 D 要严格。

知识要点三 矩形花键的极限与配合

为了减少制造和检验内花键用的花键拉刀和花键量规的规格和数量，有利于花键拉刀和

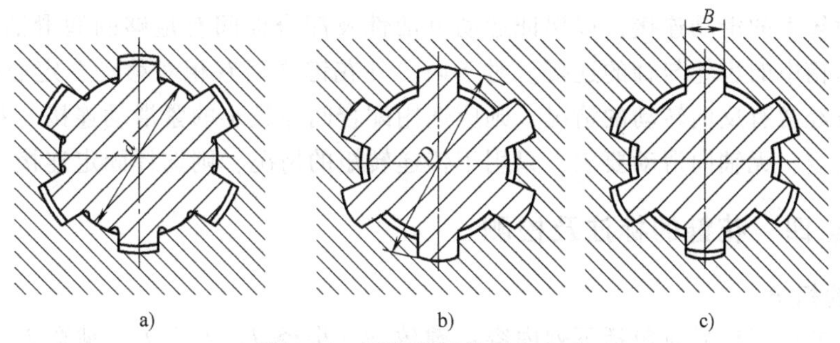

图 6-26　矩形花键的定心方式

a）小径定心　b）大径定心　c）键侧（键槽侧）定心

花键量规的专业化生产，矩形花键配合应采用基孔制。矩形花键连接的极限与配合分为一般用矩形花键连接和精密传动用矩形花键连接两种情况。矩形花键的尺寸公差带见表 6-4。

表 6-4　矩形花键的尺寸公差带（GB/T 1144—2001）

<table>
<tr><th colspan="4">内花键</th><th colspan="3">外花键</th><th rowspan="3">装配形式</th></tr>
<tr><th rowspan="2">d</th><th rowspan="2">D</th><th colspan="2">B</th><th rowspan="2">d</th><th rowspan="2">D</th><th rowspan="2">B</th></tr>
<tr><th>拉削后不热处理</th><th>拉削后热处理</th></tr>
<tr><td colspan="8">一般用</td></tr>
<tr><td rowspan="3">H7</td><td rowspan="3">H10</td><td rowspan="3">H9</td><td rowspan="3">H11</td><td>f7</td><td rowspan="3">a11</td><td>d10</td><td>滑动</td></tr>
<tr><td>g7</td><td>f9</td><td>紧滑动</td></tr>
<tr><td>h7</td><td>h10</td><td>固定</td></tr>
<tr><td colspan="8">精密传动用</td></tr>
<tr><td rowspan="3">H5</td><td rowspan="6">H10</td><td colspan="2" rowspan="6">H7、H9</td><td>f5</td><td rowspan="6">a11</td><td>d8</td><td>滑动</td></tr>
<tr><td>g5</td><td>f7</td><td>紧滑动</td></tr>
<tr><td>h5</td><td>h8</td><td>固定</td></tr>
<tr><td rowspan="3">H6</td><td>f6</td><td>d8</td><td>滑动</td></tr>
<tr><td>g6</td><td>f7</td><td>紧滑动</td></tr>
<tr><td>h6</td><td>h8</td><td>固定</td></tr>
</table>

注：1. 精密传动用的内花键，当需要控制键侧配合间隙时，槽宽可选 H7，一般情况下可选 H9。

2. *d* 为 H6 和 H7 的内花键，允许与提高一级的外花键配合。

矩形花键配合精度的选择，主要考虑定心精度要求和传递转矩的大小。一般用矩形花键连接常用于定心精度要求不高的卧式车床变速箱及各种减速器中轴与齿轮的连接。精密传动用矩形花键连接定心精度高，传递转矩大而且传动平稳，多用于精密机床主轴变速箱与齿轮孔的连接。

矩形花键规定了滑动、紧滑动和固定三种配合。固定连接方式，用于内、外花键之间无轴向相对移动的情况；而滑动和紧滑动连接方式，用于内、外花键之间工作时要求相对移动的情况。

配合种类的选用，首先应根据内、外花键之间是否有轴向移动，确定选固定连接还是非固定连接。对于内、外花键之间要求有相对移动，而且移动距离长、移动频率高的情况，应选择配合间隙较大的滑动连接，以保证运动灵活性及配合面间有足够的润滑油层，如汽车、拖拉机等变速箱中的齿轮与轴的连接。对于内、外花键之间有相对移动，定心精度要求高，传递转矩大或经常有反向转动的情况，则应选用配合间隙较小的紧滑动连接。对于内、外花键之间相对固定，无轴向滑动要求，只用于传递转矩的情况，则选择固定连接。

知识要点四　花键的标注及检测

1. 花键的标记

矩形花键的标记代号应包括下列内容：键数 N，小径 d，大径 D，键宽 B，公称尺寸及配合公差带代号和标准号。

标记示例：

花键 $N=6$；$d=23\,\dfrac{H7}{f7}$；$D=26\,\dfrac{H10}{a11}$；$B=6\,\dfrac{H11}{d10}$的标记为：

花键规格：$N\times d\times D\times B$

$6\times23\times26\times6$

花键副：$6\times23\,\dfrac{H7}{f7}\times26\,\dfrac{H10}{a11}\times6\,\dfrac{H11}{d10}$　GB/T 1144—2001

内花键：6×23H7×26H10×6H11　GB/T 1144—2001

外花键：6×23f7×26a11×6d10　GB/T 1144—2001

矩形花键在图样中的标注如图 6-27 所示。

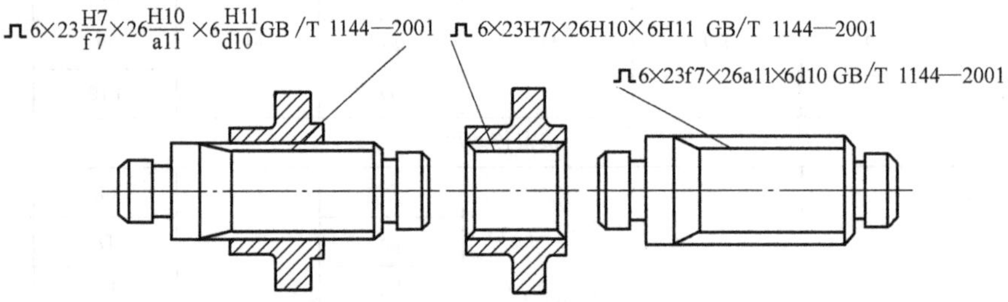

图 6-27　矩形花键在图样中的标注

2. 花键的几何公差

1）在大批量生产时，常采用综合检验法，即用量规来检验矩形花键，因此需要遵守最大实体要求。对键及键槽只需规定位置度公差（综合控制角位置、对称度、平行度）。花键的位置度公差按图 6-28 和表 6-5 中的规定标注。

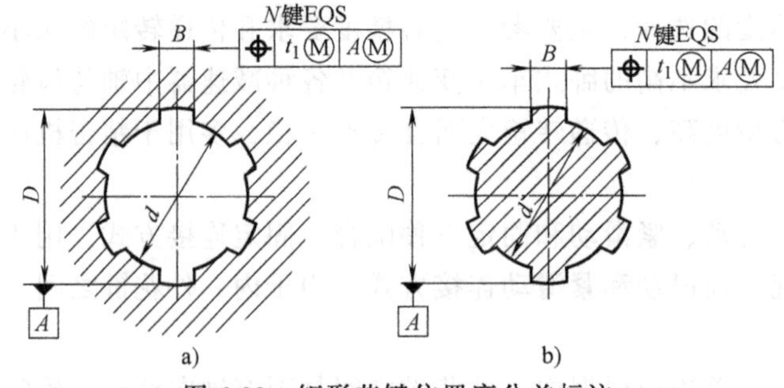

图 6-28　矩形花键位置度公差标注

a）内花键　b）外花键

表 6-5　矩形花键位置度公差　　（单位：mm）

键槽宽或键宽 B			3	3.5~6	7~10	12~18
t_1	键槽宽		0.010	0.015	0.020	0.025
	键宽	滑动、固定	0.010	0.015	0.020	0.025
		紧滑动	0.006	0.010	0.013	0.016

2）在单件、小批量生产时，一般采用单项检验法，花键小径定心表面采用包容要求，键槽（键）的对称度公差以及花键各部位的公差皆遵守独立原则。花键的对称度公差按图 6-29 和表 6-6 中的规定标注。

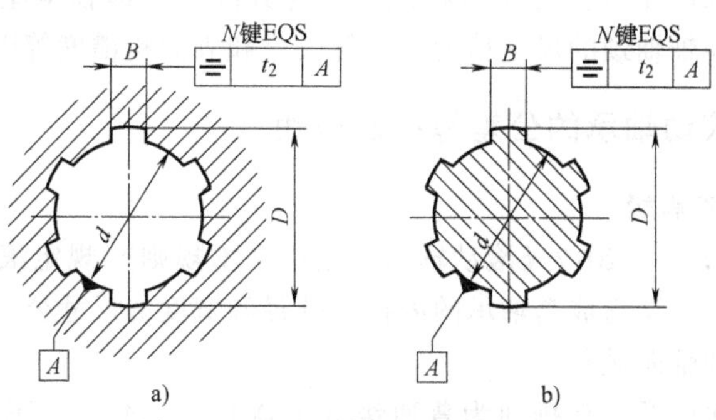

图 6-29　矩形花键对称度公差标注

a）内花键　b）外花键

表 6-6　矩形花键对称度公差　　（单位：mm）

键槽宽或键宽 B		3	3.5~6	7~10	12~18
t_2	一般用	0.010	0.012	0.015	0.018
	精密传动用	0.006	0.008	0.009	0.011

3）对较长的花键，可根据产品性能自行规定键侧对轴线的平行度公差。

3. 花键的检测

在大批大量生产中，验收内（外）花键应该首先使用花键综合通规同时检验内（外）花键的小径、大径、键槽宽（键宽）、大径对小径的同轴度以及键槽（键）的位置度等。检验合格后，再用单项止端塞规（环规）或通用测量器具检验其小径、大径和键槽宽（键宽）的实际尺寸是否超越其最小实体尺寸。

检验时，花键综合通规通过，单项止规不通过，则花键合格。花键综合通规不通过，或者单项止规通过，则花键不合格。矩形花键综合通规如图 6-30 所示。

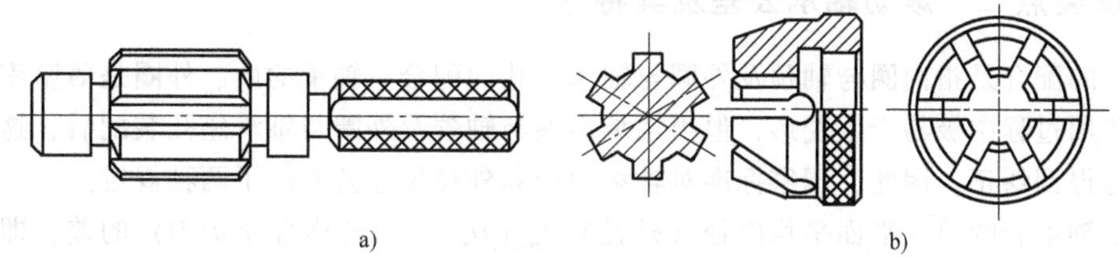

图 6-30　矩形花键综合通规

a）内花键塞规　b）外花键环规

单件、小批量生产时，花键小径、大径和键槽（键）按照独立原则用千分尺和游标卡尺、指示表等通用测量器具分别检验。键槽（键）的对称度用光学分度头和杠杆千分表组合测量。

第三节　滚动轴承的极限与配合

滚动轴承用来支承轴，是应用极为广泛的一种标准部件，由深沟球轴承结构可知，内圈与传动轴的轴颈配合，外圈与轴承座孔配合，属于典型的光滑圆柱配合。滚动轴承的工作性能和使用寿命，不仅取决于本身的制造精度，也与其配合件即轴承座孔、传动轴的配合性质，以及轴承座、传动轴轴颈的尺寸精度、几何公差和表面粗糙度等因素有关。

知识要点一　滚动轴承的公差等级及应用

1. 滚动轴承的公差等级

国家标准 GB/T 307.3—2017《滚动轴承　通用技术规则》规定滚动轴承按尺寸公差与旋转精度分级。尺寸公差是指成套轴承的内径、外径和宽度的尺寸公差；旋转精度是指轴承内、外圈的径向跳动和轴向跳动。

轴承公差等级依次由低至高排列为普通级 6（6X）、5、4、2，不同种类的滚动轴承公差等级稍有不同，具体如下。

向心轴承（圆锥滚子轴承除外）分为普通级、6、5、4、2 五级。

圆锥滚子轴承分为普通级、6X、5、4 四级。

推力轴承分为普通级、6、5、4 四级。

2. 滚动轴承的应用

普通级轴承应用最广，在旧国家标准 GB/T 307.3—2005 中称为 0 级，常用于旋转精度要求不高的一般机构。例如：卧式车床变速箱和进给箱、汽车和拖拉机的变速箱、普通电动机、水泵、压缩机和涡轮机等。

6 级轴承用于转速较高、旋转精度要求较高的机构。例如：普通机床的主轴后轴承，精密机床变速箱的轴承。

5 级、4 级轴承用于高速以及旋转精度要求高的机构。例如：精密机床的主轴轴承，精密仪器仪表的主要轴承。

2 级轴承用于转速和旋转精度要求特别高的机构。例如：齿轮磨床、精密坐标镗床的主轴轴承，高精密仪器仪表的主要轴承。

知识要点二　滚动轴承公差及其特点

轴承的配合是指内圈与轴颈及外圈与轴承座孔的配合。轴承的内、外圈是薄壁零件，在制造、使用过程中极易产生变形，但当轴承内圈与轴颈及外圈与轴承座孔装配后，这种变形比较容易得到纠正。因此，国家标准对轴承内径和外径尺寸公差做了两种规定。

一是轴承套圈单一平面平均内径（外径）$d_{mp}(D_{mp})$ 与公称直径 $d(D)$ 的差，即单一平面平均内径（外径）偏差 $\Delta_{dmp}(\Delta_{Dmp})$ 必须在极限偏差范围内，目的用于控制轴承的配合，因为平均直径是配合时起作用的尺寸。

二是轴承套圈单一内径（外径）$d_s(D_s)$ 与公称直径 $d(D)$ 的差，即单一内径（外径）偏差 $\Delta_{ds}(\Delta_{Ds})$ 必须在极限偏差范围内，主要目的是为了限制变形量。

对于高精度的 2、4 级轴承，上述两个公差项目都做了规定，而对其余公差等级的轴承，只规定了第一项。

国家标准 GB/T 307.1—2017《滚动轴承　向心轴承　产品几何技术规范（GPS）和公差值》规定了普通级、6、5、4、2 各公差等级的轴承的单一平面平均内径 d_{mp} 和单一平面平均外径 D_{mp} 的公差带均为单向制，统一采用公差带位于以公称直径为零线的下方，即上极限偏差为零，下极限偏差为负值的分布，如图 6-31 所示。

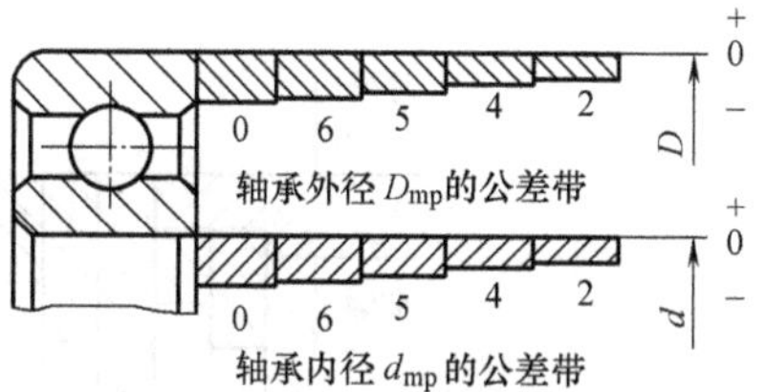

图 6-31　轴承内、外径公差带

滚动轴承是标准件，为保证轴承的互换性，轴承内圈与轴的配合采用基孔制。轴承内圈的公差带位置却和一般的基准孔相反，从图 6-31 中可以看出其公差带都位于零线以下，即上极限偏差为零，下极限偏差为负值。这样分布主要是考虑配合的特殊需要。通常情况，轴承内圈与轴一起旋转，为防止内圈和轴之间的配合产生相对滑动而导致结合面磨损，影响轴承的工作性能，要求两者的配合应具有一定的过盈，但由于内圈是薄壁零件，容易发生弹性变形而胀大，并且为了便于拆换，故过盈量不能太大。如果仍用国家标准基孔制的过渡配合，有可能出现间隙，不能保证具有一定的过盈；若采用非标准配合，则又违反了标准化和互换性原则。故规定轴承内圈公差带位于零线以下。

此时，滚动轴承的内圈公差带与轴公差带构成配合时，在一般基孔制中原属过渡配合将变为过盈配合；在一般基孔制中原属间隙配合将变为过渡配合。也就是说，滚动轴承内圈与轴的配合比国家标准中基孔制的同名配合要偏紧些，从而满足了轴承内圈与轴的配合要求，同时又可按标准偏差来加工轴。

滚动轴承的外径与轴承座孔的配合采用基轴制，轴承外圈安装在轴承座孔中，通常不旋转，考虑到工作时温度升高会使轴产生热膨胀，两端轴承中有一端应是游动支承，可使外圈与轴承座孔的配合稍微松一点，使之能补偿轴的热膨胀伸长量；否则，轴将产生弯曲，轴承内部有可能卡死。因此，滚动轴承的外径公差带仍遵循一般基准轴的规定，与基本偏差为 h 的公差带相类似，但公差值不同。

知识要点三　滚动轴承与轴及轴承座孔的配合

1. 滚动轴承的配合公差带

国家标准 GB/T 275—2015《滚动轴承　配合》规定了一般工作条件下的滚动轴承与轴和轴承座孔配合选择的基本原则和要求，标准规定的配合适用于下列情况。

1）轴承外形尺寸符合 GB/T 273.1—2011、GB/T 273.2—2018、GB/T 273.3—2015 且公称内径 $d \leqslant 500$mm。

2）轴承公差符合 GB/T 307.1—2017 中的普通级、6（6X）级。

3）轴承游隙符合 GB/T 4604.1—2012 中的 N 组。

4）轴为实心轴或厚壁钢制轴。

5）轴承座材料为铸钢或铸铁。

国家标准对普通级轴承与轴配合规定 17 种常用公差带，如图 6-32 所示；普通级轴承与轴承座孔配合的 16 种常用公差带，如图 6-33 所示。

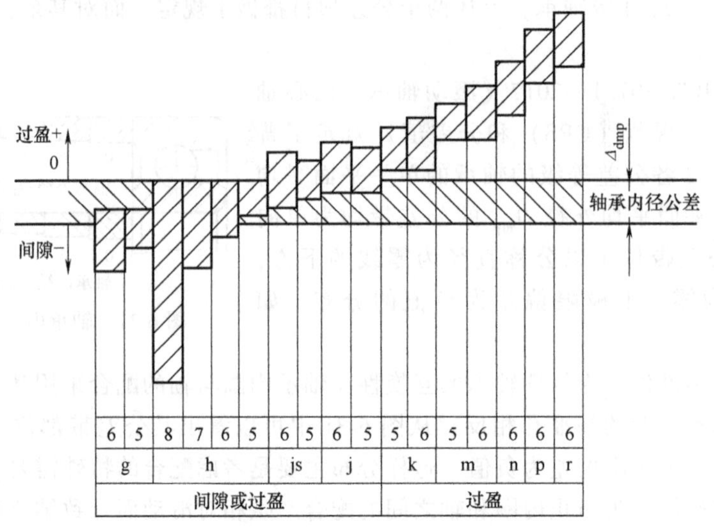

图 6-32　普通级轴承与轴配合的常用公差带

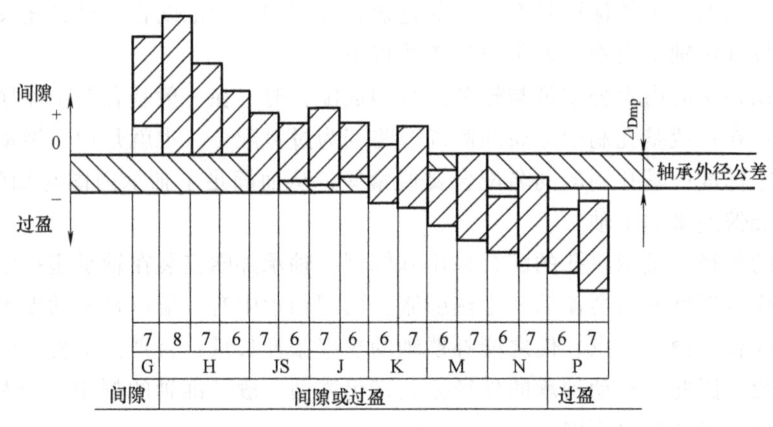

图 6-33　普通级轴承与轴承座孔配合的常用公差带

滚动轴承的配合可以由图中清楚地看出，如它的基准面（内圈内径、外圈外径）公差带、及与轴或轴承座孔尺寸偏差的相对关系。显然轴承内圈与轴的配合比基孔制同名配合紧一些。对轴承内圈与轴的配合而言，光滑圆柱公差标准中的许多间隙配合在这里实际已变成过渡配合，如常用配合中，g5、g6、h5、h6 的配合已变成过渡配合；而有的过渡配合在这里实际已变成过盈配合，如常用配合中，k5、k6、m5、m6 的配合已变成过盈配合，其余配合也都有所变紧。而轴承外圈与轴承座孔的配合与基轴制同名配合相比较，虽然尺寸公差值有所不同，但配合性质基本一致。只是由于轴承外径的公差值较小，因而配合也稍紧，如 H6、H7、H8 已变成过渡配合。

2. 滚动轴承配合选择的基本原则

轴承的正确运转很大程度上取决于轴承与轴、孔的配合质量。正确选择轴承的配合，与保证机器正常运转、提高轴承使用寿命、充分发挥其承载能力关系很大，选择时主要考虑下列因素。

（1）运转条件　作用在轴承上的径向载荷，可以是静止载荷（如带轮的拉力或齿轮的作用力），或是静止载荷和旋转载荷（如机件的转动离心力）的合成载荷，如图 6-34 所示。它的作用方向与轴承套圈（内圈或外圈）存在着以下 3 种关系。

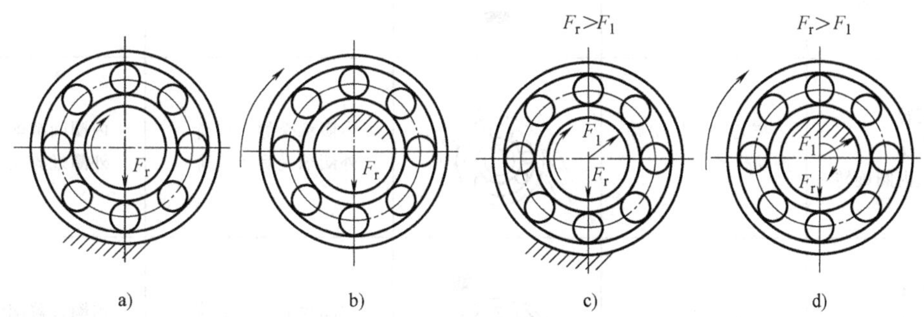

图 6-34　轴承套圈承受的载荷类型

a）内圈旋转载荷外圈静止载荷　b）内圈静止载荷外圈旋转载荷　c）内圈旋转载荷外圈摆动载荷　d）内圈摆动载荷外圈旋转载荷

1）套圈相对于载荷方向固定。径向载荷始终作用在套圈滚道的局部区域上。如图 6-34a 所示静止的外圈和图 6-34b 所示静止的内圈，受到方向始终不变的载荷 F_r 的作用。此时套圈相对于载荷方向静止的受力特点是载荷作用集中，套圈滚道局部区域容易产生磨损。

2）套圈相对于载荷方向旋转。径向载荷与套圈相对旋转。如图 6-34a 所示旋转的内圈和图 6-34b 所示旋转的外圈，受到方向旋转变化的载荷 F_r 的作用。此时套圈相对于载荷方向旋转的受力特点是载荷呈周期作用，套圈滚道产生均匀磨损。

3）套圈相对于载荷方向摆动。按一定规律变化的径向载荷往复作用在套圈滚道的局部圆周上，套圈在一定区域内相对摆动。如图 6-34c 和图 6-34d 所示，轴承套圈受到静止载荷 F_r 和旋转载荷 F_1 的同时作用。两者合成的载荷将由小到大，再由大到小周期性地变化。由图 6-35 得知，当 $F_r>F_1$ 时，F_r 与 F_1 的合成载荷就在 $A'B'$ 区域内摆动。此时静止套圈相对于合成载荷方向 F 摆动，而旋转套圈相对于合成载荷方向 F 旋转。

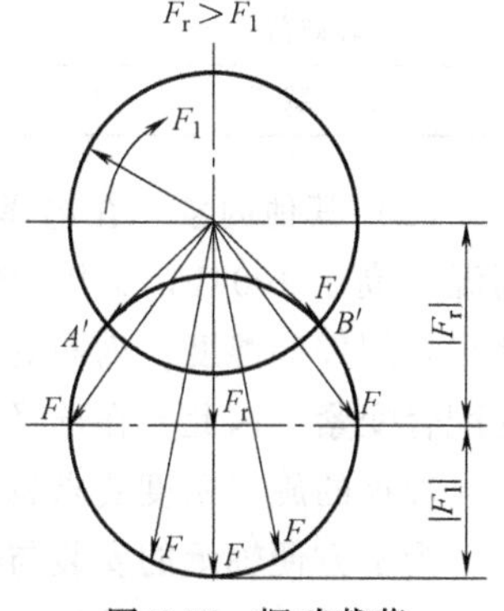

图 6-35　摆动载荷

套圈相对于载荷方向旋转或摆动时，应选择过盈配合；套圈相对于载荷方向固定时，可选择间隙配合，见表 6-7。载荷方向难以确定时，宜选择过盈配合。

表 6-7　套圈运转及承载情况

套圈运转情况	典型示例	示意图	套圈承载情况	推荐的配合
内圈旋转 外圈静止 载荷方向恒定	带驱动轴		内圈承受旋转载荷 外圈承受静止载荷	内圈过盈配合 外圈间隙配合

（续）

套圈运转情况	典型示例	示意图	套圈承载情况	推荐的配合
内圈静止 外圈旋转 载荷方向恒定	传送带托辊、汽车轮毂轴承		内圈承受静止载荷 外圈承受旋转载荷	内圈间隙配合 外圈过盈配合
内圈旋转 外圈静止 载荷随内圈旋转	离心机、振动筛、振动机械		内圈承受静止载荷 外圈承受旋转载荷	内圈间隙配合 外圈过盈配合
内圈静止 外圈旋转 载荷随外圈旋转	回转式破碎机		内圈承受旋转载荷 外圈承受静止载荷	内圈过盈配合 外圈间隙配合

（2）载荷大小　滚动轴承套圈与轴和轴承座孔的配合，与轴承套圈所承受的载荷大小有关。国家标准 GB/T 275—2015 根据径向当量动载荷 P_r 与径向额定动载荷 C_r 的比值，将载荷分为轻载荷、正常载荷和重载荷三种类型，见表 6-8。轴承在重载荷和冲击载荷的作用下，套圈容易产生变形，使配合面受力不均匀，引起配合松动。因此，载荷越大，选择的配合过盈量应越大。当承受冲击载荷或重载荷时，一般应选择比正常、轻载荷时更紧的配合。

表 6-8　向心轴承载荷类型

载荷类型	P_r/C_r	载荷类型	P_r/C_r
轻载荷	≤0.06	重载荷	>0.12
正常载荷	>0.06~0.12		

（3）其他因素　在选择配合时，必须考虑轴承工作温度（或温差）的影响。特别是在高温（高于 100℃）工作的轴承。轴承工作时因摩擦发热及其他热源的影响，套圈的温度会高于相配件的温度，内圈的热膨胀使之与轴的配合变松，而外圈的热膨胀则使之与轴承座孔的配合变紧。因此，在选择配合时，必须考虑轴承工作温度的影响。

轴承的旋转精度要求越高、转速越高，配合应更紧些。

为了方便轴承的安装与拆卸，应考虑采用较松的配合。例如：要求装拆方便但又要紧配合时，可采用分离型轴承，或内圈带锥孔、带紧定套和退卸套的轴承。

综上所述，影响滚动轴承配合的因素很多，通常难以用计算法确定，所以实际生产中可采用类比法选择轴承的配合。类比法确定轴和轴承座孔的公差带时，参考表 6-9~表 6-12 中所列情况进行选择。

3. 配合表面的其他技术要求

除尺寸公差外，GB/T 275—2015 还规定了轴颈和轴承座孔表面的圆柱度公差、轴肩及轴承座孔肩的轴向圆跳动，如图 6-36 和图 6-37 所示。轴和轴承座孔的几何公差见表 6-13。

表 6-9a　向心轴承和轴的配合——轴公差带（GB/T 275—2015）（圆柱孔轴承）

载荷情况			举例	深沟球轴承、调心球轴承和角接触球轴承	圆柱滚子轴承和圆锥滚子轴承	调心滚子轴承	公差带
				轴承公称内径/mm			
内圈承受旋转载荷或方向不定载荷	轻载荷		输送机、轻载齿轮箱	≤18 >18~100 >100~200 —	— ≤40 >40~140 >140~200	— ≤40 >40~100 >100~200	h5 j6① k6① m6①
	正常载荷		一般通用机械、电动机、泵、内燃机、正齿轮传动装置	≤18 >18~100 >100~140 >140~200 >200~280 — —	— ≤40 >40~100 >100~140 >140~200 >200~400 —	— ≤40 >40~65 >65~100 >100~140 >140~280 >280~500	j5、js5 k5② m5② m6 n6 p6 r6
	重载荷		铁路机车车辆轴箱、牵引电动机、破碎机等	—	>50~140 >140~200 >200 —	>50~100 >100~140 >140~200 >200	n6③ p6③ r6③ r7③
内圈承受固定载荷	所有载荷	内圈需在轴向易移动	非旋转轴上的各种轮子	所有尺寸			f6 g6
		内圈不需在轴向易移动	张紧轮、绳轮				h6 j6
仅有轴向载荷			—	所有尺寸			j6、js6

表 6-9b　向心轴承和轴的配合——轴公差带（GB/T 275—2015）（圆锥孔轴承）

所有载荷	铁路机车车辆轴箱	装在退卸套上	所有尺寸	h8(IT6)④⑤
	一般机械传动	装在紧定套上	所有尺寸	h9(IT7)④⑤

① 凡精度要求较高的场合，应用 j5、k5、m5 代替 j6、k6、m6。

② 圆锥滚子轴承、角接触球轴承配合对游隙影响不大，可用 k6、m6 代替 k5、m5。

③ 重载荷下轴承游隙应选大于 N 组。

④ 凡精度要求较高或转速要求较高的场合，应选用 h7（IT5）代替 h8（IT6）等。

⑤ IT6、IT7 表示圆柱度公差数值。

表 6-10　向心轴承和轴承座孔配合——孔公差带（GB/T 275—2015）

载荷情况		举例	其他状况	公差带①	
				球轴承	滚子轴承
外圈承受固定载荷	轻、正常、重	一般机械、铁路机车车辆轴箱	轴向易移动，可采用剖分式轴承座	H7、G7②	
	冲击		轴向能移动，可采用整体或剖分式轴承座	J7、JS7	
方向不定载荷	轻、正常	电动机、泵、曲轴主轴承			
	正常、重		轴向不移动，采用整体式轴承座	K7	
	重、冲击	牵引电动机		M7	

（续）

载荷情况		举例	其他状况	公差带①	
				球轴承	滚子轴承
外圈承受旋转载荷	轻	传动带张紧轮	轴向不移动，采用整体式轴承座	J7	K7
	正常	轮毂轴承		M7	N7
	重			—	N7、P7

① 并列公差带随尺寸的增大从左至右选择。对旋转精度有较高要求时，可相应提高一个公差等级。

② 不适用于剖分式轴承座。

表 6-11 推力轴承和轴配合——轴公差带（GB/T 275—2015）

载荷情况		轴承类型	轴承公称内径/mm	公差带
仅有轴向载荷		推力球和推力圆柱滚子轴承	所有尺寸	j6、js6
径向和轴向联合载荷	轴圈承受固定载荷	推力调心滚子轴承、推力角接触球轴承、推力圆锥滚子轴承	≤250 >250	j6 js6
	轴圈承受旋转载荷或方向不定载荷		≤200 >200~400 >400	k6① m6① n6①

① 要求较小过盈时，可分别用 j6、k6、m6 代替 k6、m6、n6。

表 6-12 推力轴承和轴承座孔配合——孔公差带（GB/T 275—2015）

载荷情况		轴承类型	公差带
仅有轴向载荷		推力球轴承	H8
		推力圆柱、圆锥滚子轴承	H7
		推力调心滚子轴承	—①
径向和轴向联合载荷	座圈承受固定载荷	推力角接触球轴承、推力调心滚子轴承、推力圆锥滚子轴承	H7
	座圈承受旋转载荷或方向不定载荷		K7②
			M7③

① 轴承座孔与座圈间间隙为 $0.001D$（D 为轴承公称外径）。

② 一般工作条件。

③ 有较大径向载荷时。

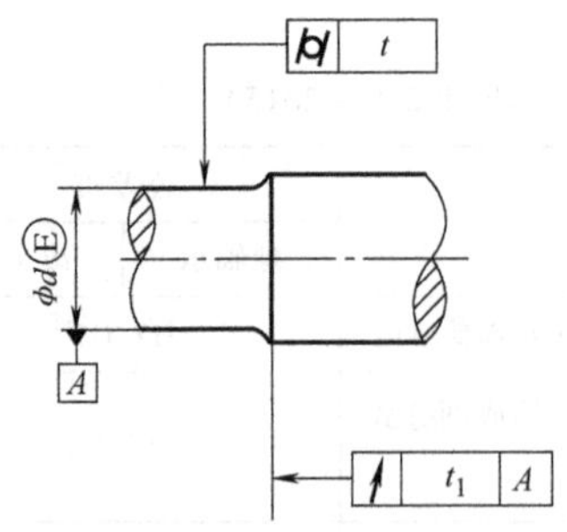

图 6-36 轴颈的圆柱度公差和轴肩的轴向圆跳动

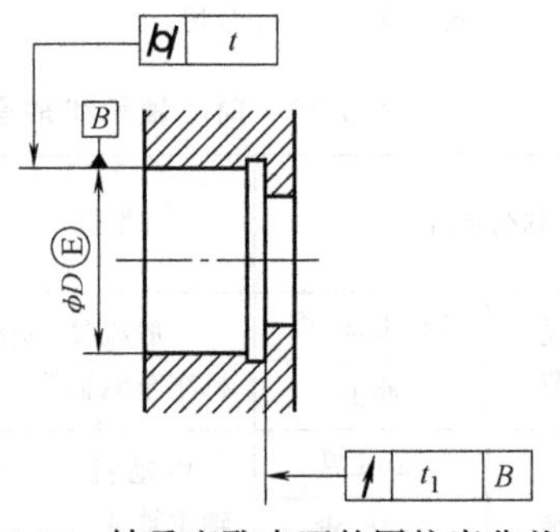

图 6-37 轴承座孔表面的圆柱度公差和孔肩的轴向圆跳动

表 6-13　轴和轴承座孔的几何公差（GB/T 275—2015）

公称尺寸/mm		圆柱度 t/μm				轴向圆跳动 t_1/μm			
		轴颈		轴承座孔		轴肩		轴承座孔肩	
		轴承公差等级							
>	≤	0	6(6X)	0	6(6X)	0	6(6X)	0	6(6X)
—	6	2.5	1.5	4	2.5	5	3	8	5
6	10	2.5	1.5	4	2.5	6	4	10	6
10	18	3	2	5	3	8	5	12	8
18	30	4	2.5	6	4	10	6	15	10
30	50	4	2.5	7	4	12	8	20	12
50	80	5	3	8	5	15	10	25	15

轴和轴承座孔配合表面的表面粗糙度要求按表 6-14 中的规定。

表 6-14　配合表面及端面的表面粗糙度（GB/T 275—2015）

轴或轴承座孔直径/mm		轴或轴承座孔配合表面直径公差等级					
		IT7		IT6		IT5	
		表面粗糙度 Ra/μm					
>	≤	磨	车	磨	车	磨	车
—	80	1.6	3.2	0.8	1.6	0.4	0.8
80	500	1.6	3.2	1.6	3.2	0.8	1.6
500	1250	3.2	6.3	1.6	3.2	1.6	3.2
端面		3.2	6.3	6.3	6.3	6.3	3.2

4. 滚动轴承配合的标注

滚动轴承是标准件，在装配图上只需标出轴和轴承座孔的公差带代号，标注示例如图 6-38 所示。

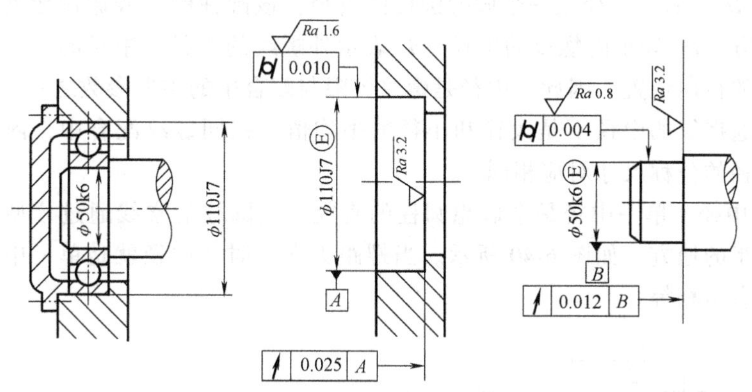

图 6-38　轴承的标注示例

第四节　螺纹的极限配合与测量

知识要点一　概述

螺纹连接在机械制造和仪器制造中应用广泛，由相互结合的内、外螺纹组成，通过相互旋合及牙侧面的接触作用来实现零部件间的连接、紧固和相对位移等功能。

1. 螺纹的种类及使用要求

螺纹连接按用途分为以下三类。

(1) 连接螺纹　连接螺纹主要用于紧固和连接零件，因此又称为紧固螺纹。其牙型为三角形，如米制普通螺纹和管螺纹。连接螺纹是使用最广泛的一种螺纹结合，它的使用要求是可旋合性和连接的可靠性。

(2) 传动螺纹　传动螺纹用于传递动力和位移。其牙型有梯形和锯齿形等。其使用要求是传递动力的可靠性，传动比要稳定，有一定的间隙，以便传动和储存润滑油。

(3) 紧密螺纹　紧密螺纹是用于密封的螺纹连接，如连接管道用的螺纹。其使用要求是结合紧密，不漏水、气或油。

2. 普通螺纹的基本牙型和主要几何参数

国家标准 GB/T 192—2003《普通螺纹　基本牙型》规定，普通螺纹（一般用途米制螺纹）的基本牙型如图 6-39 所示，它是将高为 H 的等边三角形（原始三角形）截去其顶部和底部而形成的。

普通螺纹的主要几何参数有：

(1) 大径（D 或 d）　大径是指与内螺纹牙底或外螺纹牙顶相重合的假想圆柱的直径。D 表示内螺纹的大径，d 表示外螺纹的大径。国家标准规定螺纹大径的公称尺寸为螺纹的公称直径。

(2) 小径（D_1 或 d_1）　小径是指与内螺纹牙顶或外螺纹牙底相重合的假想圆柱的直径。D_1 表示内螺纹的小径，d_1 表示外螺纹的小径。

工程实际中习惯将外螺纹的大径 d 或内螺纹的小径 D_1 称为顶径。将外螺纹的小径 d_1 或内螺纹的大径 D 称为底径。

(3) 中径 D_2、d_2　中径是一个假想圆柱的直径，该圆柱的素线通过牙型上沟槽和凸起宽度相等的地方。D_2 表示内螺纹的中径，d_2 表示外螺纹的中径。中径的大小决定了螺纹牙侧相对于轴线的径向位置。因此，中径是螺纹极限与配合中的主要参数之一。

注意，普通螺纹的中径不是大径和小径的平均值。在同螺纹配合中，内、外螺纹的中径、大径和小径的公称尺寸对应相同。

(4) 单一中径　单一中径是个假想圆柱的直径，该圆柱的素线通过牙型上沟槽宽度等于基本螺距一半的地方，如图 6-40 所示。当螺距无误差时，中径就是单一中径；当螺距有误差时，则两者不相等。

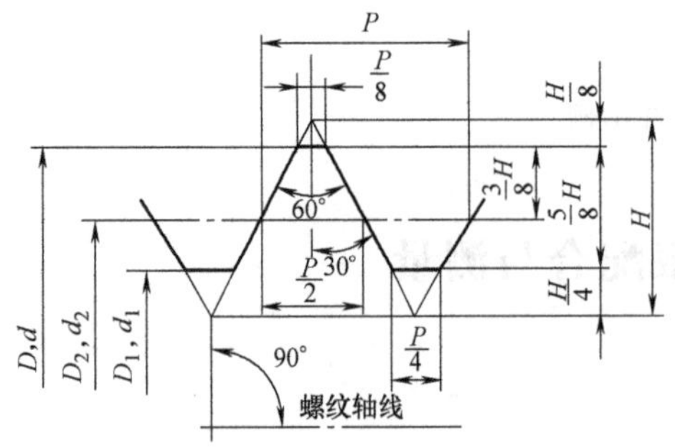

图 6-39　普通螺纹的基本牙型

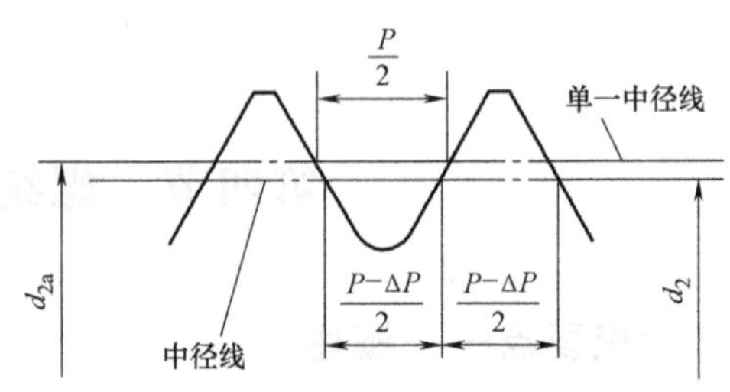

图 6-40　单一中径

P—基本螺距　ΔP—螺距误差

(5) 螺距 P 和导程 Ph　螺距是指相邻两牙在中径线上对应两点间的轴向距离。导程是指同条螺旋线上的相邻两牙在中径线上对应两点间的轴向距离。对单线螺纹，导程等于螺距；对多线螺纹，导程等于螺距与螺纹线数 n 的乘积，$Ph=nP$。

螺距应按国家标准规定的系列选用，普通螺纹的螺距分粗牙和细牙两种。

(6) 牙型角 α 和牙型半角 $\alpha/2$　牙型角是指在螺纹牙型上，相邻两牙侧间的夹角。普通螺纹的理论牙型角 $\alpha=60°$。牙型半角即牙型角的一半，普通螺纹的理论牙型半角 $\alpha/2=30°$。

牙型半角的大小和倾斜方向会影响螺纹的旋合性和接触面积，故牙型半角 $\alpha/2$ 也是螺纹极限与配合的主参数之一。

(7) 螺纹旋合长度 L　螺纹旋合长度是指两个相互配合的螺纹沿螺纹轴线方向相互旋合部分的长度。

3. 螺纹几何参数对互换性的影响

螺纹连接的互换性要求是指装配过程的可旋合性以及使用过程中连接的可靠性。影响螺纹互换性的几何参数有五个，即螺纹的大径、中径、小径、螺距和牙型半角。由于螺纹的大径和小径处均留有间隙，一般不会影响其配合性质，而内、外螺纹连接是依靠它们旋合以后牙侧面接触的均匀性来实现的。因此，影响螺纹互换性的主要参数是螺距、牙型半角和中径。

(1) 螺距误差对互换性的影响　螺距误差包括与旋合长度无关的单个螺距误差 ΔP 和与旋合长度有关的螺距累积误差 ΔP_{Σ}，后者是主要影响因素。

如图 6-41 所示，假设内螺纹具有理想牙型，外螺纹的中径及牙型半角均无误差，仅存在螺距误差，并假设在旋合长度内、外螺纹的螺距累积误差为 ΔP_{Σ}，显然，此时内、外螺纹因产生干涉（图 6-41 所示阴影部分）而无法旋合或旋合困难。为了使有螺距误差的外螺纹可旋入理想牙型的内螺纹，应把外螺纹的中径减小一个数值 f_P（相当于将螺纹牙体切除一部分）。同理，当内螺纹有螺距误差时，为了保证可旋合性，应把内螺纹的中径加大一个数值 f_P。这个 f_P 值是补偿螺距误差的影响而折算到中径上的数值，被称为螺距误差的中径补偿值。从图 6-41 所示△ABC 中可推算出：

$$f_P=|\Delta P_{\Sigma}|\cot\frac{\alpha}{2} \tag{6-7}$$

对于普通螺纹牙型半角 $\alpha/2=30°$，则 $f_P=1.732|\Delta P_{\Sigma}|$。

由于 ΔP_{Σ} 不论正或负，都影响旋合性（只是干涉发生在左、右牙侧面的不同位置而已），故 ΔP_{Σ} 应取绝对值。

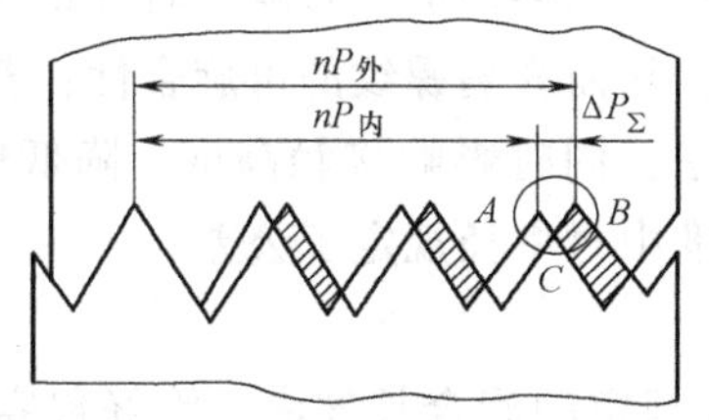

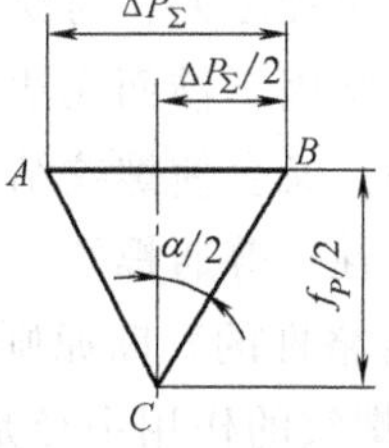

图 6-41　螺距误差对互换性的影响

(2) 牙型半角误差对互换性的影响　牙型半角误差是指实际牙型半角与理论牙型半角之差，它是螺纹牙侧相对于螺纹轴线的方向误差，对螺纹的旋合性和连接强度均有影响。

牙型半角误差可能是螺纹的左、右牙型半角不相等，即$\left(\frac{\alpha}{2}\text{左}\neq\frac{\alpha}{2}\text{右}\right)$，或螺纹的左、右牙型半角相等但牙型角不准确（即 $\alpha\neq60°$），也可能是两者综合作用。

为了便于分析，假设内螺纹具有基本牙型，外螺纹中径及螺距与内螺纹相同，仅牙型半角有误差 $\Delta\alpha$。如图 6-42a 所示，外螺纹的 $\Delta\frac{\alpha}{2}=\frac{\alpha}{2}\text{外}-30°<0°$，则其牙顶 $3H/8$ 处的牙侧发生干涉现象（图 6-42a 所示阴影部分）。如图 6-42b 所示，外螺纹的 $\Delta\frac{\alpha}{2}=\frac{\alpha}{2}\text{外}-30°>0°$，则其牙根 $2H/8$ 处的牙侧发生干涉现象（图 6-42b 所示阴影部分）。为了保证旋合性，将内螺纹中径增大一个数值 $f_{\frac{\alpha}{2}}$。这个 $f_{\frac{\alpha}{2}}$ 值是补偿牙型半角误差的影响而折算到中径上的数值，被称为牙型半角误差的中径当量值，即

$$f_{\frac{\alpha}{2}}=0.073P\left(K_1\left|\Delta\frac{\alpha_1}{2}\right|+K_2\left|\Delta\frac{\alpha_2}{2}\right|\right) \tag{6-8}$$

式中，$f_{\frac{\alpha}{2}}$ 的单位为 μm；P 是螺距，单位为 mm；$\Delta\frac{\alpha_1}{2}$、$\Delta\frac{\alpha_2}{2}$ 分别是左、右牙型半角误差，单位为（′）；K_1、K_2 为修正系数，对外螺纹，当牙型半角误差为正值时，K_1、K_2 值取 2，当牙型半角误差为负值时，K_1、K_2 值取 3；对内螺纹，当牙型半角误差为正值时，K_1、K_2 值取 3，当牙型半角误差为负值时，K_1、K_2 值取 2。

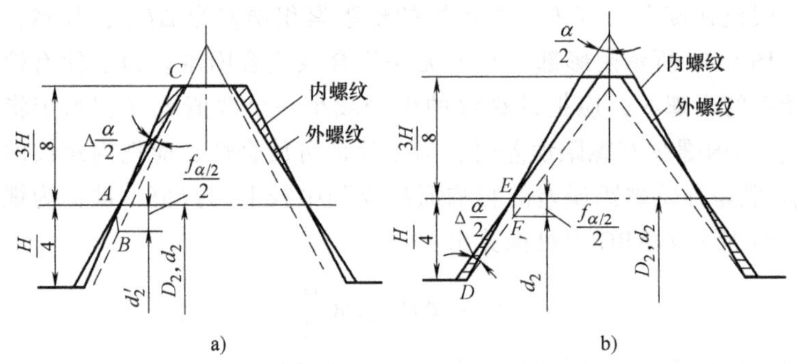

图 6-42 牙型半角误差对互换性的影响

（3）中径误差对互换性的影响 螺纹中径在制造过程中不可避免地会出现一定的误差，即单一中径对其公称中径之差，对螺纹结合的互换性造成影响。若外螺纹的中径比内螺纹的中径大，内、外螺纹将因干涉而无法旋合，从而影响螺纹的可旋合性；若外螺纹的中径与内螺纹的中径相比太小，又会使螺纹结合过松，同时影响接触高度，降低螺纹连接的可靠性。为了保证螺纹的互换性，普通螺纹公差标准中对中径规定了公差。

（4）螺纹中径合格性的判断原则

1）作用中径。螺纹的作用中径是指在规定的旋合长度内，恰好包容实际螺纹的假想螺纹的中径。此假想螺纹具有基本牙型的螺距、半角以及牙型高度，并在牙顶和牙底处留有间隙，以保证不与实际螺纹的大、小径发生干涉，故作用中径是螺纹旋合时实际起作用的中径。

内螺纹的作用中径：　　$D_{2m}=D_{2a}-f_P-f_{\frac{\alpha}{2}}$　　(6-9)

外螺纹的作用中径：　　$d_{2m}=d_{2a}+f_P+f_{\frac{\alpha}{2}}$　　(6-10)

式中，D_{2m}、d_{2m} 分别是内、外螺纹的作用中径；D_{2a}、d_{2a} 分别是内、外螺纹的单一中径；f_P 是螺距误差的中径补偿值；$f_{\frac{\alpha}{2}}$ 是牙型半角误差的中径当量值。

显然，为了使相互结合的内、外螺纹能自由旋合，应保证 $D_{2m} \geqslant d_{2m}$。

2）合格性的判断原则。国家标准没有单独规定螺距和牙型半角公差，只规定了内、外螺纹的中径公差，用中径公差同时限制实际中径、螺距及牙型半角三个参数的误差。由于螺距和牙型半角误差的影响均可折算为中径的补偿值，因此只要规定中径公差就可以控制中径本身的尺寸误差、螺距误差和牙型半角误差的共同影响。可见，中径公差是一项综合公差，是保证螺纹互换性的最主要参数。

判断外螺纹中径合格性应遵循泰勒原则，即螺纹的作用中径不能大于最大实体牙型的中径，任意位置的实际中径（单一中径）不能小于最小实体牙型的中径。综合考虑得到判断外螺纹中径合格性的原则：

$$d_{2m} \leqslant d_{2max},\ d_{2a} \geqslant d_{2min}$$

同理，可得判断内螺纹中径合格性的原则：

$$D_{2m} \geqslant D_{2min},\ D_{2a} \leqslant D_{2max}$$

总而言之，螺纹中径合格性的原则是单一中径和作用中径都应在中径的上极限尺寸和中径下极限尺寸的范围之内。

知识要点二　普通螺纹的极限与配合

1. 普通螺纹的公差带

螺纹公差带与尺寸公差带一样，是由其大小（公差等级）和相对于基本牙型的位置（基本偏差）所组成。国家标准 GB/T 197—2018 规定了螺纹的公差带和基本偏差。

（1）公差等级　螺纹公差带的大小由公差值确定。螺纹的公差等级见表 6-15，其中，6 级是基本级，3 级精度最高，9 级精度最低。部分内、外螺纹的小径、大径和中径的各级公差值见表 6-16～表 6-19。

表 6-15　螺纹的公差等级

螺纹直径	公差等级	螺纹直径	公差等级
内螺纹小径 D_1	4、5、6、7、8	外螺纹大径 d	4、6、8
内螺纹中径 D_2	4、5、6、7、8	外螺纹中径 d_2	3、4、5、6、7、8、9

表 6-16　内螺纹的小径公差值（GB/T 197—2018）　　（单位：μm）

螺距 P/mm	公差等级				
	4	5	6	7	8
0.75	118	150	190	236	—
0.8	125	160	200	250	315
1	150	190	236	300	375

表 6-17　外螺纹的大径公差值（GB/T 197—2018）　　（单位：μm）

螺距 P/mm	公差等级		
	4	6	8
0.75	90	140	—
0.8	95	150	236
1	112	180	280

表 6-18　内螺纹的中径公差值（GB/T 197—2018）　　（单位：μm）

基本大径 D/mm		螺距	公差等级				
>	≤	P/mm	4	5	6	7	8
5.6	11.2	0.75	85	106	132	170	—
		1	95	118	150	190	236
		1.25	100	125	160	200	250
		1.5	112	140	180	224	280
11.2	22.4	1	100	125	160	200	250
		1.25	112	140	180	224	280
		1.5	118	150	190	236	300
		1.75	125	160	200	250	315
		2	132	170	212	265	335
		2.5	140	180	224	280	355

表 6-19　外螺纹的中径公差值（GB/T 197—2018）　　（单位：μm）

基本大径 d/mm		螺距	公差等级						
>	≤	P/mm	3	4	5	6	7	8	9
5.6	11.2	0.75	50	63	80	100	125	—	—
		1	56	71	90	112	140	180	224
		1.25	60	75	95	118	150	190	236
		1.5	67	85	106	132	170	212	265
11.2	22.4	1	60	75	95	118	150	190	236
		1.25	67	85	106	132	170	212	265
		1.5	71	90	112	140	180	224	280
		1.75	75	95	118	150	190	236	300
		2	80	100	125	160	200	250	315
		2.5	85	106	132	170	212	265	335

从前面的表中可以发现，因为内螺纹加工较困难，所以在同一公差等级中，内螺纹中径公差比外螺纹中径公差大 32%左右。

国家标准对内螺纹的大径和外螺纹的小径均不规定具体公差值，而只规定内、外螺纹牙底实际轮廓不能超越按基本偏差确定的最大实体牙型，即保证旋合时不发生干涉。

（2）基本偏差　基本偏差是指公差带中靠近零线的那个极限偏差。它确定了公差带相对于基本牙型的位置。内螺纹的基本偏差是下极限偏差（EI），外螺纹的基本偏差是上极限偏差（es）。

国家标准对内螺纹规定采用 G、H 两种公差带位置，如图 6-43 所示。

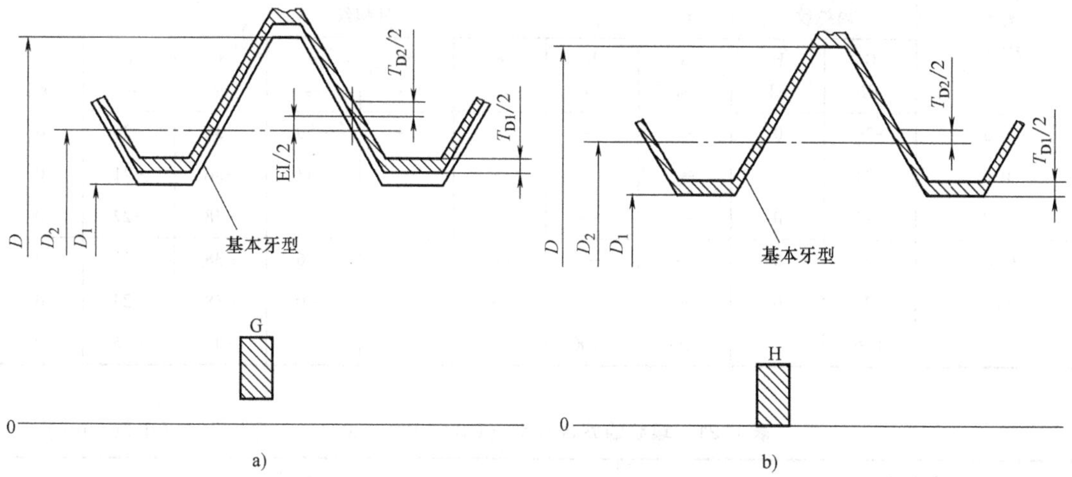

图 6-43　内螺纹的公差带位置

a）公差带位置为 G　b）公差带位置为 H

国家标准对外螺纹规定采用 a、b、c、d、e、f、g、h 八种公差带位置，如图 6-44 所示。

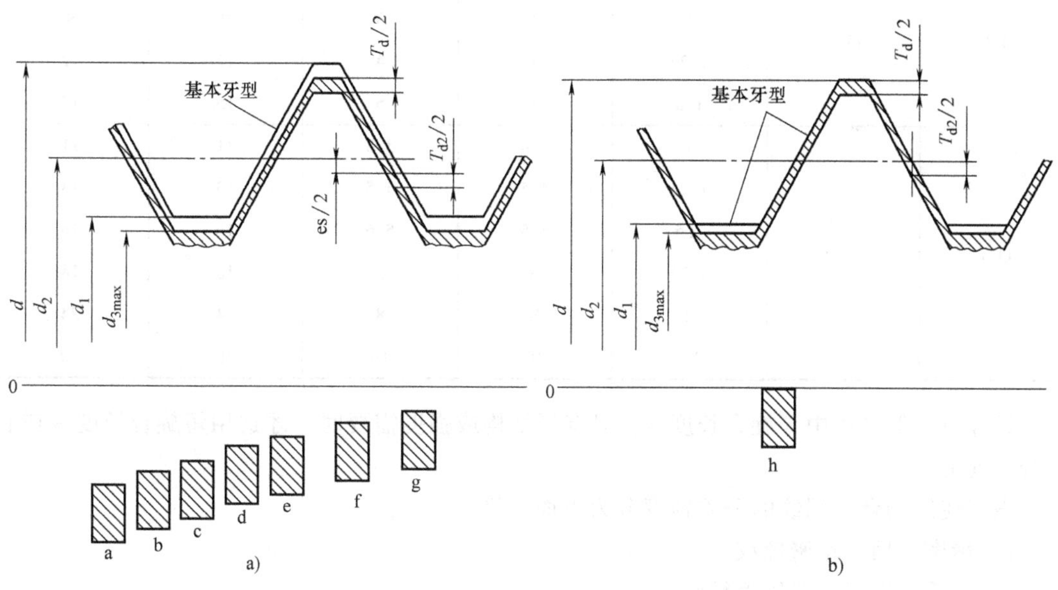

图 6-44　外螺纹的公差带位置

a）公差带位置为 a、b、c、d、e、f、g　b）公差带位置为 h

选择基本偏差主要依据螺纹表面涂镀层的厚度及螺纹件的装配间隙，螺距 $P=0.5\sim1$mm 螺纹的基本偏差见表 6-20。

（3）螺纹的旋合长度与公差精度　GB/T 197—2018 规定螺纹的旋合长度分为三组，分别为短旋合长度组（S）、中等旋合长度组（N）和长旋合长度组（L）。螺纹的旋合长度见

表 6-21。

表 6-20　内、外螺纹的基本偏差（GB/T 197—2018）　　（单位：μm）

螺距 P/mm	基本偏差									
	内螺纹		外螺纹							
	G EI	H EI	a es	b es	c es	d es	e es	f es	g es	h es
0.5	+20	0	—	—	—	—	-50	-36	-20	0
0.6	+21	0	—	—	—	—	-53	-36	-21	0
0.7	+22	0	—	—	—	—	-56	-38	-22	0
0.75	+22	0	—	—	—	—	-56	-38	-22	0
0.8	+24	0	—	—	—	—	-60	-38	-24	0
1	+26	0	-290	-200	-130	-85	-60	-40	-26	0

表 6-21　螺纹的旋合长度（GB/T 197—2018）　　（单位：μm）

基本大径 D、d		螺距 P	旋合长度			
			S	N		L
>	≤		≤	>	≤	>
5.6	11.2	0.75	2.4	2.4	7.1	7.1
		1	3	3	9	9
		1.25	4	4	12	12
		1.5	5	5	15	15
11.2	22.4	1	3.8	3.8	11	11
		1.25	4.5	4.5	13	13
		1.5	5.6	5.6	16	16
		1.75	6	6	18	18
		2	8	8	24	24
		2.5	10	10	30	30

设计时一般选用中等旋合长度 N，只有当结构或强度需要时，才选用短旋合长度 S 或长旋合长度 L。

根据使用场合，螺纹的公差精度分为下面三级。

1）精密。用于精密螺纹。

2）中等。用于一般用途螺纹。

3）粗糙。用于制造螺纹有困难的场合，如在热轧棒料上和深不通孔内加工螺纹。

2. 推荐螺纹公差带及其选用原则

在选用螺纹的极限与配合时，根据使用要求．将螺纹的公差等级和基本偏差相结合，可得到各种不同的螺纹公差带。在生产中，为了减少螺纹刀具和螺纹量规的规格和数量，GB/T 197—2018 规定了优先按表 6-22 和表 6-23 选取螺纹公差带。除特殊情况外，表 6-22 和表 6-23 以外的其他公差带不宜选用。

表 6-22　内螺纹的推荐公差带（GB/T 197—2018）

公差精度	公差带位置 G			公差带位置 H		
	S	N	L	S	N	L
精密	—	—	—	4H	5H	6H
中等	(5G)	**6G**	(7G)	**5H**	**6H**	**7H**
粗糙	—	(7G)	(8G)	—	7H	8H

表 6-23　外螺纹的推荐公差带（GB/T 197—2018）

公差精度	公差带位置 e			公差带位置 f			公差带位置 g			公差带位置 h		
	S	N	L	S	N	L	S	N	L	S	N	L
精密	—	—	—	—	—	—	—	(4g)	(5g4g)	(3h4h)	**4h**	(5h4h)
中等	—	**6e**	(7e6e)		**6f**	—	(5g6g)	**6g**	(7g6g)	(5h6h)	6h	(7h6h)
粗糙	—	(8e)	(9e8e)	—	—	—	—	8g	(9g8g)	—	—	—

如果不知道螺纹旋合长度的实际值（如标准螺栓），推荐按中等旋合长度（N）选取螺纹公差带。

公差带优先选用顺序为：粗字体公差带、一般字体公差带、括号内公差带。带方框的粗字体公差带用于大量生产的紧固件螺纹。

表 6-22 中的内螺纹公差带能与表 6-23 中的外螺纹公差带形成任意组合。但是，为了保证内、外螺纹间有足够的螺纹接触高度，推荐螺纹零件宜优先组成 H/g、H/h 或 G/h 配合。对公称直径小于和等于 1.4mm 的螺纹，应选用 5H/6h、4H/6h 或更精密的配合。

对于涂镀螺纹的公差带，如无其他特殊说明，推荐公差带适用于涂镀前螺纹。涂镀后螺纹实际轮廓上的任何点不应超越按公差位置 H 或 h 所确定的最大实体牙型。对于镀层较厚的螺纹可选 H/f、H/e 等配合。

3. 普通螺纹的标记

(1) 螺纹特征代号和尺寸代号的标记　完整的螺纹标记由螺纹特征代号、尺寸代号、公差带代号及其他有必要做进一步说明的个别信息组成。

螺纹特征代号用字母“M”表示，单线螺纹的尺寸代号为“公称直径×螺距”，公称直径和螺距数值的单位为 mm。对粗牙螺纹，可以省略标注其螺距项。

示例：

公称直径为 8mm、螺距为 1mm 的单线细牙螺纹：M8×1。

公称直径为 8mm、螺距为 1.25mm 的单线粗牙螺纹：M8。

多线螺纹的尺寸代号为“公称直径×Ph（导程）P（螺距）”，公称直径、导程和螺距数值的单位为 mm。如果要进一步表明螺纹的线数，可在后面增加括号说明（使用英语进行说明，如双线为 two starts；三线为 three starts；四线为 four starts）。

示例：

公称直径为 16mm、螺距为 1.5mm、导程为 3mm 的双线螺纹：M16×Ph3P1.5 或 M16×Ph3P1.5（two starts）

（2）螺纹公差带代号的标记　公差带代号包含中径公差带代号和顶径公差带代号。中径公差带代号在前，顶径公差带代号在后。各直径的公差带代号由表示公差等级的数值和表示公差带位置的字母（内螺纹用大写字母，外螺纹用小写字母）组成。如果中径公差带代号与顶径公差带代号相同，则应只标注一个公差带代号。螺纹尺寸代号与公差带间用“-”号分开。

示例：

中径公差带为 5g、顶径公差带为 6g 的外螺纹：M10×1-5g6g。

中径公差带和顶径公差带为 6g 的粗牙外螺纹：M10-6g。

中径公差带为 5H、顶径公差带为 6H 的内螺纹：M10×1-5H6H。

中径公差带和顶径公差带为 6H 的粗牙内螺纹：M10-6H。

在下列情况下，中等公差精度螺纹不标注其公差带代号。

内螺纹：5H 公称直径≤1.4mm 时；

　　　　6H 公称直径≥1.6mm 时。

注：对螺距为 0.2mm 的螺纹，其公差等级为 4 级。

外螺纹：6h 公称直径≤1.4mm 时；

　　　　6g 公称直径≥1.6mm 时。

示例：

中径公差带和顶径公差带为 6g、中等公差精度的粗牙外螺纹：M10。

中径公差带和顶径公差带为 6H、中等公差精度的粗牙内螺纹：M10。

（3）内、外螺纹配合的标记　表示内、外螺纹配合时，内螺纹公差带代号在前，外螺纹公差带代号在后，中间用斜线分开。

示例：

公差带为 6H 的内螺纹与公差带为 5g6g 的外螺纹组成配合：M20×2-6H/5g6g。

公差带为 6H 的内螺纹与公差带为 6g 的外螺纹组成配合（中等公差精度、粗牙）：M6。

（4）螺纹的旋合长度和旋向的标记　对短旋合长度组和长旋合长度组的螺纹，宜在公差带代号后分别标注“S”和“L”代号。旋合长度代号与公差带间用“-”号分开。中等旋合长度组螺纹不标注旋合长度代号（N）。

示例：

短旋合长度的内螺纹：M20×2-5H-S。

长旋合长度的内、外螺纹：M6-7H/7g6g-L。

中等旋合长度的外螺纹（粗牙、中等精度的 6g 公差带）：M6。

对左旋螺纹，应在旋合长度代号之后标注“LH”代号。旋合长度代号与旋向代号间用“-”号分开。右旋螺纹不标注旋向代号。

示例：

左旋螺纹：M8×1-LH（公差带代号和旋合长度代号被省略）；M6×0.75-5h6h-S-LH；M14×Ph6P2-7H-L-LH 或 M14×Ph6P2（three starts）-7H-L-LH

右旋螺纹：M6（螺距、公差带代号、旋合长度代号和旋向代号被省略）。

知识要点三　梯形螺纹丝杠、螺母技术标准简介

梯形螺纹的基本牙型如图 6-45 所示。在机床制造业中，梯形螺纹丝杠和螺母的应用较

为广泛。它不仅用来传递一般的运动和动力，而且还能精确地传递位移，所以一般梯形螺纹的标准就不能满足精度要求。这种机床用的梯形螺纹丝杠和螺母，和一般梯形螺纹的大、中、小径的公称尺寸相同外，有关精度要求在机械行业标准 JB/T 2886—2008《机床梯形螺纹丝杠、螺母　技术条件》中给出了详细规定。

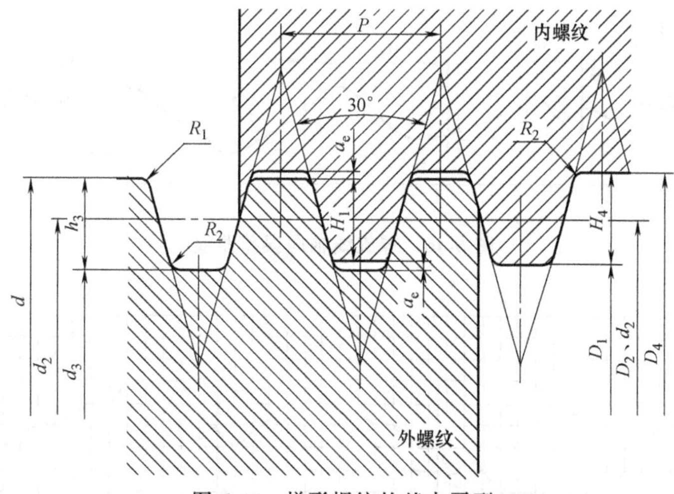

图 6-45　梯形螺纹的基本牙型

1. 精度等级

机床丝杠及螺母根据用途及使用要求分为七个等级，即 3、4、5、6、7、8、9 级，3 级精度最高，依次逐渐降低。各级精度主要应用的情况如下。

3 级、4 级主要用于超高精度的坐标镗床和坐标磨床的传动定位丝杠和螺母。

5 级、6 级用于高精度坐标镗床、高精度丝杠车床、螺纹磨床、齿轮磨床的传动丝杠，不带校正装置的分度机构和计量仪器上的测微丝杠。

7 级用于精密螺纹车床、齿轮机床、镗床、外圆磨床和平面磨床的精确传动丝杠和螺母。

8 级用于一般传动，如卧式车床、普通铣床、螺纹铣床用的丝杠。

9 级用于低精度的地方，如普通机床进给机构用的丝杠。

2. 精度项目检测

丝杠传送精确位移，其位移精度主要取决于螺旋线轴向误差和螺距误差。螺旋线轴向误差是实际螺旋线相对于理论螺旋线在轴向偏离的最大代数差值。在丝杠螺纹的任意 2πrad、任意 25mm、100mm、300mm 螺纹长度内及螺纹有效长度内考核，分别以 $\Delta l_{2\pi}$、Δl_{25}、Δl_{100}、Δl_{300} 和 Δl_{Lu} 表示（图 6-46），在螺纹中径线上测量。螺旋线轴向误差较综合地反映丝杠传动误差，标准规定用螺旋线轴向公差加以限制。3 级、4 级、5 级、6 级精度的丝杠检测螺旋线轴向误差，应用动态测量方法检测。

螺距误差是螺距的实际尺寸相对于公称尺寸的最大代数差值，以 ΔP 表示。螺距累积误差是在规定的长度内，螺纹牙型任意两同侧表面间的轴向实际尺寸相对于公称尺寸的最大代数差值。在丝杠螺纹的任意 60mm、300mm 螺纹长度内及螺纹有效长度内考核，分别用 ΔP_{L}、ΔP_{Lu} 表示（图 6-47）。图中 ΔP_{L} 指 ΔP_{60}、ΔP_{300}，在螺纹中径线上测量。7 级、8 级、9 级精度的丝杠检测螺距误差和螺距累积误差。标准对螺距误差的检测方法不予规定。

在丝杠和螺母连接中主要是中径配合，为了使丝杠易于旋转和储存润滑油，在大径、中

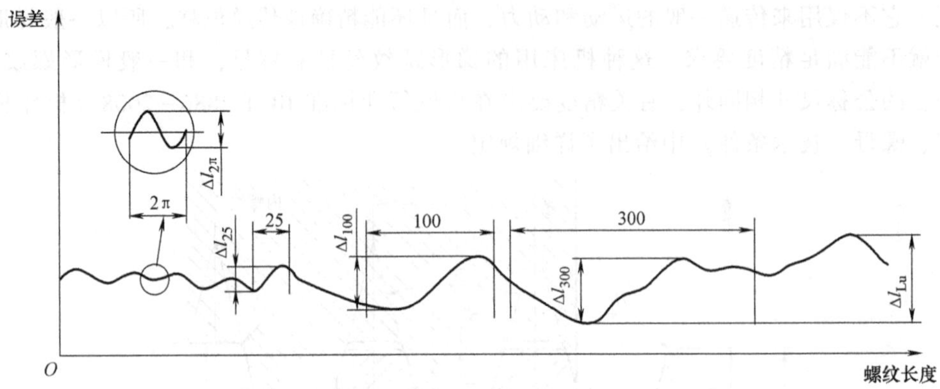

图 6-46　螺旋线轴向误差曲线

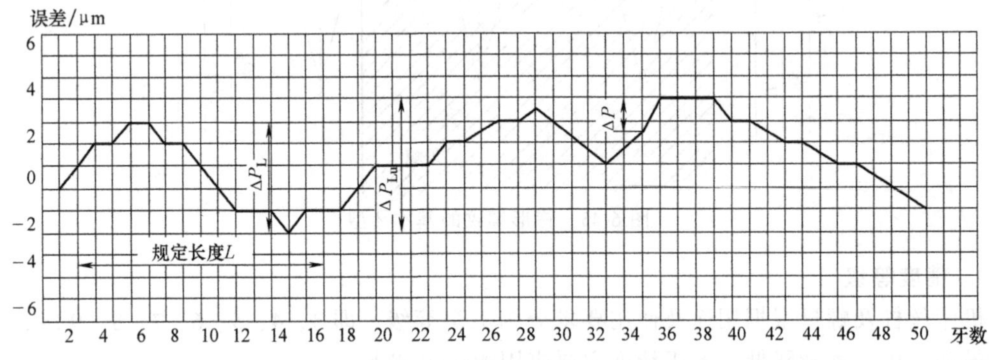

图 6-47　螺距误差曲线

径、小径处均留有间隙，因而标准对丝杠的大径、中径、小径规定了保证有间隙的一种公差带，且公差值较大。表 6-24 列出了部分丝杠螺纹的大径、中径、小径的极限偏差值。6 级以上配制螺母的丝杠中径公差按表 6-24 中规定的公差带宽相对于公称尺寸的零线两侧对称分布。

表 6-24　部分丝杠螺纹的大径、中径、小径的极限偏差值（JB/T 2886—2008）

螺距 P /mm	公称直径 d /mm	螺纹大径		螺纹中径		螺纹小径	
		下极限偏差	上极限偏差	下极限偏差	上极限偏差	下极限偏差	上极限偏差
		μm					
2	10~16	−100	0	−294	−34	−362	0
	16~28			−314		−388	
	30~42			−350		−399	
3	10~14	−150	0	−336	−37	−410	0
	22~28			−360		−447	
	30~44			−392		−465	
	46~60			−392		−478	
4	16~20	−200	0	−400	−45	−485	0
	44~60			−438		−534	
	65~80			−462		−565	
5	22~28	−250	0	−462	−52	−565	0
	30~42			−482		−578	
	85~110			−530		−650	

螺母的大径、小径与丝杠并不接触，故对各级螺母只规定了一种公差带，且公差值较大。部分螺母螺纹大径、小径的极限偏差值见表 6-25。螺母螺纹大径和小径的公差带位置为 H，其基本偏差 EI 为零。螺母螺纹中径误差随精度等级和螺母螺距不同而不同，精度越高，公差值越小，保证间隙越小，6～9 级螺母螺纹中径的极限偏差值见表 6-26。高精度的螺母通常按先加工好的丝杠来配作，配作螺母螺纹中径的极限偏差根据 JB/T 2886—2008 规定的螺母与丝杠配作的中径径向间隙来控制。8 级精度以上丝杠所配螺母的精度允许比丝杠低一个精度等级。

表 6-25　部分螺母螺纹大径、小径的极限偏差值（JB/T 2886—2008）

螺距 P /mm	公称直径 d /mm	螺纹大径		螺纹小径	
		上极限偏差	下极限偏差	上极限偏差	下极限偏差
		μm			
2	10～16 18～28 30～42	+328 +355 +370	0	+100	0
3	10～14 22～28 30～44 46～60	+372 +408 +428 +440	0	+150	0
4	16～20 44～60 65～80	+440 +490 +520	0	+200	0

表 6-26　6～9 级螺母螺纹中径的极限偏差值（JB/T 2886—2008）

螺距 P /mm	精度等级			
	6	7	8	9
	μm			
2～5	+55 0	+65 0	+85 0	+100 0
6～10	+65 0	+75 0	+100 0	+120 0
12～20	+75 0	+85 0	+120 0	+150 0

机床丝杠及螺母所规定的公差（或极限偏差）项目，除螺距公差和螺距累积公差、牙型半角极限偏差、大径和中径以及小径公差外，还增加了丝杠螺旋线轴向公差，丝杠螺纹有效长度上中径尺寸的一致性公差和丝杠螺纹大径的径向圆跳动公差。

为了保证和满足丝杠和螺母的使用质量，丝杠和螺母的螺纹表面粗糙度参数 *Ra* 值见表 6-27。

3. 产品的标识

符合标准的机床丝杠、螺母产品的标识由产品代号、公称直径（单位为 mm）、螺距（单位为 mm）、螺纹旋向及螺纹精度等级组成，如图 6-48 所示。

表 6-27 丝杠和螺母的螺纹表面粗糙度 （单位：μm）

精度等级	螺纹大径		牙型侧面		螺纹小径	
	丝杠	螺母	丝杠	螺母	丝杠	螺母
3	0.2	3.2	0.2	0.4	0.8	0.8
4	0.4	3.2	0.4	0.8	0.8	0.8
5	0.4	3.2	0.4	0.8	0.8	0.8
6	0.4	3.2	0.4	0.8	1.6	0.8
7	0.8	6.3	0.8	1.6	3.2	1.6
8	0.8	6.3	1.6	1.6	6.3	1.6
9	1.6	6.3	1.6	1.6	6.3	1.6

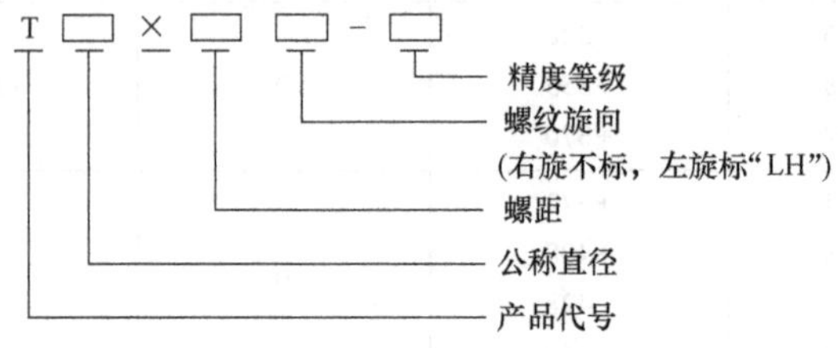

图 6-48 机床丝杠、螺母产品标识说明

示例：

公称直径 55mm，螺距 12mm，精度等级 6 级的右旋螺纹：

T55×12-6

公称直径 55mm，螺距 12mm，精度等级 6 级的左旋螺纹：

T55×12LH-6

知识要点四 滚珠丝杠副

1. 概述

滚珠丝杠副是一种螺旋传动机构，主要用来将旋转运动变为直线运动或将直线运动变为旋转运动，在机器人中常用作主动移动副。滚珠丝杠副如图6-49 所示，由于放入滚珠，当丝杠转动时，带动滚珠沿螺纹滚道滚动，为防止滚珠从滚道端面掉出，在螺母的螺旋槽两端设有滚珠回程引导装置构成滚珠的循环返回通道，从而形成滚珠流动的闭合道路。故当丝杠相对螺母转动时，滚珠则在螺纹滚道内既自转又循环转动，迫使丝杠螺母之间产生轴向相对运动，于是将丝杠的旋转运动变为螺母的直线运动或将螺母的旋转运动变为丝杠的直线运动。

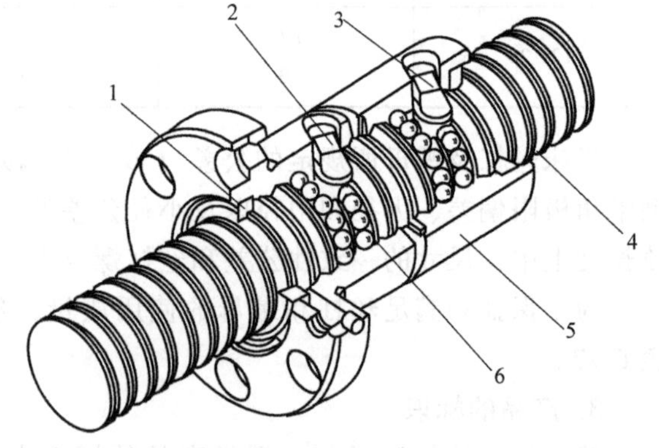

图 6-49 滚珠丝杠副

1—密封环 2、3—回珠器 4—丝杠 5—螺母 6—滚珠

2. 精度等级及标注

依照国家标准 GB/T 17587.3—2017 将

滚珠丝杠副分为 0、1、2、3、4、5、7、10 共 8 个标准公差等级，其中，2 级和 4 级为不优先采用的标准公差等级。

国家标准 GB/T 17587.1—2017 规定滚珠丝杠副的标识符号应按给定顺序排列，如图 6-50 所示。

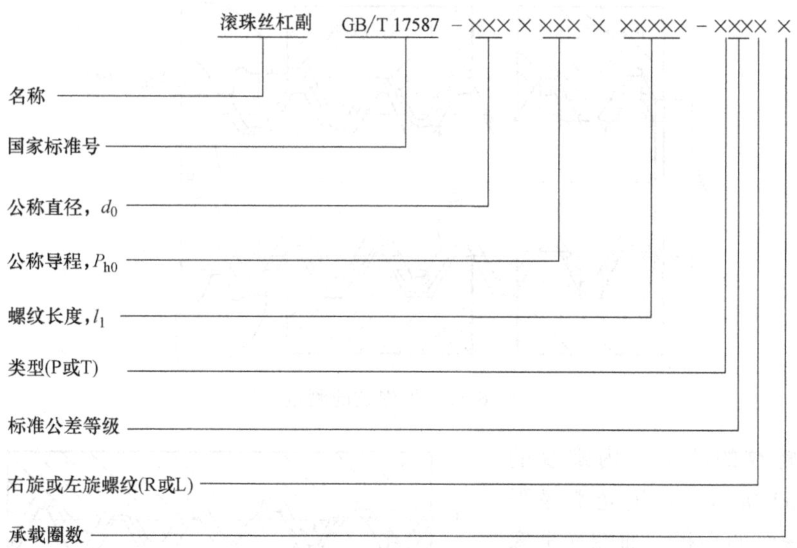

图 6-50　滚珠丝杠副的标识符号示例

国家标准 GB/T 17587.2—1998《滚珠丝杠副　第 2 部分：公称直径和公称导程　公制系列》规定了滚珠丝杠副的公称直径和公称导程的公制系列。

公称直径系列：6mm，8mm，10mm，12mm，16mm，20mm，25mm，32mm，40mm，50mm，63mm，80mm，100mm，125mm，160mm，200mm。

公称导程系列：1mm，2mm，2.5mm，3mm，4mm，5mm，6mm，8mm，10mm，12mm，16mm，20mm，25mm，32mm，40mm。

公称导程的优先系列：2.5mm，5mm，10mm，20mm，40mm。

知识要点五　螺纹测量简述

螺纹的测量方法可分为综合检验和单项测量两类。

1. 综合检验

螺纹的综合检验，可以用投影仪或螺纹量规进行。生产中主要用螺纹量规来控制螺纹的极限轮廓，适用于成批生产。螺纹量规分为塞规和环规（卡规），塞规用于测量内螺纹，环规（卡规）用于测量外螺纹。通端螺纹量规模拟被测螺纹的最大实体牙型，具有完整的牙型，其螺纹长度等于被测螺纹的旋合长度，用于测量螺纹的作用中径（含底径），检验螺纹的旋合性。止端螺纹量规模拟螺纹的最小实体牙型，为了消除螺距误差和牙型半角误差的影响，其牙型做成截短的不完整的牙型，且螺纹长度只有 2~3.5 牙，用于测量螺纹的实际中径，控制螺纹连接的可靠性。

（1）外螺纹的测量　外螺纹的测量如图 6-51 所示。先用光滑极限卡规检测外螺纹的大径尺寸，通端光滑卡规应通过被测外螺纹的大径，止端光滑卡规应不通过被测外螺纹的大径。接着用螺纹环规测量，若通端能在旋合长度内与被测螺纹旋合，则说明外螺纹的作用中径合格，且外螺纹的小径没有超出其上极限尺寸；若止端不能通过被测螺纹（最多允许旋进 2~3 牙），则说明被测螺纹的单一中径合格。

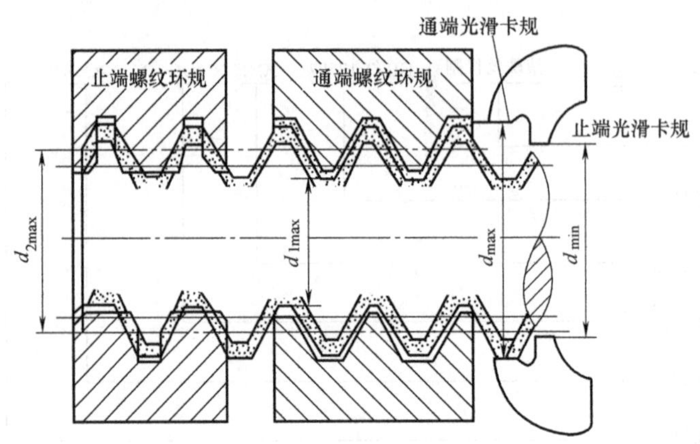

图 6-51　外螺纹的测量

（2）内螺纹的测量　内螺纹的测量如图 6-52 所示。先用光滑极限塞规测量内螺纹的小径，通端光滑塞规应通过被测内螺纹小径，止端光滑塞规应不通过被测内螺纹的小径。接着用螺纹塞规测量，若通端能在旋合长度内与被测螺纹旋合，则说明内螺纹的作用中径合格，且大径不小于其下极限尺寸；若止端不能通过被测螺纹（最多允许旋进 2~3 牙），则说明被测螺纹的单一中径合格。

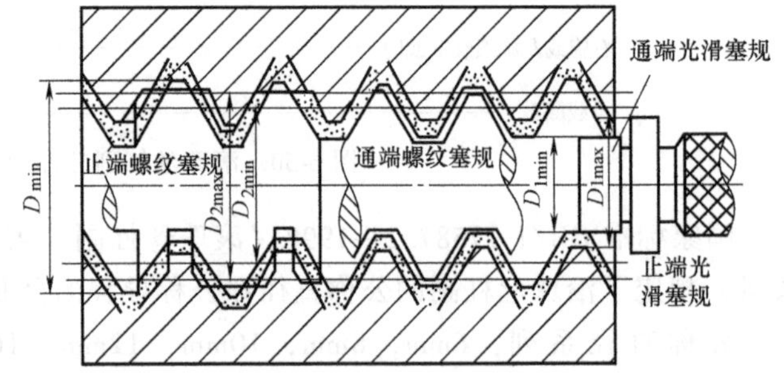

图 6-52　内螺纹的测量

2. 单项测量

螺纹的单项测量是指分别测量螺纹的各项几何参数，主要是中径、螺距和牙型半角。螺纹量规、螺纹刀具等高精度螺纹和丝杠螺纹均采用单项测量方法，对普通螺纹做工艺分析时也常进行单项测量。

（1）螺纹千分尺测量外螺纹单一中径　螺纹千分尺是测量低精度外螺纹实际中径的一种常用测量器具，其构造与外径千分尺相似，如图 6-53 所示。螺纹千分尺的测量头做成与螺纹牙型相吻合的形状，即一个为 V 形测量头，与螺纹牙型凸起部分相吻合，另一个为锥形测量头，与螺纹牙型沟槽相吻合。螺纹千分尺有一套可换测量头，每对测量头只能用来测量一定螺距范围的螺纹。

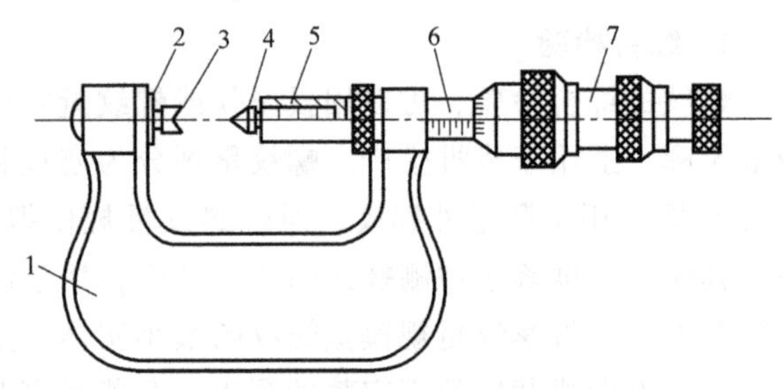

图 6-53　螺纹千分尺

1—弓架　2—架砧　3—V 形测量头　4—锥形测量头　5—测量杆　6—固定套筒　7—微分筒

使用螺纹千分尺测量螺纹中径，将V形测量头和锥形测量头分别插入架砧和测量杆孔中。测量时螺纹千分尺放平，使两个测量头卡入被测螺纹的牙槽中，且测量头的中心线和被测螺纹的中心线垂直，V形测量头与被测螺纹的齿廓凸起部分相接触，锥形测量头与被测螺纹直径方向上相邻齿廓沟槽部分相接触，如图6-54所示。测量头和螺纹接触好后，即可用螺纹千分尺测出一个牙同对边一个牙槽沿螺纹轴线垂直方向的距离。

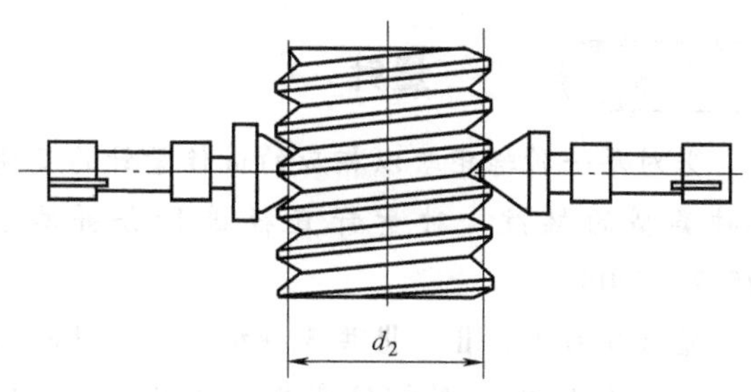

图6-54　螺纹千分尺测量螺纹中径

知识拓展　使用螺纹千分尺的注意事项

螺纹千分尺的使用注意事项与外径千分尺类似，但螺纹千分尺有如下特殊注意事项。

1）测量前，先根据螺距选择合适的测量头。

2）安装螺纹测量头时一定要注意：锥形测量头安装在活动量砧上，V形测量头安装在固定量砧上，不能装反。

3）测量时，两量砧连线一定要与工件轴线垂直，且找到最大直径处才能读数。

4）测量完毕后，须复查螺纹千分尺零位，误差不能超过±0.005mm。

（2）三针法测量螺纹单一中径　三针法主要用于测量精密外螺纹的单一中径（如螺纹塞规、丝杠螺纹等）。测量时，将三根直径相同的精密量针分别放在被测螺纹的沟槽中，然后用光学或机械量仪测出针距M，如图6-55所示。根据被测螺纹已知的螺距P、牙型半角$\alpha/2$和量针直径d_0，按下式算出被测螺纹的单一中径d_2。

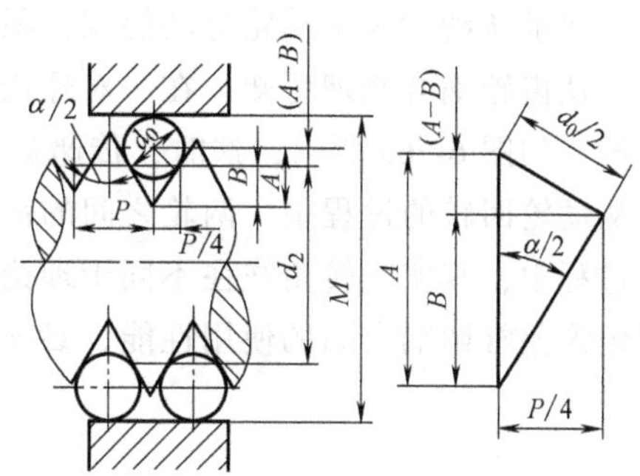

图6-55　三针法测量螺纹中径

$$d_2 = M - d_0\left(1+\frac{1}{\sin\dfrac{\alpha}{2}}\right)+\frac{P}{2}\cot\frac{\alpha}{2} \qquad (6\text{-}11)$$

式中，螺距P、牙型半角$\alpha/2$和量针直径d_0的值均为理论值。

三针法的测量精度，除与所选量仪的示值误差和量针本身的误差有关，还与被测螺纹的螺距误差和牙型半角误差有关。为了消除牙型半角误差对测量结果的影响，应选择最佳直径的量针，使量针在中径线上与牙侧接触，量针与被测螺纹沟槽接触的两个切点间的轴向距离等于$P/2$，量针最佳直径为：

$$d_{0最佳} = \frac{P}{2\cos\dfrac{\alpha}{2}} \qquad (6\text{-}12)$$

三针法的测量精度比目前常用的其他方法的测量精度要高，而且在生产条件下，应用也较方便。

知识拓展 量针

若对每一种螺距给以相应的最佳量针的直径，这样，量针的种类将达到很多，为了适应各种类型的螺纹，对量针直径进行合并减少规格，标准化的量针直径可参考 GB/T 22522—2008。

量针分为Ⅰ、Ⅱ、Ⅲ共 3 种型号，量针的精度分为 0 级和 1 级两种，0 级量针用于测量中径公差为 4~8μm 的螺纹塞规或螺纹工件，1 级量针用于测量中径公差大于 8μm 的螺纹工件。

（3）影像法　影像法测量螺纹是用工具显微镜将被测螺纹的牙型轮廓放大成像，按被测螺纹的影像测量其螺距、牙型半角和中径。各种精密螺纹，如螺纹量规、丝杠等，均可在工具显微镜上测量。

第五节　圆柱齿轮传动的公差及其测量

知识要点一　圆柱齿轮传动的要求

齿轮常用来传递运动和动力，一般对齿轮及其传动有以下四个方面的要求。

1. 传递运动的准确性

要求从动轮与主动轮运动协调，限制齿轮在一转范围内传动比的变化幅度。

从齿轮啮合原理可知，在一对理论上的渐开线齿轮传动过程中，两轮之间的传动比是恒定的，如图 6-56a 所示，这时，传递运动是准确的。但实际上由于齿轮的制造和安装误差，在从动轮回转的过程中，两轮之间的传动比是呈周期变化的，如图 6-56b 所示。从动轮在一转过程中，其实际转角往往不同于理论转角，会产生转角误差，导致传递运动不准确。这种转角误差常影响产品的使用性能，必须加以消除。

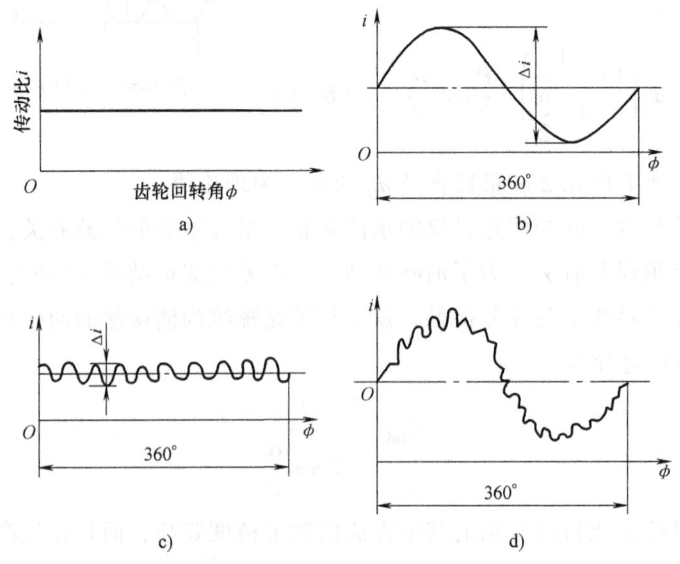

图 6-56　齿轮传动比的变化

2. 传递运动的平稳性

要求瞬时传动比的变化幅度小。由于存在齿轮齿廓制造误差，在一对齿轮啮合过程中，传动比会发生高频的瞬时突变，如图 6-56c 所示。传动比的这种小周期的变化将引起齿轮传动产生冲击、振动和噪声等现象，影响平稳传动的质量，必须加以消除。

在实际传动过程中，上述两种传动比变化同时存在，如图 6-56d 所示。

3. 载荷分布均匀性

要求传动时齿轮工作齿面接触良好，在全齿宽上承载均匀，避免载荷集中于局部区域引起过早磨损，以提高齿轮的使用寿命。

4. 合理的齿侧间隙

要求齿轮副的非工作齿面要有一定的侧隙（图 6-57），用以补偿齿轮的制造误差、安装误差和热变形，防止齿轮传动发生卡死现象；侧隙还用于储存润滑油，以保持良好的润滑。但对工作时有正反转的齿轮副，侧隙会引起回程误差和冲击。

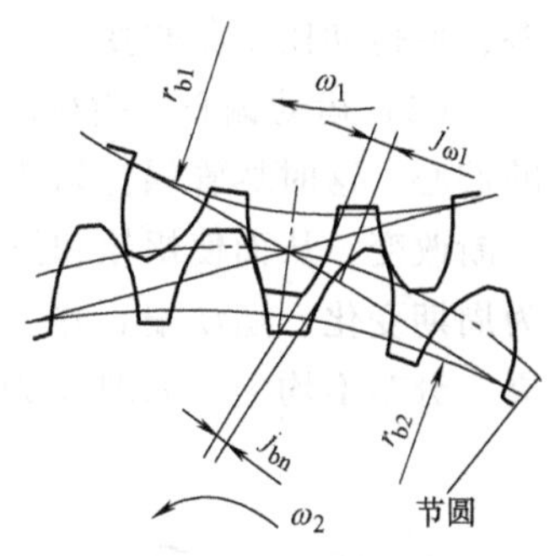

图 6-57　传动侧隙

上述前三项要求是对齿轮本身的精度要求，而第四项是对齿轮副的要求。不同用途和不同工作条件下的齿轮，对上述四项要求的侧重点是不同的。对于机械制造业中常用的齿轮，如机床、通用减速器、汽车、拖拉机、内燃机车等用的齿轮，通常对上述三项精度要求的高低程度都是差不多的，对齿轮精度评定各项目可要求同样精度等级，这种情况在工程实践中是占大多数的。而有的齿轮，可能对上述三项精度中的某一项有特殊功能要求，因此可对某项提出更高的要求。

读数装置和分度机构的齿轮，主要要求传递运动的准确性，而对接触均匀性的要求往往是次要的。如果需要正反转，应要求较小的侧隙。

对于低速重载齿轮（如起重机械、重型机械），载荷分布均匀性要求较高，而对传递运动准确性则要求不高。

对于高速重载下工作的齿轮（如汽车减速齿轮、高速发动机齿轮），则对运动准确性、传动平稳性和载荷分布均匀性的要求都很高，而且要求有较大的侧隙以满足润滑需要。

一般汽车、拖拉机及机床的变速齿轮主要保证传动平稳性要求，以减小振动和噪声。

知识要点二　齿轮加工误差简述

齿轮加工方法很多，按齿廓形成原理可分为仿形法（如成形铣刀在铣床上铣齿）和展成法（如滚齿、插齿、磨齿等）。齿轮的各项偏差都是在加工过程中形成的，是由于工艺系统中齿轮坯、齿轮加工机床、刀具三个方面的各个工艺因素决定的。

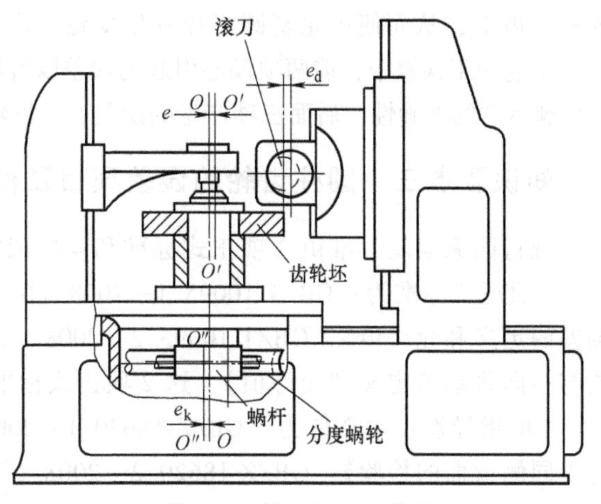

图 6-58　滚齿机加工齿轮

现以图 6-58 所示的滚齿机加工为例，分析齿轮加工误差的主要原因。

（1）几何偏心　指齿轮坯在机床上加

工时的安装偏心，这是由于齿轮坯定位孔与机床心轴之间有间隙，使齿轮坯定位孔轴线 O'-O' 与滚齿机工作台的回转轴线 O-O 不重合而产生的。

加工时，滚刀轴线与滚齿机工作台回转轴线 O-O 距离保持不变，但与齿轮坯定位孔轴线 O'-O' 的距离不断变化。滚切成如图 6-59 所示的齿轮，几何偏心使加工过程中齿轮相对于滚刀的径向距离发生变动，引起了齿轮径向误差。齿轮工作时产生以一转为周期的转角误差，使传动比不断改变。

(2) 运动偏心　指机床分度蜗轮轴线 O''-O'' 与滚齿机工作台回转轴线 O-O 不重合所引起的偏心。这时尽管蜗杆匀速旋转。蜗杆与蜗轮啮合节点的线速度相同，但由于蜗轮上的半径不断改变，从而使蜗轮和齿轮坯产生不均匀回转，角速度在 $\omega+\Delta\omega$ 和 $\omega-\Delta\omega$ 之间，以一转为周期变化。运动偏心并不产生径向误差，而使齿轮产生切向误差，使切出的齿轮在分度圆周上分布不均匀，如图 6-60 所示。

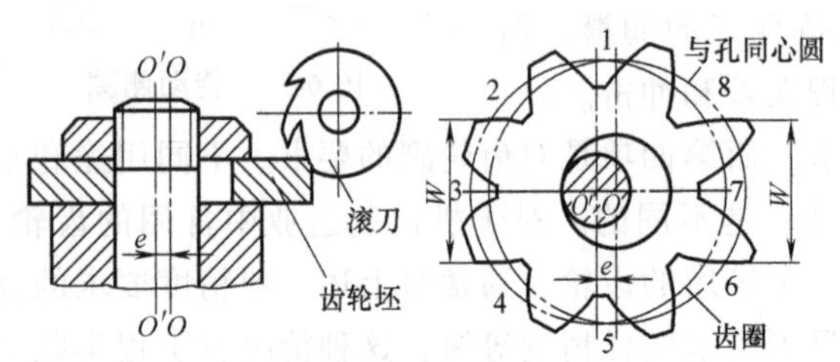

图 6-59　齿轮坯安装偏心产生的误差

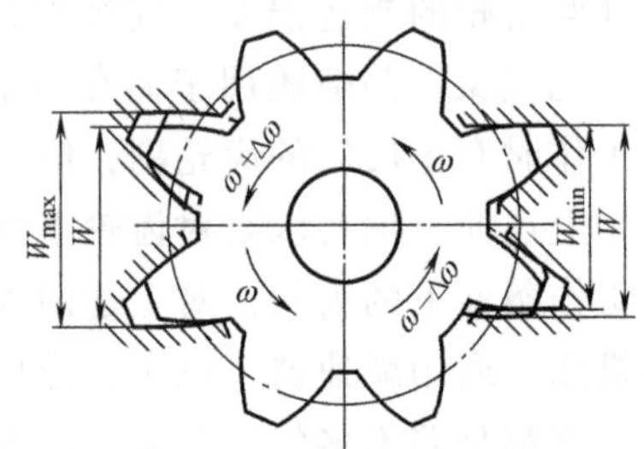

图 6-60　运动偏心的齿轮

(3) 机床传动链误差　机床的分度蜗杆存在安装误差和轴向窜动时，分度蜗轮转速发生周期性的变化，使被加工齿轮出现齿距偏差和齿廓偏差。分度蜗杆每转一转，跳动重复一次，误差出现的次数等于分度蜗轮的齿数。分度蜗杆造成的误差反映在每个齿上，引起以一齿为周期的误差，是短周期误差。

(4) 滚刀安装误差　齿轮加工中，滚刀的径向跳动使得齿轮相对滚刀的径向距离发生变动，引起齿轮径向误差。滚刀刀架导轨或齿轮坯轴线相对于工作台旋转轴向的倾斜和轴向窜动，引起被加工齿面沿齿长方向（轴向）的齿向误差。

(5) 滚刀制造误差　滚刀本身的齿距、齿形、基节等制造误差，会复映到被加工齿轮的每一齿上，从而使齿轮基圆半径发生变化，产生基节偏差和齿形误差。

上述加工误差中，前两项偏心引起的误差以齿轮一转为周期，称为长周期误差，主要影响齿轮传递运动的准确性。后面三项产生的误差，在齿轮一转中，多次重复出现，称为短周期误差。

知识要点三　圆柱齿轮的误差项目及检验

现行国家齿轮标准由 2 项正式标准和 4 项国家标准化指导性技术文件组成。

2 项正式标准为：GB/T 10095.1—2008《圆柱齿轮　精度制　第 1 部分：轮齿同侧齿面偏差的定义和允许值》、GB/T 10095.2—2008《圆柱齿轮　精度制　第 2 部分：径向综合偏差与径向跳动的定义和允许值》。这 2 项正式标准仅适用于单个齿轮，而不适用于齿轮副。

4 项指导性技术文件为：GB/Z 18620.1—2008《圆柱齿轮　检验实施规范　第 1 部分：轮齿同侧齿面的检验》、GB/Z 18620.2—2008《圆柱齿轮　检验实施规范　第 2 部分：径向综合偏差、径向跳动、齿厚和侧隙的检验》、GB/Z 18620.3—2008《圆柱齿轮　检验实施规

范 第3部分：齿轮坯、轴中心距和轴线平行度的检验》、GB/Z 18620.4—2008《圆柱齿轮检验实施规范 第4部分：表面结构和轮齿接触斑点的检验》。

在介绍具体偏差的定义之前，先介绍国家标准中有关偏差符号书写和数值的规定：单项要素所用的偏差符号，用小写字母（如 f）加上相应的下标组成，而表示若干单项要素偏差组合的“累积”或“总”偏差所用的符号，采用大写字母（如 F）加上相应的下标组成；有些偏差量需要用代数符号表示，当尺寸大于最佳值时，偏差是正的；反之，是负值。

1. 圆柱齿轮轮齿同侧齿面偏差及检验

GB/T 10095.1—2008 对单个齿轮同侧齿面规定了齿距偏差、齿廓偏差、切向综合偏差和螺旋线偏差等11项偏差。

（1）齿距偏差及检验

1）单个齿距偏差 f_{pt}。在端平面上，接近齿高中部的一个与齿轮轴线同心的圆上，实际齿距与理论齿距的代数差，如图6-61所示。它主要影响运动平稳性。

2）齿距累积偏差 F_{pk}。任意 k 个齿距的实际弧长与理论弧长的代数差，如图6-61所示。理论上它等于这 k 个齿距的各单个齿距偏差的代数和。k 一般为2到小于 $z/8$ 的整数（z 为齿轮齿数）。如果在较小的齿距数上的齿距累积偏差过大，则在实际工作中将产生很大的加速度，形成很大的动载荷，影响平稳性，尤其在高速齿轮传动中更应重视。

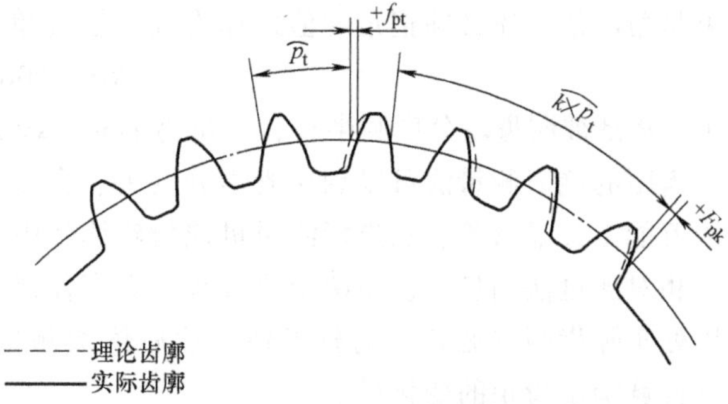

图6-61 单个齿距偏差与齿距累积偏差

3）齿距累积总偏差 F_p。齿轮同侧齿面任意圆弧段（$k=1$ 至 $k=z$）内的最大齿距累积偏差，它表现为齿距累积偏差曲线的总幅值。它等于齿距累积偏差的最大偏差与最小偏差的代数差，如图6-62所示。

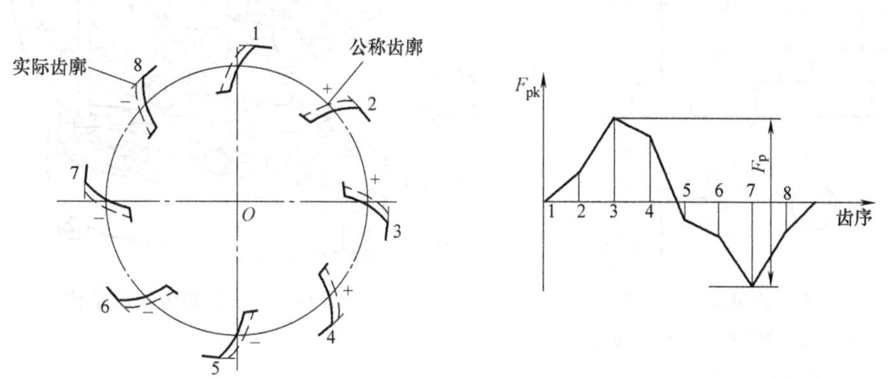

图6-62 齿距累积总偏差

齿距累积总偏差在测量中是以被测齿轮的轴线为基准，沿分度圆上每齿测量一点，所取点数有限且不连续，但因它可以反映几何偏心和运动偏心造成的综合误差，所以能较全面地评定齿轮传动的准确性。

测量齿距偏差的设备常用的有万能测齿仪、便携式齿轮齿距测量仪（齿距仪）、齿轮测量中心、三坐标测量机、角度分度仪等。

齿距偏差的测量方法有绝对测量法和相对测量法（也称为比较测量法）两种，较为常用的是相对测量法。

绝对测量法是使用精密的角度器和指示表，直接测量其实际齿距角，或者由指示表直接显示出实际齿距变化量，以确定齿距偏差和齿距累积偏差的方法。绝对测量法测量原理如图 6-63 所示，被测齿轮和精密角度器同轴安装，定位测量头在分度圆附近接触，并始终以与该测量头相连的指示表上的同一数值定位。在角度器上读取角度值后退出指示测量头，转动被测齿轮，推入指示测量头至固定径向位置，待测量头被齿面压缩至原指示值时，再读取转过后的角度值，这样依次测满一整周，计算齿距累积角和齿距偏差角。这种测量方法所得结果是角度值，还必须把角度值换算为线性值（单位：μm），即

$$f_{pt}=R\Delta\gamma/206.3 \tag{6-13}$$

式中，R 是被测齿轮分度圆半径，单位为 mm；$\Delta\gamma$ 是齿距偏差角。

齿距的绝对测量法可以利用光学分度头、多齿分度台等配合定位装置进行测量，也可以利用万能工具显微镜、三坐标测量机或齿轮测量中心进行测量。

相对测量法测量时使用两个测量头，选定任意一齿在分度圆附近的两个同侧齿廓接触，以该处实际齿距（弦长）为标准值。然后依次测量其他的齿距，并与这个标准值比较，再经过计算确定齿距的变化量。

万能测齿仪为纯机械式的手动测量仪器，可测量齿轮和蜗轮的齿距、公法线和齿圈径向跳动。万能测齿仪的结构如图 6-64 所示。

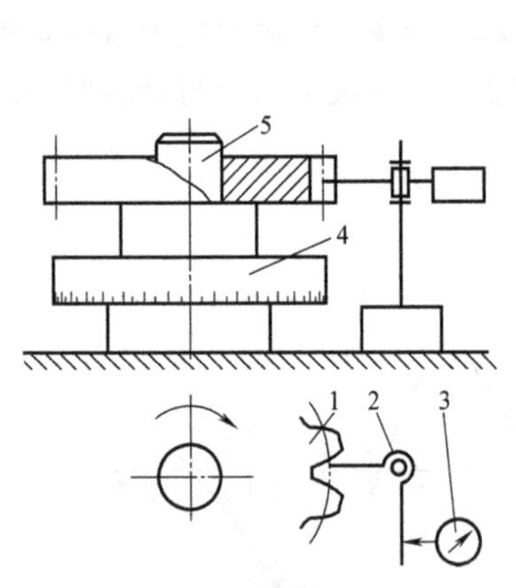

图 6-63 绝对测量法测量原理

1—被测齿轮 2—测量杠杆 3—指示表
4—角度器 5—心轴

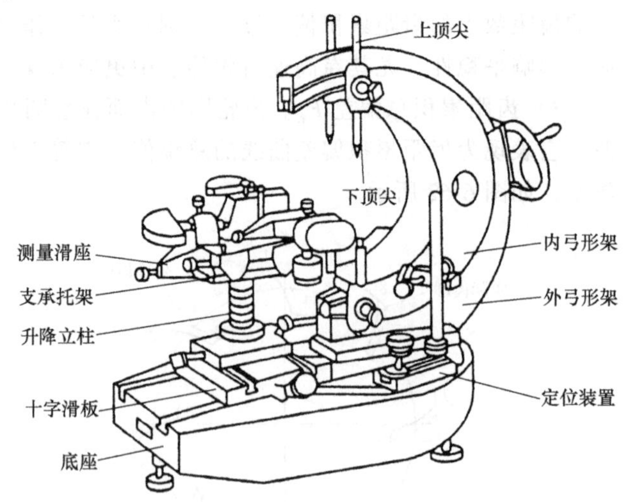

图 6-64 万能测齿仪的结构

带顶尖的弓形架，通过转动手轮以带动内部的锥齿轮和蜗杆副，使支架绕水平轴回转，并可与弧形支座一起沿底座的环形 T 形槽回转，且可用螺钉紧固在任一位置上。

测量工作台，其上装有特制的单列深沟球轴承组成纵、横方向导轨，使工作台纵、横方向的运动精密而灵活，保证测量爪能顺利地进入测量位。通过液压阻尼器，使工作台前后方向的运动保持恒速，且快慢可以调整。除齿圈径向跳动外，其他 4 项参数的测量都是在测量

工作台上通过更换各种不同的测量爪来进行测量。图 6-65 所示为测量工作台和测量滑座的结构示意图。

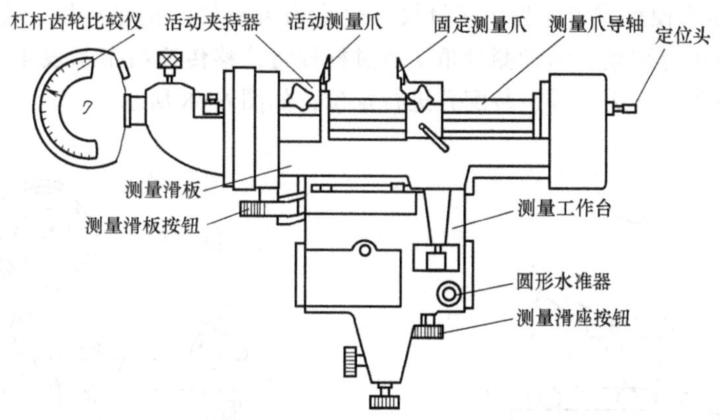

图 6-65　测量工作台和测量滑座的结构示意图

升降立柱用于支承测量工作台。旋转与其相配合的大螺母，可使测量工作台上升和下降，并能锁紧于任一位置。整个立柱和测量工作台又可通过转动手柄，使其沿着纵、横方向 T 形槽移动，并紧固在任一位置。

测量齿圈径向跳动的附件，专门用于测量齿圈径向跳动误差，其测量心轴可在深沟球轴承所组成的导轨上灵活地移动，测量齿圈径向跳动的可换球形测量头就紧固在测量心轴轴端的支臂上。

定位装置、定位杆可前后拖动，以便逐齿分度。

因为很难得到半径距离的精确数值，所以万能测齿仪很少用于绝对测量法测齿距的真实数值。这种仪器适用于相对测量工作。

知识拓展　使用万能测齿仪的注意事项

1）万能测齿仪及其测量用附件的工作面不应有碰伤、锈蚀，非工作面应有防护涂层、镀层或其他防护措施。

2）各紧固部分牢固可靠，各移动部分灵活平稳，不允许有卡滞和松动现象。

3）油压阻尼器调到最大阻尼位置时，测量滑座在全行程范围内的运动时间应大于 4s。

4）万能测齿仪的测力应为 2~2.5N。

5）顶尖锥面、球形测量头工作面和刀口形测量爪工作刃的硬度应不低于 713HV。

6）球形测量头工作面、测量爪工作刃以及顶尖锥面的表面粗糙度 *Ra* 值为：球形测量头工作面为 0.16μm；测量爪工作刃为 0.08μm；顶尖锥面为 0.32μm。

7）同一对刀口测量爪及带钢球测量头的伸出长度和高度应一致，其差值应不大于 0.3mm。

在万能测齿仪上测量时，首先应将被测齿轮套入锥度为 1∶5000~1∶7000 的心轴上，并置于上、下顶尖之间。为了减少安装偏心所引起的测量误差，心轴的径向圆跳动应小于 3μm，两顶尖孔要经仔细研磨。

万能测齿仪测齿距偏差如图 6-66 所示，活动测量爪 1 与指示表 4 相连，被测齿轮在重锤 3 的作用下靠在固定测量爪 2 上，将固定测量爪 2 和活动测量爪 1 在齿高中部分度圆附近与齿面接触，以齿轮上的任意一个齿距为基准齿距，将仪器指示表4上的指针调整为零，然后依次测量各轮齿对基准齿的相对齿距偏差，最后通过数据处理求出齿距累积总偏差和齿距累积偏差。

图6-67所示为便携式齿轮齿距测量仪（也称为齿距仪）的结构图，固定测量爪8可按照被测齿轮模数进行调整，活动测量爪7通过杠杆将位移传递给指示表4，定位支脚可以根据情况选择用齿顶圆、齿根圆、装配孔进行定位，如图6-68所示。

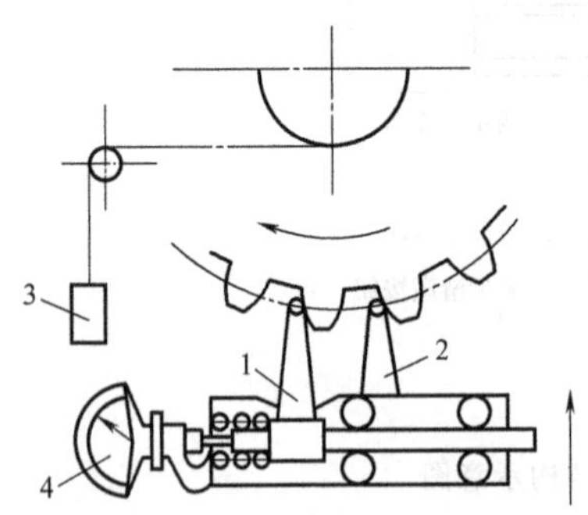

图6-66　万能测齿仪测齿距偏差

1—活动测量爪　2—固定测量爪

3—重锤　4—指示表

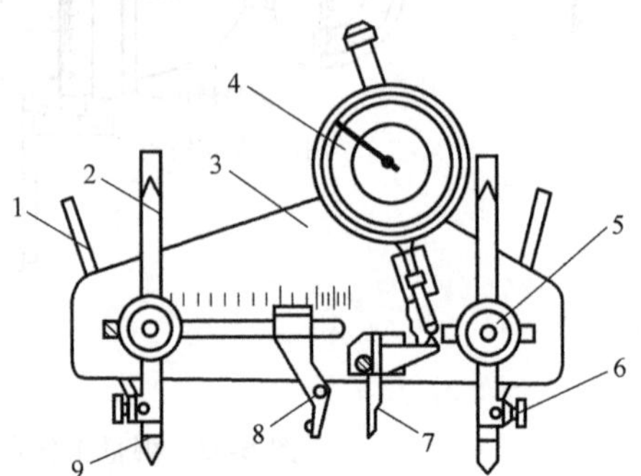

图6-67　便携式齿轮齿距测量仪的结构图

1—支架　2—定位支脚　3—主体　4—指示表　5—固定螺母

6—固定螺钉　7—活动测量爪　8—固定测量爪　9—定位支脚

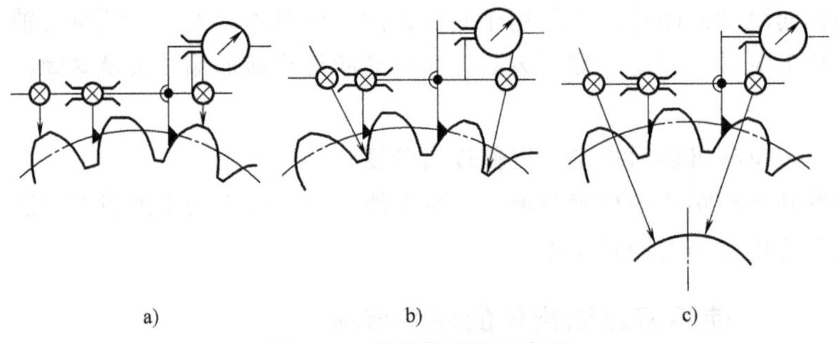

图6-68　齿距仪测量示意图

a）齿顶圆定位　b）齿根圆定位　c）装配孔定位

齿距仪可以测量较大的齿轮，因为很难得到半径距离的精确数值，所以齿距仪很少用于绝对测量法测齿距的真实数值，通常用于相对测量。

知识拓展　使用齿距仪的注意事项

1）齿距仪上不得有影响使用性能的外部缺陷。

2）各活动部分工作时应平稳、灵活，无卡滞现象。

3）各紧固件应紧固可靠，不应有松动现象。

4）齿距仪所采用的千分表应符合GB/T 1219的规定。

5）测量头及定位支承所采用的钢球，其精度、硬度及表面粗糙度应符合GB/T 308的规定。钢球所采用的公差等级为G40。

6）固定测量爪上的指示刻线与标尺上的刻线，其宽度为0.15~0.25mm。

7）标尺上的刻线宽度相对于固定测量爪上的指示刻线的线宽差应不大于0.05mm。

8）固定测量爪上的指示刻线与标尺上的刻线对实际值的偏离应不大于0.3mm。

9）测力为1.5~2.5N，测力变化应不大于0.5N。

（2）齿廓偏差及检验　齿廓偏差是指实际轮廓偏离设计轮廓的量。该量在端平面内且垂直于渐开线齿廓的方向计值。

为了更好地理解齿廓偏差的相关内容，下面介绍一些基本概念。

1）可用长度 L_{AF}。可用长度等于两条端面基圆切线长度之差。其中一条是从基圆延伸到可用齿廓的外界限点，另一条是从基圆到可用齿廓的内界限点。依据设计，可用长度被齿顶、齿顶倒棱或齿顶倒圆的起始点（A 点）限定，对于齿根，可用长度被齿根圆角或挖根的起始点（F 点）所限定，如图6-69所示。

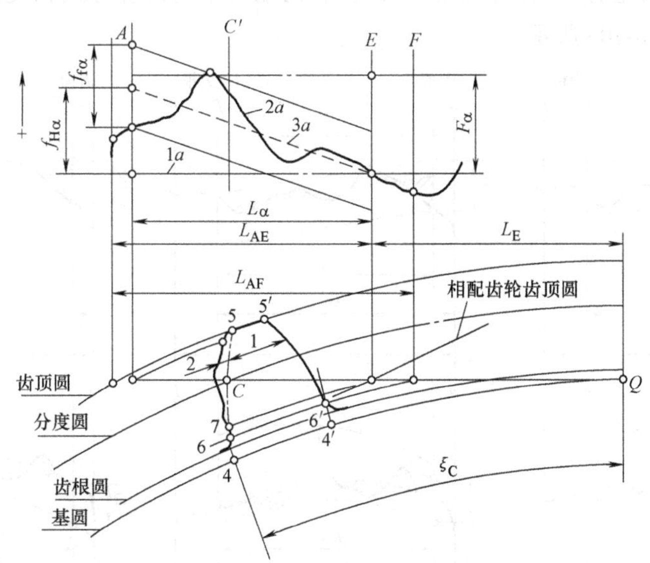

图6-69　齿轮齿廓和齿廓偏差示意图

1—设计齿廓　2—实际齿廓　1a—设计齿廓迹线　2a—实际齿廓迹线

3a—平均齿廓迹线　4—渐开线起始点　5、5′—齿顶点　5-6—可用齿廓　5-7—有效齿廓　C-Q—C点基圆切线长度

ξ_C—C点渐开线展开角　Q—滚动的起点（端面基圆切线的切点）　A—轮齿齿顶或倒角的起点

C—设计齿廓在分度圆上的一点　E—有效齿廓起始点　F—可用齿廓起始点　L_{AF}—可用长度

L_{AE}—有效长度　L_α—齿廓计值范围

2）有效长度 L_{AE}。可用长度对应于有效齿廓的那部分，对于齿顶，有效长度的界限点与可用长度的界限点（A 点）相同。对于齿根，有效长度延伸到与之配对齿轮有效啮合的终点 E（即有效齿廓的起始点）。如不知道配对齿轮，则 E 点为与基本齿条相啮合的有效齿廓的起始点。

3）齿廓计值范围 L_α。可用长度中的一部分，在 L_α 内应遵照规定精度等级的公差，除另有规定外，其长度等于从 E 点开始的有效长度 L_{AE} 的92%。

4）设计齿廓。符合设计规定的齿廓，当无其他限定时，是指端面齿廓。

齿廓迹线是指齿轮齿廓检查仪画出的齿廓偏差曲线，在齿廓曲线图中未经修形的渐开线齿廓迹线一般为直线。

5）被测齿面的平均齿廓。设计齿廓迹线的纵坐标减去一条斜直线的相应纵坐标后得到的一条迹线。使得在计值范围内，实际齿廓迹线偏离平均齿廓迹线之偏差的平方和最小，因此．平均齿廓迹线的位置和倾斜度可以用“最小二乘法”确定。平均齿廓是用来确定齿廓形状偏差 $f_{f\alpha}$ 和齿廓倾斜偏差 $f_{H\alpha}$ 的一条辅助齿廓迹线。

6）齿廓总偏差 F_α　在计值范围 L_α 内，包容实际齿廓迹线的两条设计齿廓迹线间的距离，如图 6-70a 所示。齿廓总偏差会破坏齿轮副的正常啮合，使啮合点偏离啮合线，从而引起瞬时传动比的变化，导致传动不平稳，所以它是反映一对轮齿在啮合过程中平稳性的指标。

7）齿廓形状偏差 $f_{f\alpha}$。在计值范围 L_α 内，包容实际齿廓迹线的，与平均齿廓迹线完全相同的两条迹线间的距离，且两条曲线与平均齿廓迹线的距离为常数，如图 6-70b 所示。

8）齿廓倾斜偏差 $f_{H\alpha}$　在计值范围 L_α 内，两端与平均齿廓迹线相交的两条设计齿廓迹线间的距离，如图 6-70c 所示。

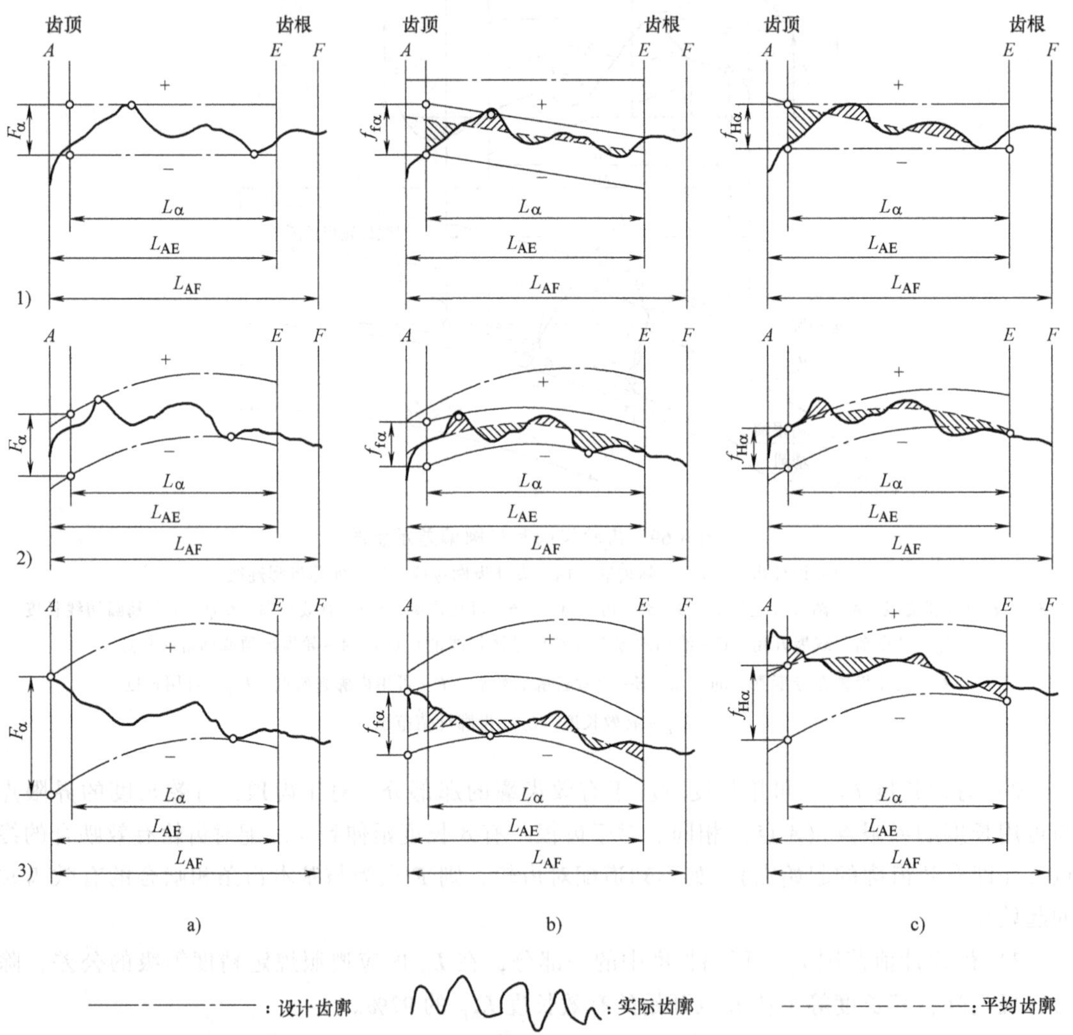

图 6-70　齿廓偏差

a）齿廓总偏差　b）齿廓形状偏差　c）齿廓倾斜偏差

齿廓偏差的测量方法有展成法、坐标法和啮合法。

展成法测量依据渐开线形成原理。展成法测量的仪器有单圆盘式渐开线检查仪、万能渐开线检查仪和渐开线螺旋线检查仪等。

单圆盘式渐开线检查仪对每种规格的被测齿轮需要一个专用的基圆盘，适用于成批生产。如图 6-71 所示，被测齿轮 1 和基圆盘 2 装在同一心轴上，基圆盘的直径等于被测齿轮的基圆直径。基圆盘在弹簧产生的压力作用下紧靠直尺 3，直尺固定安装在测量滑板 4 上，并且直尺的工作面与测量滑板的运动方向平行。当转动手轮 5 时，测量滑板与直尺一起做直线运动。在摩擦力的作用下，基圆盘被直尺带着转动，相对直尺做无滑动的纯滚动。杠杆测量头 6 和指示表 7 装在测量滑板上，并与其一起移动。使用专用附件将测量头尖端调整在直尺与基圆盘相切的平面内，则测量头端点相对于基圆盘的运动轨迹即为一条渐开线，也是被测齿轮齿面的理论渐开线。杠杆测量头在测量力作用下与被测齿面接触时，实际形状相对于理论渐开线的偏差就使测量头产生相对运动，通过指示表或记录器即可将此齿廓偏差显示出来。

坐标法测量又分为极坐标法测量和直角坐标法测量两种。

极坐标法测量是以被测齿轮回转轴线为基准，通过测角装置（如圆光栅、分度盘）和测长装置（如长光栅、激光）测量被测齿轮的角位移和渐开线展开长度。通过数据处理系统，将被测齿形线的实际坐标位置和理论坐标位置进行比较，画出齿形误差曲线，在该曲线上按定义评定得到齿廓偏差。

直角坐标法测量原理如图 6-72 所示，也是以被测齿轮回转轴线为基准（如仪器不具备回转工作台，也可用齿顶圆或轴颈外圆代替）。测量时被测齿轮固定不动，测量头在垂直于回转轴线的平面内对齿形线上的被测点进行测量，得到被测点的直角坐标值，再将测得的坐标值与理论坐标值进行比较，将各点的差值绘成齿形误差曲线，在该曲线上按定义评定得到齿廓偏差。

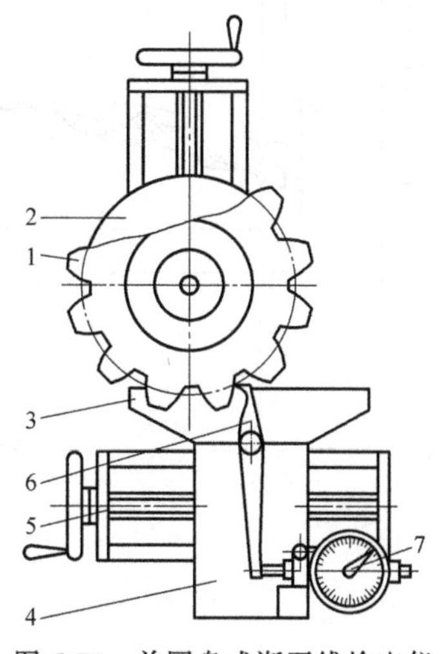

图 6-71　单圆盘式渐开线检查仪

1—被测齿轮　2—基圆盘　3—直尺

4—测量滑板　5—手轮　6—杠杆测量头　7—指示表

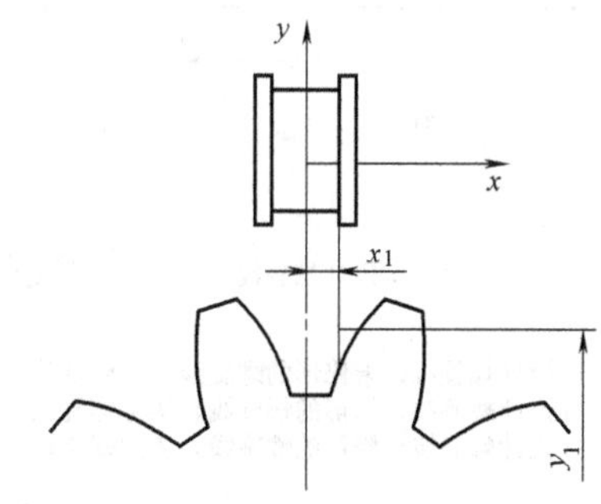

图 6-72　直角坐标法测量原理

坐标法测量的仪器有渐开线检查仪、万能齿轮测量仪、齿轮测量中心及三坐标测量机等。

啮合法是指用单面啮合整体误差测量仪进行齿廓偏差的测量。测量时让被测齿轮与测量齿轮（或测量蜗杆）做单面啮合传动，将此传动与标准传动相比较。通过误差处理系统测量出被测齿轮的实际回转角与理论回转角的差值，并由同步记录器将其记录成整体误差曲线，然后按照齿廓偏差的定义在误差曲线上取值即可。

（3）螺旋线偏差及检验　螺旋线偏差是在端面基圆切线方向上测得的实际螺旋线偏离设计螺旋线的量。

1）螺旋线总偏差 F_β。螺旋线总偏差 F_β 是在计值范围 L_β 内，包容实际螺旋线迹线的两条设计螺旋线迹线间的距离，如图 6-73a 所示。

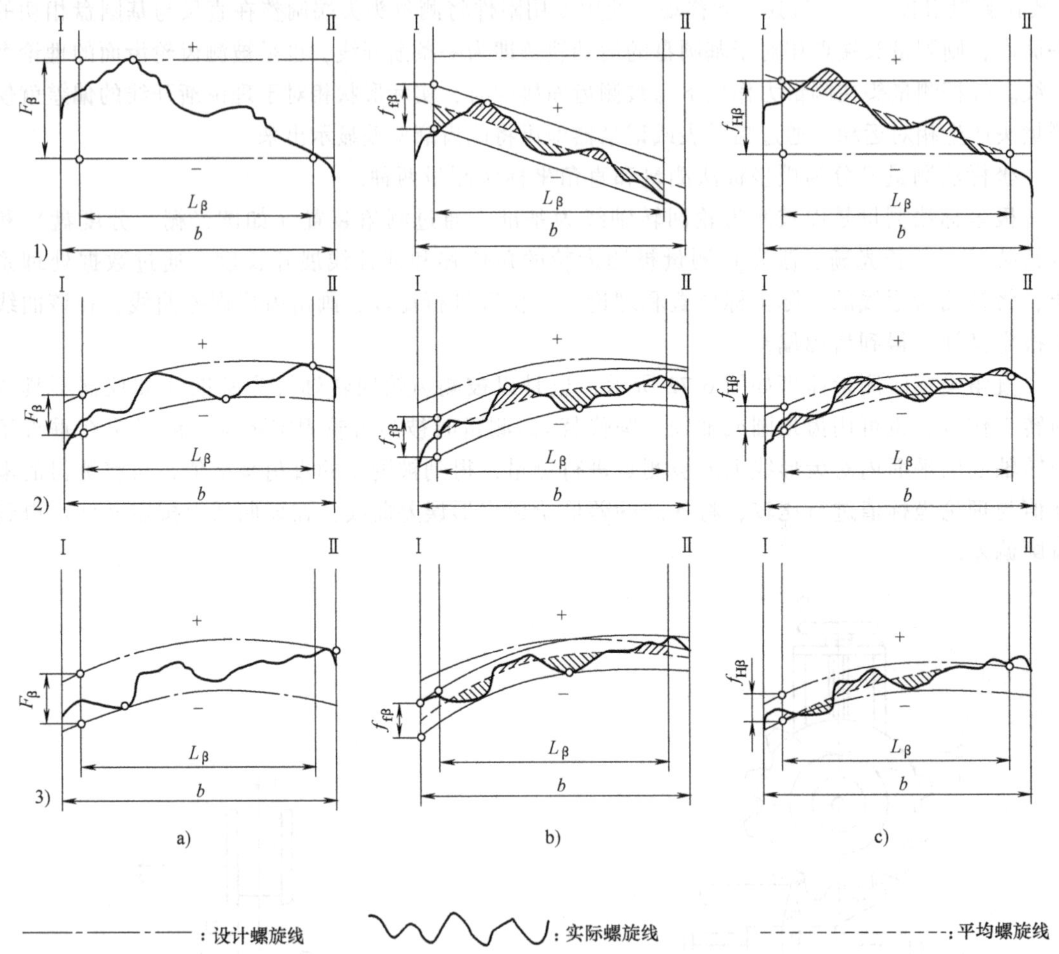

图 6-73　螺旋线偏差

a）螺旋线总偏差　b）螺旋线形状偏差　c）螺旋线倾斜偏差

螺旋线总偏差的测量方法有展成法和坐标法。用于展成法测量的仪器有单盘式渐开线螺旋检查仪、分级圆盘式渐开线螺旋检查仪、杠杆圆盘式通用渐开线螺旋检查仪以及导程仪等；用于坐标法测量的仪器有螺旋线样板检查仪、齿轮测量中心和三坐标测量机等。

展成法测量圆柱直齿螺旋线总偏差如图 6-74 所示，齿轮连同测量心轴安装在具有前后顶尖的仪器上，将测量棒分别放入齿轮相隔 90°的 1、2 位置的齿之间，在测量棒两端打表，测得的两次示值差就可近似地作为 F_β。

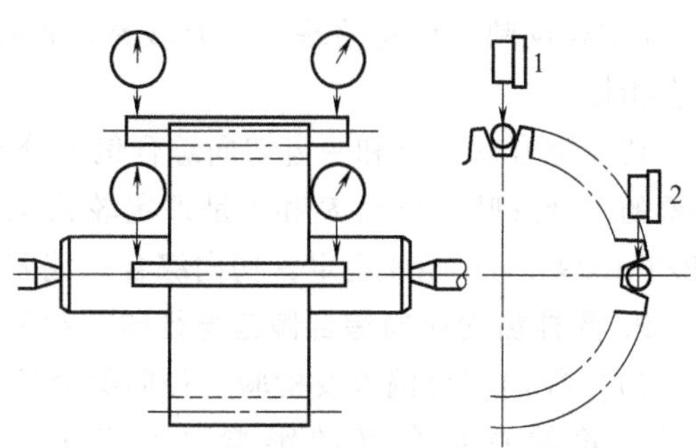

图 6-74　展成法测量圆柱直齿螺旋线总偏差

2）螺旋线形状偏差 $f_{f\beta}$。在计值范围 L_β 内，包容实际螺旋线迹线的，与平均螺旋线迹线完全相同的两条曲线间的距离，且两条曲线与平均螺旋线迹线的距离为常数，如图 6-73b 所示。

3）螺旋线倾斜偏差 $f_{H\beta}$。在计值范围 L_β 的两端与平均螺旋线迹线相交的两条设计螺旋线迹线间的距离，如图 6-73c 所示。

（4）切向综合偏差及检验

1）切向综合总偏差 F'_i。被测齿轮与测量齿轮单面啮合检验时，在被测齿轮一转内，齿轮分度圆上实际圆周位移与理论圆周位移的最大差值，如图 6-75 所示。

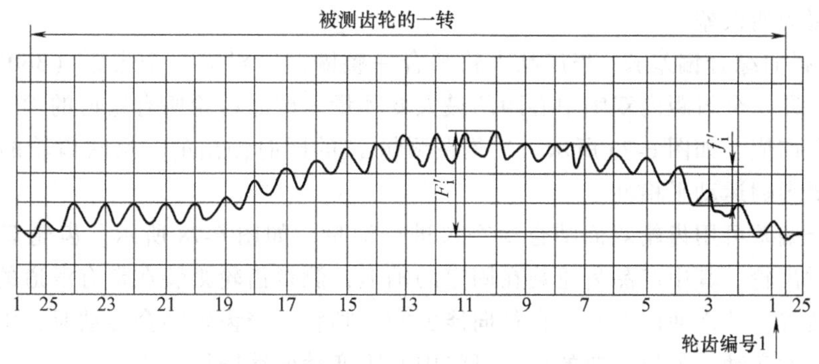

图 6-75　切向综合偏差曲线图

齿轮的切向综合总偏差是在接近齿轮的工作状态下测量出来的，是几何偏心、运动偏心和基节偏差、齿廓偏差的综合测量结果，是评定齿轮传动准确性最为完善的指标。

切向综合总偏差用单啮仪测量。图 6-76 所示为目前应用较多的光栅式单啮仪的工作原理图。被测齿轮与标准测量齿轮（可以是标准蜗杆、齿条等）做单面啮合，被测齿轮的转角误差，将变为两路信号的相位差。两者的角位移信号经比相器比较，由记录仪记下被测齿轮的切向综合总偏差。

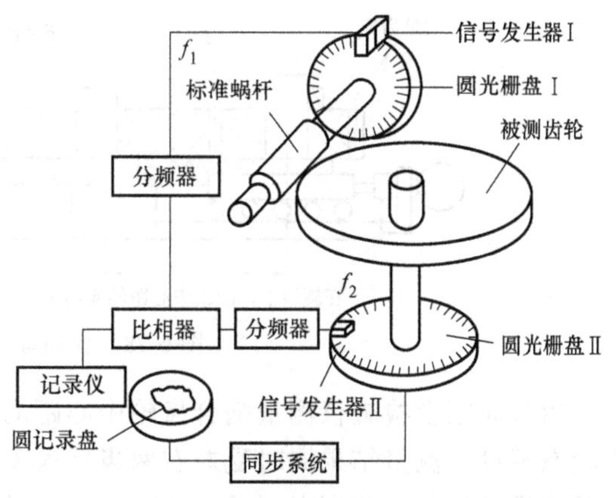

图 6-76　光栅式单啮仪的工作原理图

2）一齿切向综合偏差 f'_i。一齿切向综合偏差是在一个齿距内的切向综合偏差，可用单啮仪测量。它是切向综合偏差曲线图（图 6-75）上小波纹中幅度最大的那一段所代表的偏差。

f_i'综合反映了齿轮的基节、齿形等方面的误差，它是评价齿轮传动平稳性的一个较好的综合指标。

切向综合总偏差和一齿切向综合偏差分别影响运动的准确性和平稳性，是齿距、齿廓等偏差的综合反映。虽然 F_i'和 f_i'是评定轮齿运动的准确性和平稳性的最佳综合指标，但标准 GB/T 10095.1—2008 规定，切向综合总偏差和一齿切向综合偏差不是必检项目。

2. 圆柱齿轮径向综合偏差与径向跳动及检验

(1) 径向综合偏差及检验　径向综合偏差的测量值受到测量齿轮的精度和产品齿轮与测量齿轮的总重合度的影响（参考 GB/Z 18620.2）。

1) 径向综合总偏差 F_i''。径向综合总偏差是在径向（双面）综合检验时，产品齿轮的左、右齿面同时与测量的齿轮接触，并转过一整圈时出现的中心距最大值和最小值之差，如图 6-77 所示。径向综合总偏差主要反映几何偏心造成的径向长周期误差和齿廓偏差、基节偏差等短周期误差。

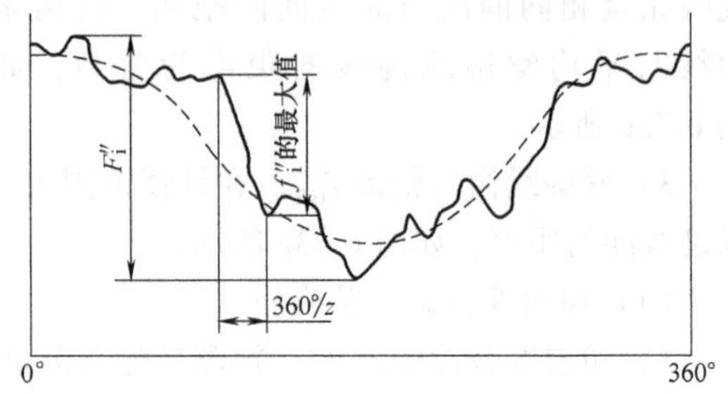

图 6-77　径向综合总偏差

2) 一齿径向综合偏差 f_i''。当产品齿轮啮合一整圈时，对应一个齿距（360°/z）的径向综合偏差值，即一个齿距内双啮中心距的最大变动量。产品齿轮所有轮齿的 f_i''最大值不应该超过规定的允许值，如图 6-73 所示。它是在测量 F_i''的同时测出的，反映齿轮的小周期径向的误差，主要影响运动平稳性。

径向综合偏差可用齿轮双面啮合检查仪进行测量，如图 6-78 所示。齿轮双面啮合检查仪上安放一对齿轮，其中产品齿轮装在固定的轴上，测量齿轮则装在带有滑道的轴上，该滑道带一弹簧装置，从而使两个齿轮在径向能紧密地啮合。当齿轮啮合传动时，由指示表读出两齿轮中心距的变动。如果需要的话，可将中心距变动曲线图展现出来。

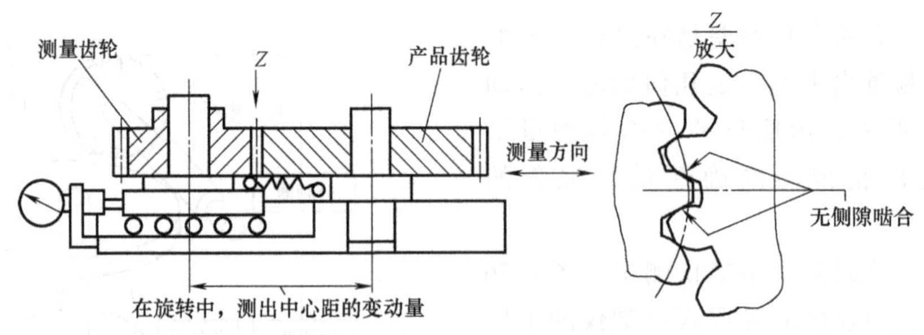

图 6-78　径向综合偏差的测量原理

用双面啮合检查仪测量啮合齿轮中心距的变动量，所反映齿廓的双面误差与齿轮实际工作状态不符，测量结果同时受左右两齿廓误差的影响，因此不能全面地反映运动的准确性。但其测量过程与切齿时的啮合过程相似，且仪器结构简单，造价低，测量效率高，操作方便，如能预先控制切向误差分量，双面啮合检查仪可在大批量生产检验中检验 6 级以下中等精度的齿轮。

(2) 齿轮径向跳动 F_r 及检验　齿轮径向跳动 F_r 是指将测量头（球形、圆柱形、砧形）相继置于每个齿槽内时，从它到齿轮轴线的最大和最小径向距离之差。一个16齿的齿轮径向跳动测量如图6-79所示。齿轮的径向跳动主要反映几何偏心引起的齿轮径向长周期误差。

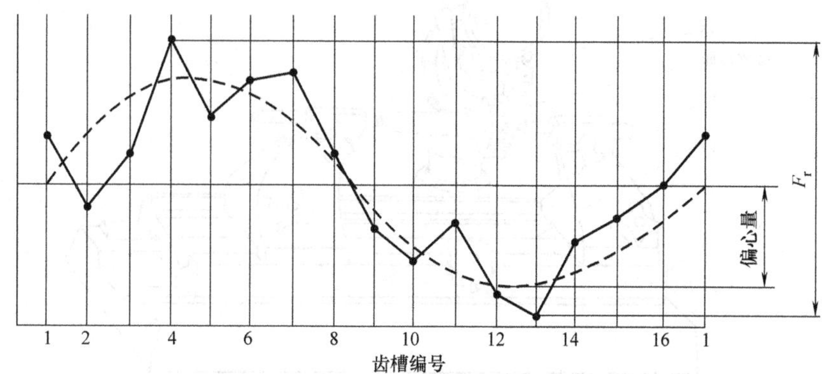

图6-79　一个16齿的齿轮径向跳动测量

齿轮径向跳动 F_r 的测量原理如图6-80所示。

齿轮径向跳动的测量可以在齿轮径向跳动测量仪或偏摆检测仪上进行。图6-81所示为齿轮径向跳动测量仪的结构图。测量时应使测量头与齿轮在齿槽的中部分度圆附近的位置接触。对于球形测量头其直径计算如下，即

$$d=1.68m_n \tag{6-14}$$

式中，d 是测量头直径；m_n 是齿轮的法向模数。

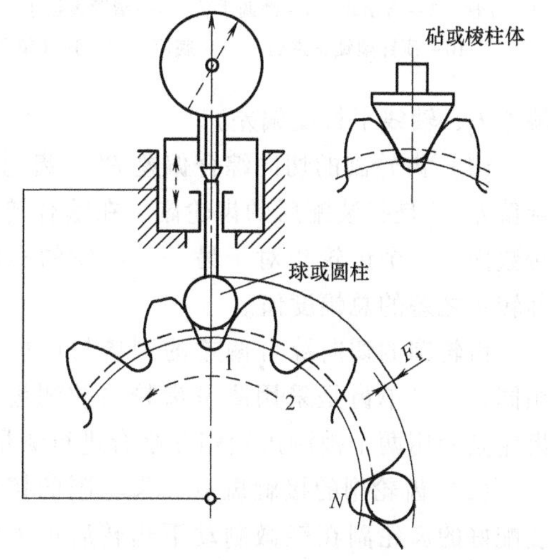

图6-80　齿轮径向跳动 F_r 的测量原理

齿轮径向跳动测量的具体过程如下。

1）根据被测齿轮模数的大小，按 $d=1.68m_n$ 选择相应直径的指示表测量头。

2）调整好指示表支架5的位置，同时按被测齿轮的直径大小转动调节螺母6，使支架做上下移动，并固定在某一适当位置，以指示表测量头与被测齿轮在齿槽接触，并且指示表指针大致在零刻度为准。

3）测量时应上翻指示表扳手4，提起指示表测量头后才可将齿轮转过一齿，再将扳手轻轻放下，使测量头与齿面接触，指示表测量头调零（旋动微调手轮3）并开始逐齿测取读数，直至测完全部齿槽为止。最后当指示表测量头回到调零的那个齿槽时，表上读数应仍然为零，若偏差超过一个格值应检查原因，并重新测量。

4）在记录的全部读数中，取其最大值与最小值之差，即为被测齿轮的径向跳动。

径向跳动也是反映齿轮一转范围内在径向方向起作用的误差，与径向综合总偏差的性质相似。径向综合总偏差检测比径向跳动检测效率高，且能得到一条连续的误差曲线，所以，如果检测了径向综合总偏差，就不用再检测径向跳动。

3. 圆柱齿轮副的偏差及检验

齿轮副的检验项目有齿轮副的切向综合偏差 F'_{ic}、接触斑点、侧隙和安装精度（中心距

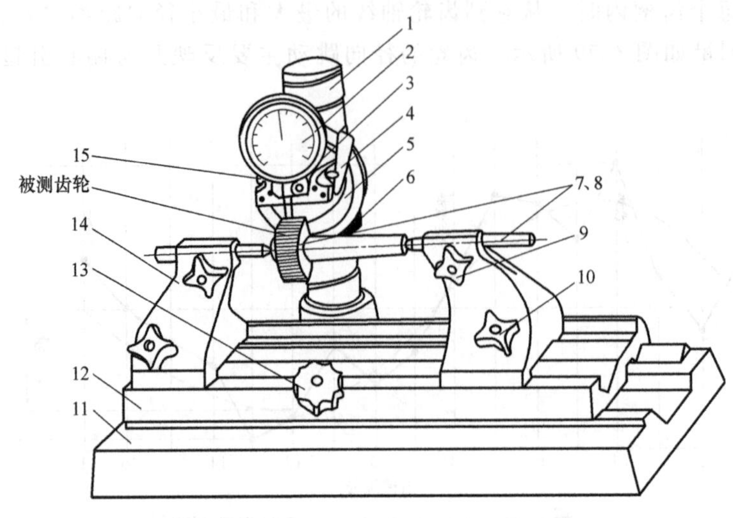

图 6-81 齿轮径向跳动测量仪的结构图

1—立柱 2—指示表 3—微调手轮 4—指示表扳手 5—指示表支架 6—调节螺母 7、8—顶针 9—顶针锁紧螺钉 10—顶针架锁紧螺钉 11—底座 12—顶针架滑板 13—移动滑板旋钮 14—顶针架 15—提升小旋钮

偏差 f_a、轴线平行度偏差）。

（1）齿轮副的切向综合偏差 F'_{ic} 齿轮副的切向综合偏差 F'_{ic}是指装配后的齿轮副，在啮合转动足够多的转数内，一个齿轮相对于另一个齿轮的实际转角与公称转角之差的总幅度值。

齿轮副的切向综合偏差的测量与单齿的测量原理相同，只是单齿是采用测量齿轮与被测齿轮啮合，而齿轮副使用两个被测齿轮相互啮合进行测量。

（2）齿轮副的接触斑点 齿轮副的接触斑点是指装配好的齿轮副在轻微制动下运转后齿面的接触擦亮痕迹，可以用沿齿高方向和沿齿长方向的百分数来表示。图 6-82～图 6-85 所示为几种典型接触斑点的示意图。

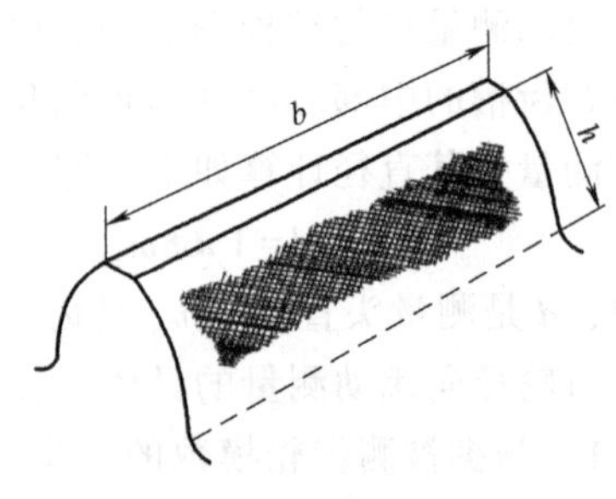

图 6-82 典型的规范，接触近似为：齿宽 b 的 80%，有效齿面高度 h 的 70%，齿端修薄

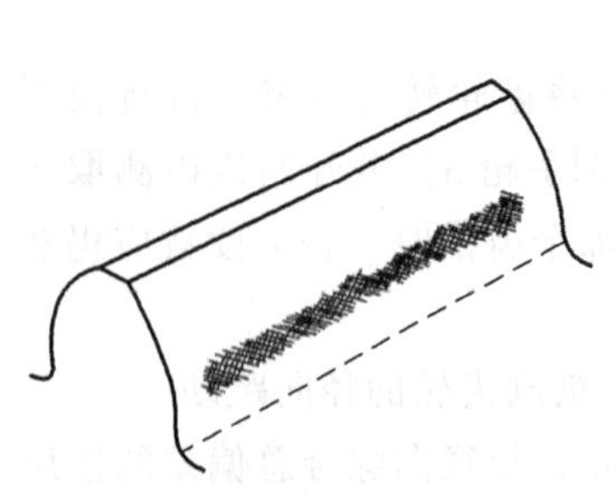

图 6-83 齿宽方向配合正确，有齿廓偏差

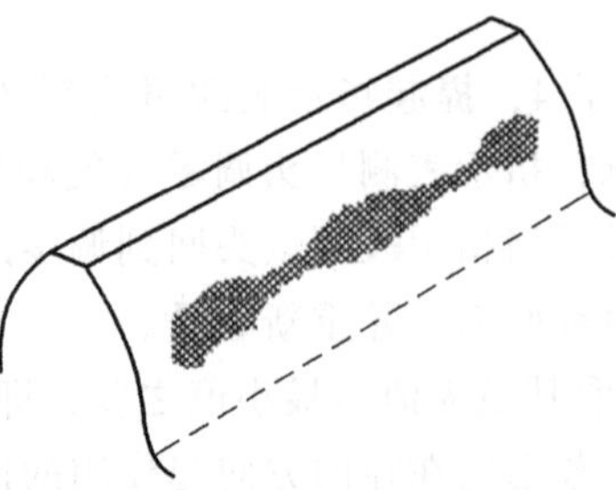

图 6-84 波纹度

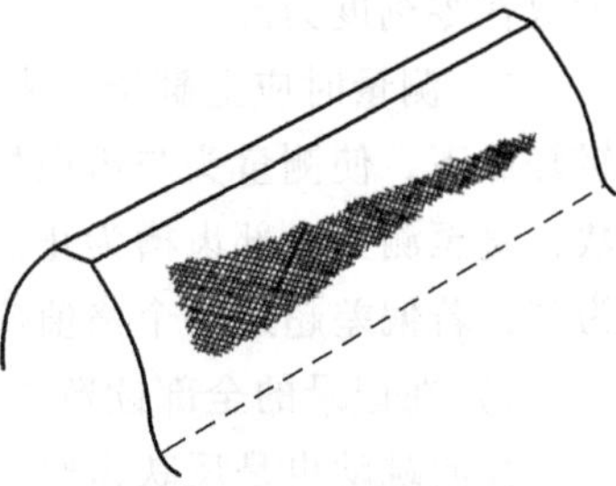

图 6-85 有螺旋线偏差，齿廓正确，有齿端修薄

接触斑点的获得方法分为静态方法（通过软涂层的转移）和动态方法（通过硬涂层的磨损）两种。

静态方法是指将齿轮彻底清洗干净，去除油污，在小齿轮 3 个或更多齿上涂上一层薄（5~15μm）而均匀的印痕涂料（如红丹、普鲁士蓝软膏、划线蓝油等），然后在大齿轮上将与涂有涂料的小齿轮啮合的齿上喷上一层薄薄的显像液膜。由操作者转动小齿轮，使有涂料的轮齿与大齿轮啮合，并由助手在大齿轮上施加一个足够的反力矩以保证接触，然后把轮齿反转回到原来的位置，在轮齿的背面做上记号，以便对接触斑点进行观察。得到的接触斑点应用照相、画草图或透明胶带等方法记录下来，以便保存。

动态方法是指将齿轮彻底清洗干净，去除油污，将小齿轮和大齿轮至少 3 个以上的轮齿喷上划线用的蓝油，产生的膜应薄而光滑，不能太厚。然后给齿轮副一个载荷增量做短时间运行，然后停止，将其斑点记录下来，彻底清洗干净齿轮后在下一个载荷增量下重复以上程序。整个操作过程至少应在 3 个不同载荷上重复进行。典型载荷增量为 5%、25%、50%、75%和 100%，用所得的接触斑点进行比较，以保证在规定的工作条件下，观察到齿轮逐渐发展的接触面积达到设计的接触面大小。

检测产品齿轮副在其箱体内所产生的接触斑点可以有助于对轮齿间的载荷分布情况进行评估。

产品齿轮与测量齿轮的接触斑点，可用于评估装配后齿轮的螺旋线和齿廓精度。

指导性技术文件 GB/Z 18620.4 给出的齿轮装配后（空载）检测时，所预计的齿轮接触斑点的分布情况如图 6-86 所示，实际接触斑点不一定与该图所示的一致。

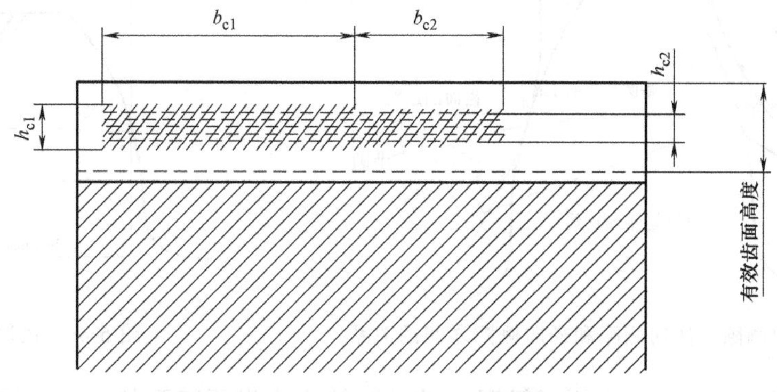

图 6-86　接触斑点的分布情况

（3）侧隙和齿厚偏差　侧隙 j 是两个相配齿轮的工作齿面相接触时，在两个非工作齿面之间所形成的间隙，也就是在节圆上齿槽宽度超过相啮合轮齿齿厚的量。通常，在稳定的工作状态下的侧隙（工作侧隙）与齿轮在静态条件下安装于箱体内所测得的侧隙（装配侧隙）是不相同的（小于装配侧隙）。

如图 6-87 所示，侧隙可以在法向平面上或沿啮合线测量，但它是在端平面上或啮合平面（基圆切平面）上计算和规定的。

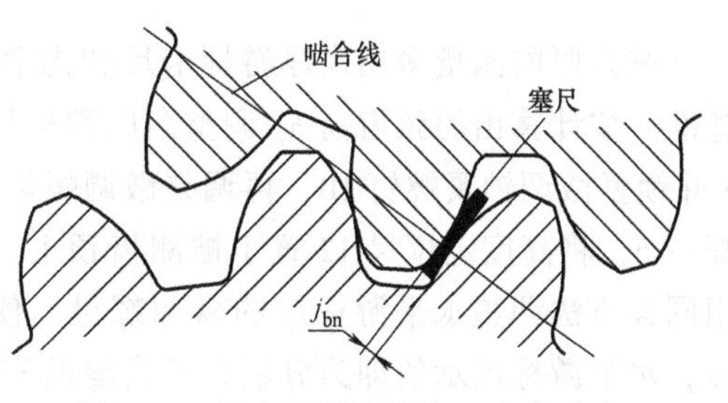

图 6-87　用塞尺测量侧隙（法向平面）

侧隙分为圆周侧隙、法向侧隙和径向侧隙。

圆周侧隙 j_{wt} 是当固定两个相啮合齿轮中的一个时，另一个齿轮所能转过的节圆弧长的最大值，如图 6-88 所示。

法向侧隙 j_{bn} 是当两个齿轮的工作齿面相互接触时，其非工作齿面之间的最短距离，如图 6-88 所示。它与圆周侧隙 j_{wt} 的关系如下，即

$$j_{bn}=j_{wt}\cos\alpha_{wt}\cos\beta_b \tag{6-15}$$

式中，α_{wt} 是端面压力角；β_b 是法向螺旋角。

径向侧隙 j_r。将两个相配齿轮的中心距缩小，直到左侧齿面和右侧齿面都接触时，这个缩小的量即为径向侧隙。它与圆周侧隙 j_{wt} 的关系如下，即

$$j_r=\frac{j_{wt}}{2\tan\alpha_{wt}} \tag{6-16}$$

决定侧隙大小的齿轮副尺寸要素有小齿轮的齿厚 s_1、大齿轮的齿厚 s_2 和箱体孔的中心距 a。在我国，生产中实现侧隙通常采用减小单个齿轮齿厚的方法。齿厚的检验项目有齿厚偏差和公法线平均长度偏差两项。

齿厚偏差 f_{sn} 是指分度圆柱面上，实际齿厚与公称齿厚之差（对于斜齿轮指法向平面的齿厚），如图 6-89 所示。

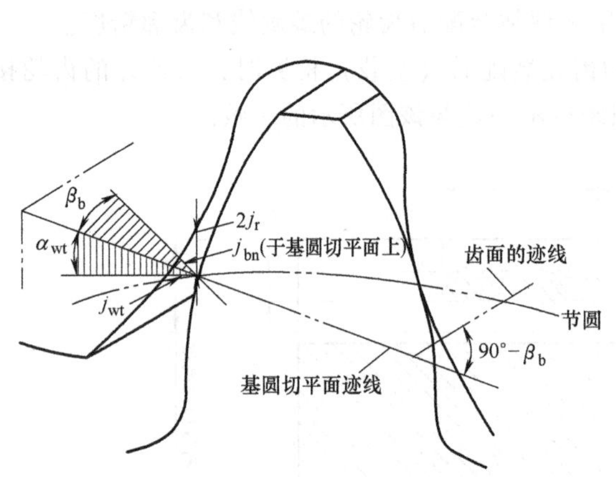

图 6-88　圆周侧隙、法向侧隙和径向侧隙之间的关系

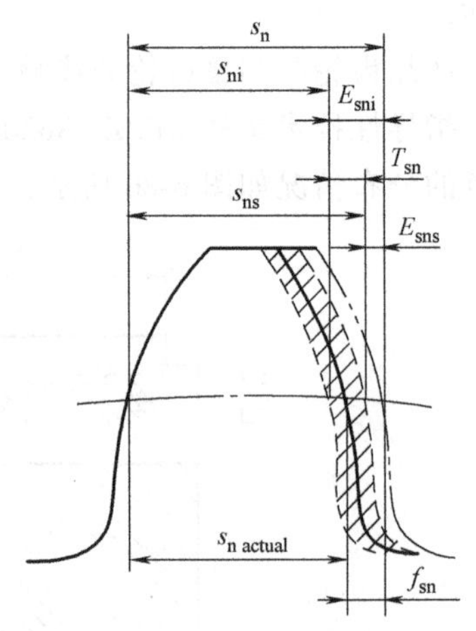

图 6-89　齿厚偏差

齿厚上极限偏差 E_{sns} 和齿厚下极限偏差 E_{sni} 统称为齿厚极限偏差。齿厚偏差应在齿厚上极限偏差 E_{sns} 和下极限偏差 E_{sni} 限定范围内，即 $E_{sni}\leqslant f_{sn}\leqslant E_{sns}$。

齿厚是分度圆上的一段弧长，因不便于直接测量，通常用分度圆弦齿厚来代替。标准圆柱齿轮分度圆公称弦齿厚为：

$$\bar{s}=mz\sin\frac{90°}{z} \tag{6-17}$$

弦齿厚的测量多用齿厚游标卡尺和光学测齿卡尺。齿厚游标卡尺测量齿厚时以齿顶圆为基准，按计算出的弦齿高 h_c 调整高度游标尺的位置。如图 6-90 所示，先松开框架锁紧螺钉 6 并锁紧微调锁紧螺钉 10，再调整微调螺母 8 使高度游标尺的示值为 h_c，然后固紧框架锁紧螺钉 6，将高度定位尺 12 置于被测齿顶上，并使卡尺的固定测量爪垂直于齿轮的轴线，再用同样方法调整水平游标尺的微调螺母，使活动测量爪和固定测量爪与齿面对称接触，这时，水平游标尺示值即为分度圆弦齿厚的实际值。

因测量齿厚时是以齿顶圆为基准，则其齿顶圆直径误差和跳动都会给测量结果带来较大

的影响，故它只适于要求精度较低和模数较大的齿轮。而对于高精度和便于在车间检验的齿轮常用公法线平均长度偏差。

公法线平均长度偏差是指在齿轮一周内，公法线长度的平均值对其公称值之差，如图 6-91 所示。因为齿轮的运动偏心会影响公法线长度，使公法线长度不相等。为了排除运动偏心对其长度的影响，应在齿轮圆周上 6 个部位测取实际值后，取其平均值。

公法线长度的测量是使用公法线千分尺按计算出的跨齿数 k 进行测量。合理的跨齿数使测量时的切点位于齿高中部，即分度圆上或其附近。

$$k\approx\frac{z}{9}+0.5\text{（取最近的整数）}\quad(6\text{-}18)$$

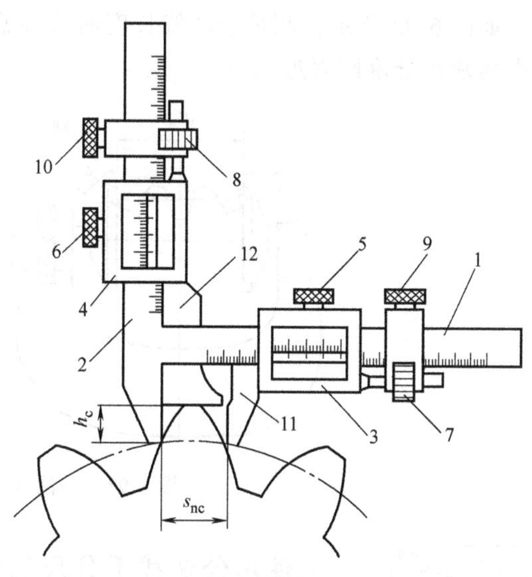

图 6-90　用齿厚游标卡尺测弦齿厚

1—水平游标尺　2—高度游标尺　3—水平游标框架　4—垂直游标框架　5、6—框架锁紧螺钉　7、8—微调螺母　9、10—微调锁紧螺钉　11—活动测量爪　12—高度定位尺

通常跨齿数 k 可近似地取为齿数的 1/9。

对于 $\alpha=20°$ 的标准直齿圆柱齿轮，公法线长度的公称值可由下式求得，即

$$W_k=m[1.476(2k-1)+0.014z]\quad(6\text{-}19)$$

式中，m 是被测齿轮的模数；z 是被测齿轮的齿数；k 是跨齿数。

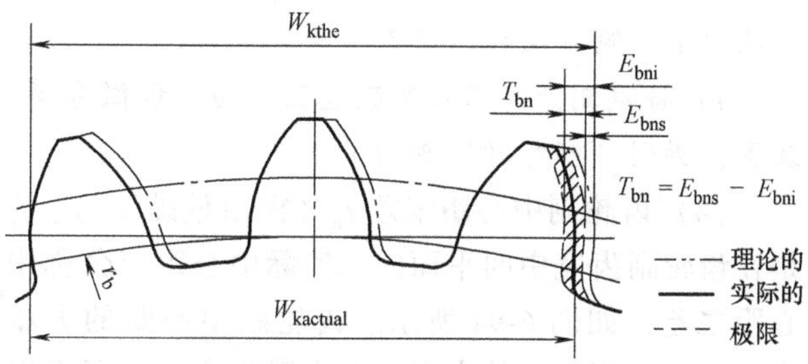

图 6-91　公法线平均长度偏差

公法线千分尺可测量模数大于 1mm 的直齿和斜齿公法线长度。如图 6-92 所示，公法线千分尺的结构、使用方法和读数方法与外径千分尺相似，区别仅在于测量砧做成碟形。

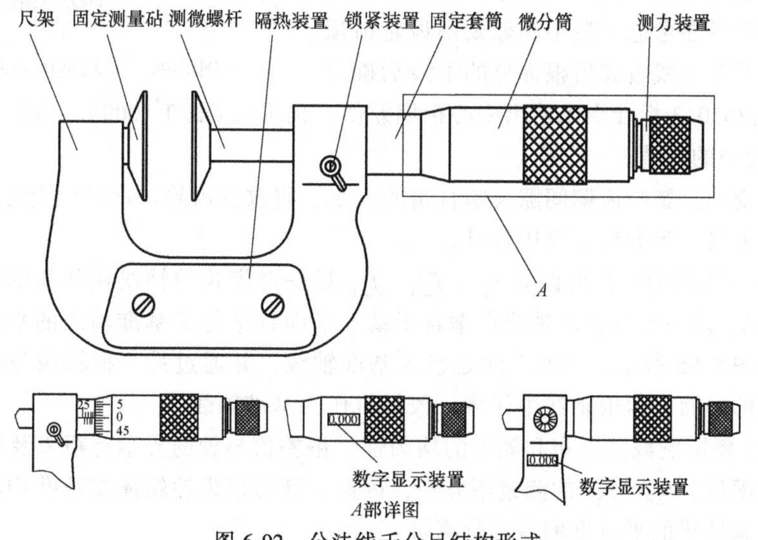

图 6-92　公法线千分尺结构形式

如图 6-93 所示，测量公法线长度时应注意千分尺两个碟形测量砧的位置，两个测量砧与齿面须在分度圆附近相切。

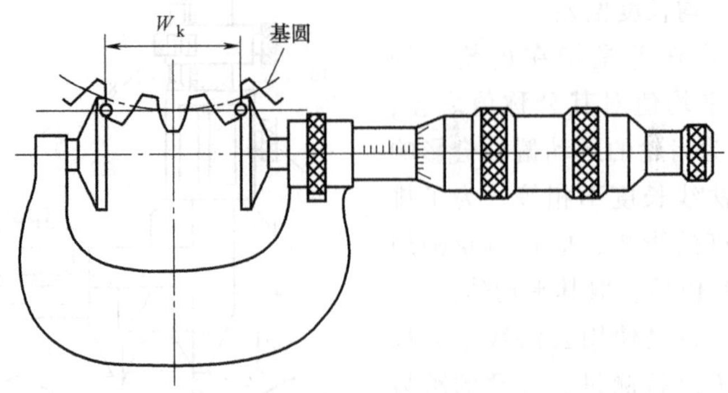

图 6-93　公法线千分尺测量公法线

知识拓展　使用公法线千分尺的注意事项

1）使用前检查千分尺是否完好，有无合格标识。

2）使用时，将千分尺测量面及测量表面清洁干净。

3）使用时，必须首先归零。在归零时，缓慢地使测微螺杆与测量砧接触，所用的力须和测量时保持一致（国家标准规定用力为 2~3N），考虑到测量的不确定性，一般都要置零两次以上，测量次数不低于 3 次。

4）将被测产品移入两测量面之间，调微分筒，使测量面快接触到被测物体后，调测力装置，听到“咔咔咔”时停止。

（4）齿轮副中心距偏差 f_a（极限偏差 $\pm f_a$）　f_a 是在齿轮副齿宽中间平面内，实际中心距与公称中心距之差，如图 6-94 所示。齿轮副中心距的大小直接影响齿侧间隙的大小。在实际生产中，通常以齿轮箱体支承孔中心距代替齿轮副中心距进行测量。公称中心距是在考虑了最小侧隙及两齿轮齿顶和其相啮合的非渐开线齿廓齿根部分的干涉后确定的。因 GB/Z 18620.3 标准中未给出中心距偏差值，仍采用 GB/T 10095—1988 标准的中心距极限偏差 $\pm f_a$ 表中的数值。

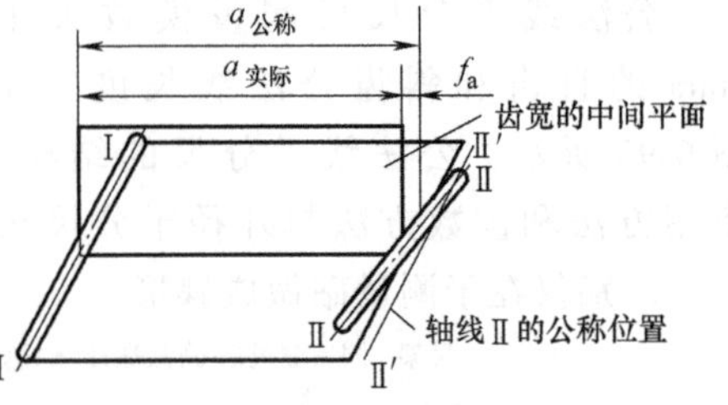

图 6-94　齿轮副中心距偏差

中心距的变动，影响齿侧间隙及啮合角的大小，将改变齿轮传动时的受力状态。中心距的测量，可用卡尺、千分尺等通用量具。

（5）齿轮副轴线的平行度偏差 $f_{\Sigma\delta}$、$f_{\Sigma\beta}$　$f_{\Sigma\delta}$ 是一对齿轮的轴线在其基准平面上投影的平行度偏差，$f_{\Sigma\beta}$ 是一对齿轮的轴线在垂直于基准平面且平行于基准轴线的平面上投影的平行度偏差，如图 6-95 所示。基准平面是包含基准轴线，并通过另一根轴线与齿宽中间平面的交点所形成的平面。两根轴线中任意一根都可作为基准轴线。

$f_{\Sigma\beta}$、$f_{\Sigma\delta}$ 主要影响载荷分布和侧隙的均匀性。偏差值与轴的支承跨距 L 及齿宽 b 有关。

齿轮副装配后，$f_{\Sigma\beta}$、$f_{\Sigma\delta}$ 的测量不方便，因此，通常以齿轮箱体支承孔中心线的平行度偏差代替齿轮副轴线的平行度偏差进行测量。

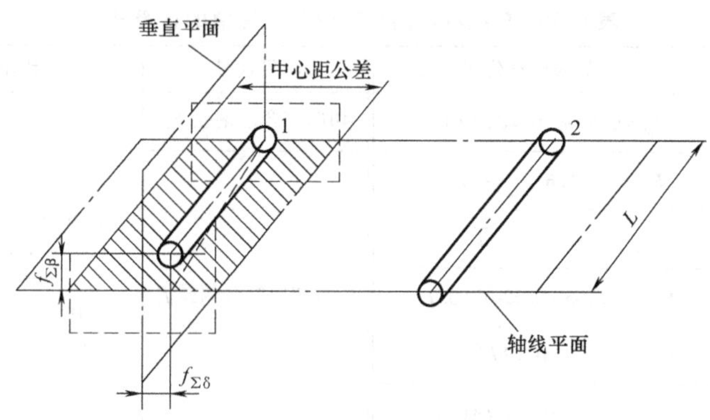

图 6-95　轴线的平行度偏差 $f_{\Sigma\beta}$、$f_{\Sigma\delta}$

知识要点四　渐开线圆柱齿轮精度标准

1. 精度等级

（1）轮齿同侧齿面偏差的精度等级　GB/T 10095.1—2008 中，对于分度圆直径为 5～10000mm、模数（法向模数）为 0.5～70mm、齿宽为 4～1000mm 的渐开线圆柱齿轮的 11 项同侧齿面偏差，规定了 0、1、2、…、12 共 13 个精度等级，其中，0 级最高，12 级最低。0～2 级精度的齿轮要求非常高，各项偏差的允许值很小，目前我国只有极少数的单位能够制造和测量 2 级精度的齿轮，而对于大多数企业是无法制造和测量的，虽然标准给出了公差值，但仍属于有待发展的精度等级。通常将 3～5 级精度称为高精度等级，将 6～8 级称为中等精度等级，而将 9～12 级称为低精度等级。

（2）径向综合偏差的精度等级　GB/T 10095.2—2008 对于分度圆直径为 5～1000mm、模数（法向模数）为 0.2～10mm 的渐开线圆柱齿轮的径向综合偏差 F_i''和一齿径向综合偏差 f_i''，规定了 4、5、…、12 共 9 个精度等级．其中，4 级最高，12 级最低。

（3）径向跳动的精度等级　GB/T 10095.2—2008 对于分度圆直径为 5～10000mm、模数（法向模数）为 0.5～70mm 的渐开线圆柱齿轮的径向跳动，推荐了 0、1、…、12 共 13 个精度等级。其中 0 级最高，12 级最低。

齿轮副中两个齿轮的精度可以取相同等级，也允许取不同等级。如取不同等级，则按其中精度等级较低者确定齿轮副的精度等级。

2. 齿轮偏差允许值

GB/T 10095.1—2008、GB/T 10095.2—2008 中分别规定：轮齿同侧齿面偏差、径向综合偏差、径向跳动的公差或极限偏差表格中的数值是用对 5 级精度按规定的公式计算而得到的结果乘以级间公比计算出来的。两相邻精度等级的级间公比等于$\sqrt{2}$，本级数值除以（或乘以）$\sqrt{2}$即可得到相邻较高（较低）等级的数值。5 级精度未圆整的计算值乘以 $2^{0.5(Q-5)}$即可得任一精度等级的待求值，式中 Q 是待求值的精度等级。

5 级精度的齿轮偏差允许值的计算式见表 6-28。

各参数的范围和分段的上、下界限值如下（单位：mm）：

分度圆直径 d：5、20、50、125、280、560、1000、1600、2500、4000、6000、8000、10000。

表 6-28　5 级精度的齿轮偏差允许值的计算式

项目代号	允许值的计算公式	项目代号	允许值的计算公式
单个齿距偏差 f_{pt}	$f_{pt}=0.3(m+0.4\sqrt{d})+4$	切向综合总偏差 F'_i	$F'_i=F_p+f'_i$
齿距累积偏差 F_{pk}	$F_{pk}=f_{pt}+1.6\sqrt{(k-1)m}$	一齿切向综合偏差 f'_i	$f'_i=K(4.3+f_{pt}+F_\alpha)=K(9+0.3m+3.2\sqrt{m}+0.34\sqrt{d})$ 式中当 $\varepsilon_\gamma<4$ 时，$K=0.2\left(\frac{\varepsilon_\gamma+4}{\varepsilon_\gamma}\right)$， 当 $\varepsilon_\gamma\geqslant4$ 时，$K=0.4$
齿距累积总偏差 F_p	$F_p=0.3m+1.25\sqrt{d}+7$		
齿廓总偏差 F_α	$F_\alpha=3.2\sqrt{m}+0.22\sqrt{d}+0.7$		
齿廓形状偏差 $f_{f\alpha}$	$f_{f\alpha}=2.5\sqrt{m}+0.17\sqrt{d}+0.5$		
齿廓倾斜偏差 $f_{H\alpha}$	$f_{H\alpha}=2\sqrt{m}+0.14\sqrt{d}+0.5$		
螺旋线总偏差 F_β	$F_\beta=0.1\sqrt{d}+0.63+\sqrt{b}+4.2$	径向综合总偏差 F''_i	$F''_i=3.2m_n+1.01\sqrt{d}+6.4$
螺旋线形状偏差 $f_{f\beta}$	$f_{f\beta}=0.07\sqrt{d}+0.45\sqrt{b}+3$	一齿径向综合偏差 f''_i	$f''_i=2.96m_n+0.01\sqrt{d}+0.8$
螺旋线倾斜偏差 $f_{H\beta}$	$f_{H\beta}=0.07\sqrt{d}+0.45\sqrt{b}+3$	径向跳动 F_r	$F_r=0.8F_p=0.24m_n+1.0\sqrt{d}+5.6$

模数 m（法向模数 m_n）：0.5、2、3.5、6、10、16、25、40、70。

齿宽 b：4、10、20、40、80、160、250、400、650、1000。

应用表 6-28 中的公式时，参数 m_n、d 和 b 应取该分段界限值的几何平均值，而不是用实际数位代入。例如：如果实际模数为 7，分段界限值为：$m=6$mm 和 $m=10$mm，允许偏差用 $m=\sqrt{6\times10}$ mm $=7.746$mm 代入计算。

当齿轮参数不在给定的范围内或供需双方同意时，可以在公式中代入实际的齿轮参数。

齿轮有关偏差的部分表格见表 6-29 ~ 表 6-39。

表 6-29　单个齿距偏差 $\pm f_{pt}$（GB/T 10095.1—2008）　　（单位：μm）

分度圆直径 d /mm	模数 m /mm	精度等级												
		0	1	2	3	4	5	6	7	8	9	10	11	12
$50<d\leqslant125$	$0.5\leqslant m\leqslant2$	0.9	1.3	1.9	2.7	3.8	5.5	7.5	11.0	15.0	21.0	30.0	43.0	61.0
	$2<m\leqslant3.5$	1.0	1.5	2.1	2.9	4.1	6.0	8.5	12.0	17.0	23.0	33.0	47.0	66.0
	$3.5<m\leqslant6$	1.1	1.6	2.3	3.2	4.6	6.5	9.0	13.0	18.0	26.0	36.0	52.0	73.0
	$6<m\leqslant10$	1.3	1.8	2.6	3.7	5.0	7.5	10.0	15.0	21.0	30.0	42.0	59.0	84.0
	$10<m\leqslant16$	1.6	2.2	3.1	4.4	6.5	9.0	13.0	18.0	25.0	35.0	50.0	71.0	100.0
	$16<m\leqslant25$	2.0	2.8	3.9	5.5	8.0	11.0	16.0	22.0	31.0	44.0	63.0	89.0	125.0
$125<d\leqslant280$	$0.5\leqslant m\leqslant2$	1.1	1.5	2.1	3.0	4.2	6.0	8.5	12.0	17.0	24.0	34.0	48.0	67.0
	$2<m\leqslant3.5$	1.1	1.6	2.3	3.2	4.6	6.5	9.0	13.0	18.0	26.0	36.0	51.0	73.0
	$3.5<m\leqslant6$	1.2	1.8	2.5	3.5	5.0	7.0	10.0	14.0	20.0	28.0	40.0	56.0	79.0
	$6<m\leqslant10$	1.4	2.0	2.8	4.0	5.5	8.0	11.0	16.0	23.0	32.0	45.0	64.0	90.0
	$10<m\leqslant16$	1.7	2.4	3.3	4.7	6.5	9.5	13.0	19.0	27.0	38.0	53.0	75.0	107.0
	$16<m\leqslant25$	2.1	2.9	4.1	6.0	8.0	12.0	16.0	23.0	33.0	47.0	66.0	93.0	132.0
	$25<m\leqslant40$	2.7	3.8	5.5	7.5	11.0	15.0	21.0	30.0	43.0	61.0	86.0	121.0	171.0

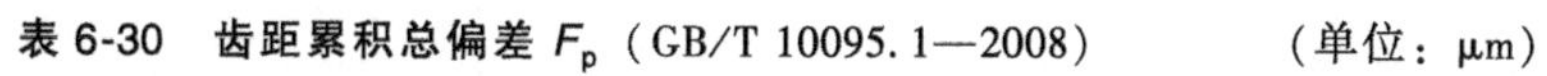

表 6-30　齿距累积总偏差 F_p（GB/T 10095.1—2008）　　（单位：μm）

分度圆直径 d /mm	模数 m /mm	精度等级												
		0	1	2	3	4	5	6	7	8	9	10	11	12
$50<d\leqslant125$	$0.5\leqslant m\leqslant2$	3.3	4.6	6.5	9.0	13.0	18.0	26.0	37.0	52.0	74.0	104.0	147.0	208.0
	$2<m\leqslant3.5$	3.3	4.7	6.5	9.5	13.0	19.0	27.0	38.0	53.0	76.0	107.0	151.0	214.0
	$3.5<m\leqslant6$	3.4	4.9	7.0	9.5	14.0	19.0	28.0	39.0	55.0	78.0	110.0	156.0	220.0
	$6<m\leqslant10$	3.6	5.0	7.0	10.0	14.0	20.0	29.0	41.0	58.0	82.0	116.0	164.0	231.0
	$10<m\leqslant16$	3.9	5.5	7.5	11.0	15.0	22.0	31.0	44.0	62.0	88.0	124.0	175.0	248.0
	$16<m\leqslant25$	4.3	6.0	8.5	12.0	17.0	24.0	34.0	48.0	68.0	96.0	136.0	193.0	273.0
$125<d\leqslant280$	$0.5\leqslant m\leqslant2$	4.3	6.0	8.5	12.0	17.0	24.0	35.0	49.0	69.0	98.0	138.0	195.0	276.0
	$2<m\leqslant3.5$	4.4	6.0	9.0	12.0	18.0	25.0	35.0	50.0	70.0	100.0	141.0	199.0	282.0
	$3.5<m\leqslant6$	4.5	6.5	9.0	13.0	18.0	25.0	36.0	51.0	72.0	102.0	144.0	204.0	288.0
	$6<m\leqslant10$	4.7	6.5	9.5	13.0	19.0	26.0	37.0	53.0	75.0	106.0	149.0	211.0	299.0
	$10<m\leqslant16$	4.9	7.0	10.0	14.0	20.0	28.0	39.0	56.0	79.0	112.0	158.0	223.0	316.0
	$16<m\leqslant25$	5.5	7.5	11.0	15.0	21.0	30.0	43.0	60.0	85.0	120.0	170.0	241.0	341.0
	$25<m\leqslant40$	6.0	8.5	12.0	17.0	24.0	34.0	47.0	67.0	95.0	134.0	190.0	269.0	380.0

表 6-31　齿廓总偏差 F_α（GB/T 10095.1—2008）　　（单位：μm）

分度圆直径 d /mm	模数 m /mm	精度等级												
		0	1	2	3	4	5	6	7	8	9	10	11	12
$50<d\leqslant125$	$0.5\leqslant m\leqslant2$	1.0	1.5	2.1	2.9	4.1	6.0	8.5	12.0	17.0	23.0	33.0	47.0	66.0
	$2<m\leqslant3.5$	1.4	2.0	2.8	3.9	5.5	8.0	11.0	16.0	22.0	31.0	44.0	63.0	89.0
	$3.5<m\leqslant6$	1.7	2.4	3.4	4.8	6.5	9.5	13.0	19.0	27.0	38.0	54.0	76.0	108.0
	$6<m\leqslant10$	2.0	2.9	4.1	6.0	8.0	12.0	16.0	23.0	33.0	46.0	65.0	92.0	131.0
	$10<m\leqslant16$	2.5	3.5	5.0	7.0	10.0	14.0	20.0	28.0	40.0	56.0	79.0	112.0	159.0
	$16<m\leqslant25$	3.0	4.2	6.0	8.5	12.0	17.0	24.0	34.0	48.0	68.0	96.0	136.0	192.0
$125<d\leqslant280$	$0.5\leqslant m\leqslant2$	1.2	1.7	2.4	3.5	4.9	7.0	10.0	14.0	20.0	28.0	39.0	55.0	78.0
	$2<m\leqslant3.5$	1.6	2.2	3.2	4.5	6.5	9.0	13.0	18.0	25.0	36.0	50.0	71.0	101.0
	$3.5<m\leqslant6$	1.9	2.6	3.7	5.5	7.5	11.0	15.0	21.0	30.0	42.0	60.0	84.0	119.0
	$6<m\leqslant10$	2.2	3.2	4.5	6.5	9.0	13.0	18.0	25.0	36.0	50.0	71.0	101.0	143.0
	$10<m\leqslant16$	2.7	3.8	5.5	7.5	11.0	15.0	21.0	30.0	43.0	60.0	85.0	121.0	171.0
	$16<m\leqslant25$	3.2	4.5	6.5	9.0	13.0	18.0	25.0	36.0	51.0	72.0	102.0	144.0	204.0
	$25<m\leqslant40$	3.8	5.5	7.5	11.0	15.0	22.0	31.0	43.0	61.0	87.0	123.0	174.0	246.0

表 6-32　螺旋线总偏差 F_β（GB/T 10095.1—2008）　　（单位：μm）

分度圆直径 d /mm	齿宽 b /mm	精度等级												
		0	1	2	3	4	5	6	7	8	9	10	11	12
$20<d\leqslant50$	$4\leqslant b\leqslant10$	1.1	1.6	2.2	3.2	4.5	6.5	9.0	13.0	18.0	25.0	36.0	51.0	72.0
	$10<b\leqslant20$	1.3	1.8	2.5	3.6	5.0	7.0	10.0	14.0	20.0	29.0	40.0	57.0	81.0
	$20<b\leqslant40$	1.4	2.0	2.9	4.1	5.5	8.0	11.0	16.0	23.0	32.0	46.0	65.0	92.0
	$40<b\leqslant80$	1.7	2.4	3.4	4.8	6.5	9.5	13.0	19.0	27.0	38.0	54.0	76.0	107.0
	$80<b\leqslant160$	2.0	2.9	4.1	5.5	8.0	11.0	16.0	23.0	32.0	46.0	65.0	92.0	130.0

（续）

分度圆直径 d /mm	齿宽 b /mm	精度等级												
		0	1	2	3	4	5	6	7	8	9	10	11	12
50<d≤125	4≤b≤10	1.2	1.7	2.4	3.3	4.7	6.5	9.5	13.0	19.0	27.0	38.0	53.0	76.0
	10<b≤20	1.3	1.9	2.6	3.7	5.5	7.5	11.0	15.0	21.0	30.0	42.0	60.0	84.0
	20<b≤40	1.5	2.1	3.0	4.2	6.0	8.5	12.0	17.0	24.0	34.0	48.0	68.0	95.0
	40<b≤80	1.7	2.5	3.5	4.9	7.0	10.0	14.0	20.0	28.0	39.0	56.0	79.0	111.0
	80<b≤160	2.1	2.9	4.2	6.0	8.5	12.0	17.0	24.0	33.0	47.0	67.0	94.0	133.0
	160<b≤250	2.5	3.5	4.9	7.0	10.0	14.0	20.0	28.0	40.0	56.0	79.0	112.0	158.0
	250<b≤400	2.9	4.1	6.0	8.0	12.0	16.0	23.0	33.0	46.0	65.0	92.0	130.0	184.0

表 6-33　f_i'/K 的比值（GB/T 10095.1—2008）　（单位：μm）

分度圆直径 d /mm	模数 m /mm	精度等级												
		0	1	2	3	4	5	6	7	8	9	10	11	12
5≤d≤20	0.5≤m≤2	2.4	3.4	4.8	7.0	9.5	14.0	19.0	27.0	38.0	54.0	77.0	109.0	154.0
	2<m≤3.5	2.8	4.0	5.5	8.0	11.0	16.0	23.0	32.0	45.0	64.0	91.0	129.0	182.0
20<d≤50	0.5≤m≤2	2.5	3.6	5.0	7.0	10.0	14.0	20.0	29.0	41.0	58.0	82.0	115.0	163.0
	2<m≤3.5	3.0	4.2	6.0	8.5	12.0	17.0	24.0	34.0	48.0	68.0	96.0	135.0	191.0
	3.5<m≤6	3.4	4.8	7.0	9.5	14.0	19.0	27.0	38.0	54.0	77.0	108.0	153.0	217.0
	6<m≤10	3.9	5.5	8.0	11.0	16.0	22.0	31.0	44.0	63.0	89.0	125.0	177.0	251.0

表 6-34　齿廓形状偏差 $f_{f\alpha}$（GB/T 10095.1—2008）　（单位：μm）

分度圆直径 d /mm	模数 m /mm	精度等级												
		0	1	2	3	4	5	6	7	8	9	10	11	12
5≤d≤20	0.5≤m≤2	0.6	0.9	1.3	1.8	2.5	3.5	5.0	7.0	10.0	14.0	20.0	28.0	40.0
	2<m≤3.5	0.9	1.3	1.8	2.6	3.6	5.0	7.0	10.0	14.0	20.0	29.0	41.0	58.0
20<d≤50	0.5≤m≤2	0.7	1.0	1.4	2.0	2.8	4.0	5.5	8.0	11.0	16.0	22.0	32.0	45.0
	2<m≤3.5	1.0	1.4	2.0	2.8	3.9	5.5	8.0	11.0	16.0	22.0	31.0	44.0	62.0
	3.5<m≤6	1.2	1.7	2.4	3.4	4.8	7.0	9.5	14.0	19.0	27.0	39.0	54.0	77.0
	6<m≤10	1.5	2.1	3.0	4.2	6.0	8.5	12.0	17.0	24.0	34.0	48.0	67.0	95.0

表 6-35　齿廓倾斜偏差 $\pm f_{H\alpha}$（GB/T 10095.1—2008）　（单位：μm）

分度圆直径 d /mm	模数 m /mm	精度等级												
		0	1	2	3	4	5	6	7	8	9	10	11	12
5≤d≤20	0.5≤m≤2	0.5	0.7	1.0	1.5	2.1	2.9	4.2	6.0	8.5	12.0	17.0	24.0	33.0
	2<m≤3.5	0.7	1.0	1.5	2.1	3.0	4.2	6.0	8.5	12.0	17.0	24.0	34.0	47.0
20<d≤50	0.5≤m≤2	0.6	0.8	1.2	1.6	2.3	3.3	4.6	6.5	9.5	13.0	19.0	26.0	37.0
	2<m≤3.5	0.8	1.1	1.6	2.3	3.2	4.6	6.5	9.0	13.0	18.0	26.0	36.0	51.0
	3.5<m≤6	1.0	1.4	2.0	2.8	3.9	5.5	8.0	11.0	16.0	22.0	32.0	45.0	63.0
	6<m≤10	1.2	1.7	2.4	3.4	4.8	7.0	9.5	14.0	19.0	27.0	39.0	55.0	78.0

表 6-36　螺旋线形状偏差 $f_{f\beta}$ 和螺旋线倾斜偏差 $\pm f_{H\beta}$（GB/T 10095.1—2008）　（单位：μm）

分度圆直径 d /mm	齿宽 b /mm	精度等级												
		0	1	2	3	4	5	6	7	8	9	10	11	12
$5\leq d\leq 20$	$4\leq b\leq 10$	0.8	1.1	1.5	2.2	3.1	4.4	6.0	8.5	12.0	17.0	25.0	35.0	49.0
	$10<b\leq 20$	0.9	1.2	1.7	2.5	3.5	4.9	7.0	10.0	14.0	20.0	28.0	39.0	56.0
	$20<b\leq 40$	1.0	1.4	2.0	2.8	4.0	5.5	8.0	11.0	16.0	22.0	32.0	45.0	64.0
	$40<b\leq 80$	1.2	1.7	2.3	3.3	4.7	6.5	9.5	13.0	19.0	26.0	37.0	53.0	75.0
$20<d\leq 50$	$4\leq b\leq 10$	0.8	1.1	1.6	2.3	3.2	4.5	6.5	9.0	13.0	18.0	26.0	36.0	51.0
	$10<b\leq 20$	0.9	1.3	1.8	2.5	3.6	5.0	7.0	10.0	14.0	20.0	29.0	41.0	58.0
	$20<b\leq 40$	1.0	1.4	2.0	2.9	4.1	6.0	8.0	12.0	16.0	23.0	33.0	46.0	65.0
	$40<b\leq 80$	1.2	1.7	2.4	3.4	4.8	7.0	9.5	14.0	19.0	27.0	38.0	54.0	77.0
	$80<b\leq 160$	1.4	2.0	2.9	4.1	6.0	8.0	12.0	16.0	23.0	33.0	46.0	65.0	93.0

表 6-37　径向综合总偏差 F''_i（GB/T 10095.2—2008）　（单位：μm）

分度圆直径 d /mm	法向模数 m_n /mm	精度等级								
		4	5	6	7	8	9	10	11	12
$20<d\leq 50$	$0.2\leq m_n\leq 0.5$	9.0	13	19	26	37	52	74	105	148
	$0.5<m_n\leq 0.8$	10	14	20	28	40	56	80	113	160
	$0.8<m_n\leq 1.0$	11	15	21	30	42	60	85	120	169
	$1.0<m_n\leq 1.5$	11	16	23	32	45	64	91	128	181
	$1.5<m_n\leq 2.5$	13	18	26	37	52	73	103	146	207
	$2.5<m_n\leq 4.0$	16	22	31	44	63	89	126	178	251
	$4.0<m_n\leq 6.0$	20	28	39	56	79	111	157	222	314
	$6.0<m_n\leq 10$	26	37	52	74	104	147	209	295	417
$50<d\leq 125$	$0.2\leq m_n\leq 0.5$	12	16	23	33	46	66	93	131	165
	$0.5<m_n\leq 0.8$	12	17	25	35	49	70	98	139	197
	$0.8<m_n\leq 1.0$	13	18	26	36	52	73	103	146	206
	$1.0<m_n\leq 1.5$	14	19	27	39	55	77	109	154	218
	$1.5<m_n\leq 2.5$	15	22	31	43	61	86	122	173	244
	$2.5<m_n\leq 4.0$	18	25	36	51	72	102	144	204	288
	$4.0<m_n\leq 6.0$	22	31	44	62	88	124	176	248	351
	$6.0<m_n\leq 10$	28	40	57	80	114	161	227	321	454

表 6-38　一齿径向综合偏差 f''_i（GB/T 10095.2—2008）　（单位：μm）

分度圆直径 d /mm	法向模数 m_n /mm	精度等级								
		4	5	6	7	8	9	10	11	12
$20<d\leq 50$	$0.2\leq m_n\leq 0.5$	1.5	2.0	2.5	3.5	5.0	7.0	10	14	20
	$0.5<m_n\leq 0.8$	2.0	2.5	4.0	5.5	7.5	11	15	22	31
	$0.8<m_n\leq 1.0$	2.5	3.5	5.0	7.0	10	14	20	28	40
	$1.0<m_n\leq 1.5$	3.0	4.5	6.5	9.0	13	18	25	36	51
	$1.5<m_n\leq 2.5$	4.5	6.5	9.5	13	19	26	37	53	75
	$2.5<m_n\leq 4.0$	7.0	10	14	20	29	41	58	82	116
	$4.0<m_n\leq 6.0$	11	15	22	31	43	61	87	123	174
	$6.0<m_n\leq 10$	17	24	34	48	67	95	135	190	269

（续）

分度圆直径 d /mm	法向模数 m_n /mm	精度等级								
		4	5	6	7	8	9	10	11	12
50<d≤125	0.2≤m_n≤0.5	1.5	2.0	2.5	3.5	5.0	7.5	10	15	21
	0.5<m_n≤0.8	2.0	3.0	4.0	5.5	8.0	11	16	22	31
	0.8<m_n≤1.0	2.5	3.5	5.0	7.0	10	14	20	28	40
	1.0<m_n≤1.5	3.0	4.5	6.5	9.0	13	18	26	36	51
	1.5<m_n≤2.5	4.5	6.5	9.5	13	19	26	37	53	75
	2.5<m_n≤4.0	7.0	10	14	20	29	41	58	82	116
	4.0<m_n≤6.0	11	15	22	31	44	62	87	123	174
	6.0<m_n≤10	17	24	34	48	67	95	135	191	269

表 6-39　径向跳动 F_r（GB/T 10095.2—2008）　（单位：μm）

分度圆直径 d /mm	法向模数 m_n /mm	精度等级												
		0	1	2	3	4	5	6	7	8	9	10	11	12
5≤d≤20	0.5≤m_n≤2.0	1.5	2.5	3.0	4.5	6.5	9.0	13	18	25	36	51	72	102
	2.0<m_n≤3.5	1.5	2.5	3.5	4.5	6.5	9.5	13	19	27	38	53	75	106
20<d≤50	0.5≤m_n≤2.0	2.0	3.0	4.0	5.5	8.0	11	16	23	32	46	65	92	130
	2.0<m_n≤3.5	2.0	3.0	4.0	6.0	8.5	12	17	24	34	47	67	95	134
	3.5<m_n≤6.0	2.0	3.0	4.5	6.0	8.5	12	17	25	35	49	70	99	139
	6.0<m_n≤10	2.5	3.5	4.5	6.5	9.5	13	19	26	37	52	74	105	148
50<d≤125	0.5≤m_n≤2.0	2.5	3.5	5.0	7.5	10	15	21	29	42	59	83	118	167
	2.0<m_n≤3.5	2.5	4.0	5.5	7.5	11	15	21	30	43	61	86	121	171
	3.5<m_n≤6.0	3.0	4.0	5.5	8.0	11	16	22	31	44	62	88	125	176
	6.0<m_n≤10	3.0	4.0	6.0	8.0	12	16	23	33	46	65	92	131	185
	10<m_n≤16	3.0	4.5	6.0	9.0	12	18	25	35	50	70	99	140	198
	16<m_n≤25	3.5	5.0	7.0	9.5	14	19	27	39	55	77	109	154	218

3. 齿轮精度等级的确定

确定齿轮精度等级的依据通常是齿轮的用途、使用要求、传动功率和圆周速度以及其他技术条件等。确定齿轮精度等级的方法一般有计算法和类比法两种，目前大多采用类比法。

（1）计算法　计算法是根据机构最终要达到的精度要求，应用传动尺寸链的方法计算和分配各级齿轮副的传动精度，确定齿轮的精度等级。从前面所述的参数内容和影响因素可知，影响齿轮精度的因素既有齿轮自身因素也有安装误差的影响，很难计算出准确的精度等级，计算结果只能作为参考。所以此方法适用于特殊精度机构使用的齿轮。

（2）类比法　类比法是查阅类似机构的设计方案，根据经过实际验证的已有的经验结果或者一些参考手册来确定齿轮的精度。表 6-40 和表 6-41 给出部分齿轮精度的应用情况，仅供参考。

表 6-40　各类机械传动中所应用的齿轮精度等级的情况

齿轮用途	精度等级	齿轮用途	精度等级	齿轮用途	精度等级
精密仪器、测量齿轮	2~5	轻型汽车	5~8	拖拉机、轧钢机	6~10
汽轮机减速器	3~6	载重汽车	6~9	起重机械	7~10
金属切削机床	3~8	一般（通用）减速器	6~9	矿用绞车	8~10
航空发动机	4~8	机车	6~7	轻工机械	6~8

表 6-41 齿轮精度等级与速度的应用情况

工作条件	圆周速度/m·s⁻¹		应用情况	精度等级
	直齿	斜齿		
机床	>30	>50	高精度和精密的分度链末端的齿轮	4
	>15~30	>30~50	一般精度分度链末端齿轮、高精度和精密的分度链的中间齿轮	5
	>10~15	>15~30	Ⅴ级机床主传动的齿轮、一般精度分度链的中间齿轮、Ⅲ级和Ⅲ级以上精度机床的进给齿轮、油泵齿轮	6
	>6~10	>8~15	Ⅳ级和Ⅳ级以上精度机床的进给齿轮	7
	<6	<8	一般精度机床的齿轮	8
			没有传动要求的手动齿轮	9
动力传动		>70	用于很高速度的透平传动齿轮	4
		>30	用于高速度的透平传动齿轮、重型机械进给机构、高速重载齿轮	5
		<30	高速传动齿轮、有高可靠性要求的工业机器齿轮、重型机械的功率传动齿轮、作业率很高的起重运输机械齿轮	6
	<15	<25	高速和适度功率或大功率和适度速度条件下的齿轮，冶金、矿山、林业、石油、轻工、工程机械和小型工业齿轮箱（通用减速器）有可靠性要求的齿轮	7
	<10	<15	中等速度较平稳传动的齿轮，冶金、矿山、林业、石油、轻工、工程机械和小型工业齿轮箱（通用减速器）的齿轮	8
	<4	<6	一般性工作和噪声要求不高的齿轮、受载低于计算载荷的齿轮、速度大于 1m/s 的开式齿轮传动和转盘的齿轮	9
航空、船舶和车辆	>35	>70	需要很高的平稳性、低噪声的航空和船用齿轮	4
	>20	>35	需要高的平稳性、低噪声的航空和船用齿轮	5
	<20	<35	用于高速传动有平稳性、低噪声要求的机车、航空、船舶和轿车的齿轮	6
	<15	<25	用于有平稳性和噪声要求的航空、船舶和轿车的齿轮	7
	<10	<15	用于中等速度较平稳传动的航空、船舶和轿车的齿轮	8
	<4	<6	用于较低速和噪声要求不高的载重汽车、拖拉机和联合收割机的齿轮	9

4. 齿轮检验项目的确定

各种齿轮要素的检验，需要多种测量工具和设备。在检验中，测量全部齿轮要素的偏差既不经济也没有必要，因为其中有些要素对于特定齿轮的功能并没有明显的影响。另外，有些测量项目可以代替别的一些项目，例如：切向综合偏差检验能代替齿距偏差检验，径向综合偏差检验能代替径向跳动检验。

GB/T 10095.1—2008 规定：切向综合总偏差 F_i' 和一齿切向综合偏差 f_i' 是该标准的检验项目，但不是强制性检验项目。标准中齿廓总偏差 F_α 和螺旋线总偏差 F_β 可以分解为形状偏差 $f_{f\alpha}$、$f_{f\beta}$ 和倾斜偏差 $f_{H\alpha}$、$f_{H\beta}$，所以齿廓和螺旋线的形状偏差和倾斜偏差也不是强制性检验项目。

综上所述，GB/T 10095.1—2008 和 GB/T 10095.2—2008 的标准文本中没有公差组、检验组概念，为评定单个齿轮的加工精度，应检验单个齿距偏差 f_{pt}、齿距累积总偏差 F_p、齿

廓总偏差 F_α 和螺旋线总偏差 F_β，以评定齿轮精度等级（0~12 级）。当圆柱齿轮用于高速运转时，需要再检验齿距累积偏差 F_{pk}。

当供需双方同意，可以用切向综合总偏差 F'_i 和一齿切向综合偏差 f'_i 替代齿距偏差 f_{pt}、F_p、F_{pk} 的测量。

指导性文件 GB/Z 18620.2—2008 中指出：径向综合偏差和径向跳动是包含右侧和左侧齿面综合偏差的成分，故想确定同侧齿面的单项偏差是不可能的，但可以迅速提供关于生产用的机床、工具或产品齿轮装夹而导致质量缺陷方面的信息。当批量生产齿轮时，对于用某一种方法生产出来的第一批齿轮，为了掌握它们是否符合所规定的精度等级，需按照 GB/T 10095.1—2008 规定的项目进行详细检验，以后，按此法接下去生产出来的齿轮有什么变化，就可用测量径向综合偏差的方法来发现，而不必重复进行详细检验。当已测量径向综合偏差时，就不必再检查径向跳动。

对于质量控制测量项目的减少须由供需双方协商确定。此外，对单个齿轮还需检验齿厚偏差，它是作为侧隙评定指标。需要说明，齿厚偏差在 GB/T 10095.1—2008 和 GB/T 10095.2—2008 中均未做规定，指导性技术文件中也未推荐具体数值，由设计者按齿轮副侧隙计算确定。

5. 齿轮在图样上的标注

标准规定：在文件需叙述齿轮精度要求时，应注明 GB/T 10095.1 或 GB/T 10095.2。具体标注方法如下。

1）当齿轮的检验项目同为一个精度等级时，可标注精度等级和标准号。例如：齿轮检验项目都为 8 级，则标注为：

8 GB/T 10095.1 或 8 GB/T 10095.2

2）当齿轮检验项目要求的精度等级不同时，例如：齿廓总偏差 F_α 为 7 级，而单个齿距偏差 f_{pt}、齿距累积总偏差 F_p 和螺旋线总偏差 F_β 均为 6 级时，则标注为：

7（F_α）、6（f_{pt}、F_p、F_β）GB/T 10095.1

3）当齿轮的径向综合偏差要求为 6 级精度时，则标注为：

6（F''_i、f''_i）GB/T 10095.2

齿厚偏差标注时，在齿轮工作图右上角参数表中标出其公称值及极限偏差。

6. 齿轮坯的精度与齿面粗糙度

（1）基准轴线与工作轴线的关系　基准轴线是加工或检验人员对单个零件确定轮齿几何形状的轴线，由基准面中心确定。齿轮依此轴线来确定细节，特别是确定齿距、齿廓和螺旋线的偏差。工作轴线是齿轮在工作时绕其旋转的轴线，它由工作安装面确定。理想情况是基准轴线与工作轴线重合，所以应该以工作安装面作为基准面。

（2）基准轴线的确定　基准轴线有如下三种基本方法实现。

1）如图 6-96 所示，用两个“短的”圆柱或圆锥形基准面上设定的两个圆的圆心来确定轴线上的两个点。

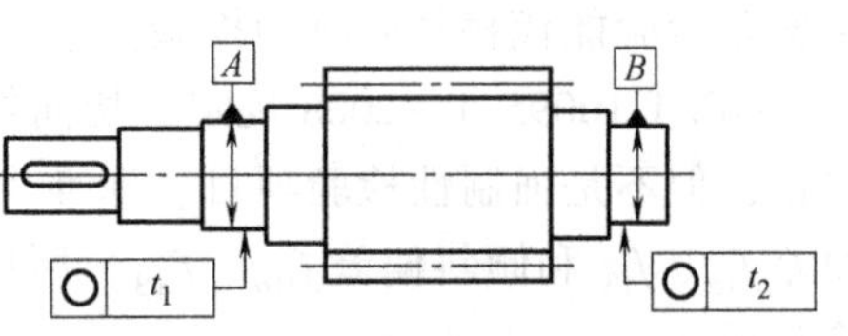

A和B是预定的轴承安装表面

图 6-96　用两个“短的”基准面确定基准轴线

2）如图 6-97 所示，用一个“长的”圆柱或圆锥形的面来同时确定轴线的方向和位置。孔的轴线可以用与之相匹配并正确装配的工作心轴的轴线来代表。

3）如图 6-98 所示，轴线的位置用一个“短的”圆柱形基准面上的一个圆的圆心来确定，而其方向则用垂直于此轴线的一个基准端面来确定。

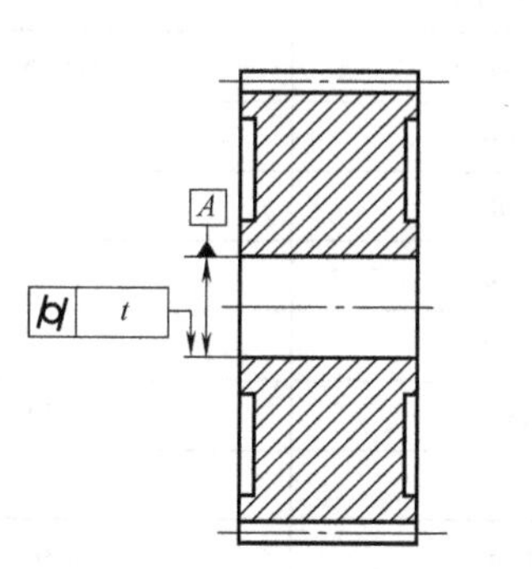

图 6-97 用一个“长的”基准面确定基准轴线

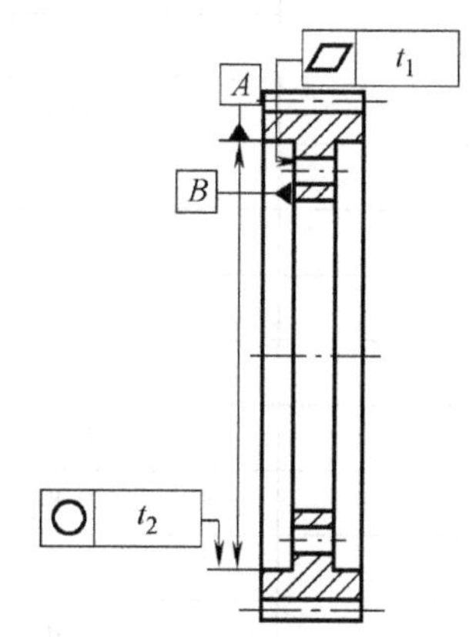

图 6-98 用一个“短的”圆柱面和端面确定基准轴线

（3）齿轮坯精度的确定 齿轮坯的精度是指导性技术文件 GB/Z 18620.3—2008 推荐的。

1）基准面与工作安装面的形状公差。基准面与工作安装面及其他制造安装面的形状公差都不应大于表 6-42 中所规定的数值，表中，L 为较大的轴承跨距，D_d 为基准面直径，b 为齿宽。

表 6-42 基准面与工作安装面的形状公差（GB/Z 18620.3—2008）

确定轴线的基准面	公差项目		
	圆度	圆柱度	平面度
两个“短的”圆柱或圆锥形基准面	$0.04(L/b)F_\beta$ 或 $0.1F_p$ 取两者中之小值		
一个“长的”圆柱或圆锥形基准面		$0.04(L/b)F_\beta$ 或 $0.1F_p$ 取两者中之小值	
一个短的圆柱面和一个端面	$0.06F_p$		$0.06(D_d/b)F_\beta$

注：齿轮坯的公差应减至能经济地制造的最小值。

2）工作安装面的跳动公差。当基准轴线与工作轴线不重合时，工作安装面相对于基准轴线的跳动公差，一般不应大于表 6-43 中规定的数值。

表 6-43 工作安装面的跳动公差（GB/Z 18620.3—2008）

确定轴线的基准面	跳动量（总的指示幅度）	
	径向	轴向
仅指圆柱或圆锥形基准面	$0.15(L/b)F_\beta$ 或 $0.3F_p$ 取两者中之大值	
一个圆柱基准面和一个端面基准面	$0.3F_p$	$0.2(D_d/b)F_\beta$

注：齿轮坯的公差应减至能经济地制造的最小值。

3）轮齿齿面及其他表面的表面粗糙度。齿面的表面粗糙度影响齿轮的传动精度（噪声和振动）、表面承载能力（如点蚀、胶合和磨损）和抗弯强度（齿根过渡曲面状况）。齿面的表面粗糙度的推荐极限值见表 6-44 和表 6-45。

表 6-44　*Ra* 的推荐极限值（GB/Z 18620.4—2008）　　　（单位：μm）

等级	*Ra*		
	模数/mm		
	$m \leqslant 6$	$6 < m \leqslant 25$	$m > 25$
1		0.04	
2		0.08	
3		0.16	
4		0.32	
5	0.5	0.63	0.80
6	0.8	1.00	1.25
7	1.25	1.6	2.0
8	2.0	2.5	3.2
9	3.2	4.0	5.0
10	5.0	6.3	8.0
11	10.0	12.5	16
12	20	25	32

表 6-45　*Rz* 的推荐极限值（GB/Z 18620.4—2008）　　　（单位：μm）

等级	*Rz*		
	模数/mm		
	$m \leqslant 6$	$6 < m \leqslant 25$	$m > 25$
1		0.25	
2		0.50	
3		1.0	
4		2.0	
5	3.2	4.0	5.0
6	5.0	6.3	8.0
7	8.0	10.0	12.5
8	12.5	16	20
9	20	25	32
10	32	40	50
11	63	80	100
12	125	160	200

7. 渐开线圆柱齿轮副精度标准

（1）中心距偏差　公称中心距是在考虑了最小侧隙及两齿轮的齿顶和其相啮合的非渐开线齿廓齿根部分的干涉后确定的。

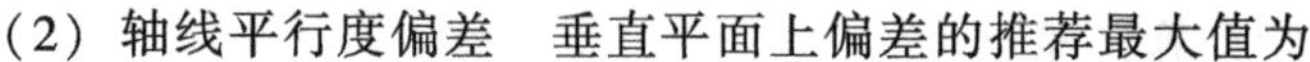

（2）轴线平行度偏差　垂直平面上偏差的推荐最大值为

$$f_{\Sigma\beta} = 0.5(L/b)F_{\beta} \tag{6-20}$$

式中，L 是轴承跨距（如两轴轴承跨距不等，取较长者）；b 是齿宽。

轴线平面内偏差的推荐最大值为：

$$f_{\Sigma\delta} = 2f_{\Sigma\beta} \tag{6-21}$$

（3）齿轮副的接触斑点　表 6-46 和表 6-47 给出各级精度的斜齿轮、直齿轮（对齿廓和螺旋线修形的齿面不适合）装配后（空载）检测时，所预计的在齿轮精度等级和接触斑点分布之间关系的一般情况，必须记住，实际的接触斑点不一定同图 6-86 所示的一致。在啮合机架上所获得的齿轮检查结果应当是相似的。

表 6-46　斜齿轮装配后的接触斑点（GB/Z 18620. 4—2008）

精度等级按 GB/T 10095	b_{c1} 占齿宽的百分比	h_{c1} 占有效齿面高度的百分比	b_{c2} 占齿宽的百分比	h_{c2} 占有效齿面高度的百分比
4 级及更高	50%	50%	40%	30%
5、6	45%	40%	35%	20%
7、8	35%	40%	35%	20%
9～12	25%	40%	25%	20%

表 6-47　直齿轮装配后的接触斑点（GB/Z 18620. 4—2008）

精度等级按 GB/T 10095	b_{c1} 占齿宽的百分比	h_{c1} 占有效齿面高度的百分比	b_{c2} 占齿宽的百分比	h_{c2} 占有效齿面高度的百分比
4 级及更高	50%	70%	40%	50%
5、6	45%	50%	35%	30%
7、8	35%	50%	35%	30%
9～12	25%	50%	25%	30%

（4）侧隙和齿厚极限偏差的确定　齿轮副的侧隙按齿轮的工作条件决定，与齿轮的精度等级无关。一般有经验法、查表法和计算法三种确定方法。

1）经验法。参考同类产品中齿轮副的侧隙值来确定。

2）查表法。表 6-48 列出了对工业传动装置推荐的最小侧隙，适用于黑色金属齿轮和黑色金属箱体构成的传动装置，工作时节圆线速度小于 15m/s，其箱体、轴和轴承都采用常用的制造公差。

表 6-48　对于中、大模数齿轮最小侧隙 j_{bnmin} 的推荐值（GB/Z 18620. 2—2008）　（单位：μm）

m_n	最小中心距 a_i					
	50	100	200	400	800	1600
1. 5	0. 09	0. 11	—	—	—	
2	0. 10	0. 12	0. 15	—	—	—
3	0. 12	0. 14	0. 17	0. 24	—	—
5	—	0. 18	0. 21	0. 28	—	—
8	—	0. 24	0. 27	0. 34	0. 47	—
12	—	—	0. 35	0. 42	0. 55	—
18	—	—	—	0. 54	0. 67	0. 94

上表中的数值，可用下式进行计算，即

$$j_{\mathrm{bnmin}}=\frac{2}{3}(0.06\mathrm{mm}+0.0005a_{\mathrm{i}}+0.03m_{\mathrm{n}}) \tag{6-22}$$

式中的单式为 mm。

3）计算法。根据齿轮副的工作条件，如工作速度、温度、负载、润滑等条件来设计计算齿轮副最小侧隙。设计选定的最小法向侧隙应足以补偿齿轮传动时温度升高而引起的变形，并保证正常的润滑。

为了获得最小侧隙 j_{bnmin}，齿厚应保证有最小减薄量，当主动轮与被动轮齿厚都做成最大值即做成上极限偏差时，可获得最小侧隙 j_{bnmin}。两个啮合齿轮的齿厚上极限偏差之和为

$$E_{\mathrm{sns1}}+E_{\mathrm{sns2}}=-j_{\mathrm{bnmin}}/\cos\alpha_{\mathrm{n}} \tag{6-23}$$

可以按等值分配法或不等值分配法确定大、小齿轮的齿厚上极限偏差，一般使大齿轮齿厚的减薄量大一些，使小齿轮齿厚的减薄量小一些，以使大、小齿轮的强度匹配。

法向齿厚公差 T_{sn} 一般不应该采用很小的值，这对制造成本有很大的影响。在很多情况下，允许用较宽的齿厚公差或工作侧隙，不会影响齿轮的性能和承载能力，却可以获得比较经济的制造成本。建议按下式计算齿厚公差，即

$$T_{\mathrm{sn}}=\sqrt{F_{\mathrm{r}}^{2}+b_{\mathrm{r}}^{2}}\times2\tan\alpha_{\mathrm{n}} \tag{6-24}$$

式中，F_{r} 是径向跳动公差；b_{r} 是切齿径向进刀公差。b_{r} 的值可查表 6-49。

表 6-49　切齿径向进刀公差

齿轮精度	4	5	6	7	8	9
b_{r}	1.26IT7	IT8	1.26IT8	IT9	1.26IT9	IT10

表 6-47 中的 IT 值按分度圆直径从标准公差表中查取。

齿厚下极限偏差 E_{sni} 是齿厚上极限偏差减去齿厚公差后获得的，即

$$E_{\mathrm{sni}}=E_{\mathrm{sns}}-T_{\mathrm{sn}} \tag{6-25}$$

E_{sni} 和 E_{sns} 应有正负号。

研读范例　齿轮的精度设计

【例 6-1】 某减速器的一对渐开线直齿齿轮副，小齿轮结构如图 6-99 所示，模数 $m=3\mathrm{mm}$，$\alpha=20°$，小齿轮齿数 $z_1=32$，小齿轮孔径 $D=40\mathrm{mm}$，齿宽 $b=20\mathrm{mm}$，中心距 $a=288\mathrm{mm}$，主动齿轮（小齿轮）圆周速度 $v=6.5\mathrm{m/s}$，小批量生产。试确定主动齿轮的精度等级、齿厚偏差、检验项目及其允许值，并绘制齿轮工作图。

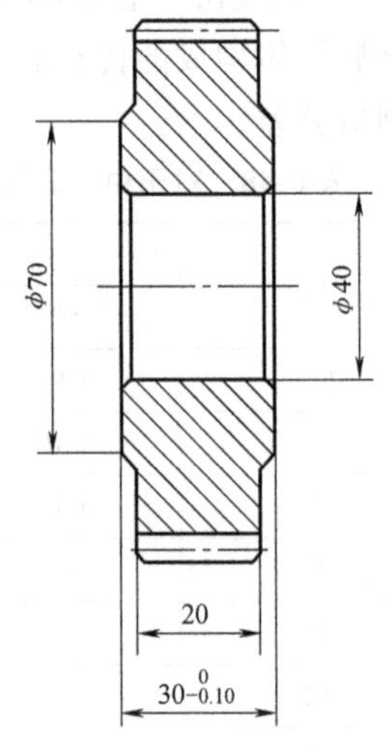

图 6-99　小齿轮结构

解：（1）确定精度等级　查表 6-40 大致确定“一般（通用）减速器”的精度等级为 6~9，小齿轮的圆周速度 $v=6.5\mathrm{m/s}$，查表 6-41 选定该齿轮为 8 级精度。取 F_{p} 为 8 级（该项目主要影响运动准确性，而减速器对运动准确性要求不太严），其余检验项目为 7 级。

（2）确定检验项目及其允许值　必检项目为单个齿距偏差 f_{pt}、齿距累积总偏差 F_p、齿廓总偏差 F_α 和螺旋线总偏差 F_β。

查表 6-29 得 $f_{pt}=\pm12\mu m$。

查表 6-30 得 $F_p=53\mu m$。

查表 6-31 得 $F_\alpha=16\mu m$。

查表 6-32 得 $F_\beta=15\mu m$。

（3）齿厚偏差　根据式（6-17）计算 $\bar{s}=mz\sin\dfrac{90°}{z}=3mm\times32\times\sin\dfrac{90°}{32}=4.71mm$。

确定齿轮副所需最小侧隙，中心距 $a=288mm$，采用查表法根据式（6-22）计算

$$j_{bnmin}=\frac{2}{3}(0.06mm+0.0005a_i+0.03m_n)=\frac{2}{3}(0.06mm+0.0005\times288mm+0.03\times3mm)=0.196mm。$$

确定齿厚上极限偏差，据式（6-23）按等值分配计算，即

$$E_{sns}=-\frac{j_{bnmin}}{2\cos\alpha_n}=-0.196mm/2\cos20°=-0.104mm\approx-0.10mm$$

确定齿厚下极限偏差，查表 6-39（也是影响运动准确性的项目，故按 8 级查）得 $F_r=43\mu m$。

查表 6-49 得 $b_r=1.26IT9=1.26\times87\mu m\approx110\mu m$。

根据式（6-24）$T_{sn}=\sqrt{F_r^2+b_r^2}\times2\tan\alpha_n=\sqrt{43^2+110^2}\ \mu m\times2\tan20°\approx86\mu m$。

根据式（6-25）$E_{sni}=E_{sns}-T_{sn}=-0.10mm-0.086mm=-0.186mm$。

（4）确定齿轮坯精度

1）根据齿轮结构，齿轮内孔既是基准面，又是工作安装面和制造安装面，由表 6-42 可得圆柱度公差为

$$0.1F_p=0.1\times0.053mm=0.0053mm\approx0.005mm$$

孔的尺寸公差取 7 级，即 H7，$\phi40H7^{+0.025}_{0}$。

2）轴向的跳动公差。端面在制造和工作时都作为轴向定位的基准，从图 6-99 可以看出基准面直径 $D_d=\phi70mm$，由表 6-43 选其轴向跳动公差为

$$0.2(D_d/b)F_\beta=0.2\times(70mm/20mm)\times0.015mm=0.0105mm\approx0.011mm$$

查 GB/T 1184 表 B4，0.011mm 相当于 5 级精度，不是经济加工精度，适当放大公差，改为 6 级，公差值为 0.015mm。

3）齿顶圆作为检测齿厚的基准和加工齿形的找正基准，应提出尺寸和跳动公差要求，由表 6-43，其跳动公差为 $0.3F_p=0.3\times0.053mm\approx0.016mm$，选用 6 级，公差值为 0.015mm。

齿顶圆柱面的尺寸公差取 8 级，即 h8，$\phi102h8\,(^{\ 0}_{-0.054})$。

（5）确定齿轮坯各表面粗糙度值　参照表 6-44，端面 Ra 值选用 9 级为 3.2μm，齿面 Ra 值选用 6 级为 0.8μm，齿轮内孔为 7 级，Ra 值查得 1.25μm，1.25μm 为 Ra 值的补充系列，采用基本系列，将其改为 1.6μm。

（6）绘制齿轮工作图　齿轮工作图如图 6-100 所示（图中尺寸未全部标出）。齿轮有关参数在齿轮工作图的右上角位置列表。

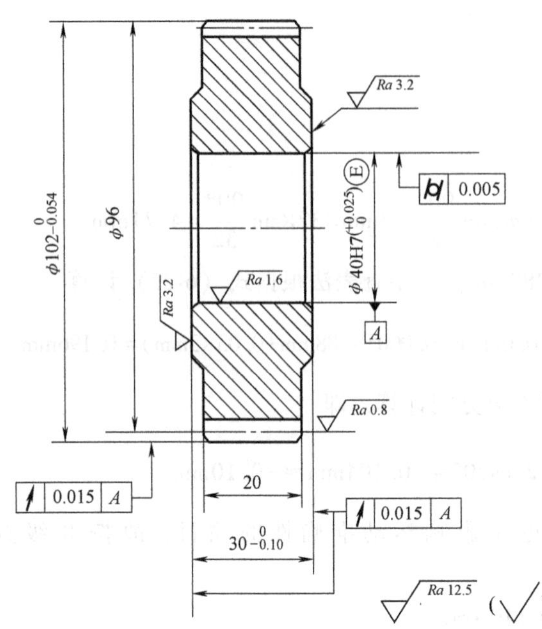

模数	m	3
齿数	z	32
压力角	α	20°
变位系数	x	0
精度	8(F_p)7(f_{pt}、F_α、F_β) GB/T 10095—2008	
齿距累积总偏差	F_p	0.053
齿廓总偏差	F_α	0.016
螺旋线总偏差	F_β	0.015
单个齿距偏差	f_{pt}	±0.012
齿厚及其极限偏差	$4.71^{-0.100}_{-0.186}$	

图 6-100　齿轮工作图

实训操作

【实训操作六】　游标万能角度尺测量角度

1. 目的和要求

学习游标万能角度尺的使用方法，并利用游标万能角度尺实际操作测量圆锥角度。

2. 测量器具和器材

游标万能角度尺；若干短圆锥料。

3. 复习游标万能角度尺的测量原理及使用游标万能角度尺的注意事项

4. 测量步骤

1）将被测圆锥擦净平放在平板或工作台上。如圆锥较小，可用手把住。

2）根据被测圆锥角度的大小，按图 6-18 所示四种状态之一进行游标万能角度尺的组合。

3）松开游标万能角度尺的制动器，使游标万能角度尺的两边与被测角度的两边贴紧，目测应无间隙，然后锁紧制动器，即可读数。

4）测量完毕后整理、归放。

5. 填写测量报告单

按要求将被测件的相关信息、测量过程、测量结果及测量条件等填入测量报告单（表 6-50）中。

表 6-50　测量报告单（一）

被测件名称				测量器具			
测量结果/mm，测量简图							
合格性判断							
姓　名		班 级		学 号		成 绩	

【实训操作七】　公法线长度变动及公法线平均长度偏差的测量

1. 目的和要求

1）熟悉齿轮公法线长度的测量方法，加深对齿轮公法线长度变动及公法线平均长度偏差的理解。

2）熟悉公法线千分尺的工作原理和使用方法。

2. 测量器具和器材

公法线千分尺，若干个模数 $m=3\text{mm}$、压力角 $\alpha=20°$、齿数 $z=10\sim45$、精度等级为 7 级和 8 级的非变位直齿齿轮。

3. 复习公法线千分尺的测量原理及使用公法线千分尺的注意事项

4. 测量步骤

1）按式（6-18）确定被测齿轮的跨齿数 k，并按式（6-19）计算公法线公称长度 W_k。齿轮的跨齿数也可以按表 6-51 选取。

表 6-51　跨齿数选用表

齿数 z	10~18	19~27	28~36	37~45
跨齿数 k	2	3	4	5

2）根据公法线公称长度 W_k 选取适当规格的公法线千分尺并校对零位。

3）测量公法线长度。根据选定的跨齿数 k，用公法线千分尺测量沿被测齿轮圆周均布的 5 条公法线长度。

4）测量时轻摆公法线千分尺，取最小读数。

5）计算公法线平均长度偏差。取所测 5 个实际公法线长度的平均值 $\overline{W}$ 后，减去公法线公称长度，即为公法线平均长度偏差。

6）计算公法线长度变动 ΔF_w。取 5 个实际公法线长度中的最大值与最小值之差，为公法线平均长度变动 ΔF_w。

5. 填写测量报告单

按要求将被测件的相关信息、测量过程、测量结果及测量条件等填入测量报告单（表 6-52）中。

表 6-52　测量报告单（二）

<table>
<tr><td colspan="2">齿轮编号</td><td colspan="2"></td><td>测量器具</td><td colspan="3"></td></tr>
<tr><td colspan="2" rowspan="2">被测齿轮参数</td><td>模数 m/mm</td><td>齿数 z</td><td>压力角</td><td>跨齿数</td><td colspan="2">齿轮精度等级</td></tr>
<tr><td></td><td></td><td>20°</td><td></td><td colspan="2"></td></tr>
<tr><td colspan="2">公法线公称长度 W_k</td><td colspan="6">$W_k = m[1.476(2k-1)+0.014z] =$　　　mm</td></tr>
<tr><td colspan="2">公法线公称长度上极限偏差 E_{bns}</td><td colspan="6">$E_{bns} = E_{sns}\cos\alpha - 0.72F_r\sin\alpha =$　　　mm</td></tr>
<tr><td colspan="2">公法线公称长度下极限偏差 E_{bni}</td><td colspan="6">$E_{bni} = E_{sni}\cos\alpha + 0.72F_r\sin\alpha =$　　　mm</td></tr>
<tr><td colspan="2">序号</td><td>1</td><td>2</td><td>3</td><td>4</td><td colspan="2">5</td></tr>
<tr><td colspan="2">公法线长度/mm</td><td></td><td></td><td></td><td></td><td colspan="2"></td></tr>
<tr><td colspan="2">公法线平均长度 $\overline{W}$</td><td colspan="6">$\overline{W} =$　　　mm</td></tr>
<tr><td colspan="2">公法线长度变动</td><td colspan="6">$\Delta F_w = W_{max} - W_{min} =$　　　mm</td></tr>
<tr><td colspan="2">公法线平均长度偏差</td><td colspan="6">$\Delta E_w = \overline{W} - W_k =$　　　mm</td></tr>
<tr><td>合格性判断</td><td colspan="7"></td></tr>
<tr><td>姓　名</td><td></td><td>班 级</td><td></td><td>学 号</td><td></td><td>成 绩</td><td></td></tr>
</table>

【实训操作八】　齿轮齿圈径向圆跳动的测量

1. 目的和要求

1）了解齿圈径向圆跳动对齿轮传动的影响，加深对齿轮齿圈径向圆跳动误差定义的理解。

2）学会在齿轮径向圆跳动测量仪上测量齿圈径向圆跳动的方法。

2. 测量器具和器材

齿轮径向圆跳动测量仪，若干个模数 $m=3$mm、压力角 $\alpha=20°$、齿数 $z=18$、精度等级为 7 级和 8 级的非变位直齿齿轮及与其配合的心轴。

3. 复习齿轮径向圆跳动测量仪的测量原理及使用齿轮径向圆跳动测量仪测量的注意事项

4. 测量步骤

1）查阅齿轮径向圆跳动测量仪附件盒的表格，根据被测齿轮模数的不同选择合适的球形测量头。

2）擦净测量头并把它装在指示表量杆的下端，使测量头在齿轮分度圆处接触齿轮。

3）把擦净的被测齿轮装在仪器的中心顶尖上，安装后齿轮不应有轴向窜动。借助升降螺母与抬起手柄调整指示表，使指示表有 1～2 圈的压缩量。

4）依次顺序测量各个齿面，并把指示表的读数记下。在记录的全部读数中，取其最大值与最小值之差，即为被测齿轮的径向圆跳动。

5. 填写测量报告单

按要求将被测件的相关信息、测量过程、测量结果及测量条件等填入测量报告单

（表 6-53）中。

表 6-53　测量报告单（三）

齿轮编号			测量器具		
被测齿轮参数	模数 m/mm	齿数 z	压力角	齿轮精度等级	
			20°		
序号	读数/μm	序号	读数/μm	序号	读数/μm
1		7		13	
2		8		14	
3		9		15	
4		10		16	
5		11		17	
6		12		18	
齿圈径向圆跳动误差	$\Delta F_r = r_{max} - r_{min} =$　　　μm				
合格性判断					
姓　名			班　级		

习题与思考题

6-1　圆锥配合有哪些优点？对圆锥配合有哪些基本要求？

6-2　圆锥有哪些主要几何参数？若某圆锥最大直径为 90mm，最小直径为 85mm，圆锥长度为 100mm，试确定圆锥角、圆锥素线角和锥度。

6-3　国家标准规定了哪几项圆锥公差，对于某一圆锥工件，是否需要将几个公差项目全部给出？

6-4　某车床尾座顶尖套与顶尖结合采用莫氏锥度 No.4，顶尖圆锥长度 $L=118$mm，圆锥公差等级为 $AT8$，试查出圆锥角 α 和锥度 C，以及圆锥角公差的数值（AT_α 和 AT_D）。

6-5　圆锥公差有哪几种给定方法？各适用在什么场合？如何在图样上标注？

6-6　常用的检测圆锥角（锥度）的方法有哪些？用圆锥塞规检验内圆锥时，根据接触斑点的分布情况，如何判断圆锥角偏差是正值还是负值？

6-7　平键连接为什么只对键（槽）宽规定较严的公差？

6-8　某减速器传递一般转矩，其中某一齿轮与轴之间通过平键连接来传递转矩。已知键宽 $b=8$mm，确定键宽 b 的配合代号，查出其极限偏差值，并画公差带图。

6-9　什么是花键定心表面？《矩形花键尺寸、公差和检验》（GB/T 1144—2001）为什么只规定小径定心？

6-10　某机床变速箱中，有一个 6 级精度齿轮的内花键与外花键连接，花键规格：6×26×30×6，内花键长 30mm，外花键长 75mm，齿轮内花键经常需要相对外花键做轴向移动，要求定心精度较高。

1）确定齿轮内花键和外花键的公差带代号，计算小径、大径、键（槽）宽的极限尺寸。

2）分别写出在装配图上和零件图上的标记。

3）绘制公差带图，并将各参数的公称尺寸和极限偏差标注在图上。

6-11　滚动轴承的精度有哪几个等级？哪个等级应用最广泛？

6-12　选择轴承与轴颈、轴承座孔配合时主要考虑哪些因素？

6-13　某机床转轴上安装 6 级精度的深沟球轴承，其内径为 40mm，外径为 90mm，该轴承承受 4000N

的定向径向负荷，轴承的额定动负荷为 31400N，内圈随轴一起转动，外圈固定。

1）确定与轴承配合的轴颈、轴承座孔的公差带代号。

2）画出公差带图，计算出内圈与轴、外圈与孔配合的极限间隙、极限过盈。

3）确定轴颈和轴承座孔的几何公差和表面粗糙度值。

6-14 如何判断螺纹中径是否合格？

6-15 查出螺纹连接 M20×2-6H/5g6g 的内外螺纹各直径的公称尺寸、基本偏差和公差，画出中径和顶径的公差带图，并在图上标出相应的偏差值。

6-16 在圆柱内表面上形成的螺纹称为____________，在圆柱外表面上形成的螺纹称为____________。

6-17 对齿轮传动有哪些使用要求？

6-18 齿轮轮齿同侧齿面的精度检验项目有哪些？它们对齿轮传动主要有何影响？

6-19 齿轮精度等级的确定主要有哪些方法？

6-20 如何考虑齿轮的检验项目？单个齿轮有哪些必检项目？

6-21 齿轮副的精度项目有哪些？

6-22 有一减速器中的直齿齿轮，模数 $m=6\text{mm}$，$\alpha=20°$，齿数 $z_1=36$，中心距 $a=360\text{mm}$，齿宽 $b=50\text{mm}$，齿轮孔径 $D=55\text{mm}$，圆周速度 $v=8\text{m/s}$，小批量生产。试确定齿轮的精度等级、齿厚偏差、检验项目及其允许值。

参 考 文 献

[1] 任嘉卉. 公差与配合手册 [M]. 3版. 北京：机械工业出版社，2013.
[2] 徐茂功. 公差配合与技术测量 [M]. 4版. 北京：机械工业出版社，2013.
[3] 薛岩，刘永田. 互换性与测量技术知识问答 [M]. 北京：化学工业出版社，2012.
[4] 张文革，石枫. 公差配合与技术测量 [M]. 北京：北京理工大学出版社，2010.
[5] 张美芸，陈凌佳，陈磊. 公差配合与测量 [M]. 2版. 北京：北京理工大学出版社，2010.
[6] 黄云清. 公差配合与测量技术 [M]. 4版. 北京：机械工业出版社，2019.
[7] 杨好学，蔡霞. 公差与技术测量 [M]. 北京：国防工业出版社，2009.
[8] 王伯平. 互换性与测量技术基础 [M]. 5版. 北京：机械工业出版社，2019.
[9] 才家刚. 图解常用量具的使用方法和测量实例 [M]. 北京：机械工业出版社，2007.
[10] 朱超，段玲. 互换性与零件几何量检测 [M]. 北京：清华大学出版社，2009.
[11] 周兆元. 互换性与测量技术基础 [M]. 4版. 北京：机械工业出版社，2018.